国家级一流本科专业建设成果教材

 化学工业出版社"十四五"普通高等教育规划教材

Research Progress in
Organic Synthesis

有机合成研究进展

谢卫青　耿会玲　主编

化学工业出版社

·北京·

内容简介

《有机合成研究进展》由五章组成，在简要介绍有机合成发展历史和研究内容的基础上，分别详细介绍了金属催化的偶联反应、金属催化的 C—H 键官能团化反应、不对称有机催化的发展与兴起以及天然产物全合成常用的策略等内容。内容设置既包括相关领域的早期报道，也引入了一些最近发表的论文，引导学生了解有机合成的广泛应用及其广阔前景，掌握相关领域的发展脉络，以激发学生的学习兴趣，提高学生的科研素养和创新能力。

本书可作为高等学校和科研院所化学、应用化学、药学、医学、制药工程、农药学等专业本科生和研究生教材，也可供对有机合成感兴趣的学习者和工程技术人员参考。

图书在版编目（CIP）数据

有机合成研究进展 / 谢卫青，耿会玲主编. -- 北京：化学工业出版社，2024.12. --（国家级一流本科专业建设成果教材）. -- ISBN 978-7-122-47161-1

Ⅰ. O621.3

中国国家版本馆 CIP 数据核字第 2024Z2H791 号

责任编辑：刘　军　孙高洁　　　　　文字编辑：朱　允
责任校对：李雨晴　　　　　　　　　装帧设计：王晓宇

出版发行：化学工业出版社
　　　　　（北京市东城区青年湖南街 13 号　邮政编码 100011）
印　　装：大厂回族自治县聚鑫印刷有限责任公司
710mm×1000mm　1/16　印张 18¾　字数 335 千字
2025 年 10 月北京第 1 版第 1 次印刷

购书咨询：010-64518888　　　　　售后服务：010-64518899
网　　址：http://www.cip.com.cn
凡购买本书，如有缺损质量问题，本社销售中心负责调换。

定　　价：58.00 元　　　　　　　　版权所有　违者必究

本书编写人员名单

主　　编：谢卫青　耿会玲

副 主 编：谢剑波　郝宏东　魏宏博

参编人员：（按姓名汉语拼音排序）

　　　　　杜振亭　耿会玲　郝宏东　魏宏博

　　　　　谢剑波　谢卫青　闫嘉航

前 言

　　本书面向化学专业、应用化学专业、化学生物学专业和一些对有机合成知识要求较高的非化学专业的本科生和研究生，为了满足他们系统性学习和跟踪有机合成领域的前沿研究进展的需求，在深入分析和广泛吸收国内外经典教材优点的基础上，融入有机合成最新研究进展，结合编者多年的教学经验与科研成果，精心编写而成。

　　有机化学是化学专业最重要的专业课程之一，作为四大基础化学课程之一，其为后续专业课程的基础。有机合成则是有机化学的核心内容，其主要研究的是物质之间的相互转化及其规律，是新物质创制的基础。有机合成与很多专业密切相关，比如药物化学、材料科学与工程、资源化学等都需要通过有机合成的方法与技术得到其研究所需的有机分子。基础有机化学的教学内容集中于有机化合物的结构、组成、性质及其制备，有机合成的相关内容分散于各个章节，致使学生缺乏对有机合成的系统性学习及其相关知识的掌握与应用，缺乏对有机合成的发展历史、研究现状及未来发展前景的了解与学习，据此，编者为本科生和研究生编写了本书。

　　有机合成研究进展是化学类专业学生在学习基础有机化学、高等有机化学、有机合成分析等课程之后的一门与有机化学密切相关的选修课。本教材旨在为化学类专业学生介绍有机合成化学的前沿研究方向及最新研究进展，深化拓展基础有机化学所学的理论知识与实验技能，为将来从事科学研究或生产研发奠定坚实的基础。编者自 2015 年入职西北农林科技大学后，一直从事有机合成研究进展课程的教学工作及活性天然产物的全合成研究。由于缺少适用于农林高校本科生与研究生有机合成研究进展课程学习的教材，编者基于相关专业书籍，结合有机合成化学研究领域的最新发展，选取了一些较为重要内容进行讲解。

　　本书第一章对有机合成化学进行了简要介绍。"金属催化"作为第二章，其中的金属催化偶联反应为重点内容，还介绍了金属催化的烯烃复分解反应及不对称催化反应。第三章介绍过渡金属催化的 C—H 官能团化反应，为金属催化偶联的进阶内容。第四章则为"不对称有机催化"，介绍了该研究领域的兴起与发展。最后一章为"天然产物全合成"，简要介绍了天然产物全合成的策略，并结合有机合成方法学的研究进展，阐述新方法和新策略的应用。

在教学过程中，编者根据学生的学习情况对教学内容进行了多次调整，几易其稿。但由于缺乏与之相适应的教材，学生在学习及复习过程中遇到诸多困难，难以实现预期的教学目标。基于此，编者在课堂教学多媒体课件的基础上，组织学院多位老师合力将教学内容整理成文，以方便学生学习。其中，谢剑波副教授撰写第二章，耿会玲教授和魏宏博副教授共同撰写第三章，郝宏东副教授撰写第五章，本人撰写了第一章和第四章并对所有章节进行了修改，耿会玲教授负责全书统稿、校对等事宜，闫嘉航博士负责参考文献的整理与校对。衷心感谢西北农林科技大学提供的出版资助，诚挚感谢化学工业出版社对本书出版的大力支持，十分感谢朱玲女士对我工作一如既往支持及对本书初稿的校正。

由于篇幅有限，编者只是选取了有机合成领域一些较为重点的研究方向进行介绍，遗憾的是未能涵盖光催化、电催化及酶催化这些前沿的研究领域的研究进展。此外，由于编者水平有限，书中难免存在疏忽及不当之处，敬请各位读者批评指正。

谢卫青

2025 年 6 月

目　录

第一章
有机合成

有机化学是研究有机化合物的组成、结构、性质、制备及其变化规律的一门学科，它是化学学科的重要分支之一。有机化学的研究对象——有机化合物。所有的有机化合物都含碳，多数含氢，其次含氧、氮、卤素、硫、磷等[1]。有机化合物与无机化合物没有绝对的分界线，其特征是组成原子主要通过共价键结合[2]。

在有机化学发展初期，化学家从有机生物体中分离得到了柠檬酸、酒石酸、金鸡纳碱等化学物质，故将这些物质统称为有机化合物。这一时期，以贝采里乌斯（J. J. Berzelius）为代表的多数化学家认为生物细胞受一种特殊力量——生命力的作用才能产生有机化合物，在实验室中人工合成有机化合物是不可能的，此即"生命力学说"，这种思想严重阻碍了有机化学的发展。直到 1828 年，德国化学家维勒（F. Wöhler）意外发现，无机化合物氰酸铵受热分解，生成了一种白色晶体——尿素，实现了无机盐到有机化合物的转化，这一发现给"生命力学说"带来了巨大冲击。此后，柯尔伯（H. Kolbe）于 1845 年合成了醋酸，柏赛罗（M. Berthelot）于 1854 年合成了油脂，随着越来越多的有机化合物在实验室被相继合成出来，这一学说才逐渐被科学家所摒弃，但"有机化学"这一名词一直沿用至今。

有机化合物的发现与分离推动了有机化学学科的发展，化学家在研究其组成和结构的过程中发展了多种有机分析方法，并提出各种理论以阐释有机化合物的结构和反应活性。此外，在对有机化合物的性质研究中，化学家发现了有机化合物之间的转化规律，对有机化合物的性质有了更深层次的认识，这些研究也加速了新的有机化合物的发现。到了现代，有机化合物基本都是通过人工合成获得的，虽然大多数有机化合物的功能尚未被挖掘出来，但科学家已经从这些合成的有机分子中发现了很多对人类社会具有重要意义的分子，为人类生活提供了诸多便利，为人类生命健康做出了重要贡献。

第一节 有机化合物的结构

有机化合物的结构决定了它们的物理性质和化学性质，确定有机化合物的组成与结构是有机化学研究的重点内容之一，这一研究贯穿于有机化学发展的各个发展阶段，是现代有机化学研究的重要组成部分。

在有机化学萌芽时期，科学家从动物、植物、微生物等生命体中分离出有机化合物——天然产物，并对其结构、组成和性质进行研究。18 世纪 70 年代，拉瓦锡（A. L. Lavoisier）发现有机化合物燃烧后都会产生二氧化碳和水，证明有机化合物中含有碳、氢两种元素[3]。1830 年，德国化学家李比希（J. Liebig）发明了著名的李比希元素分析仪，该仪器通过测定有机化合物燃烧后生成的二氧化碳和水的质量，可以计算出其中碳和氢的含量[4]。1831 年，法国化学家杜马（J. B. A. Dumas）发明了测定有机化合物中氮含量的燃烧法，先通过高温燃烧将有机化合物中的氮转化为氮氧化物，再用热的铜粉将氮氧化物还原为氮气，最后用热导检测器测定氮气的含量，进而推算出有机化合物中氮的含量。在这一阶段，化学家利用这些有机定量分析法可以确定有机化合物的实验式，但对于组成元素之间的结合方式仍一无所知。

为了推测有机化合物的结构，化学家提出了多种模型，但它们都无法准确描述有机化合物的结构。1858 年，德国化学家凯库勒（F. A. Kekule）和英国化学家库珀（A. S. Couper）提出了价键的概念，他们认为有机化合物是由组成原子通过化学键结合，由于氢原子只能和一个其他原子结合，故将它的价键定为一价。一种元素可以和氢原子结合的数目即为该元素的价键数，如碳原子的价键数为四，氧原子的价键数为二。借助共价键理论，很多有机化合物的结构被推测出来。其中最著名的例子为凯库勒通过猜想提出苯环为六个碳原子首尾相连形成的正六边形结构。

早期有机化合物的结构都被画成平面连接方式，但实际上它们往往具有特定的空间三维结构。1848 年，巴斯德（L. Pasteur）通过物理方法将酒石酸的两种晶体分离开来，他发现这两种晶体的溶液使偏振光向不同方向旋转，但旋转的角度相同。1874 年，法国化学家勒贝尔（J. A. Le Bel）和荷兰化学家范托夫（J. H. van't Hoff）分别提出四价碳原子在空间上是对称的，四个价键分别指向正四面体的四个顶点。当碳原子上连有四个不相同的原子或取代基时，有机分子与其镜像不能完全重叠，这种性质被称为"手性"。由于外消旋的酒石酸分子中含有手性碳原子，结晶时具有相同手性的分子相互结合优先析出来，从而得到两种不同形状的晶体。由于它们的空间构型不同，两种晶体的溶液可将偏振光向不同方向旋转。

1916 年，美国物理化学家路易斯（G. N. Lewis）等人提出了价键电子理论，标志着有机化学进入了现代发展时期。该理论认为：原子通过外层电子的相互作用结合在一起，假如外层电子从一个原子转移到另一个原子，就会形成离子键；如果两个原子共用两个自旋相反的外层电子，就形成了共价键。电子的转移或共用使相互作用原子的最外层电子都具有稳定的惰性气体电子构型。在有机化合物中，碳原子最外层有八个电子，形成稳定的氖原子电子构型，此即为著名的"八隅规则"。1931 年，鲍林（L. C. Pauling）等在价键理论的基础上提出了轨道杂化理论，认为成键过程中原子之间会相互影响，致使同一原子中几个能量相近的不同类型原子轨道互相混合、重组，形成数目相等的新的原子轨道，这种轨道重新组合的方式称为杂化（hybridization）。碳原子中参与化学键形成的 2s 和 2p 轨道有 sp^3、sp^2、sp 三种杂化方式，其空间形状分别为正四面体、正三角形和直线形（图 1-1）。20 世纪 30 年代左右，美国化学家马利肯（R. S. Mulliken）及德国物理学家洪特（F. Hund）提出了分子轨道理论（molecular orbital theory）。该理论认为，原子中参与成键的原子轨道通过线性组合，形成多中心分子轨道，电子不再属于单个原子而是分散在分子轨道中，为成键原子所共有。这些理论构成了现代有机化学的基础，是化学家阐述有机化合物结构和性质的重要理论依据[5]。

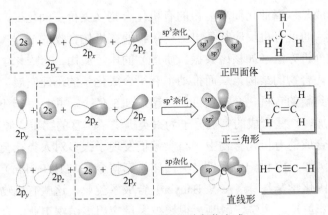

图 1-1 碳原子的三种杂化方式

到了现代，随着分析仪器及分析方法的发展与应用，有机化合物的组成和结构可方便、快捷地确定。例如，高分辨质谱可精准测量有机化合物的分子量，串联质谱还可通过二次电离将有机分子裂解，从所得碎片的质荷比（m/z），可推导有机化合物的部分结构信息。核磁共振波谱仪检测处于强磁场中有机化合物的碳、氢等元素吸收射频辐射后形成的共振信号，再把这些信号转换为氢谱、碳谱等，根据谱图中的信息可快速解析有机化合物的结构。与上述分析方法相比，X 射线单晶衍射仪则可精确确定分子结构，采用该方法既可以表征小分子的结构，也可表征大分子（例如蛋白质）的结构，但这一分析方法的缺点为仅适用于可以结晶的有机化合物。将电子圆二色谱（electronic circular dichroism，ECD）、振动圆二色谱（vibrational circular dichroism，VCD）与理论计算相结合，就可以确定有机分子的绝对构型。这些现代仪器和分析方法的使用极大地推动了有机化学学科的发展，是现代有机化学研究的基础。

第二节 有机合成

有机化学早期的研究主要是从自然界中分离得到天然产物，确定其组成与结构，并研究它们的物理性质和化学性质。维勒于 1828 年首次合成尿素，拉开了有机合成研究的序幕，标志着有机化学进入了有机合成时代。经过近两百年的发展，有机合成日趋成熟，是有机化学学科的基石，也是有机学科与其他学科交叉融合的基础。

一、有机合成及分类

有机合成是以商业化简单易得的有机化合物（廉价石油化工产品及天然原料）为原料，通过有机反应制备出结构新颖的有机化合物的过程（图 1-2）。随着有机现代分析方法（如核磁共振、质谱）的广泛应用，合成化学家可以快捷地鉴定有机化合物的结构，从而推动了有机合成化学的迅速发展。目前，通过有机合成得到新的有机化合物数目已经超过 1.5 亿个，并且每年还以数以千万计的数目增加，这些合成的有机分子为人类提供了丰富的物质资源。

从人工合成的有机化合物中，科学家们发现了很多对人类社会具有重要意义的分子。例如，19 世纪中后期，英国化学家帕金（W. H. Perkin）偶然合成了苯胺紫，德国化学家拜耳（A. V. Baeyer）合成了靛蓝，这些有机物可将织物染色，因其色彩鲜艳、耐洗、耐晒，很快被大量应用于纺织工业。合成染料具有较高的经济价值，极大地促进了染料工业的蓬勃发展，从而引发了一场化工技术革命。如今，人类生活不仅离不开这些小分子化合物，也离不开人工合成的高分子有机化合物。例如，1935 年，美国科学家卡罗瑟斯（W. H. Carothers）将二元胺和二元羧酸缩聚，得到了聚酰胺，商品名为尼龙（Nylon）。由它制成

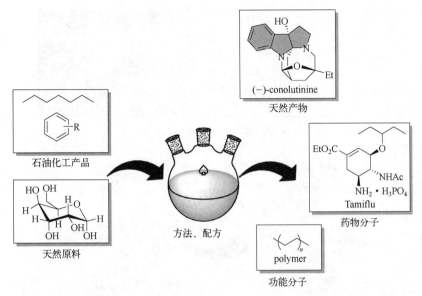

图 1-2　有机合成

的聚酰胺纤维耐磨性高，在混纺织物中加入适量的聚酰胺纤维，可大大提高其耐磨性。由二元羧酸和二元醇通过缩聚反应则可合成涤纶，由它制成的纤维具有优异的抗皱性和保形性。

　　人工合成的有机分子也为人类健康做出了巨大贡献。例如，早在 19 世纪初，科学家们就发现乙醚具有止痛效果，不久之后就在外科手术中用于麻醉和镇痛。后来，美国的 Long 和 Morton 两位医师分别于 1842 年、1846 年在手术中成功用乙醚麻醉了病人。1847 年，苏格兰产科医生詹姆斯·辛普森（J. Y. Simpson）发现氯仿蒸气可以用作妇女分娩的麻醉止痛剂。但是，这两个有机化合物因对人体有毒副作用而被禁止使用。随着越来越多的有机分子被发现和合成出来，化学家从中找到了更多治疗疾病的药物分子。1897 年，德国化学家菲利克斯·霍夫曼（F. Hoffman）用水杨酸与醋酸酐合成了乙酰水杨酸，拜耳公司将其命名为阿司匹林（Aspirin），用于感冒、流感等发热疾病的退热，后来发现它具有缓解轻度或中度疼痛、治疗风湿病、阻止血栓形成、预防心血管疾病等作用（图 1-3）。最近，英国科学家发现每天服用阿司匹林，能降低患上或死于胃癌、肠癌等疾病的概率。目前，阿司匹林已经成为医药史上三大经典药物之一，被誉为"百年神药"。随着药物研发手段的不断丰富，每年都有新的药物分子上市，其中的小分子药物基本上都需要通过有机合成获得。

　　根据具体研究内容，有机合成可分为有机合成方法学和全合成（图 1-4），它们是有机合成研究中相辅相成的两个研究方向。

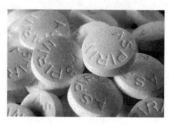

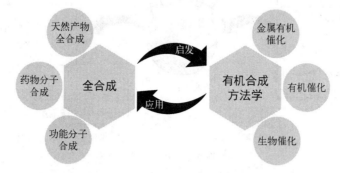

图 1-3　阿司匹林的合成

图 1-4　有机合成方法学与全合成

有机合成方法学是为实现某一具体化学转化探索反应过程中所需试剂、催化剂、温度、溶剂、添加剂、能量来源乃至操作步骤等的有机合成研究，它深入研究有机转化的机理，尤其是反应过渡态以及化学键断键和成键规律。有机合成方法学是有机合成研究的基础，它包括新试剂的开发、新反应的发现和反应机理的探究。有机化合物的反应性质主要取决于分子中的官能团，因此，基于官能团将有机化合物分为烷烃、卤代烃、烯烃、炔烃、芳香烃、醇、酚、醚、醛、酮、羧酸及其衍生物、胺等多种类型。有机合成方法学研究的就是这些官能团之间的相互转化规律，通过化学反应实现一个官能团到另外一个官能团的转化，这些不同的化学反应组成了有机合成方法学的核心。

全合成则是利用简单易得的化工原料，通过一系列化学反应获得结构复杂的有机化合物。全合成的目标分子通常是具有生理活性的复杂天然产物、治病救人的药物分子以及具有特殊功能的有机分子，这些分子对人类的生活和健康具有特殊作用，但它们大多数在自然界中的含量较低，往往需要通过全合成才可大量获得。全合成依赖于合成方法的策略性应用，它既有科学性也具备艺术性，因而被誉为合成化学的皇冠。

二、合成方法

合成方法是合成化学家创造新物质的工具，是有机合成的基础。经过近两百年的积累，合成化学家发展了种类多样的合成方法，有的合成方法不仅在有机合成中被广泛应用，还成为基础有机化学中的经典内容，例如，芳香环的亲电取代反应（傅-克酰基化和傅-克烷基化反应）、羟醛缩合反应、Mannich反应、Michael加成反应、[4+2]环加成反应等。基于这些经典合成方法在有机合成中的重要地位，它们依然是有机合成化学家关注的重点，期望发现新的反应条件和催化体系，将反应底物的适用范围进行拓展，或者实现对其对映选择性的控制。

　　催化反应是现代有机合成方法学研究的核心方向之一，是本书重点介绍的内容。催化剂通过降低反应的活化能或者改变反应途径来促进反应发生，从而实现一些难以自发发生的反应（图1-5）。例如，一个反应（S转化为P）的活化能 E_1 过大时，通常条件下（加热）原料S无法通过过渡态 **TS-1** 转化为产物P。但加入催化剂后，底物和催化剂直接发生作用，使得原料可以通过克服活化能（E_2）的途径得到中间体 **INT-1**。这一中间体再次通过能量较低过渡态 **TS-3** 转化为产物。除了催化反应的发生，催化剂还能够精准调控反应的选择性（包括化学选择性、区域选择性和立体选择性），这为不对称合成提供了有效手段。按照反应体系的状态，催化反应可分为均相催化及非均相催化。前者是指催化剂和反应体系处于同一相，主要包括金属催化和有机催化。金属催化通常用金属络合物作催化剂，而有机催化则以有机小分子作为催化剂。非均相催化反应中，催化剂与反应体系处于不同相中，如钯碳催化的烯烃的氢化反应，催化剂处于固相，而烯烃的醇溶液则为液相。固相催化剂有可重复利用的优点，因而在工业化生产中应用广泛。

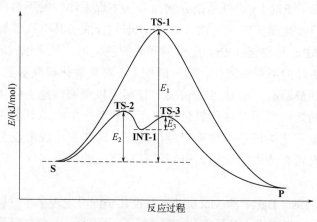

图 1-5　催化反应的势能曲线图

在有机合成中，亲核试剂与亲电试剂引发的取代反应是最为常见的反应之一，它们主要通过 S_N2、S_N1 等机理进行。但是，并非所有亲核试剂与亲电试剂都能自发地发生化学反应，如卤原子与 sp^2 杂化碳原子直接相连的烯基卤代烃或卤代苯，就无法直接与亲核试剂发生取代反应。早在 20 世纪 60 年代，合成化学家就发现，在过渡金属催化下，烯基卤代烃或卤代苯能与金属亲核试剂发生偶联反应，它们具有独特的催化机理，对这些反应的深入研究使得金属催化偶联反应快速发展并得到广泛应用。但过渡金属催化的偶联反应也存在以下缺点：亲核试剂有机硼、有机锡、格氏试剂、锌试剂等都需要预先制备，从而增加了合成步骤，降低了合成效率；另外，偶联反应还会产生金属废弃物，给环境造成一定的污染。C—H 键是有机分子中普遍存在的化学键，由于其键能较高，一般需要预先活化才能发生反应。C—H 键的直接官能团化具有步骤和原子经济性优势，但也存在巨大的挑战。近二十年来，过渡金属催化的 C—H 键官能团化反应已成为合成化学研究的前沿领域之一，众多导向以及非导向的 C—H 键的官能团化反应相继被报道，并在复杂分子全合成中得到了应用。

手性是自然界普遍存在的一种物理现象，如生命物质多糖、核酸和蛋白质分别是由手性单糖、核苷酸和氨基酸连接而成的高分子化合物。手性中心决定了有机化合物的三维结构，从而赋予了它们独特的生物活性。手性化合物可以通过手性拆分、手性辅基控制等不对称合成反应构建，但这些方法存在自身的局限性，如产率不超过 50%，需要增加额外的操作步骤等。1965 年，英国化学家 G. Wilkinson 合成了金属有机络合物 RhCl(PPh₃)₃，它可以催化烯烃的氢化反应，这一发现开启了均相催化的新时代。1968 年，美国孟山都公司的 W. S. Knowles 合成了 Rh(I)/手性膦络合物，首次实现了烯烃的不对称催化氢化。在此之后，日本化学家野依良治（R. Noyori）合成了具有联萘骨架的手性双膦配体 BINAP，其与铑（Rh）配位后形成的催化剂，几乎以 100%的对映选择性实现了烯烃的不对称氢化。同一时期，不对称催化研究得到了长足发展，美国化学家夏普勒斯（K. B. Sharpless）发展了以酒石酸酯为配体的四异丙氧钛高效催化的烯丙醇不对称环氧化反应，以及奎宁生物碱衍生的二聚体为配体的四氧化锇催化的烯烃不对称双羟化反应。这些杰出成果极大地促进了不对称催化在有机合成中的应用，引领了有机合成的发展，这一研究领域至今仍方兴未艾。

2000 年，List、Babas 和 MacMillan 教授几乎同时发现了手性胺的不对称催化功能，由于这类有机小分子催化剂具有无金属残留、对氧气和水不敏感等优点，受到了有机化学家的青睐，这一新型催化模式也给不对称催化领域注入了新鲜血液。在短短的二十年时间里，不对称有机催化反应研究迅速发展，如手性磷酸催化、手性路易斯碱催化、相转移催化等不同类型催化模式相继被发展，成为合成方法学研究的热门领域。此外，与其他类型催化反应的结合也赋予了有机催化新的发展机遇，如与金属催化剂的协同催化，可实现单一催化剂无法催化的反应。

三、全合成

全合成是为了得到某一特定结构的有机分子，将不同合成方法策略性组合，最终从简单可得的原料实现复杂分子的制备。合成策略是全合成的灵魂，它的设计既是合成方法的科学应用，也体现了有机合成化学家设计策略的艺术性。合成方法是实现全合成的基础，因此，有机合成方法学的发展为活性复杂分子的全合成提供了新的合成策略。此外，全合成也为合成方法学的发展提供了新机遇，比如天然产物的特定骨架需要发展新的合成方法才能实现其高效构建。

早期的合成化学家一般采用正向合成策略，从原料出发，逐步构建分子骨架和官能团，最终实现天然产物的全合成。这一阶段，合成化学家主要是根据经验和直觉来设计合成路线，因而具有较强的艺术性。十九世纪，合成化学家陆续合成了尿素、醋酸和六碳糖等天然产物，推动了有机合成的发展。其中，德国科学家 Gustaf Komppa 于 1903 年合成了樟脑，这是第一个工业化的全合成例子。之后，一些更为复杂的天然产物如托品酮、血红素也被合成出来。1944年，现代有机合成之父——美国化学家伍德沃德（R. B. Woodward）成功合成了奎宁[6,7]，全合成的概念应运而生。此后，Woodward 教授先后完成了士的宁、利血平、维生素 B_{12} 等复杂活性天然产物的全合成。

20 世纪后半叶，我国合成化学家在天然产物全合成领域取得了令人瞩目的科研成果。1965 年，我国科学家齐心协力、联合攻关，率先完成了结晶牛胰岛素的合成[8]，这是世界上第一个人工合成的具有生物活力的蛋白质（图 1-6）。1981 年，经过 13 年的努力，我国合成化学家首次合成了具有天然分子相同化学结构和完整生物活力的酵母丙氨酸转移核糖核酸（图 1-6）。这些研究工作标志着我国当时在人工合成生物大分子领域已经处于世界领先水平。

20 世纪 60 年代，E. J. Corey 教授提出全新的有机合成理论——逆合成分析法，通过逆推方法将复杂分子简化为廉价易得的市售原料，将这一科学的分析方法引入全合成，使有机合成设计路线系统化、逻辑化。这一时期，Corey 教授采用逆合成分析完成了红霉素、前列腺素、长叶烯、银杏内酯等数百个复杂天然产物的全合成，充分展示了这一方法的广泛适用性。受这些研究的启发与激励，合成化学家征服了一个又一个有机合成的高峰，1994 年，Kishi 教授成功合成了当时分子量最大、结构最复杂的天然产物——岩沙海葵毒素（图 1-7）[9]。这一里程碑事件极大地鼓舞了全世界的化学家，以至于合成化学家产生了"没有合成不出来的分子"的大胆想法。合成化学家越来越注重复杂分子合成路线的高效性与实用性，特别是合成路线的经济性。合成化学家们据此提出了步骤经济性、原子经济性、氧化还原经济性等原则，用这些原则来指导更加经济合成路线的设计。

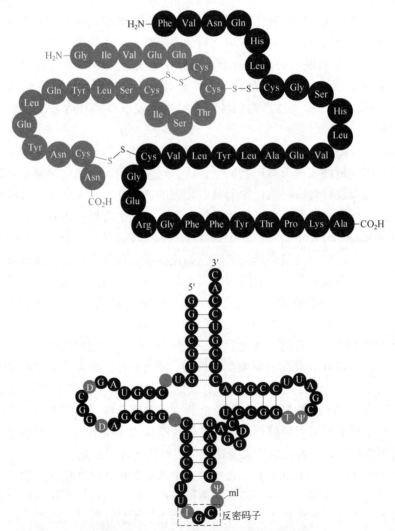

图 1-6　牛胰岛素和酵母丙氨酸转移核糖核酸的结构

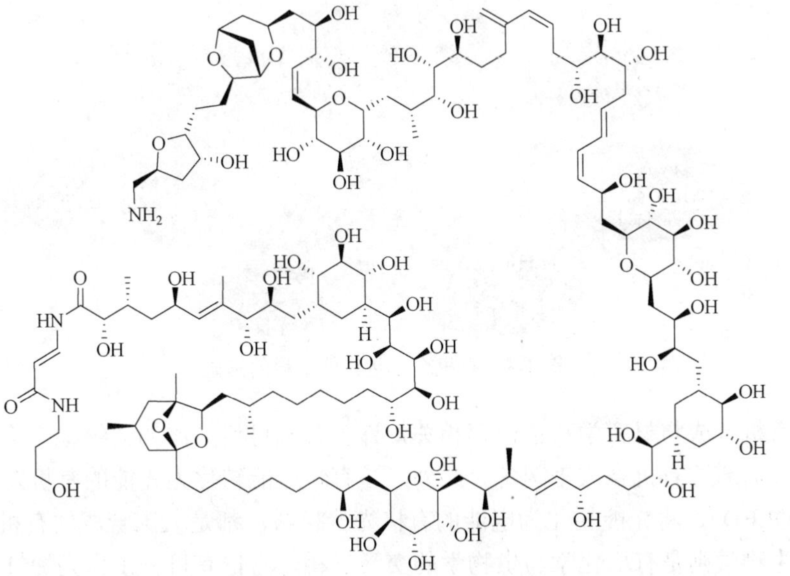

图 1-7 岩沙海葵毒素的结构式

四、有机合成的地位与哲学意义

毋庸置疑，有机合成是药物化学、天然产物化学、生物化学等交叉学科赖以发展的基础（图 1-8）。在药物研发过程中，药物化学家设计的药物分子需要通过有机合成来获得，以满足后续活性测试的需要。现代药物分子的大规模制备也离不开有机合成，当今上市的药物分子大都是通过有机合成制备的。例如，抗癌药物紫杉醇，它是从红豆杉树皮中分离出的具有抗癌活性的二萜类天然产物。由于药物市场需要大量的紫杉醇，在经济利益驱使下，我国云南的红豆杉林遭到了毁灭性破坏。紫杉醇的复杂结构及其显著的抗癌活性吸引了国内外众多知名有机合成化学家的研究兴趣，迄今为止，先后报道了 21 条全合成路线[10-12]，但这些合成路线受成本的限制，还无法成功进行商业化生产。幸运的是，化学家们从红豆杉的叶子和细枝中分离得到了 10-去乙酰基巴卡亭，它也具有紫杉醇的核心骨架结构。从这个前体出发，经过 4 步化学转化就得到了紫杉醇，从而解决了紫杉醇大规模制备的难题。天然产物全合成还为药物研发提供了新的机遇，例如，Kishi 教授在完成具有优异抗癌活性的天然产物——软海绵素 B 合成之后，惊奇地发现将天然产物结构简化后，仍然能保持母体分子的活性，这样可以大大降低合成难度和生产成本，最后成功研发出抗癌药物艾日布林（Eribulin）。

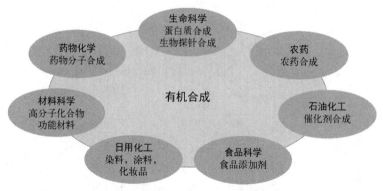

图 1-8　有机合成是其他学科的基础

有机合成与材料学科也密切相关，许多有机材料（比如锦纶、涤纶、腈纶等）都需通过有机合成来制备。此外，还有将电能转化为光能的有机发光二极管（OLED）、将光能转化为电能的有机光伏材料，都是人工合成的有机分子。化学生物学则是有机化学与生物学的交叉学科，它把有机分子作为探针，研究生命过程的作用机制。例如，哈佛大学的 Schreiber 教授通过有机合成，将抗癌天然产物 Trapoxin 改造成探针分子，成功得到这个分子的作用靶点——组蛋白去乙酰化酶，证明该分子通过结合这个蛋白来抑制细胞的有丝分裂[13]。除此之外，农药化学、精细化工、食品科学等都需要通过有机合成获得所需的有机化合物。

有机合成是推动有机化学发展的永恒动力。合成化学家在研究合成反应时发现了很多规律性结论。例如，化学家在研究醇和卤代烃发生消除反应制备烯烃的过程中，发现了札依采夫规则（Zaitsev rule）。在研究烯烃的亲电加成反应时，总结出了马尔科夫尼科夫规则（Markovnikov rule），这些经验规则已经成为基础有机化学中的经典内容。Woodward 在合成维生素 B_{12} 时[14]，发现共轭体系关环、开环的规律性，提出了轨道对称守恒原理。这些规则或原理的发现，加深了合成化学家对有机化学反应本质的认识，推动了化学学科的发展。

目前，有机合成既存在诸多挑战，也迎来了很多发展机遇。有机合成往往需要使用有毒甚至易燃、易爆的溶剂，这些溶剂的使用可能会带来环境污染问题，反应结束后有机溶剂的处理也增加了合成的成本。为了实现可持续发展目标，绿色化学在有机合成中愈来愈受到关注。绿色化学通过使用创新的化学技术和方法，减少了对生态环境、人类健康有害的原料、催化剂、溶剂和试剂的使用。例如，光是地球上最清洁的能源，光催化的有机合成反应是合成化学新兴的热门研究领域。近年来，光氧化还原催化研究焕发生机，这一技术为有机合成研究带来了新的发展机遇。生物合成与化学合成的交叉融合，是有机合成的另一个具有发展潜力的新方向。生物合成的优势在于将多种酶集成到细胞中，精准高效地催化化学反应，从而完成复杂分子的合成。现代生物的基因工程技术推动了生物合成的发展，实现了一些具有重要活性天然产物的工业化发酵生产，大大降低了合成成本。在当代有机合成研究中，生物合成与化学合成的结合，为复杂天然产物的合成提供了新的策略，二者取长补短、相互补充，为高效精准制备天然产物及其类似物提供了实用合成路线。

生命体是由有机化合物组成的有机整体，每个有机分子在生命体内扮演着不同的角色，发挥着不同的作用（图1-9）。例如，核苷酸的聚合体——DNA是生命信息载体，将生命信息一代代遗传下去。氨基酸的聚合体——蛋白质是生命的物质基础，是生命功能得以实现的物质基础。糖是生命体能量的来源，为生命活动提供了必需的能量。此外，生命体内还有很多其他类型的有机化合物，它们是生命存在和延续必不可少的物质。这些生命有机分子通过化学和物理相互作用，构成了丰富多彩的自然界。合成化学经过了近两百年的发展，已经取得了辉煌的成绩。合成化学家利用自己的聪明才智，成功合成了数以亿计的有机化合物，这些分子不仅包括自然界存在的，更多的是自然界不存在的分子，这些合成的有机化合物则构建了一个人工合成的"自然界"。现实自然界和合成"自然界"都是由有机化合物构成的物质世界，它们的基础都是有机化学。它们的区别在于，前者将不同的有机化合物有机结合，形成了一个具有生命力的有机整体，而后者基本都是单独存在的物质。虽然合成"自然界"目前还无法与现实自然界媲美，但它已经初步展现了自身的重要性。如前所述，化学家

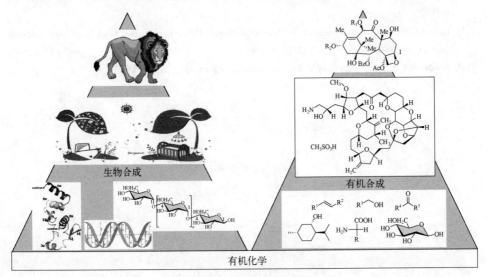

图1-9　自然界与合成"自然界"

已经从人工合成的分子中发现了很多对人类社会具有重要意义的有机分子，为人类健康和日常生活提供了重要保障和诸多便利。

步入新时代，有机合成依然是充满活力、蓬勃发展的热门研究领域，特别是与生物学、材料学、药物化学的交叉融合，为有机化学发展注入了新活力。合成化学是人类从分子层面认识自然、改造自然、超越自然的"万能工具"，随着对其内在规律的深入研究，有机合成将为人类创造更加美好的未来。

参考文献

[1] 邢其毅, 裴伟伟, 徐瑞秋,等. 基础有机化学(上册). 4 版. 北京: 北京大学出版社, 2016.

[2] 傅建熙. 有机化学——结构和性质相关分析与功能. 4 版. 北京: 高等教育出版社, 2018.

[3] 盛根玉. 拉瓦锡的化学革命. 化学教学, 2011, 3: 60-63.

[4] 张大伟, 许海, 贾琼, 等. 近代化学巨匠: 尤斯图斯·冯·李比希. 化学通报, 2022, 85(9): 1139-1146.

[5] 刘玉荣, 程英笛, 豆梦雪. 共价键理论发展史及其教育价值. 化学教育(中英文), 2023, 44(7): 119-124.

[6] Woodward R B, Doering W E. The Total Synthesis of Quinine. J Am Chem Soc, 1945, 67: 860-874.

[7] Woodward R B, Doering W E. The Total Synthesis of Quinine. J Am Chem Soc, 1944, 66: 849.

[8] 中国科学院生物化学研究所, 中国科学院有机化学研究所, 北京大学化学系. V. 结晶胰岛素的全合成. 化学通报, 1966, 29(5): 26-31.

[9] Suh E M, Kishi Y. Synthesis of Palytoxin from Palytoxin Carboxylic Acid. J Am Chem Soc, 1994, 116(24): 11205-11206.

[10] Nicolaou K C, Yang Z, Liu J J, et al. Total Synthesis of Taxol. Nature, 1994, 367(6464): 630-634.

[11] Hu Y J, Gu C C, Wang X F, et al. Asymmetric Total Synthesis of Taxol. J Am Chem Soc, 2021, 143: 17862-17870.

[12] Min L, Han J C, Zhang W, et al. Recent Advances in the Total Synthesis of Complex Diterpenoids. Chem Rev, 2023, 123: 4934-4971.

[13] Taunton J, Hassig C A, Schreiber S L. A Mammalian Histone Deacetylase Related to the Yeast Transcriptional Regulator Rpd3p. Science, 1996, 272(5260): 408-411.

[14] Woodward R B. Total Synthesis of Vitamin B_{12}. Pure Appl Chem, 1973, 33(1): 145-177.

第二章
金属催化

催化是当代有机合成反应研究的核心领域，据统计，商品化的化合物中约90%至少需要一步催化反应来合成[1]。根据催化剂的类型，可将催化反应分为金属催化、有机催化、酶催化等。金属催化，尤其是有机过渡金属催化，是目前研究得最广泛和最深入的均相催化。这是由于过渡金属原子具有 d 轨道，故其可以通过配位、配体交换、氧化加成、β-消除、还原消除、迁移插入等过程将底物活化并促进底物转化，从而实现一些原来在温和条件下难以发生的反应。过渡金属种类较多，不同金属乃至同一金属的不同价态表现出不同的催化性能。此外，过渡金属还可以通过筛选的合适配体来调控反应过渡态的空间结构、电子性质以及轨道能量，进而赋予金属催化剂调控反应活性和选择性（化学、区域及立体选择性）的特性。

有机合成发展近两百年来，在一代代合成化学家对过渡金属催化剂的持续探索中，一些具有独特催化性能的优异催化剂相继被开发出来，并被广泛应用于功能有机分子的合成。例如，与含有 P 原子或 N 原子的手性配体络合的 Rh、Ru、Ir 催化剂，已经被证明是不对称氢化反应的高效催化剂；与光学纯酒石酸或金鸡纳碱衍生物配位的 Ti 或者 Os 催化剂，可催化烯烃的不对称环氧化反应和不对称双羟化反应；与卡宾络合的 Ru 或者 Mo 催化剂，已被用于催化烯烃的复分解反应；与手性膦或手性胺配位的 Pd 或者 Ni 催化剂，被用于催化偶联反应等。这些催化剂的发现与应用，在很大程度上推动了过渡金属催化反应研究的快速发展，其主要贡献者还被授予了诺贝尔化学奖。

众所周知，现代精细化工的发展同样离不开过渡金属的催化。例如，过渡金属催化的氢化反应、硅氢化反应、氢甲酰化反应等，每年为全球提供了百万吨级以上的大宗精细化学品。此外，有些过渡金属催化剂表现出来的催化活性（TON > 10^6，TOF > 10^5h^{-1}），已经达到甚至超过了酶催化反应的活性。基于工业应用及合成化学内在发展对催化剂的广泛需求，催化反应研究仍然蓬勃发展，新的催化模式和结构新颖的催化剂也被陆续发展，为有机合成发展提供了强劲推动力。

第一节 金属催化的偶联反应

偶联反应是指两个有机分子发生化学反应，相互结合，生成一个新的有机分子的过程。最常见的偶联反应是亲核试剂与亲电试剂之间发生的取代反应，但是，并非所有的亲核试剂与亲电试剂都能自发地发生这一反应，只有当参与反应的亲核试剂的 HOMO 轨道与亲电试剂的 LUMO 轨道能量相近且能实现有效重叠时，反应方能顺利进行，否则就无法发生。例如，当亲电试剂为含有 sp^2 杂化碳原子的卤代烃时（如芳香卤代烃），它的 LUMO 轨道处于分子平面内被 π 电子云覆盖的区域，亲核试剂的 HOMO 轨道难以直接与亲电试剂的 LUMO 轨道发生有效重叠，导致反应无法发生（图 2-1）。

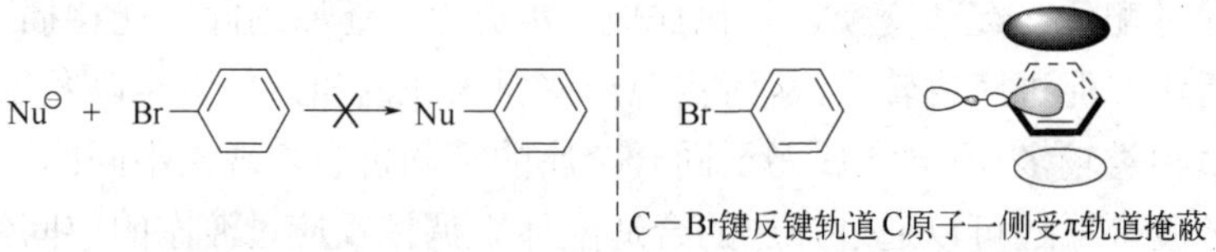

C—Br键反键轨道C原子一侧受π轨道掩蔽

图 2-1 含有 sp^2 杂化碳原子的亲电试剂的直接取代反应

有机合成化学家发现，有些过渡金属（如 Pd、Ni、Co 等）可以催化含有 sp^2 杂化碳原子的卤代烃与亲核试剂的偶联反应。反应机理研究表明它们经历了类似的途径。首先，过渡金属通过氧化加成和转移金属化反应，将亲电试剂和亲核试剂分别连接到同一个过渡金属原子上，形成过渡金属有机中间体；接着，中间体经过还原消除，就可以得到偶联产物；与此同时，过渡金属重新转变为低价态，再次参与催化循环（图 2-2）。

Pd 催化的偶联反应被发现之后，过渡金属催化的偶联反应的研究发展迅速[2,3]。这是一类通用的构建 C—C 键的方法，在有机合成中得到了广泛应用，现在已经习惯于把过渡金属催化的偶联反应简称为偶联反应。由于在 Pd 催化的交叉偶联反应研究中做出了杰出贡献，三位合成化学家——Akira Suzuki、Ei-ichi Negishi 和 Richard F. Heck 共同分享了 2010 年诺贝尔化学奖，他们发展的偶联反应分别命名为 Suzuki 偶联、Negishi 偶联及 Heck 偶联反应。大量研究表明：除了 Pd 之外，其他过渡金属 Ni、Cu、Fe、Co、Cr 等均可催化偶联反应的发生（图 2-3）。过渡金属催化的偶联反应对底物有较高的普适性，含有不同杂化方式碳原子（sp、sp^2、sp^3）的亲核试剂与亲电试剂均可参与偶联反应。亲核试剂既可以是有机硼试剂（Suzuki 偶联）、有机硅试剂以及含活泼氢的化合物，也可以是有机锌试剂（Negishi 偶联）、有机锡试剂（Stille 偶联）、有机镁试剂（Kumada 偶联）、有机锆试剂等有机金属试剂。亲电试剂既可为卤代烷烃、卤代烯烃、卤代炔烃、卤代芳烃和卤代杂芳烃等卤代物，也可为活化的羟基衍生物（例如三氟甲磺酸酯）等。

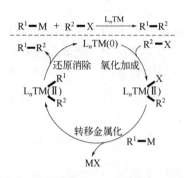

图 2-2　过渡金属催化的偶联反应的机理

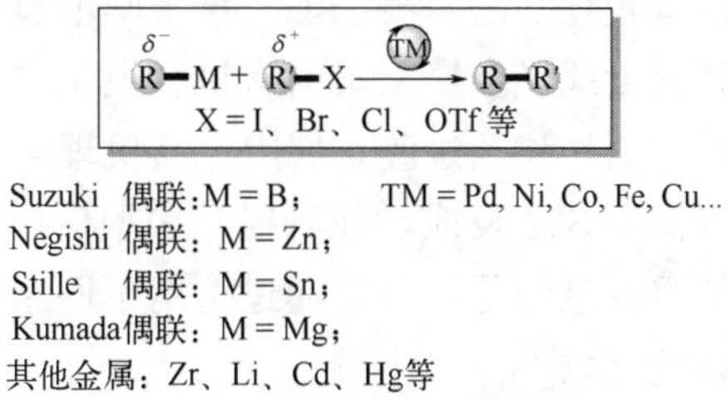

$$\underset{X=I,\ Br,\ Cl,\ OTf\ 等}{\overset{\delta^-}{R}-M+\overset{\delta^+}{R'}-X\xrightarrow{\text{TM}}R-R'}$$

Suzuki 偶联：M = B；　　　TM = Pd, Ni, Co, Fe, Cu...
Negishi 偶联：M = Zn；
Stille 偶联：M = Sn；
Kumada偶联：M = Mg；
其他金属：Zr、Li、Cd、Hg等

图 2-3　偶联反应适用范围

一、偶联反应的三大基元反应

如图 2-2 所示，偶联反应机理涉及三大基元反应，分别为氧化加成（oxidation addition）反应、转移金属化（transmetallation）反应和还原消除（reduction elimination）反应。一般而言，过渡金属催化的反应以金属催化剂与底物的配位为起始步骤，虽然在描述偶联反应的基元反应时，一般不会特别强调配位反应的重要性，但实际上这一步也是整个反应过程的重要步骤。

例如，对于第五周期及以上的过渡金属比如 Pd 而言，其电负性较大（$\chi = 2.20$），发生氧化加成反应的速率通常与底物和金属的配位能力直接相关。如卤代芳香烃通常比卤代烷烃更易于发生氧化加成反应，这是由于卤代芳香烃的 π 电子与金属的络合作用，促进了氧化加成反应的发生，其反应机理类似于协同反应，可以用下图近似表示这一反应历程。

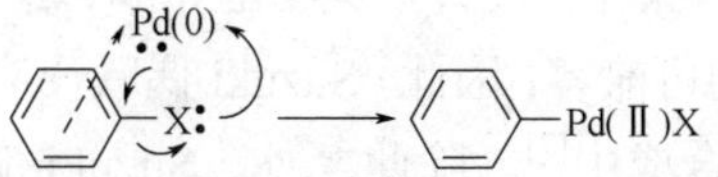

在这一催化过程中，金属的价态升高，因此被称为氧化加成反应。对于典型的 Pd 参与的氧化加成反应而言，所有的电子都是以配对的形式存在，故被称为闭壳层（closed shell）结构，其为双电子反应过程。然而，需要注意的是，这种形式并非绝对的。例如，对于电负性较小的金属，如 Ni（$\chi = 1.91$）、Cu（$\chi = 1.90$）等，其外层电子较 Pd 要活跃得多，在给出电子时有可能以开壳层（open shell）结构存在，或者称之为单电子还原过程，其机理可能介于双电

子反应（类似于 Pd）和自由电子还原反应（类似于主族金属 Li、Mg 等）之间，具体情况取决于金属所连配体的结构以及底物的结构。对于相对容易电离的底物，还可能通过离子或者 S_N2 机理进行氧化加成。此外，偶联反应的活性催化剂一般为零价金属，但实际操作中一般使用的催化剂前体是稳定的二价金属盐，它可以被体系中存在的还原剂（如膦配体）原位还原为零价金属。

转移金属化类似于复分解反应，过渡金属络合物中的阴离子（通常是卤素或者较稳定的负离子如三氟甲磺酸负离子等）与金属试剂（通常是连有主族金属元素或半金属元素的有机金属试剂）中的金属阳离子结合，而金属试剂的碳原子则转移至过渡金属上。其机理可能有两种（图 2-4），即四元环过渡态或者类似于 S_N2 反应，前者得到构型保持的产物，而后者则得到构型翻转的产物。值得注意的是，可以通过选用不同结构的配体，分别获得构型保持或者构型翻转的产物[4]。

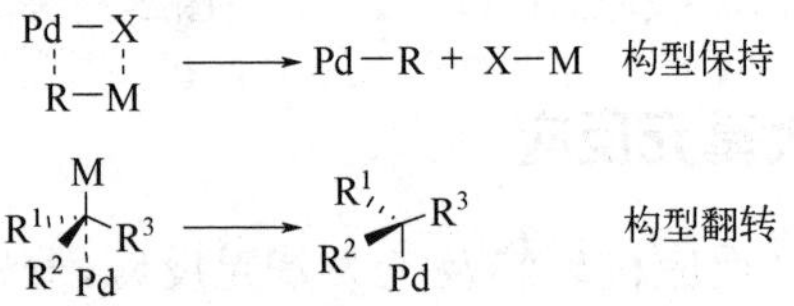

$$\begin{array}{c} Pd-X \\ | \\ R-M \end{array} \longrightarrow Pd-R + X-M \quad 构型保持$$

$$\begin{array}{c} M \\ R^1 \cdots | \cdots R^3 \\ R^2 \ Pd \end{array} \longrightarrow \begin{array}{c} R^1 \\ \diagdown \diagup R^3 \\ R^2 \ Pd \end{array} \quad 构型翻转$$

图 2-4　转移金属化的两种机理

还原消除则可以认为是氧化加成步骤的逆反应，但需要注意的是，氧化加成可以经由协同过程或者自由基机理等来进行，而还原消除通常是经过协同过程完成的。

二、Suzuki 偶联反应及其进展

Suzuki 偶联反应，也称铃木偶联反应，泛指有机硼试剂参与的偶联反应，由铃木章在 1979 年首次报道[5,6]。室温下，有机硼酸对空气和水蒸气不敏感，性质比较稳定，便于制备和保存；此外，其与醛、酮、酯、羧酸、羟基、氰基、硝基、保护氨基等官能团均可兼容，因此，Suzuki 偶联反应被广泛应用于天然产物、药物分子和有机材料的合成中[7]。除此之外，Suzuki 偶联反应的优势还在于立体专一性高，副产物无毒且易于除去等。正是因为有机硼化物性质较为稳定，反应中通常需要加入碱来活化，通过形成的阴离子配合物促进转移金属化过程。

Suzuki 偶联反应的机理如图 2-5 所示：首先，Pd(0) 与溴苯氧化加成得到二价钯中间体，其再与乙醇钠等烷氧基负离子盐发生配体交换；接着，硼酸酯与体系中的乙醇钠加成后得到阴离子配合物，这一中间体与二价钯中间体发生转移金属化反应；最后，还原消除得到偶联产物，同时重新生成 Pd(0) 催化剂[8]。

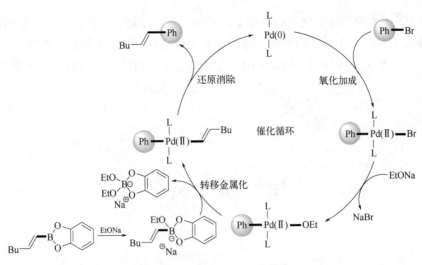

图 2-5 Suzuki 偶联反应的机理

除了有机硼酸之外，有机硼酸酯、硼烷等均可发生 Suzuki 偶联反应（图 2-6）。这些试剂的活性不尽相同，它们对反应的产率影响较大。需要注意的是，过渡金属催化的反应过程较为复杂，并非活性越高的底物所得产物的产率就越高。例如，活性较高的有机硼试剂在碱性条件下比较容易发生脱硼质子化，反而导致偶联反应的产率降低。

硼酸　　硼酸酯(R = 烷基、烯基、芳基)　　9-硼双环[3.3.1]壬烷 9-BBN

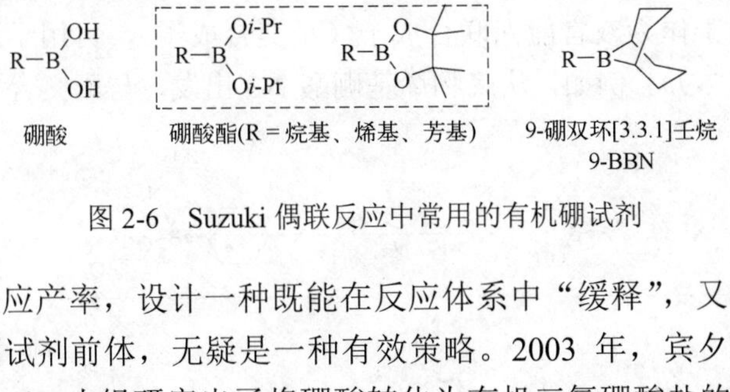

图 2-6 Suzuki 偶联反应中常用的有机硼试剂

为提高反应产率，设计一种既能在反应体系中“缓释”，又能参与转移金属化的有机硼试剂前体，无疑是一种有效策略。2003 年，宾夕法尼亚大学的 Gary A. Molander 小组研究出了将硼酸转化为有机三氟硼酸盐的新方法，发现这一试剂不仅具有易制备、易纯化、对空气稳定、对环境友好等优点（图 2-7），而且在 Suzuki 反应中展现出不易发生脱硼质子化的优势[9]。

图 2-7 有机三氟硼酸盐的合成与缓释机理

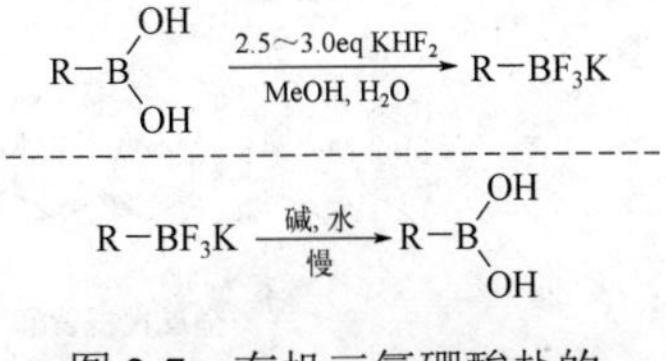

采用上述方法制备的手性烷基三氟硼酸盐可应用于立体专一性 Suzuki 偶联反应。Gary A. Molander 小组发现，三氟硼酸盐 **2-1** 与氯苯在 Pd/Xphos 催化下反应，可得到光学纯偶联产

物 2-2[10]。所得产物手性中心碳原子的构型发生了翻转，这是由于转移金属化反应经历了类似 S_N2 反应的机理，即通过五配位碳原子过渡态得到手性翻转产物。此外，官能团酰胺与硼的配位作用，有效避免了 β-消除副反应的发生（图 2-8）。

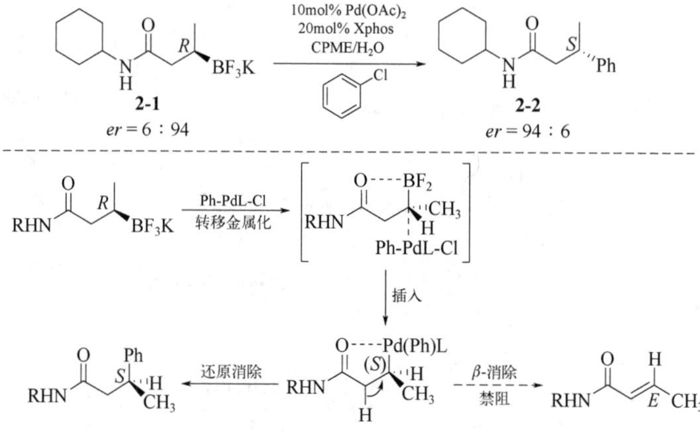

图 2-8 立体专一性 Suzuki 偶联反应

2007 年，伊利诺伊大学香槟分校的 Martin D. Burke 小组合成了 N-甲基亚氨二乙酸（N-methyliminodiacetic acid, MIDA）硼酸酯，其可作为有机硼酸的前体[11]。该试剂合成方法简单，氮原子的配位作用降低了硼原子的路易斯酸性，从而使其在 Suzuki 反应中活性降低。但是，MIDA 硼酸酯容易水解，释放出有机硼酸，适用于作为双官能偶联合成子（正交合成子），可用于连续的 Suzuki 偶联反应（图 2-9）。例如，从底物烯基硼酸 2-3 出发，与正交合成子 2-4 反应，

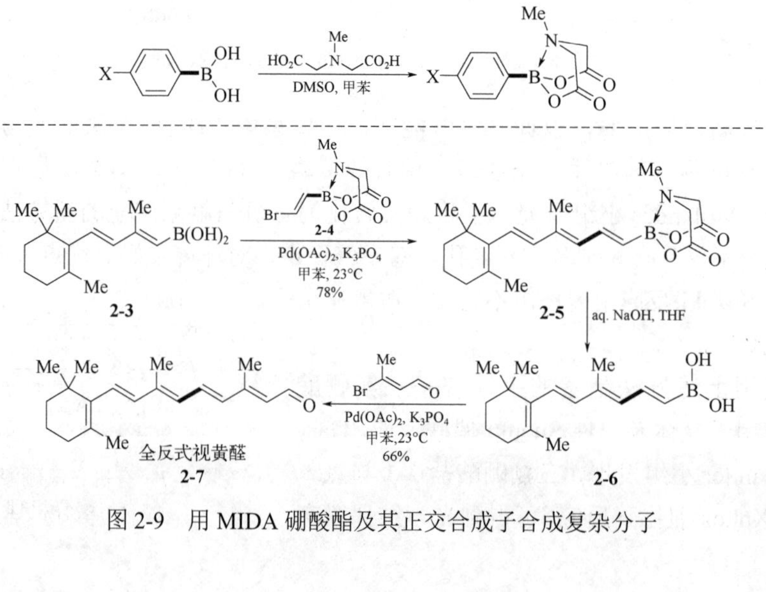

图 2-9 用 MIDA 硼酸酯及其正交合成子合成复杂分子

得到 MIDA 硼酸酯 **2-5**。MIDA 硼酸酯水解后得到 **2-6**，可再与溴代烯醛发生 Suzuki 偶联反应，得到全反式视黄醛 **2-7**。

根据以上特性，Martin D. Burke 小组于 2015 年基于 MIDA 的连续 Suzuki 偶联策略，设计并制造了一台自动合成仪[12]。它集成了脱保护、偶联、纯化等三个标准化模块，分别负责将 MIDA 硼酸酯水解为硼酸、催化 Suzuki 偶联和过柱纯化偶联产物（图 2-10）。其具体过程为：MIDA 硼酸酯水解得到有机硼酸，其在 Pd 催化下与正交合成子发生的 Suzuki 偶联，纯化后得到新的 MIDA 硼酸酯。使用不同正交合成子重复这一流程，就可得到多个合成模块偶联的产物。为了考察这一自动化合成仪的实用性，Martin D. Burke 小组用它合成了一系列天然产物、有机材料分子、药物分子以及生物探针等功能分子。

虽然氯代芳烃及氯代杂芳烃的价格比相应的溴代烃和碘代烃更低，但是，这些氯代芳烃的活性相对较低（C−Cl 键的键能约为 328kJ/mol），难以与 Pd(0) 发生氧化加成反应。在偶联反应中，如果底物反应位点的邻位连有大位阻官能团，也会降低反应的活性。对于这两类底物而言，其难以发生以常用的三苯基膦为配体的 Suzuki 偶联反应。1998 年，加州理工学院的 Gregory C. Fu 小组通过筛选配体，发现大位阻的富电子膦配体可以实现氯代芳烃及大位阻底物的 Suzuki 偶联反应（图 2-11）[13,14]。例如，三叔丁基膦配体可促进对氯甲苯 **2-8** 与苯硼酸的 Suzuki 偶联反应，以 86% 的产率得到产物——对甲基联苯 **2-9**。在三叔丁基膦配体的促进下，大位阻的 2,6-二甲基溴苯 **2-10** 与 2-甲基苯硼酸进行 Suzuki 偶联反应，以 96% 的产率得到偶联产物 **2-11**。值得注意的是，用三苯基膦做配体时，这两个偶联反应均未检测到预期的偶联产物。

2001 年，Gregory C. Fu 小组还发现此类大位阻富电子的膦配体能用于催化 $C(sp^3)—C(sp^3)$ 的 Suzuki 偶联反应[15,16]（图 2-12）。这是因为大位阻配体会阻碍 β-H 消除反应需要的共平面过渡态，从而有效抑制了烷基 Pd(II) 中间体的 β-H 消除副反应；与此同时，富电子的膦配体也加速了 Pd(0) 与卤代物的氧化加成反应。例如，室温下，$Pd(OAc)_2/PCy_3$ 可催化 9-BBN 硼烷 **2-12** 与溴代正癸烷 **2-13** 发生偶联反应，以 85% 的产率得到环己烯衍生物 **2-14**。$Pd_2(dba)_3/PCy_3$ 还可催化 9-BBN 硼烷 **2-12** 与氯代烷 **2-15** 的偶联，以 72% 的产率得到环己烯衍生物 **2-16**。

1999 年，麻省理工学院的 Buchwald 小组设计合成了一类联苯型大位阻富电子的单膦配体（如 Sphos **2-18**、Ruphos **2-19**、Xphos **2-20** 等）[17]，其结构易于调节，稳定性较高，在 Sukuki 偶联中表现出了优异的催化活性（图 2-13）。例如，$Pd(OAc)_2/$**2-17** 能在室温下催化对氯甲苯 **2-8** 和苯硼酸的 Suzuki 偶联反应，以 97% 的产率得到对甲基联苯。此外，用配体 **2-21** 可实现大位阻的 2,6-二甲基氯苯 **2-22** 与 2-甲基苯硼酸的 Suzuki 偶联反应，以 92% 的产率得到三取代联苯 **2-11**。

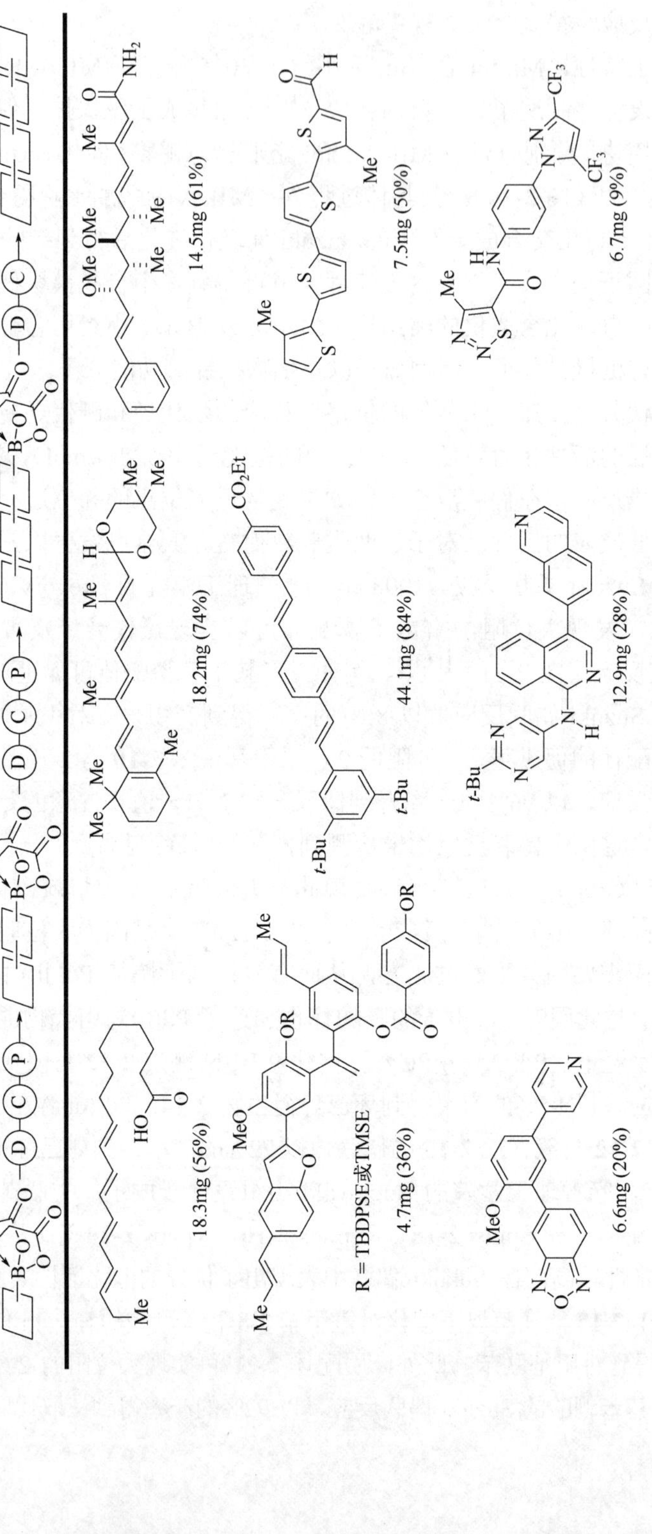

图 2-10 基于连续 Suzuki 偶联策略的自动化合成

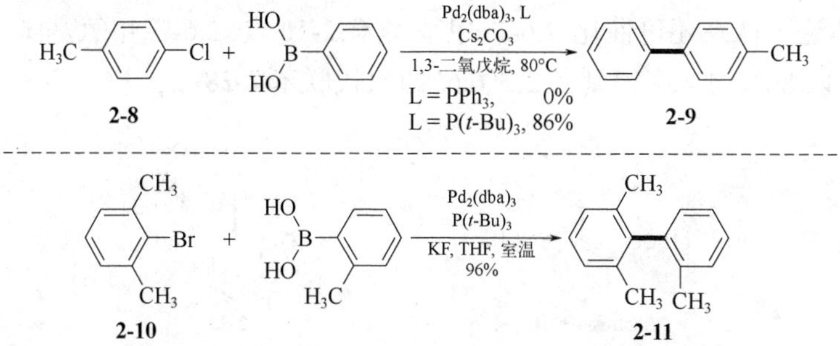

图 2-11 氯代芳烃及大位阻底物的 Suzuki 偶联反应

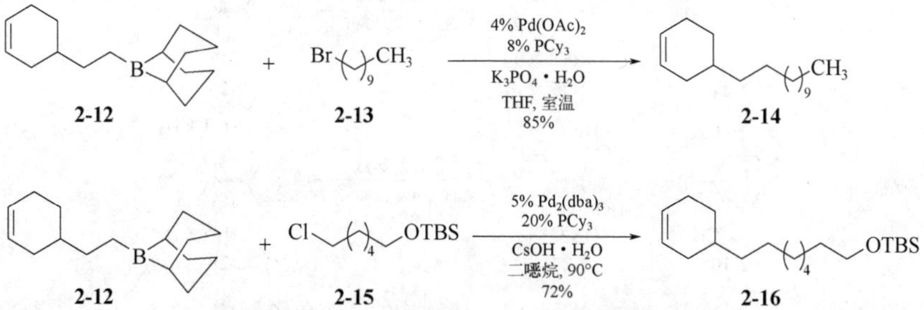

图 2-12 C(sp³)—C(sp³)的 Suzuki 偶联反应

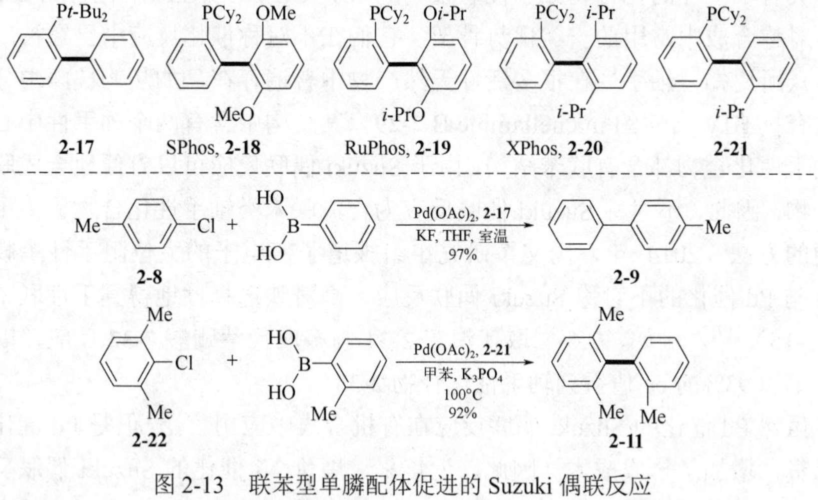

图 2-13 联苯型单膦配体促进的 Suzuki 偶联反应

中国科学院上海有机化学研究所的汤文军研究员，在联苯类单膦配体的发展和应用方面也做出了重要贡献（图 2-14）。汤文军课题组基于 Buchwald 配体的结构，设计并合成了一类含五元磷杂环的单膦配体 2-23[18]，可用于大位阻的 2,6-二取代苯硼酸与大位阻溴苯的 Suzuki 偶联反应。例如，Pd₂(dba)₃/2-23 可催化 2-溴联苯 2-24 与 2,6-二异丙基苯硼酸 2-25 的 Suzuki 偶联，以 96%的产率得

到 **2-26**。这一体系还可催化 2,6-二甲基溴苯 **2-10** 与 2,6-二甲氧基苯硼酸 **2-27** 的偶联，以 80%的产率得到了 2,2′,6,6′-四取代联苯 **2-28**。

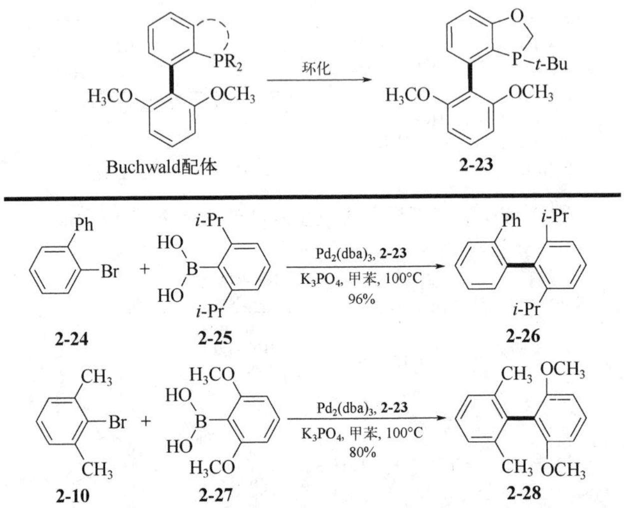

图 2-14　含五元膦杂环结构的联苯单膦配体

　　具有轴手性的化合物如手性联萘二酚（BINOL）和手性双膦化合物 BINAP，是不对称合成中常用的一类优势骨架，它们在不对称催化反应中已经被广泛应用。众所周知，轴手性在很多活性天然产物中普遍存在，如从钩枝藤中分离出的具有抗 HIV 活性的 michellamine B **2-29**，其结构中含有两个轴手性中心。这些轴手性化合物都含有联苯结构，由于 Suzuki 偶联反应可以方便地合成联苯类化合物，因此，不对称 Suzuki 偶联反应为合成联苯类轴手性化合物提供了高效简便的方法。2014 年，汤文军研究小组报道了富电子的大位阻手性单膦配体 **2-30** 与 Pd 催化的不对称 Suzuki 偶联反应，高对映选择性地得到手性联苯产物（图 2-15）[19]。例如，2,6-二取代溴苯 **2-31** 与多取代萘硼酸 **2-32** 反应，以 96%的产率和 93%的 ee 值得到轴手性化合物 **2-33**。

　　虽然 Pd 催化的 Suzuki 偶联反应在有机合成中应用广泛，但是 Pd 催化剂比较昂贵，增加了合成成本。因此，近年来，廉价 Ni 催化的 Suzuki 偶联反应受到了合成化学家的关注，取得了重要进展。Ni 催化 Suzuki 偶联反应的底物适用范围更广泛，不仅是卤代物，还有酚的衍生物如氨基甲酸酯、氨基磺酸酯、特戊酸酯等，通常对 Pd 催化剂而言比较惰性的亲电试剂也可以在 Ni 催化剂作用下参与 Suzuki 反应（图 2-16）[20]。在 Ni 催化的 C(sp²)—C(sp²)键偶联反应中，一般也采用手性膦配体，反应的机理和 Pd 催化的机理比较相似，通过氧化加成、转移金属化和还原消除三个基元反应实现偶联。

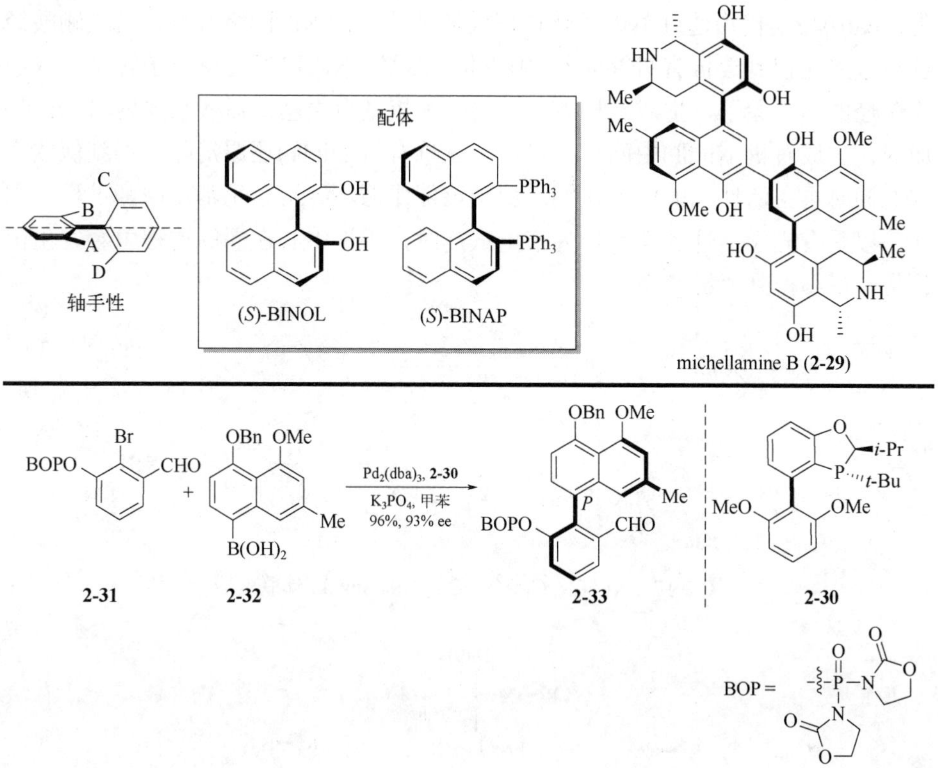

michellamine B (**2-29**)

图 2-15 Pd 催化的不对称 Suzuki 反应

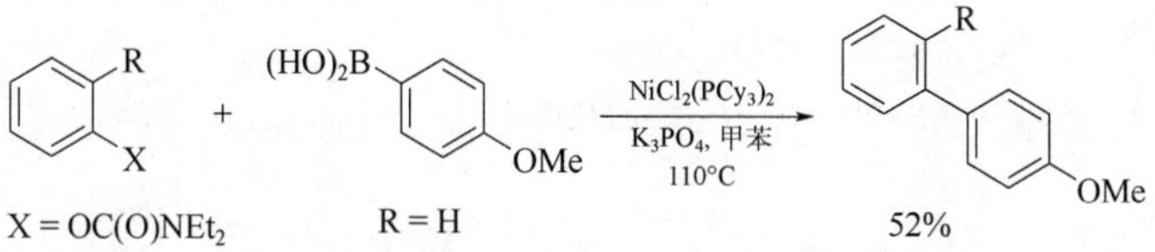

图 2-16 Ni 催化苯酚衍生物的 Suzuki 反应

Ni 也可以催化溴代烷与苯基硼酸的 Suzuki 偶联反应,但这类 C(sp²)—C(sp³) 的偶联反应一般需要使用双氮配体。例如,Gregory C. Fu 小组报道,Ni(cod)₂/**2-34** 可催化溴代环己烷和苯基硼酸的 Suzuki 偶联反应,以 91%的产率得到环己基苯 **2-35**(图 2-17)[21]。但是,当以富电子的胡椒基硼酸 **2-36** 为亲核试剂时,所得产物 **2-37** 的产率则会降至 62%。

Ni 催化 C(sp²)—C(sp³)的 Suzuki 偶联反应机理与 Pd 催化的机理有较大区别,Pd 催化通常经历 Pd(0)-Pd(Ⅱ)的催化循环,而使用 *N,N*-配体促进的 Ni 催化偶联反应则经历 Ni(Ⅰ)-Ni(Ⅱ)-Ni(Ⅲ)催化循环。具体过程如图 2-18 所示。首先，Ni(0)与溴代物通过单电子转移形成活性催化剂 Ni(Ⅰ)络合物，它与硼酸经过转金属化得到一价有机 Ni(Ⅰ)中间体。接着，Ni(Ⅰ)通过单电子转移攫取卤代烷烃的卤素原子，生成有机 Ni(Ⅱ)物种和烷基自由基，后者在笼内与 Ni(Ⅱ)加成，生成有机 Ni(Ⅲ)中间体。最后，三价有机 Ni(Ⅲ)还原消除，得到偶联产物的同时再生活性 Ni(Ⅰ)催化剂。由于该催化循环经历了烷基自由基过程，因此，以具有光学活性的卤代烃为亲电试剂时，手性中心在偶联过程中会发生消旋化，最终得到消旋产物。

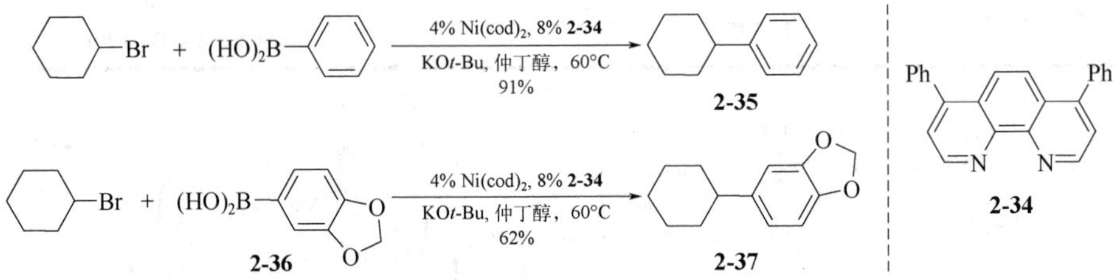

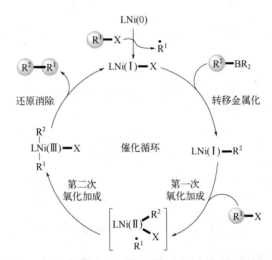

图 2-17　Ni 催化 C(sp^2)—C(sp^3)键 Suzuki 偶联反应

图 2-18　Ni 催化 C(sp^2)—C(sp^3)的 Suzuki 偶联反应机理

　　然而，当 Ni(Ⅱ)中间体与烷基自由基经过第二次氧化加成形成 Ni(Ⅲ)中间体时，假如使用手性配体，则可立体汇聚式得到单一构型的加成产物；最后还原消除得到手性产物，从而实现不对称催化 Suzuki 偶联反应。Gregory C. Fu 小组陆续报道了以手性乙二胺类化合物为配体，Ni 催化的不对称 Suzuki 偶联反应，由外消旋卤代物和 9-BBN 硼烷合成了手性偶联产物[22,23]。如图 2-19 所示，外消旋 α-卤代酰胺 2-38 在 NiBr$_2$/2-39 催化下，能以较高产率以及良好乃至优异的对映选择性得到手性 α-芳基取代酰胺 **2-40**。此类不对称 Suzuki 偶联反应的亲电试剂可以进一步拓展，NiBr$_2$/**2-42** 催化受保护的外消旋 β-卤代醇 **2-41** 与 9-BBN 硼烷的不对称 Suzuki 偶联反应，能以优异的对映选择性得到手性伯醇 **2-43**。

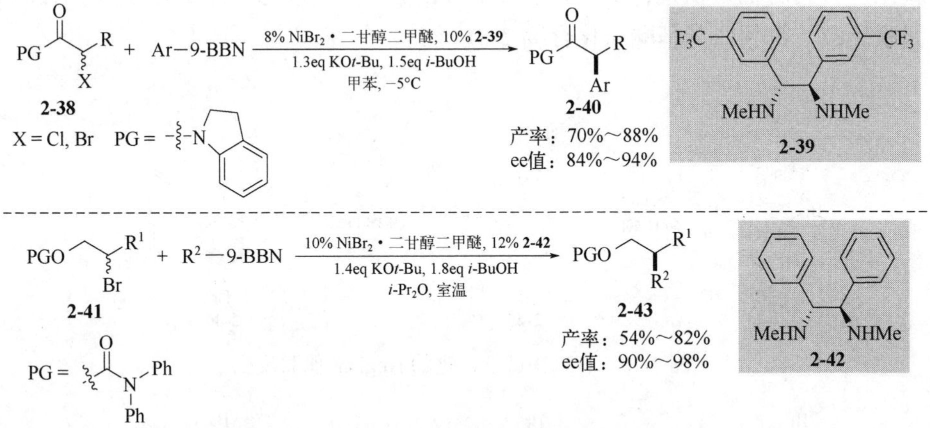

图 2-19　Ni 催化的不对称 Suzuki 偶联反应

三、Negishi 偶联反应及其进展

Negishi 偶联反应是日本科学家 Ei-ichi Negishi（根岸英一）于 1977 年发现的[24]，指的是在 Pd 催化下，有机锌试剂与芳基卤代烃或烷基卤代烃发生偶联反应。相对于其他活泼的有机金属试剂（如格氏试剂和锂试剂）而言，有机锌试剂具有容易制备、活性较高、易于和 Pd 催化剂发生转移金属化反应、副产物锌盐的毒性较低等优势，因此，在有机合成中得到了广泛应用。

有机锌试剂常用的制备方法有：卤代烃与锌直接反应的直接制备法，以及 Zn(Ⅱ) 盐与其他有机金属试剂的转移金属化法。直接制备法一般需要加入锂盐，如 LiCl 等，其作用是促进锌粉表面氧化产生的锌盐溶解，以裸露出活泼锌原子；此外，锂盐可与锌试剂形成稳定的 RZnX·LiCl 复合物。转移金属化法是指有机镁试剂或有机锂试剂与锌盐发生转移金属化反应，得到有机锌试剂。例如，三溴代物 **2-44** 在 LiCl 的促进下，氮原子邻位的溴原子与锌粉发生选择性反应，得到芳基锌试剂 **2-45**；然后，在 Pd(PPh$_3$)$_4$ 催化下，**2-45** 与芳基碘代物反应，得到联苯产物 **2-46**[25]，见图 2-20。

德国慕尼黑大学的 Paul Knochel 小组发现，锂盐还有助于卤素-金属交换反应的发生，或者由杂环直接拔氢形成有机镁试剂（图 2-21）[26,27]。例如，二溴代吡啶衍生物 **2-47** 与异丙基氯化镁-氯化锂复合物反应，其选择性与苯基邻位的溴原子发生溴镁交换，生成新的吡啶格氏试剂 **2-48**；再与 ZnCl₂ 发生转移金属化，就可得到有机锌试剂；最后，在 Pd(PPh₃)₄ 催化下，与芳基碘代物偶联，得到联苯产物 **2-49**。氯代吡嗪衍生物在四甲基哌啶氯化镁-氯化锂复合物（TMPMgCl·LiCl）作用下拔氢，形成吡嗪镁试剂；然后与 ZnCl₂ 发生转移金属化，得到有机锌试剂；最后，在 Pd(PPh₃)₄ 催化下，与苯甲酰氯发生 Negishi 偶联反应，得到二芳基酮类化合物 **2-51**。

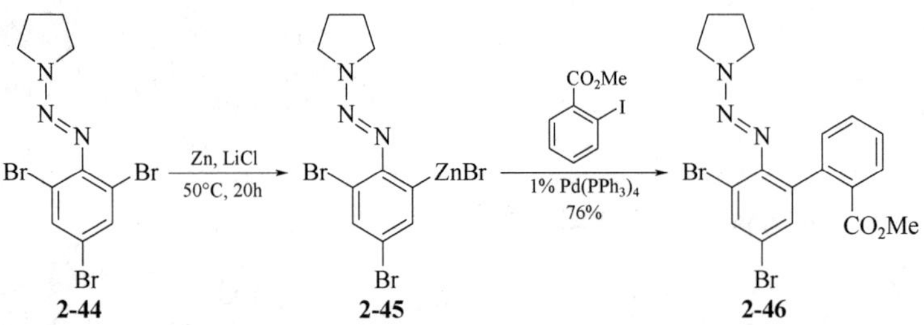

图 2-20　有机锌试剂促进的 Negishi 偶联反应

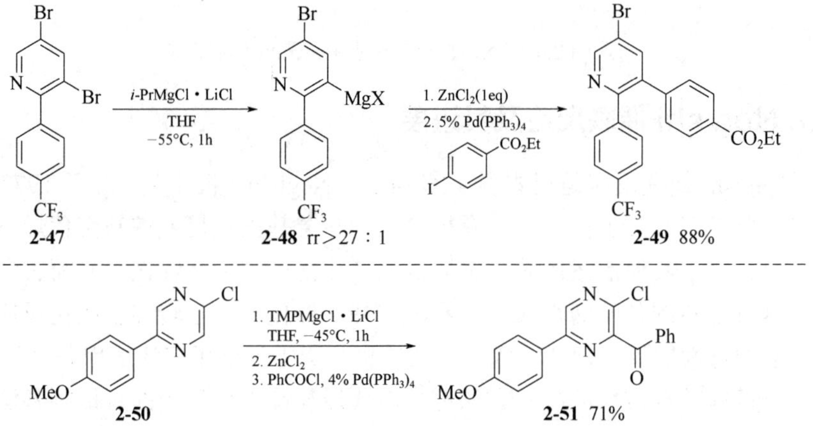

图 2-21　由转移金属化制备有机锌试剂及 Negishi 偶联反应

　　Ni 催化剂也可应用于 Negishi 偶联反应，实现 $C(sp^2)$—$C(sp^3)$ 的偶联，其反应机理与前述的 Ni 催化 Suzuki 偶联反应类似，经过单电子转移的连续加成基元反应机理进行。Biscoe 课题组发现，烷基锌试剂 **2-52** 在 NiCl₂/三联吡啶 **2-54** 催化下，与碘代芳烃 **2-53** 发生 Negishi 偶联反应，以 80% 的产率得到取代苯丙酸乙酯 **2-55**（图 2-22）[28]。使用三联吡啶类配体 **2-54** 时，可以有效避免烷基 Ni(Ⅰ) 中间体经 β-氢消除反应/Ni-H 重新插入过程形成的异构化副产物。

　　Ni 催化 Negishi 偶联反应中，使用手性配体可控制亲电试剂与 Ni(Ⅱ) 中间体的立体汇聚式加成形成 Ni(Ⅲ) 物种，从而实现立体选择性 Negishi 偶联。2012

年，Fu 课题组以外消旋的苄溴衍生物为底物，以环烷基碘代锌为亲核试剂，在 NiBr$_2$/手性双氮配体 **2-56** 催化下，以最高 91% 的 ee 值得到手性偶联产物（图 2-23）[29]。

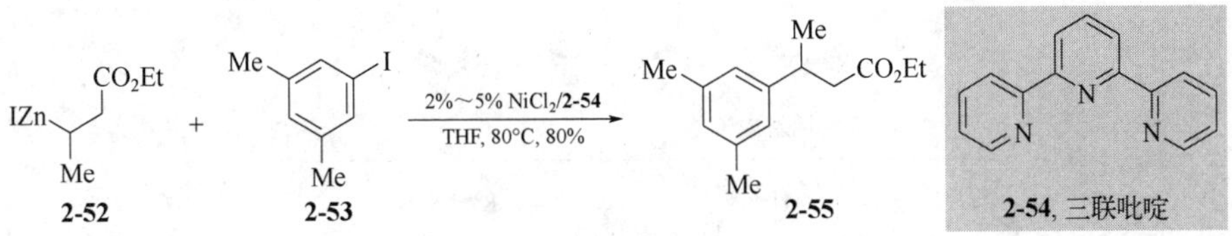

图 2-22　Ni 催化的 Negishi 偶联反应

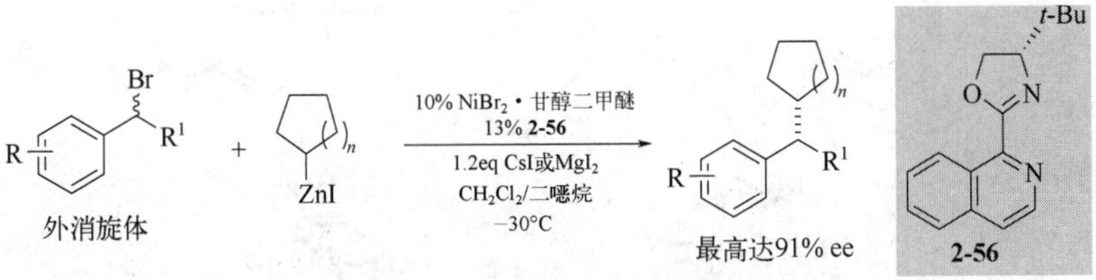

图 2-23　Ni 催化的不对称 Negishi 偶联反应

四、Heck 偶联反应及其研究进展

Heck 偶联反应也称 Mizoroki-Heck 偶联反应（沟吕木-赫克偶联反应），是指不饱和卤代烃（或三氟甲磺酸酯）与烯烃在钯催化下形成取代烯烃的偶联反应。1967 年，大阪大学的 Fujiwara 小组[30]和当时还在 Hercules 公司任职的 Richard F. Heck[31]（1968）分别报道，在 1eq Pd 盐促进下，可以实现有机汞试剂或者芳基卤代烃与烯烃的偶联反应。1971 年，东京工业大学的 Tsutomu 小组发现，在醋酸钾存在下，使用催化量的 PdCl$_2$ 就能实现碘代苯和烯烃的偶联反应[32]。

Heck 偶联反应的机理可能为：首先，Pd(0) 与卤代芳烃发生氧化加成，得到的有机 Pd(II) 与烯烃配位；接着，有机 Pd(II) 试剂对烯烃双键进行顺式加成，形成的二价钯中间体发生顺式 β-氢消除，得到烯烃；最后，烯烃与 Pd(II) 解离后发生还原消除，重新得到 Pd(0)，完成催化循环（图 2-24）。

分子间 Heck 偶联反应一般局限于末端烯烃与卤代物的偶联，主要用来制备双取代或三取代烯烃。分子内的 Heck 偶联反应则提供了一类通用的构建环系骨架的方法，这一方法具有很好的普适性，不仅可以合成小环烯烃，而且可以构筑大张力的中环甚至大环骨架。如图 2-25 所示，在 Pd(OAc)$_2$/PPh$_3$ 催化下，溴代芳烃 **2-57** 发生分子内 Heck 偶联反应，形成五元环，然后双键移位芳构化，

得到吲哚产物 **2-58**。耶鲁大学的 Frederick E. Ziegler 小组发展了分子内 Heck 偶联反应构建大环的策略,在 PdCl₂(MeCN)₂ 催化下,烯酮 **2-59** 关环,以 55%的产率得到带有反式共轭双烯结构的 16 元环内酯 **2-60**[33]。

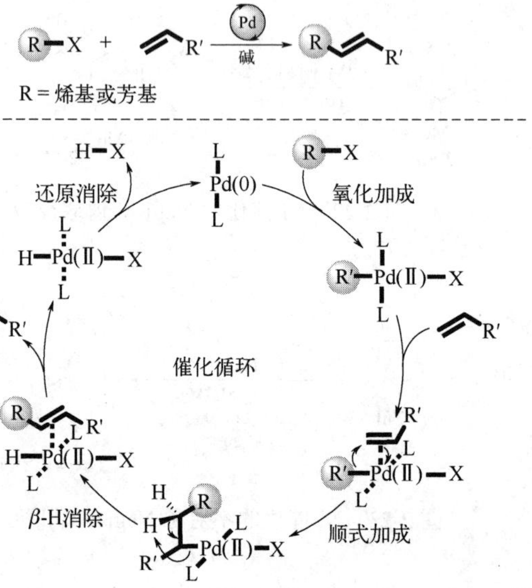

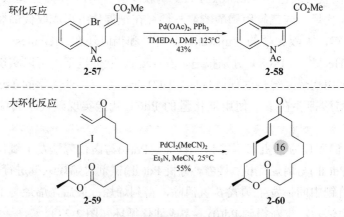

图 2-24　Heck 偶联反应机理

图 2-25　分子内 Heck 偶联反应

美国加州大学尔湾分校的 Overman 小组在不对称 Heck 偶联反应研究中做出了先驱性贡献(图 2-26)。他们发现,以 Pd(OAc)₂/手性双膦 DIOP 为催化剂,含有两个末端双键的底物 **2-61** 发生分子内不对称串联 Heck 偶联反应,得到了手性螺环化合物 **2-63**[34]。尽管该反应的对映选择性并不理想,但其首次证明在手性膦配体存在下，分子内 Heck 偶联反应可以用于构建含手性季碳中心的多环骨架。该课题组用 Pd$_2$(dba)$_3$/(R)-BINAP 催化不饱和酰胺 **2-64** 的分子内不对称 Heck 偶联反应，以 86% 的产率和 70% 的 ee 值得到含有季碳中心的螺氧化吲哚 **2-65** gelsimine。

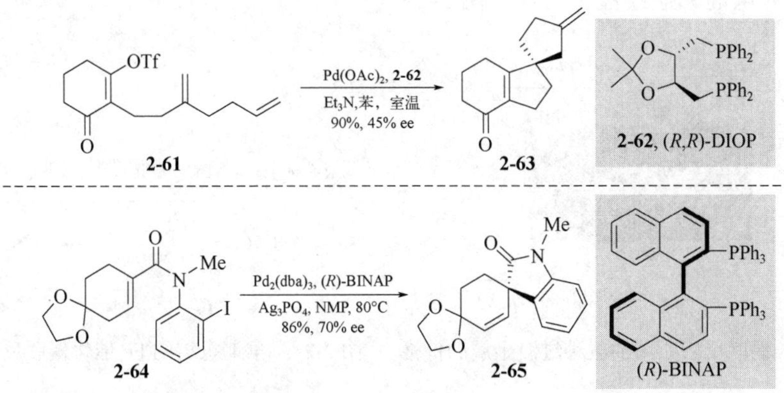

图 2-26　分子内不对称 Heck 反应

五、铁催化的偶联反应

尽管过渡金属 Pd 在偶联反应中展现出极其优异的催化活性和广泛的应用范围，但是钯昂贵的价格增加了合成成本，限制了其在工业化生产中的应用。如前所述，廉价过渡金属 Ni 可用来催化 Suzuki 和 Negishi 偶联反应，而与 Ni 相邻的第一过渡金属如 Fe、Co、Cu 等也表现出类似的催化反应性质，也可用于催化偶联反应（图 2-27）。这些过渡金属的催化机理与 Pd 不尽相同，有的甚至目前仍未研究清楚，但由于其廉价易得，是当前有机合成方法学研究的热点之一。

早在 1945 年，化学家们就开始了对 Fe 催化的偶联反应的研究（图 2-28）。这是因为合成化学家在制备格氏试剂时，经常观测到格氏试剂自身偶联的产物，后来证实这是镁屑中含有痕量的铁元素导致的，说明铁能催化偶联反应。基于这一结果，Veron 等发现了 FeCl$_3$ 可催化格氏试剂与苄溴的偶联反应[35]。Cook 等在 1953 年报道，FeCl$_3$ 能催化叔丁基格氏试剂 **2-66** 和特戊酰氯 **2-67** 的偶联反应[36]，以 84% 的产率得到酮 **2-68**。

1971 年，休斯顿大学的 Kochi 小组，探究了 Fe 催化的格氏试剂与烯基卤代物的偶联反应[37]，发现 FeCl$_3$ 可催化正己基格氏试剂 **2-69** 与溴代乙烯的偶联反应，得到 1-辛烯 **2-70**。Kochi 在该论文中提出了亲核取代机理，认为该反应首先是 Fe 与格氏试剂经转移金属化形成有机 Fe 试剂，它与溴代乙烯的双键配位后，促进了亲核取代反应的发生。后来，Kochi 基于钯催化偶联反应机理，进一步推测其机理可能为：首先，$FeCl_3$ 与格氏试剂经过转移金属化、还原消除得到低价态 Fe(0)或 Fe(Ⅰ)物种；接着，低价 Fe 与烯基溴发生氧化加成形成有机 Fe 试剂，再与格氏试剂发生转移金属化；最后，还原消除得到偶联产物的同时再生催化剂，继续催化循环（图 2-29）[38]。

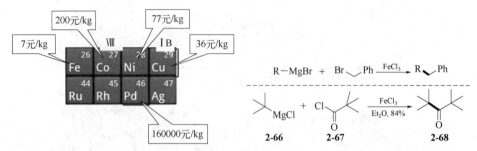

图 2-27 偶联反应所用的五种过渡金属的价格　　图 2-28 早期报道的 Fe 催化偶联反应

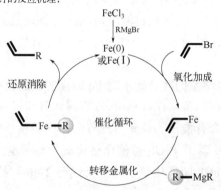

图 2-29 Kochi 提出的 Fe 催化偶联反应的机理

　　Fe 催化偶联反应的机理比较复杂，每一步基元反应还缺乏充足的证据，为此合成化学家对这一反应机理提出了不同的观点。其中，马克斯-普朗克研究所（Max Planck Institute，MPI）的 Alois Fürstner 认为：格氏试剂可能将+3 价的

FeCl₃ 还原为–2 价的 Fe(MgX)₂ 簇合物
（图 2-30），从而具有足够的还原能力与
卤代物发生氧化加成反应，得到零价芳
基铁；接着，格氏试剂相继发生转移金
属化和还原消除，得到偶联产物；此时
Fe 由 0 价回到–2 价，实现催化循环。但
是，到目前为止，Fe 催化偶联反应的活
性催化剂及其中间体的结构仍不清楚，
有待进一步研究。

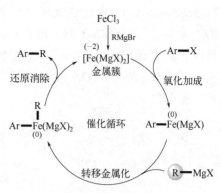

图 2-30　Fürstner 提出的 Fe 催化
偶联反应机理

值得注意的是，在 Pd 催化体系中
较为活泼的碘代物或溴代物，在 Fe 催化
体系中却显示出比氯代物更弱的反应活性（图 2-31）[39]。Alois Fürstner 小组发
现，在 Fe 催化体系中，氯代芳烃和酚磺酸酯均可与正己基格氏试剂反应，以
高于 95% 的产率得到偶联产物 2-72，但碘代和溴代芳烃偶联产率反而很低
（27% 和 38%）。该反应速率很高，室温下仅需 6 分钟即可完成；同时，苯酚
的三氟甲磺酸酯的活性要高于氯代物。基于这一差异，Fürstner 小组从 2-氯
吡啶三氟甲磺酸酯 2-73 出发[40]，在 Fe 催化下，三氟甲磺酸酯先与 2-74 偶
联，得到氯代吡啶衍生物 2-75；接着，向体系中加入 6-庚烯基格氏试剂，使
其发生偶联反应，得到 2,6-二取代吡啶 2-76；最后，经过金属催化分子内的
烯烃复分解反应关环、氢化还原双键，完成了生物碱 muscopyridine 2-77 的
合成。

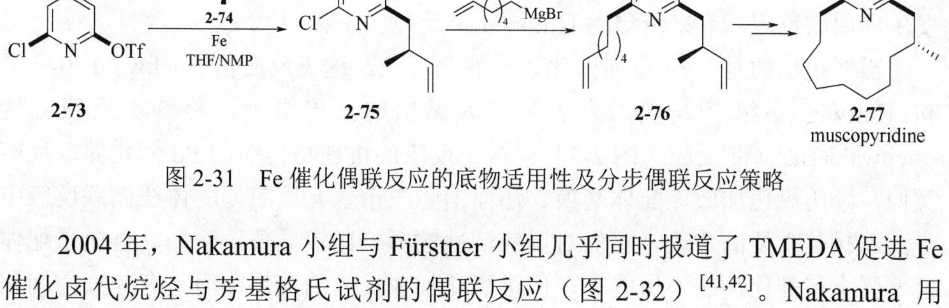

图 2-31　Fe 催化偶联反应的底物适用性及分步偶联反应策略

2004 年，Nakamura 小组与 Fürstner 小组几乎同时报道了 TMEDA 促进 Fe
催化卤代烷烃与芳基格氏试剂的偶联反应（图 2-32）[41,42]。Nakamura 用

Fe(acac)$_3$/TMEDA 催化溴代环庚烷 **2-78** 与苯基格氏试剂的偶联反应，以 96% 的产率得到目标产物 **2-79**。Fürstner 则以预先制备的[Fe(C$_2$H$_4$)][Li(TMEDA)]$_2$ 络合物为催化剂，以 94%的产率得到 **2-80**。二者的区别在于，Nakamura 小组使用了 1.5eq 的 TMEDA 为添加剂，而 Fürstner 小组则只需催化量的 TMEDA 作为配体。

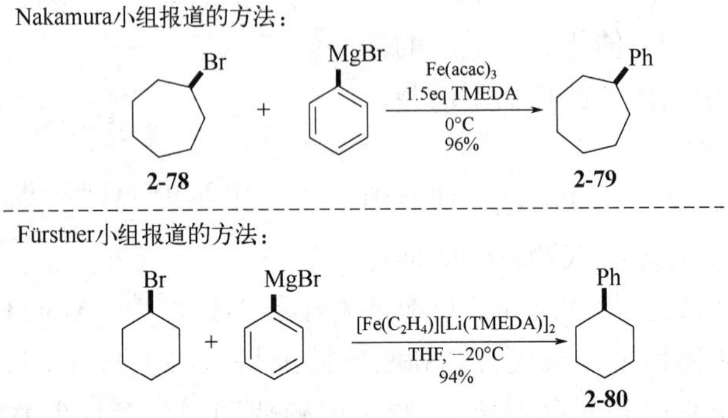

图 2-32　TMEDA 促进 Fe 催化偶联反应

六、Ullman 偶联反应及其进展

1901 年，Ullmann 发现在铜粉存在下，碘苯发生自身偶联反应得到联苯，此反应后来被称为 Ullmann 偶联反应[43]。

Ullmann 偶联反应的机理为（图 2-33）：碘苯与 Cu(0)发生氧化加成后得到 Cu(Ⅱ)中间体，该中间体进一步被铜粉还原得到苯基 Cu(Ⅰ)；然后，与碘苯再次发生氧化加成，得到 Cu(Ⅲ)中间体；最后，Cu(Ⅲ)物种还原消除得到联苯。

1906 年，Goldberg 发现，在 K$_2$CO$_3$/CuI 促进下，芳基卤代物和酰胺发生偶联反应，得到芳香胺，这一反应被称为 Goldberg 偶联反应（也称为 Goldberg 改良的 Ullmann 偶联反应）[44]。该反应的机理为：Cu(Ⅰ)首先与亲核试剂发生配体交换，然后与卤代苯氧化加成为 Cu(Ⅲ)中间体，最后还原消除即可得到偶联产物。这类在 Cu 催化的亲核试剂（如酚、胺、硫酚等）与芳基卤代物之间发生的偶联反应，后来统称为 Ullmann 类反应（图 2-33）。

需要指出的是，Pd 也能催化该类偶联反应。这类反应由 Buchwald 小组[45]和 Hartwig 小组[46]发现，为表彰二人做出的杰出贡献，将该类反应称为 Buchwald-Hartwig 反应（图 2-34）。这一反应的机理与传统的 Pd 催化偶联反应类似，经历氧化加成、配体交换、还原消除三个基元反应。配体在偶联反应中扮演着极其重要的角色，它们对反应活性的影响比较显著，例如，富电子配体可增强金属催化剂的还原能力，促进氧化加成反应的发生；而具有较大空间位阻的配体，则能促进还原消除反应的进行。Hartwig 课题组将 σ 卡宾配体（SIPr）和二茂铁骨架的双膦配体（CyPF-*t*-Bu）等作为 Buchwald-Hartwig 反应的最优配体；而 Buchwald 小组则发现，联苯型单膦配体（如 RuPhos）等也适用于该反应。

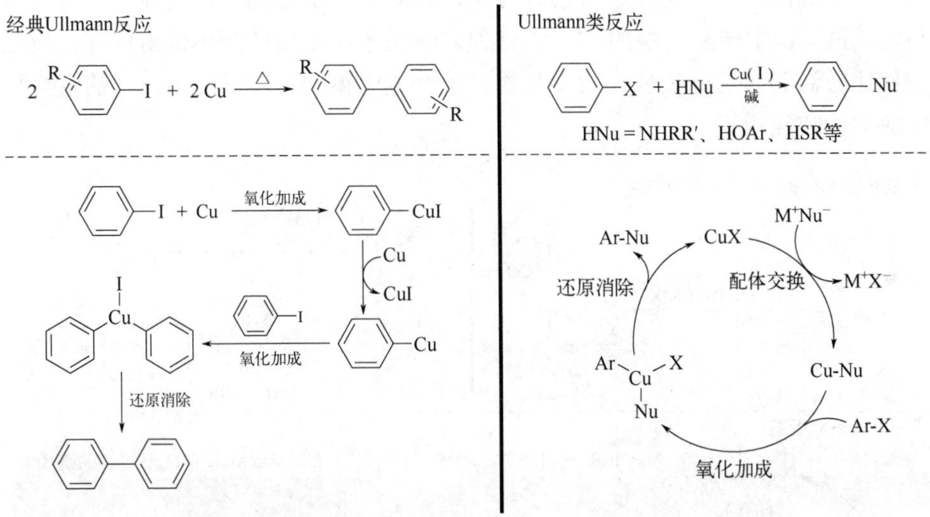

图 2-33　经典 Ullman 偶联反应与 Ullmann 类反应及其机理

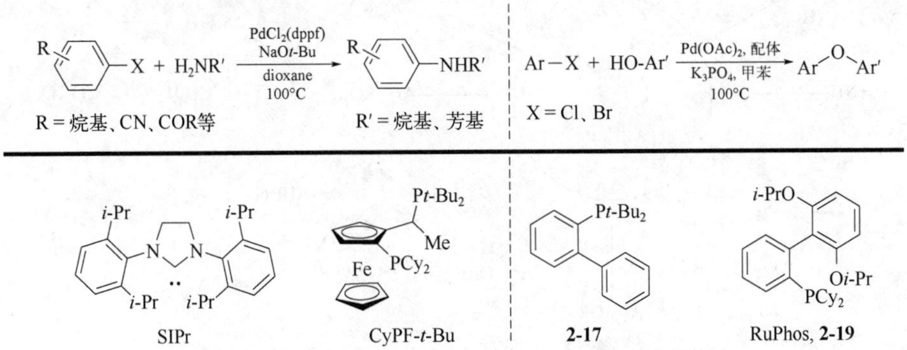

图 2-34　Buchwald-Hartwig 偶联反应及相关配体

　　由于 Pd 比较昂贵，因此，发展结构新颖的配体以实现 Cu 对 Ullmann 类偶联反应的高效催化，这一研究具有重要的理论意义和应用价值。我国著名有机化学家马大为院士，在 Cu 催化 Ullmann 反应研究中做出了卓越贡献（图 2-35）。1998 年，马大为课题组发现，氨基酸在 CuI 催化下，可实现 C—N 键的高效偶联，得到 *N*-芳基取代氨基酸[47]，这可能是因为氨基酸与 Cu(Ⅰ)螯合后，还原能力增强，促进了其与卤代苯的氧化加成。基于这一研究结果，他们发现以氨基

酸衍生物如 *N*-甲基甘氨酸、*N,N*-二甲基甘氨酸、脯氨酸及羟脯氨酸等为配体，可促进 Ullmann 类偶联反应，因此，这一反应被称为 Ullmann-Ma 反应[48]。这一反应体系具有较高的广谱性和实用性，既可以实现卤代苯与氨水、肼、胍、胺、叠氮负离子、酰胺的 C—N 键偶联，也可以催化卤代苯与亚硫酸盐、硫醇的 C—S 键偶联，还能促进卤代苯与酚、醇的 C—O 键偶联，也能实现卤代苯与丙二酸、*β*-酮酸酯、炔的 C—C 键偶联。由于所使用的配体价格低廉，反应条件比较温和，这一反应在很多药物分子合成中得到了广泛应用，有的甚至已经放大到吨级规模。

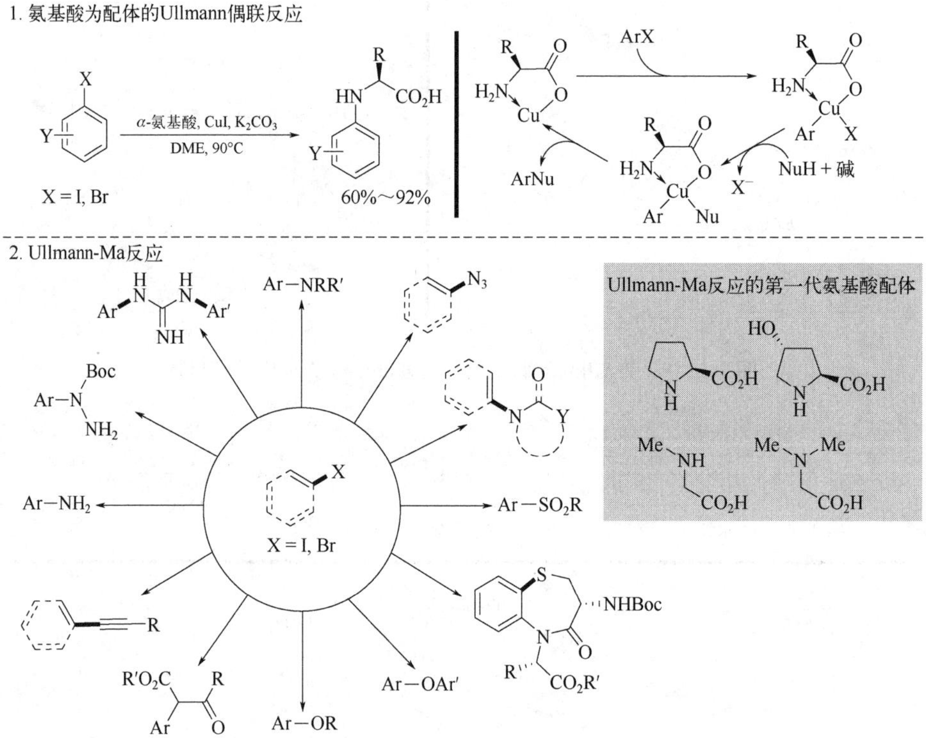

图 2-35　Ullmann-Ma 反应及第一代氨基酸配体

　　芳基氯代烃廉价易得，以其作为偶联反应的亲电试剂，可以大大降低合成成本。但是，氯代物的反应活性比碘代物和溴代物低，很难用 Cu 催化实现 Ullmann 偶联反应。为解决这一具有挑战性的科学难题，马大为课题组设计并合成了一系列草酰二胺配体[49]，首次实现了 CuI 催化的氯代芳香烃与胺的 Ullmann 偶联反应。此类配体结构简单，合成简便，价格低廉，可拓展性高，极大地促进了 Ullmann-Ma 反应的工业化应用（图 2-36）。例如，以 CuI 为催化剂，以 BPMPO **2-81** 为配体[50]，可实现芳基氯代烃与氨气或氨水的偶联反应，得到芳香胺。这一催化体系也可催化 C—O 键的偶联，以草酰二胺类衍生物 **2-83** 为配体，实现了 CuI 催化的芳香氯代烃与水的偶联，得到了苯酚[51]。当以溴苯和碘苯为亲电试剂时，催化剂的用量可降低至 0.5mol%，反应温度也可分别降低至 80℃ 和 60℃。以 CuI/**2-83** 为催化体系，可实现氯代芳香烃与酚的偶联，制备出二芳基醚[52]。由于马大为院士对 Ullman 偶联反应研究的卓越贡献，他先后荣获 Arthur C. Cope Scholar Award（2017 年）和第三届未来科学大奖物质科学奖（2018 年）。

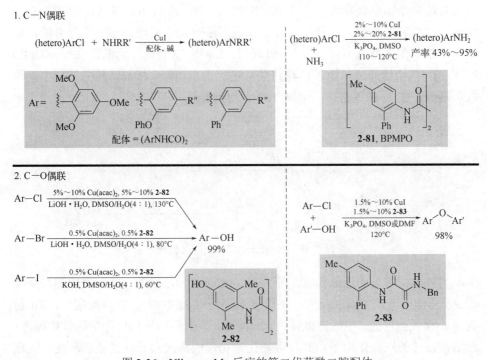

图 2-36 Ullmann-Ma 反应的第二代草酰二胺配体

七、还原偶联反应与氧化偶联反应

在前述的各类偶联反应中，选用的两个底物都是一个为亲电试剂，另一个为亲核试剂。通常情况下，亲电试剂与亲电试剂难以直接发生反应，但如果向反应体系中加入合适的还原剂来提供电子，二者就可以发生偶联反应，这一类型的反应统称为还原偶联反应。同样，两个亲核试剂也无法直接发生偶联反应，需要用氧化剂将亲核试剂上一对多余的电子移除，也可实现偶联，这类反应被称为氧化偶联反应（图 2-37）。

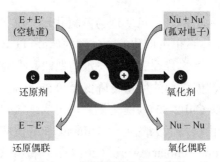

图 2-37　还原偶联与氧化偶联

合成化学家早就发现了这两类反应模式，如 McMurry 偶联反应[53]，它是两分子酮或醛在 TiCl$_4$/Zn 催化下发生偶联形成烯烃的反应，是一类经典的还原偶联反应（图 2-38）。这一反应的机理为：Zn 将 TiCl$_4$ 还原为低价钛——Ti(Ⅱ)或 Ti(0)，低价钛通过单电子转移将羰基还原为自由基；接着，两分子自由基偶联；最后，在 Ti 的促进下，消除 TiO$_2$，得到烯烃。

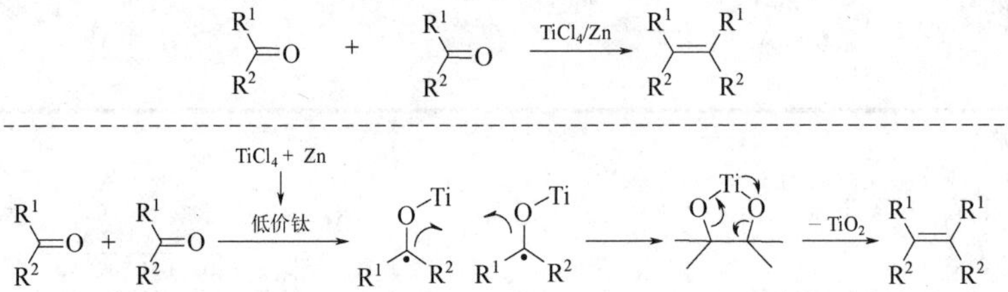

图 2-38　McMurry 偶联反应及机理

另外一类常见的还原偶联反应为 Reformatsky 反应[54]，即 α-卤代酯与醛酮在 Zn 粉作用下发生偶联反应，生成 β-羟基酯（图 2-39）。在该反应中，Zn 粉先与 α-卤代酯反应，生成有机锌试剂；接着，该中间体异构化为烯醇锌中间体；然后，在锌的络合作用下，其与羰基化合物形成椅式六元环过渡态，发生亲核加成反应；最后，加成产物水解，即可得到产物 β-羟基酯。

在传统的过渡金属催化偶联反应中，亲核试剂（如锌试剂和格氏试剂）一般是由卤代烃与金属反应制备的，其对水比较敏感，导致整个实验过程的操作比较复杂。威斯康星大学麦迪逊分校的 Daniel J. Weix 教授首次发展了 Ni/N,N-配体催化的芳基碘代烃与烷基碘代烃的还原交叉偶联反应。2012 年，该课题组将这一反应体系拓展至芳基溴代烃、芳基氯代烃和烷基溴代烃的交叉偶联，生成烷基取代苯（图 2-40）[55]。由于两种不同的亲核试剂同时存在于反应体系中，这类反应不可避免地产生芳基卤代烃、烷基卤代烃自身偶联的副反应。用 N,N-配体如联吡啶配体 2-84 或 1,10-菲罗啉 2-85 则可抑制这些副反应，提高反应的选择性。2020 年，Daniel J. Weix 小组发现，以具有三齿结构的二胩 **2-86** 为配体，可实现芳基氯代烃与烷基氯代烃的还原交叉偶联[56]，进一步拓展了 Ni 催化还原偶联反应的应用范围。

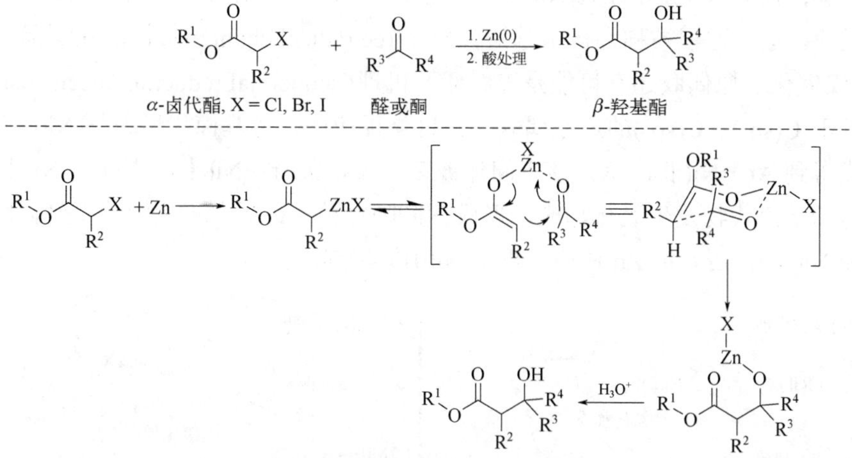

图 2-39 Reformatsky 反应及机理

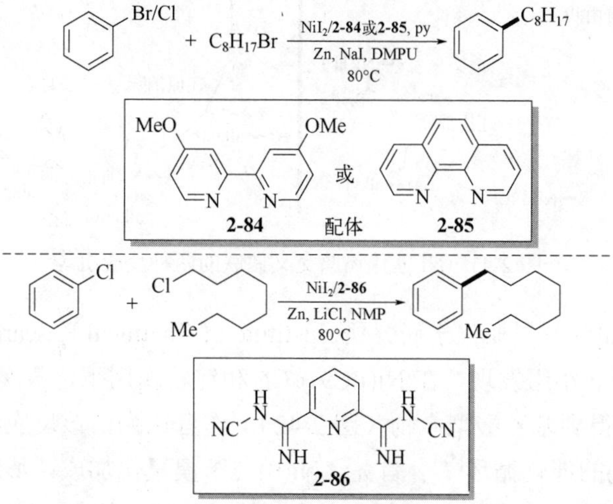

图 2-40 Ni 催化芳基卤代物与烷基卤代物的还原交叉偶联

Ni 催化的还原交叉偶联反应并非通过 Zn 与卤代物原位生成有机锌试剂，再通过类似 Negishi 偶联机理进行，它的反应机理比较复杂，往往由底物的类型及反应条件所决定[57]。反应机理研究表明（图 2-41），在 C(sp³)—C(sp²)的还原偶联反应中，Ni(0)首先与芳基卤代烃发生氧化加成反应，得到 Ar—Ni(Ⅱ)—

X；该中间体与体系中卤代烷烃形成的烷基自由基发生加成反应，形成 Ni(Ⅲ)物种；接下来，Ni(Ⅲ)物种发生还原消除反应，得到偶联产物及 Ni(Ⅰ)中间体；Ni(Ⅰ)通过卤原子攫取机理与烷基卤代烃单电子转移，重新生成 Ni(Ⅱ)与烷基自由基；前者被 Zn 还原为 Ni(0)，再生催化剂；后者则与 Ni(Ⅱ)加成，参与偶联反应。这一过程被称为自由基链机理（free radical chain mechanism）。除此之外，镍催化还原偶联还有可能是连续还原机理（sequential reduction mechanism），常见于 $C(sp^2)$—$C(sp^2)$ 的还原偶联。在这类反应中，芳基卤代烃先与 Ni(0)氧化加成得到 Ar—Ni(Ⅱ)—X，该中间体被 Zn 还原为 Ar—Ni(Ⅰ)；接着，Ni(Ⅰ)物种与烯基卤代物发生氧化加成，形成 Ni(Ⅲ)物种；最后，还原消除得到偶联产物和 Ni(Ⅰ)，后者被 Zn 还原，再生 Ni(0)催化剂。

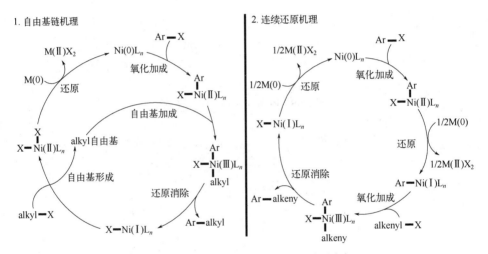

图 2-41　Ni 催化还原交叉偶联的两种反应机理

2013 年，加泰罗尼亚化学研究所（Institute of Chemical Research of Catalonia, ICIQ）的 Martin 小组发现，在 $Ni(PCy_3)_2Cl_2$ 和锌粉作用下，苄溴与 CO_2 发生还原偶联反应，得到苯乙酸型产物（图 2-42）。作者认为，该反应经历了 Ni(0)—Ni(Ⅱ)—Ni(Ⅰ)的催化循环[58]。首先，Ni(0)与苄溴氧化加成，形成烷基 Ni(Ⅱ)，该中间体可能以 η^3 络合物形式存在，从而得以稳定；接着，Ni(Ⅱ)被 Zn 还原为 Ni(Ⅰ)，再与二氧化碳加成得到羧酸 Ni(Ⅰ)盐；最后，该羧酸盐被 Zn 还原，再生 Ni(0)催化剂，同时得到羧酸产物。

在 Ni 催化的还原偶联反应中，卤代烷一般通过卤原子攫取生成烷基自由基参与偶联反应，它对底物的空间位阻不是非常敏感，因此，大位阻的叔卤代烷也可参与还原偶联反应（图 2-43）。2015 年，上海大学的龚和贵小组报道了

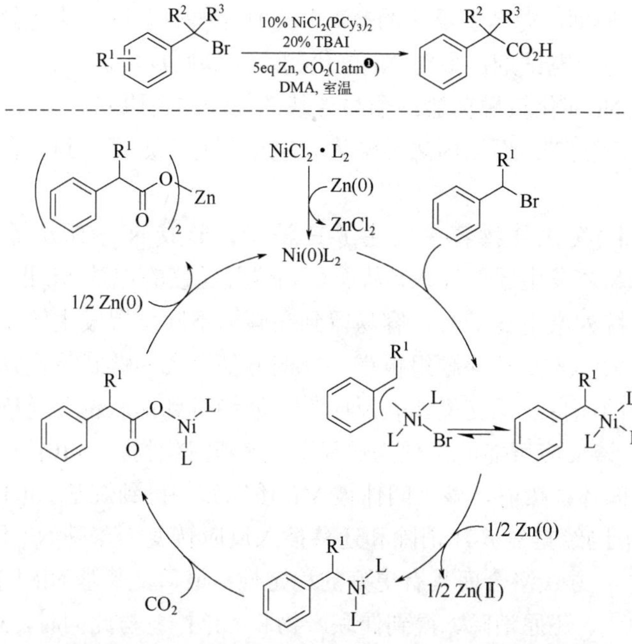

图 2-42　Ni 催化苄溴与 CO_2 的还原偶联反应及机理

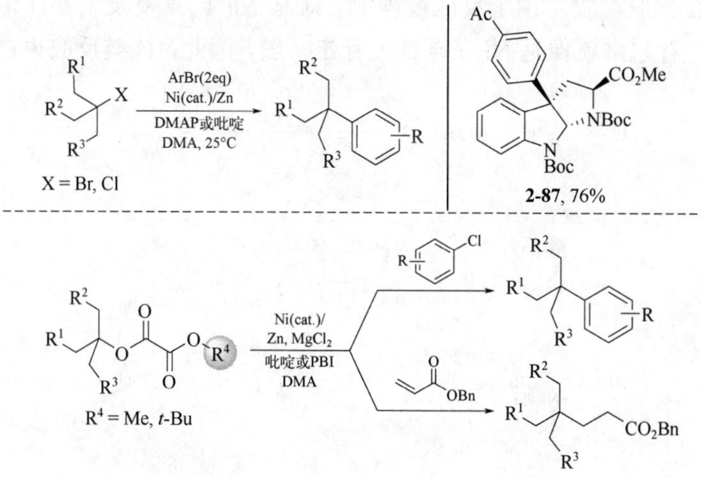

2-87, 76%

图 2-43　Ni 催化的叔卤代烷或叔醇草酸酯的还原交叉偶联

叔卤代烷与卤代苯的还原交叉偶联，得到具有季碳中心的偶联产物[59]。例如，以 3-溴代吡咯并吲哚啉为原料，在 Ni 催化下，其与碘代苯还原偶联，以 76% 的产率得到手性吡咯并吲哚啉 **2-87**。在该反应中，用吡啶或 4-二甲氨基吡啶

---

❶ 1atm=101.32kPa。

（DMAP）做添加剂，提高了反应的产率和立体选择性。除了卤代烃之外，醇的衍生物也可作为亲电试剂，参与 Ni 催化的还原偶联反应。2019 年，龚和贵小组首次报道了 Ni 催化叔醇草酸二酯与芳基氯代烃的还原偶联反应[60]。而以丙烯酸酯为亲电试剂时，则可得到含有季碳中心的加成产物。

烷基 Ni(Ⅰ)类化合物容易发生 β-H 消除，形成 Ni—H 及烯烃产物；而 Ni—H 可再与烯烃发生迁移插入，从而得到位置迁移的烷基 Ni(Ⅱ)产物。因此，当以链状卤代烷为亲电试剂时，容易得到在碳链不同位置发生偶联的混合物。2017 年，南京大学朱少林课题组报道了一例芳基取代的链状溴代物与芳基或者杂芳基溴代烃的迁移还原交叉偶联反应[61]，最终得到偶联位置迁移至苄位的产物（图 2-44）。该反应可能的机理为：首先，烷基溴代物与 Ni(0)发生氧化加成，得到 Ni(Ⅱ)中间体；接着，该中间体被 Mn 还原后，得到烷基 Ni(Ⅰ)类化合物；然后，烷基 Ni(Ⅰ)经重复 β-H 消除和迁移插入反应转变为苄基 Ni(Ⅰ)中间体Ⅵ，该中间体通过 η^3 方式络合而具有更好的稳定性；最后，苄基 Ni(Ⅰ)与芳基卤代物发生氧化加成、还原消除，得到偶联产物和 Ni(Ⅰ)；与此同时，Mn 将 Ni(Ⅰ)还原为 Ni(0)，再生催化剂。在该反应中，使用不同位点的溴代底物，都能得到相同的苄位偶联产物。由于反应过程中，烷基 Ni(Ⅰ)重复发生 β-H 消除、迁移插入反应，看起来就像是 Ni 在碳链上行走一般，因此，该类反应也被称为链行

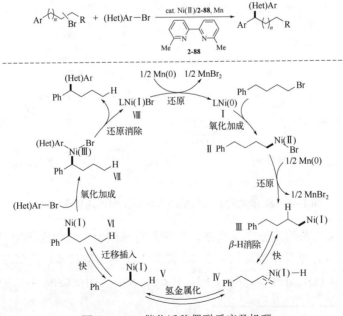

图 2-44　Ni 催化迁移偶联反应及机理

走反应（chain walking reaction）。

同年，朱少林课题组还报道了 Ni—H 催化的烯烃与芳基碘代烃的还原交叉偶联反应[62]，即烯烃 **2-89** 与芳基碘代烃或杂芳基碘代烃反应，得到苄位偶联产物（图 2-45），其机理与前述还原交叉偶联类似。首先，Ni(Ⅰ) 与硅烷通过配体交换得到 Ni—H 物种，其与端烯底物 **2-89** 通过迁移插入得到有机 Ni(Ⅰ)；然后，经过重复 β-H 消除、迁移插入反应，生成稳定苄基 Ni(Ⅰ) 中间体；最后，苄基 Ni(Ⅰ) 中间体与芳基碘代物经过氧化加成、还原消除，得到偶联产物，同时再生 Ni(Ⅰ) 催化剂。

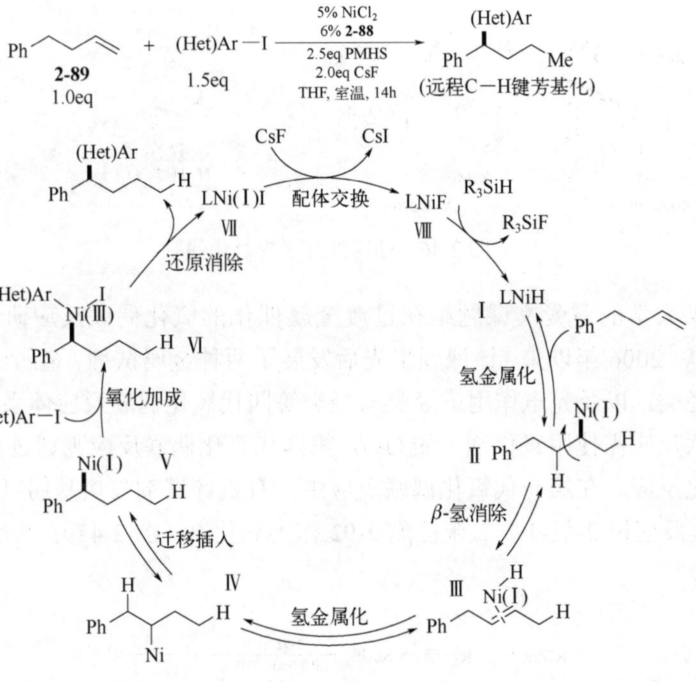

图 2-45　基于 NiH 迁移的偶联反应及机理

氧化偶联反应是指在氧化剂存在下，两分子亲核试剂之间发生的偶联反应。氧化剂将两个亲核试剂的一对电子移除，可实现 C—C 键或 C—杂键的构建。最常见的氧化偶联反应为在金属盐（如 $CuCl_2$、$FeCl_3$ 等）或碘等氧化剂存在下，烯醇负离子发生的氧化偶联反应，得到产物 1,4-二酮。虽然常见的是相同分子间的二聚反应，但通过调节底物的结构，杂二聚氧化偶联反应也见诸多报道；若能将分子间反应拓展到分子内反应，则可抑制底物自身的二聚合副反应，从而得到环化产物。马大为课题组利用分子内烯醇负离子与吲哚的氧化偶联反应，不仅构筑了一系列吲哚类天然产物骨架，而且完成了多个复杂吲哚生物碱的合成[63,64]。例如，从吲哚类底物 **2-90** 出发，在 LiHMDS 作用下形成烯醇及吲哚的双负离子，用碘单质作氧化剂偶联关环，以 83%的产率得到螺环假吲哚骨架 **2-91**，基于这一策略完成了 communesin F 的合成[64a,b]，见图 2-46。

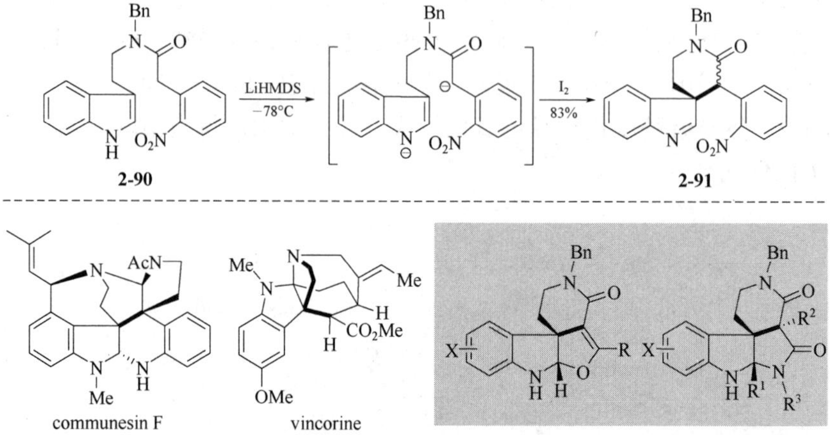

图 2-46 吲哚的分子内氧化偶联

武汉大学的雷爱文课题组在过渡金属催化的氧化偶联反应研究中做出了卓越贡献。2006 年以来，该课题组先后发展了两种金属试剂、金属试剂与烃类、烃类与烃类，以及光电作用下烃类与烃类等四代氧化偶联反应体系[65]。前三代氧化偶联反应需使用氧化剂（如 O_2），第四代氧化偶联反应则通过直接释放 H_2 实现氧化反应。在第一代氧化偶联反应中，有机锌试剂与炔基锡氧化偶联得到炔烃，该反应以 2-氯-1,2-二苯乙酮 **2-92** 作为氧化剂（图 2-47）。其反应机理为：

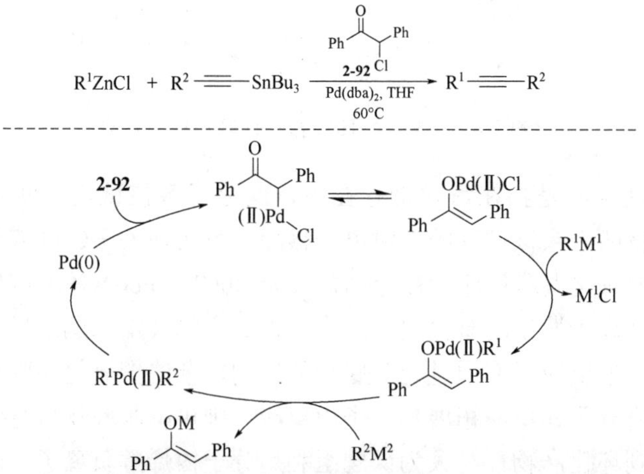

图 2-47 Pd 催化氧化交叉偶联及其机理

Pd(0)与 α-氯代酮 **2-92** 发生氧化加成反应后得到二价钯中间体，该中间体经过异构化形成烯醇氧连二价钯；接下来，其与有机锌及炔基锡发生两次转金属化反应；最后，还原消除后得到偶联产物，同时再生 Pd(0)催化剂。

八、偶联反应在复杂分子合成中的应用

目前，偶联反应已经成为有机合成中构建 C—C 键最为有效的手段之一，并被广泛应用于实验室及工业化生产中复杂分子的合成，由于篇幅有限，从中精选出四个代表性实例进行阐述。

图 2-48 为克唑替尼（Xalkori）的合成路线，它是辉瑞公司研制的 MET/ALK/ROS 的 ATP 竞争性多靶点蛋白激酶抑制剂。临床试验已经证实，在 ALK、ROS 和 MET 激酶活性异常的肿瘤患者中，克唑替尼具有显著疗效，因此，其被用于治疗间变性淋巴瘤激酶（ALK）阳性的局部晚期或转移性非小细胞肺癌（NSCLC）。2011 年，美国食品药品管理局（FDA）批准 Xalkori 上市，其 2017 年的销售额高达 5.9 亿美元。在克唑替尼合成过程中，Suzuki 偶联反应是其中的关键步骤，单批生产规模可达 50 公斤以上（图 2-48）[66]。单批次投料时，加入 49.6kg 的杂芳基溴代烃 **2-93** 与 59.1kg 吡唑硼酸酯 **2-94**，在 Pd(dppf)Cl_2 催化下发生 Suzuki 偶联反应，以 76%的产率得到偶联产物；最后，再用盐酸脱 Boc 保护基，以 80%的产率得到克唑替尼。

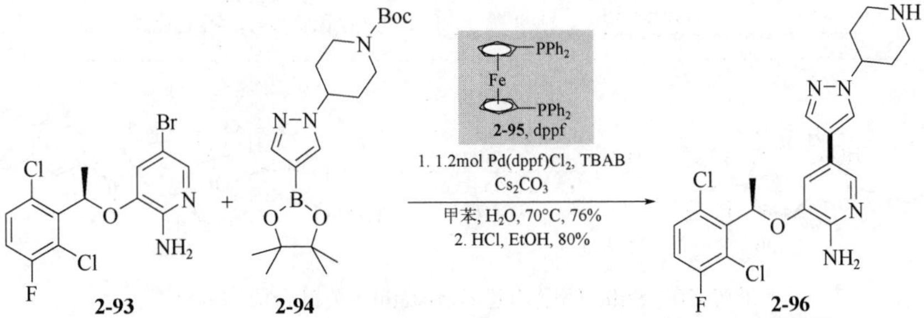

2-93 49.6kg, 130.5mol　　**2-94** 59.1kg, 156.6mol　　**2-96** 克唑替尼

图 2-48　克唑替尼的合成

达内霉素（dynemicin A）是从细菌 *Micromonospora chersina* 的代谢产物中分离出来的，其为含有独特烯二炔结构的抗癌药物。1997 年，加州理工学院的 Andrew G. Myers 课题组在合成达内霉素的过程中，用四三苯基膦钯催化二烯基三氟甲磺酸酯 **2-97** 与芳基硼酸 **2-98** 的 Suzuki 偶联反应，最终以 90%的产率得到关键合成中间体——不饱和酯 **2-99**（图 2-49）[67]。

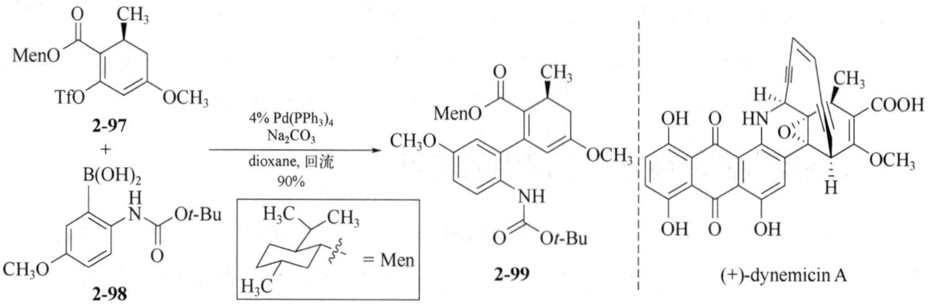

图 2-49　达内霉素关键中间体的合成

cortistatin J 是一种新型甾体血管新生抑制剂，由于其具有极高的抑制细胞增殖活性（IC$_{50}$ =1.8nmol/L），吸引了众多合成科学家的兴趣。2011 年，宾夕法尼亚州立大学的 Raymond L. Funk 小组采用 Stille 偶联反应，在甾体骨架上成功引入异喹啉单元（图 2-50）[68]。含有诸多敏感官能团如环氧、羟基、羰基等的三氟甲磺酸酯 2-100 与异喹啉锡试剂 2-101，在四三苯基膦钯和氯化亚铜的共同催化下，以 70%的产率得到偶联产物 2-102。

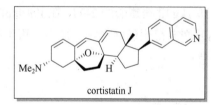

□ 从海绵Corticium simplex中分离出来
□ 具有优异的细胞生长抑制和抗增殖活性（IC$_{50}$ = 8和1.8nmol/L）
□ 具有甾体母核
□ 含有氧杂双环[3.2.1]辛烯环系
□ 经历无数合成尝试
□ 几个团队参与，4个已完成

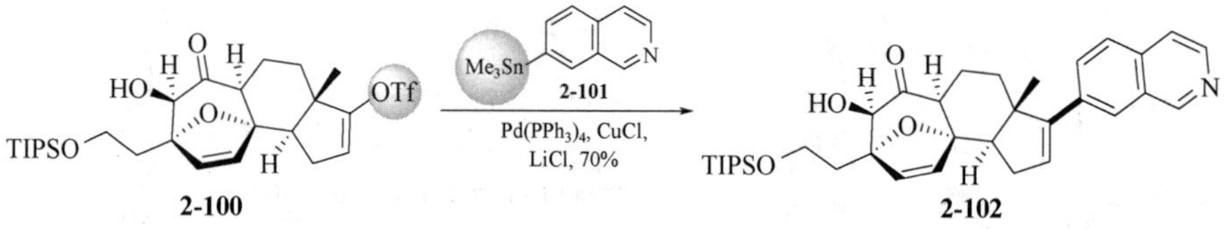

图 2-50　Stille 偶联构建 cortistatin J 关键合成中间体

maoecrystal V 是中国科学院昆明植物研究所的孙汉董院士课题组从毛萼香茶菜中分离纯化出来的二萜类天然产物，其具有潜在的选择性细胞毒活性。maoecrystal V 具有极其复杂的笼状结构和密集的手性中心（包括连续季碳中心），激发了合成化学家广泛的研究兴趣。2014 年，美国西北大学的 Regan J. Thomson 小组完成了这一天然产物的合成，他们利用分子内 Heck 反应构建关键的季碳中心和螺环骨架（图 2-51）[69]。在四三苯基膦钯催化下，手性芳基溴代物 2-103 发生分子内 Heck 反应光环，得到螺环产物 2-104a，以及双键移位

产物 **2-104b**。后者是二价钯中间体经 β-H 消除生成 **2-104a** 及 X–Pd–H 物种后，Pd–H 对烯烃发生加成反应，再经 β-氢消除反应形成的。

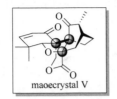

□ 从Isodon eriocalyx中分离出来
□ 连续季碳手性中心
□ 二环[2.2.2]辛烯环系
□ 潜在的选择性细胞毒性活性
□ 经历无数合成尝试
□ 十多个团队参与，5个已完成

maoecrystal V

合成Maoecrystal V的路线

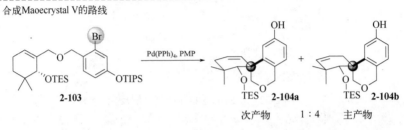

2-103　　　　　　　Pd(PPh₃)₄, PMP　　　　　　　2-104a　　　＋　　　　2-104b

次产物　　　　1 : 4　　　主产物

图 2-51　分子内 Heck 反应的应用

第二节　金属催化的烯烃复分解反应

烯烃复分解（alkene metathesis）反应也称烯烃换位反应，是指在金属催化剂作用下，两个 C=C 键被切断后重新组合，形成新的烯烃的过程。由于在烯烃复分解反应的研究与应用方面做出的卓越贡献，三位杰出化学家 Yves Chauvin、Robert H. Grubbs 和 Richard R. Schrock 共同分享了 2005 年诺贝尔化学奖。

一、烯烃复分解反应

早在 20 世纪 50 年代中期，就出现了关于金属催化烯烃 C=C 键断裂与重组反应的报道（图 2-52）。例如，1964 年，Philips 石油公司发现，在 $Mo(CO)_6$ 与 Al_2O_3 的共同催化下，丙烯发生重组，得到了乙烯及 2-丁烯[70]。同年，Natta 等发现用 $MoCl_6$ 与 $AlEt_3$ 可催化环戊烯的开环聚合反应，得到多聚烯烃[71]。1967 年，Calderon 等首次将这类过渡金属催化下烯烃换位的反应命名为烯烃复分解反应[72,73]。烯烃复分解机理见图 2-53。

尽管烯烃复分解反应的发现和理论研究起步较早，但是早期的催化体系通常需要苛刻的反应条件（高温、高压），加之对官能团的兼容性较差、催化效率不高，致使这一反应的应用受到了很大的限制。第一例实用的烯烃复分解反应催化剂是由麻省理工学院 Schrock 教授报道的，该催化剂含有 Mo 卡宾结构[74]，其显著优点是底物适用范围广、催化活性高、受空间效应和电子效应的影响较小，但是，其存在对空气和水以及杂质很敏感、容易分解、不易储存等缺点。值得一提的是，Schrock 还曾于 1981 年报道了可应用于炔烃复分解的钨卡拜催化剂 **2-110**[75]，见图 2-54。

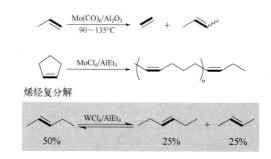

图 2-52　早期报道的烯烃复分解反应

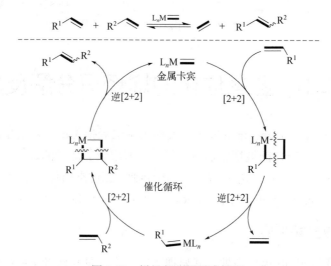

图 2-53　烯烃复分解反应机理

1992 年，加州理工学院的 Robert Grubbs 小组发现了过渡金属钌卡宾络合物 **2-105**，将其成功用于降冰片烯开环聚合反应（图 2-54）[76]。这一催化剂不仅克服了其他催化剂对官能团兼容范围小的缺点，还能在空气中稳定存在，甚至在水、醇或酸存在下仍然可以保持较高的催化活性。此后，Grubbs 等又对催化剂进行了改进，发现钌卡宾 **2-106** 是更稳定的催化剂，并发展为第一种被广泛使用的烯烃复分解催化剂[77]，因此被称为第一代 Grubbs 催化剂。1999 年，Grubbs 等用氮杂环卡宾（NHC）配体（**2-107**）代替原催化剂中的一个 PCy₃ 配体，从而得到了催化剂 **2-108**[78]，其具有常温下稳定、官能团兼容性好等优点。

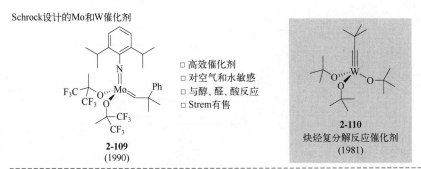

图 2-54　Schrock 及 Grubbs 开发的烯烃复分解催化剂

二、常见的烯烃复分解反应类型

常见的烯烃复分解反应主要有交叉复分解（cross metathesis，CM）、关环复分解（ring closing metathesis，RCM），以及开环关环复分解（ring opening-ring closing metathesis，RORCM）反应等。烯烃交叉复分解反应指的是两分子烯烃的换位反应，所得产物常为混合物，一般可通过增加廉价易得烯烃的用量来提高反应产率，但这一反应存在产物的顺反构型难以控制的问题。

马大为课题组采用交叉复分解反应构建抗生素 FR235222 合成的关键非天然氨基酸 **2-111**（图 2-55）[79]。两个手性烯烃 **2-112** 和 **2-113**，在第二代 Grubbs 催化剂作用下，以 55%的产率和 1.5∶1 的 *E/Z* 比例得到复分解产物 **2-114**；此外，体系中还生成了两个烯烃自身偶联的副产物，使得杂二聚产物的产率较低。

烯烃的关环复分解反应（RCM）是指非环状二烯烃通过分子内烯烃复分解反应得到环状烯烃产物的反应。RCM 是一类通用的成环反应，可由线性二烯合成具有不同大小环系的环状烯烃，其中甚至包括大张力的八至十元环。Grubbs 小组用第二代 Grubbs 催化剂，以含有不同碳原子数的二烯醚为前体，分别制备了五元环、六元环和七元环烯醚[80]，产率为 64%～85%，其中六元环烯醚在反应过程中需要克服的环张力最小，因而产率最高，达到了 85%（图 2-56）。

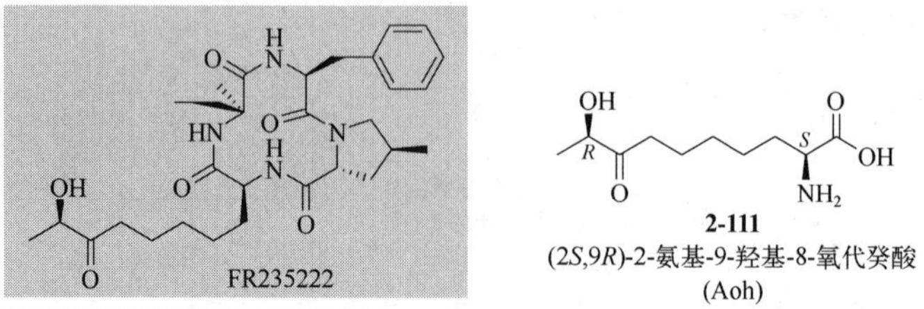

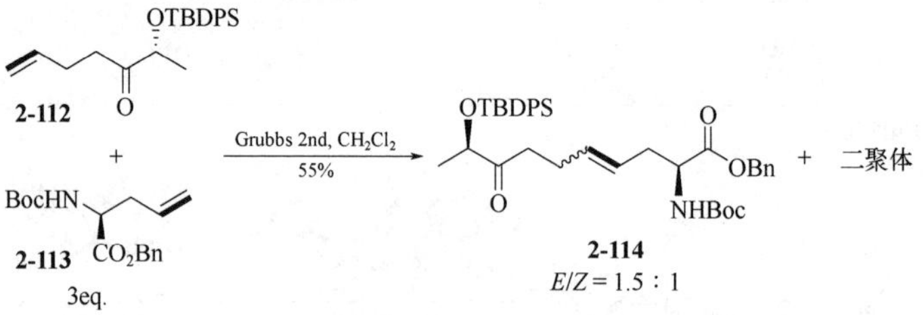

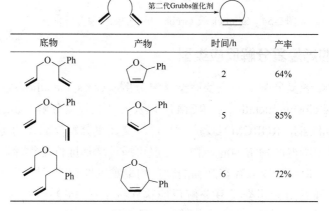

图 2-55 交叉复分解反应

图 2-56 烯烃关环复分解反应构建环醚

底物	产物	时间/h	产率
		2	64%
		5	85%
		6	72%

关环复分解反应还可以用来构建更大的环系，例如，埃博霉素 A 为具有十六元环的大环内酯类天然产物，它具有显著的抗微管蛋白聚合活性，对多种耐紫杉醇类药物的肿瘤细胞有抑制效果。Scripps 研究所的 Kyriacos C. Nicolaou 小组，用关环复分解反应首次完成了埃博霉素 A 的不对称合成[81]。线性关环前体——2-115 在第一代 Grubbs 催化剂作用下，关环得到 16 元大环内酯 2-116，其中反式双键产物 2-116a 的产率为 46%，顺式双键产物 2-116b 的产率为 39%（图 2-57）；前者经过几步转化，即可实现埃博霉素 A 的不对称合成。

开环关环复分解（RORCM）反应利用具有张力的环状烯烃的高活性首先发生烯烃复分解反应开环，形成金属卡宾后与分子中的另外一个烯烃发生关环复分解反应，这类反应可用于鸟巢烷型二萜等多重环系的构建。鸟巢烷型二萜是一类具有 5-6-7 三环骨架的二萜类天然产物，其具有抗菌、抗炎、促进神经生长因子合成等活性，是潜在的治疗阿尔茨海默病的药物分子。耶鲁大学的 Andrew J. Phillips 小组采用开环关环复分解反应，实现了鸟巢烷型二萜 cyanthiwigin U 的全合成[82]。其关环前体为[2.2.2]-桥环烯烃 **2-117**，在第二代 Grubbs 催化剂作用下，桥环烯烃先与金属卡宾通过[2+2]/逆[2+2]环加成反应开环，释放环张力，形成的卡宾中间体再与相邻的烯酮经 RCM 关环，构建五元环；最后，剩余的两个烯烃再经过一次 RCM 反应关闭七元环，得到 5-6-7 三环骨架产物 **2-118**，进而完成了 cyanthiwigin U 的全合成（图 2-58）。

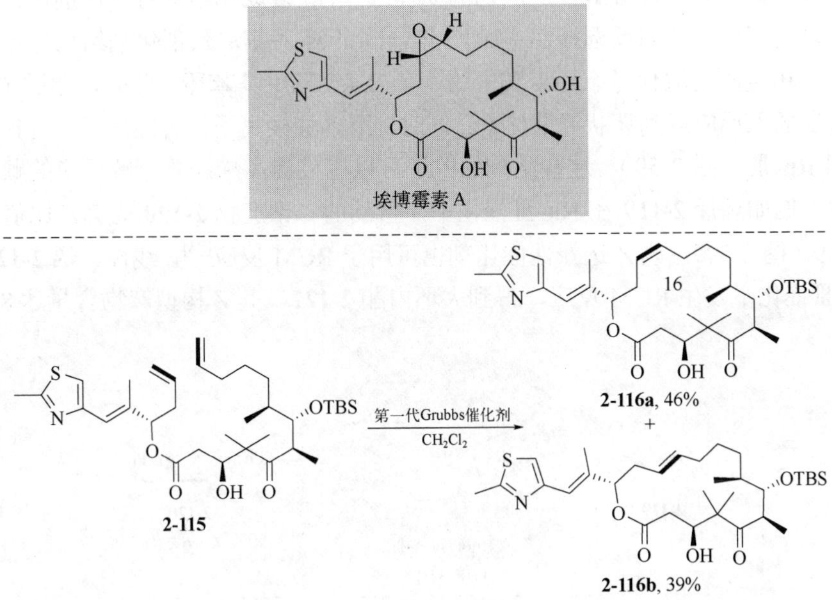

埃博霉素 A

图 2-57 用 RCM 反应合成大环内酯

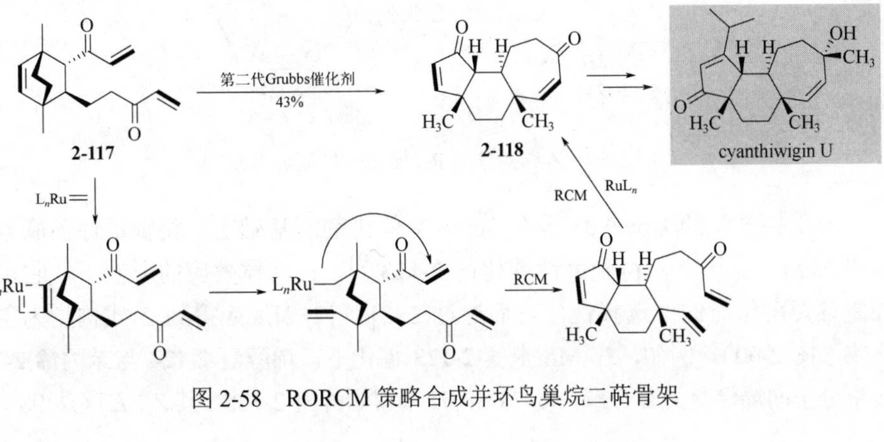

图 2-58 RORCM 策略合成并环鸟巢烷二萜骨架

三、烯烃复分解反应的选择性调控

在前述的烯烃复分解反应中，除了关环形成的小环产物外，分子间 RCM 的产物以及 RCM 反应形成的大环产物的双键的顺反选择性较差。一般而言，由于反式烯烃热力学更加稳定，加之烯烃复分解反应是可逆的，因此，在分子间烯烃复分解反应产物中，一般是反式异构体产物的比例略占优势。然而，在烯烃关环复分解反应中，由于分子构象的原因，顺式烯烃的张力更小、更稳定，因此，顺式产物略占优势。

为了提高烯烃复分解反应产物的立体选择性，合成化学家对催化剂进行了优化，以提高反应的顺反选择性。2012 年，Grubbs 对第二代催化剂结构进行了修饰[83]，用金刚烷取代氮杂环卡宾中的一个 2,4,6-三甲基苯环；此外，通过 C—H 键金属插入反应得到环状钌催化剂；同时，用硝酸根离子代替氯离子，得到了催化剂 **Ru-Ⅲ**（图 2-59）。这些结构的改进可以有效提高烯烃复分解反应的顺反选择性，例如烯烃 **2-119** 在 **Ru-Ⅲ** 催化下，得到的二聚产物 **2-120** 的 Z/E 比值达到 91∶9（图 2-59）。该 Z-选择性催化剂也可用于 RCM 反应[84]，线性二烯 **2-121** 在 **Ru-Ⅲ** 催化下发生 RCM 反应，得到大环内酯 **2-122**，其 Z 构型产物含量达 85%。

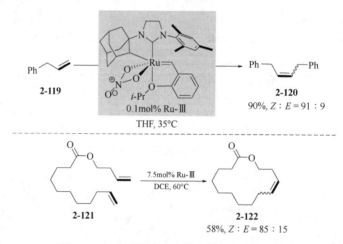

图 2-59　Z-选择性的 Ru 催化烯烃复分解反应

波士顿学院的 Hoveyda 等在 Schrock 催化剂的基础上，将轴手性的联苯二酚引入 Mo 原子上，得到手性催化剂 **2-123**[85]。在立体效应的影响下，它可以控制烯烃配位时的面选择性，进而通过[2+2]/逆[2+2]反应得到 Z 式构型为主的产物（图 2-60）。例如，在 Mo 卡宾 **2-123** 催化下，烯醇醚 **2-124** 与苯丙烯 **2-119** 发生分子间烯烃交叉复分解，以 73%的产率得烯醇醚 **2-125**，其 $Z∶E$ 高达 98∶2。

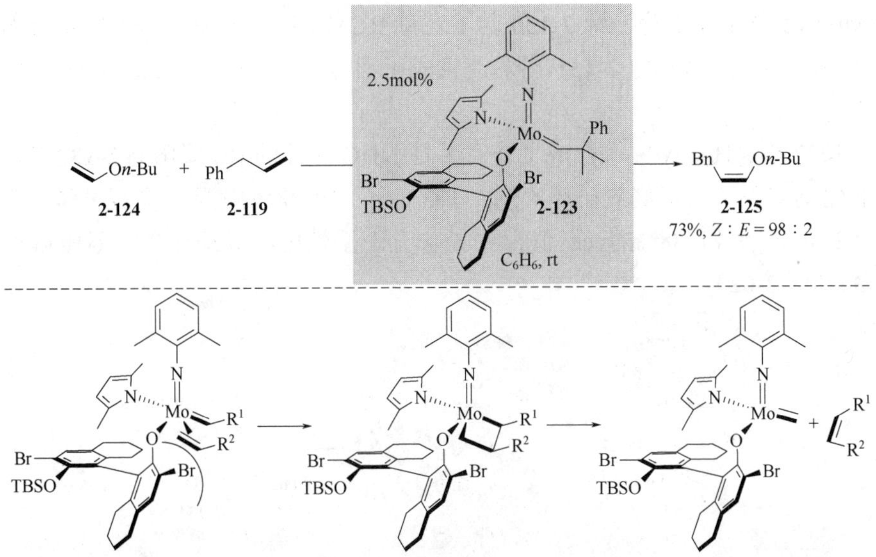

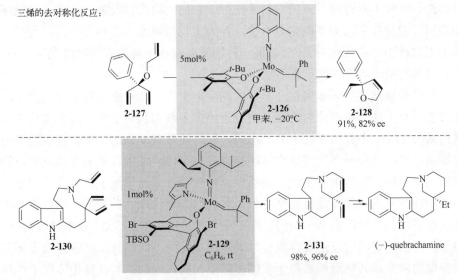

图 2-60　Z-选择性的 Mo 催化剂

　　将与轴手性酚配体螯合的 Mo 催化剂应用于分子内去对称化 RCM 反应，可以得到手性环烯产物[86]。在这一研究领域中，Schrock 和 Hoveyda 等开展了长期合作，他们用手性联苯酚或联萘配位的 Mo 卡宾催化剂取得了优异的对映选择性（图 2-61）[87]。例如，用 Mo 卡宾 **2-126** 催化三烯 **2-127** 的不对称 RCM 反应，以 91%的产率和 82%的 ee 值得到去对称化反应产物 **2-218**。

图 2-61　应用于去对称化的不对称 RCM 反应

用 Mo 卡宾 **2-129** 催化三烯 **2-130** 的不对称 RCM 反应,取得了 96% 的优异对映选择性。从手性化合物 **2-131** 出发,完成了吲哚生物碱(−)-quebrachamine 的不对称合成。

2007 年,Hoveyda 等合成了连有手性 NHC 配体的 Ru 催化剂 **2-132**[88],用该催化剂实现了内消旋氧桥环庚烯 **2-133** 的不对称开环/交叉烯烃复分解反应,以 62% 的产率和 88% 的 ee 值得到了含五个手性中心碳原子的六氢吡喃产物 **2-134**(图 2-62)。

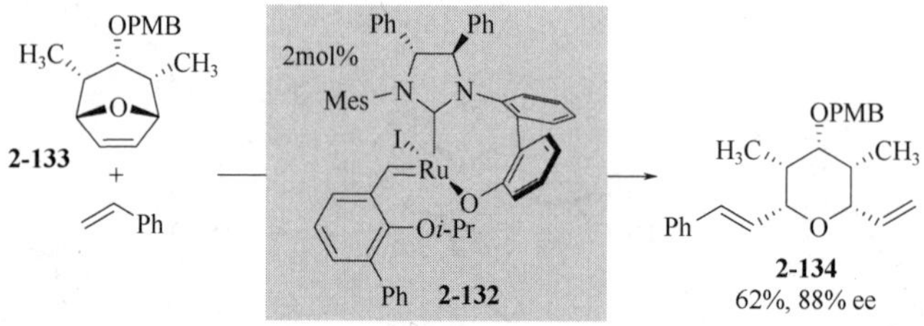

图 2-62   对映选择性的烯烃开环/复分解反应

第三节   金属催化的不对称反应

平面偏振光穿过某物质的溶液后,如果偏振面的方向发生了旋转,说明该物质的溶液具有旋光性,即光学活性。究其原因,是该物质的空间结构具有不对称性。这种不对称性与人的左右手相似,它们的组成以及各部分的连接顺序均相同,但是在空间上不能完全重叠,互为实物与镜像的关系,因此,现在习惯于把这种不对称性称为手性。如果一种物质或物体不能与它的镜像完全重叠,那么这种物质或者物体就具有手性。

手性是自然界的基本属性之一,大到宇宙中的星体,小到看不见的分子,都可能具有手性。生命体内的氨基酸分子绝大多数都具有手性,而更大尺度的蛋白质与 DNA 不仅由手性小分子组成,同时还具有复杂的三维结构或特殊的双螺旋结构,这种介观尺度的空间结构也具有手性。根据常见手性物质的结构特征,一般将其分为中心手性、轴手性、螺旋手性以及平面手性等。手性分子的两种构型互为镜像,除旋光度之外,它们的其余物理性质完全相同;在非手性环境下的化学性质也完全相同,将其称为对映异构体。然而,在手性环境下,由于手性物质之间可以组成含两种以上手性单元的不同组合,这些组合不再互为镜像的关系,其物理性质和化学性质都不相同,因此,对映异构体在手性环境下的物理化学性质都不相同。

由于构成生命的四大物质——蛋白质、核酸、多糖、脂类，绝大多数都具有手性，所以，当具有手性的药物分子与生命体内的有机分子进行作用时，往往得到截然不同的结果。1959 年，西德各地报道了手脚异常的畸形婴儿的出生。伦兹博士对这种奇怪现象进行了调查，于 1961 年发表了"畸形的原因是催眠剂反应停"，使人们大为震惊。反应停是妊娠妇女为治疗妊娠早期的呕吐而服用的一种药物，它的化学成分是沙利度胺，其分子有一个手性中心，具有两个对映异构体，其中(R)-异构体具有很好的镇静作用，而(S)-异构体不但没有镇静作用，反而对胚胎有很强的致畸作用（图 2-63）。

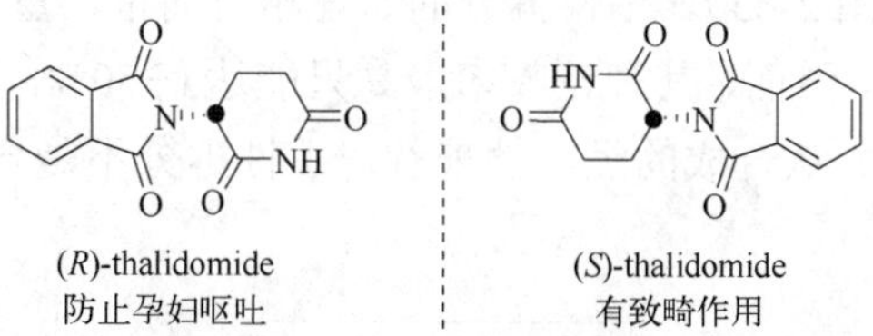

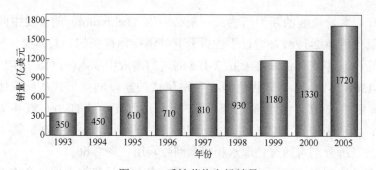

(R)-thalidomide
防止孕妇呕吐

(S)-thalidomide
有致畸作用

图 2-63　反应停的结构式

由于早期人们对手性药物的性质没有充分的认识，欧洲一些医生给孕妇服用没有经过拆分的外消旋沙利度胺，用来镇痛或者止咳，造成了悲剧。正是有了 20 世纪 60 年代的这个教训，带有手性中心的药物在研制成功后，所有异构体都要经过严格的生物活性和毒性试验，以避免其中所含的另一种手性分子对人体造成危害。从图 2-64 可以看到，手性药物在市场中的份额逐年递升，2005 年即已增长到了 1720 亿美元。

图 2-64　手性药物市场销量

来源：Chem. & Eng. News, **2001**, 79(40): 79.

一、不对称合成方法概述

由于手性中心在一些重要药物分子和复杂天然产物中普遍存在，合成这些手性分子的方法就成为有机合成的重要研究内容。目前，制备手性化合物的方法主要有手性拆分（chiral separation）和不对称合成（asymmetric synthesis）两种。手性拆分是指利用物理方法或化学方法将对映异构体分离开来，一般需要使用廉价易得的手性拆分试剂。而不对称合成（或称为手性合成、立体选择性合成、对映选择性合成）则是向反应底物中引入一个或多个手性元素的化学反应。不对称合成反应主要依赖于反应位点所处的手性环境，一般通过手性环境的诱导作用来控制反应的立体选择性，从而实现手性中心的构建。

手性拆分是使消旋底物与手性拆分试剂形成非对映异构体，由于非对映异构体的溶解度、沸点等物理性质不同，通过重结晶或柱色谱加以分离，从而得到光学活性产物（图 2-65）。手性拆分的原理相对简单，重现性好，操作简便，比较适合放大生产。然而，其理论收率最高只能达到 50%，致使生产效率较低，还产生了大量废料。从合成的经济性来看，手性拆分不是合成手性化合物最理想的方法。

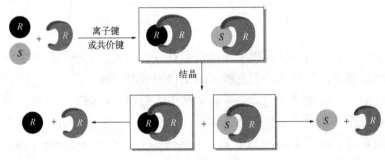

图 2-65　手性拆分原理

治疗心血管疾病的新型药物——奈必洛尔（nebivolol）的重要中间体手性6-氟-4-氧代色满-2-羧酸是通过手性拆分其外消旋体得到的。具体操作过程为：向外消旋 6-氟-4-氧代色满-2-羧酸 **2-135** 的丙酮溶液中加入(+)-(1*S*,2*R*)-1-氨基-2-茚醇 **2-136**，(*S*)-6-氟-4-氧代色满-2-羧酸生成的盐以固体形式从反应体系中析出，分离后加入 HCl，用乙酸乙酯萃取，就可得到光学纯的(*S*)-6-氟-4-氧代色满-2-羧酸；母液中加入 HCl，用乙酸乙酯萃取，得到光学纯的(*R*)-6-氟-4-氧代色满-2-羧酸，拆分剂可通过处理水相得到回收利用（图 2-66）。

从合成效率和经济效益来看，不对称合成无疑是获得手性化合物更加经济实用的方法。根据不对称合成反应中手性环境来源的种类，可将其分为手性底物控制的不对称合成、手性试剂控制的不对称合成、手性辅基控制的不对称合成以及不对称催化控制的不对称合成四种。其中，手性底物控制的不对称合成被称为手性源（chiral pool）法，也称为底物控制法，它通过底物中已有的手性来诱导产物形成新的手性中心，这一方法的原理是底物已有的手性中心的空间效应或者诱导效应，致使非对映异构体过渡态的能量稍有差别，活化能较低的反应进行得更快，从而得到非对映选择性产物。在手性源合成中，反应底物的手性主要来源于廉价易得的手性分子如氨基酸、糖类化合物等，这些手性分子统一被称为手性源（图 2-67）。

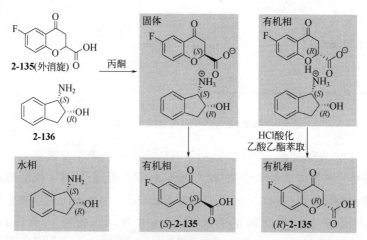

图 2-66　利用手性胺进行手性拆分

图 2-67　常用的手性原料

马大为课题组在合成蛋白水解酶抑制剂 AG7088 过程中[89]，以廉价易得的 L-缬氨酸为原料，经过一系列转化后得到带有保护基的手性 α-氨基醛 **2-137**。该手性醛与炔基锂试剂加成时，非对映选择性地得到 *anti*-构型为主的产物 **2-138a**，产物的优势构型可以通过 Felkin-Ahn 模型准确地预测。在手性醛的稳定构象中，空间位阻最小的羰基处于位阻最大的二苄氨基和位阻次之的异丙基之间。当亲核试剂进攻羰基时，为了避免与大位阻的二苄氨基的空间排斥作用，就从下方接近醛基，从而得到以 *anti*-构型为主的产物（图 2-68）。

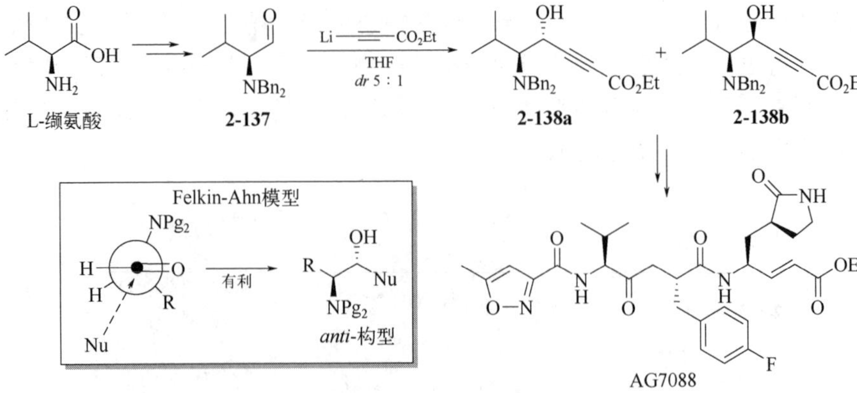

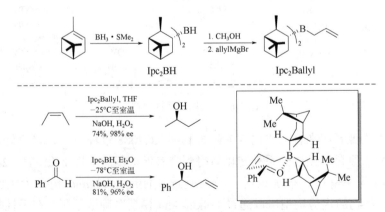

图 2-68 手性源法合成 AG7088

手性试剂（chiral reagent）控制的不对称合成是利用手性试剂来调控反应的立体选择性，制备需要的手性化合物。Brown 课题组通过(−)-α-松萜与硼烷二甲硫醚反应，得到手性(+)-二异松莰基硼烷（Ipc$_2$BH）。Ipc$_2$BH 先与甲醇反应得到硼酸酯，再与烯丙基格氏试剂反应，就可得到二异松莰基烯丙基硼烷（Ipc$_2$Ballyl）。以 Ipc$_2$Ballyl 为还原剂，实现了 2-丁烯的不对称硼氢化反应，再经过双氧水氧化，以 98%的 ee 值得到(R)-2-丁醇（图 2-69）[90a]。此外，Ipc$_2$BH 是一类常用的不对称烯丙基化试剂，其与苯甲醛反应，以 96%的 ee 值得到了手性烯丙醇[90b]。进一步研究表明：Brown 烯丙基化反应通过椅式六元环过渡态进行[90c]，其中的苯基处于平伏键位置，为避免二异松莰基的空间排斥作用，烯丙基便从醛的 si-面进攻，得到 S 构型产物。

图 2-69 (−)-α-松萜衍生的手性硼烷和烯丙基硼烷

手性辅基控制的不对称合成需要在底物中预先安装一个手性基团（手性辅基），反应过程中通过手性基团的诱导作用，立体选择性地构建产物的新手性中心，最后将产物上的手性基团脱除，即可得到需要的手性产物（图 2-70）。手性辅基的诱导效率较高、可调整性大，但缺点是增加了安装和脱除手性辅基这两步反应，降低了合成效率。不对称合成中常用的手性辅基有 Evans 辅基（手性噁唑啉酮）[91]、伪麻黄碱[92]、手性亚磺酰胺[93]等，其中 Evans 辅基和伪麻黄碱常用于羧酸的不对称合成反应，手性亚磺酰亚胺常用于手性胺的合成。

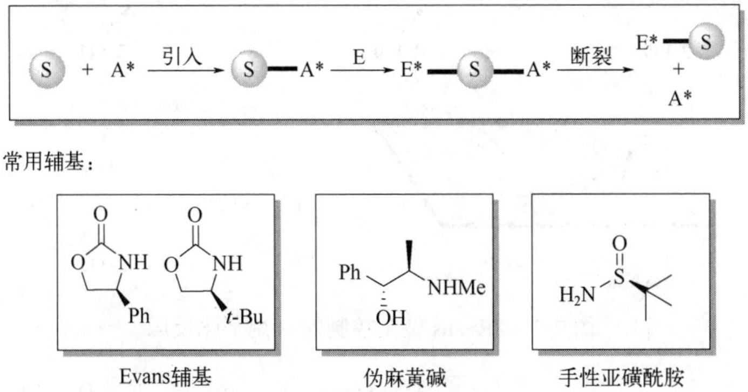

常用辅基：

Evans辅基　　　　伪麻黄碱　　　　手性亚磺酰胺

图 2-70　手性辅基控制的不对称合成及常用辅基

以 Evans 辅基为例，介绍手性辅基控制的不对称合成。哈佛大学的 David A. Evans 发展了噁唑烷酮类手性辅基，该类手性辅基以手性 α-氨基酸为原料，经过还原、环化两步就可合成。由于合成简单，并且连有 Evans 辅基的底物发生反应的非对映选择性较高，在不对称合成中应用比较广泛，常用于羧酸的 α-烷基化反应和不对称 Aldol 反应[91]。安装 Evans 辅基的经典方法是先用强碱如丁基锂等拔掉 Evans 辅基 **2-139** 中氮原子上的氢，再与丁酰氯反应，得到酰亚胺 **2-140**。然后，该前体在强碱如 LDA 的作用下生成烯醇中间体，再与卤代物发生亲核取代反应，就可得到 α-烷基化产物 **2-141**。接着，在碱性条件下水解、脱除辅基，就可以得到手性羧酸 **2-142**，同时回收手性辅基[94]。在对带有 Evans 辅基底物进行 α-烷基化反应中，亲电试剂进攻烯醇负离子时，辅基上的大位阻基团屏蔽了烯醇的 β-面，碘甲烷只能从 α-面接近，从而得到立体选择性甲基化产物（图 2-71）。

Evans 辅基合成法还可用于不对称 Aldol 缩合反应，这类反应一般需要将底物转化为烯醇硼酸酯。在二异丙基乙胺作用下，噁唑啉酮 **2-143** 与三氟甲磺酸二丁硼反应，立体选择性地得到(*Z*)-烯醇硼酸酯。接着，该中间体与醛发生 Aldol 缩合，得到 *syn* 构型产物 **2-144**（图 2-72）。该反应的非对映选择性可由 Zimmerman-Traxler 过渡态模型预测[95]。在六元环过渡态中，Evans 辅基处于直立键，但由于羰基与烯醇的极性排斥作用，二者朝向相反。当手性辅基上的取代基朝下时，它与硼酸酯上的丁基之间的空间排斥作用最小，该构象的能量比苄基朝上的能量更低。与此同时，亲电试剂的羰基氧原子与硼原子配位，醛的取代基处于平伏键，从而立体选择性得到 *syn* 构型产物。

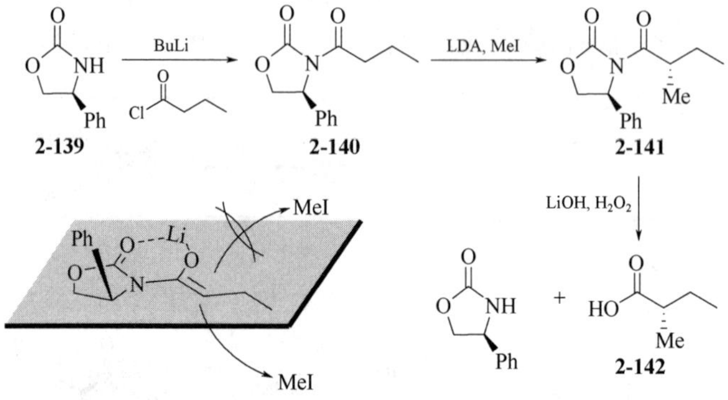

图 2-71　Evans 辅基控制的 α-烷基化反应

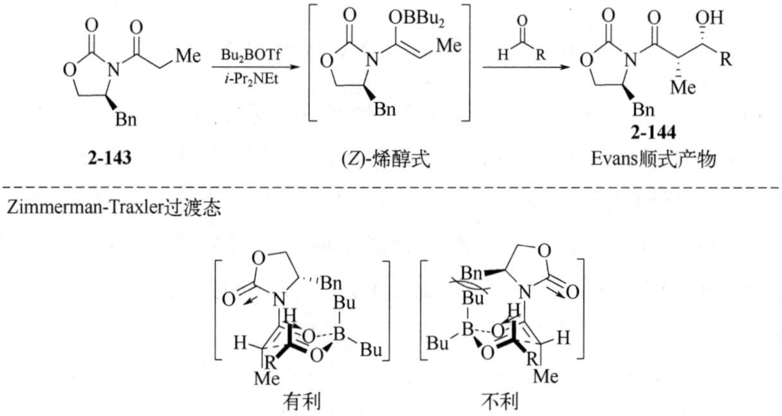

Zimmerman-Traxler过渡态

有利　　　　不利

图 2-72　Evans 辅基控制的不对称 Aldol 缩合反应

　　Evans 辅基控制的不对称合成是非常重要的不对称合成方法，经常被用于复杂手性化合物的合成。例如，胞变菌素（cytovaricin）是从淀粉酶产色链霉菌 *Streptomyces diastatochromogenes* 的培养液中分离出来的，为具有抗生素活性的一个大环内酯类分子，具有罕见的 26 元环以及多个连续的手性中心。Evans 等利用手性辅基调控的不对称 Aldol 缩合反应构建关键连续手性中心，成功完成了胞变菌素（cytovaricin）的合成[96]。如图 2-73 所示，先将带有 Evans 辅基的底物 **2-145** 制成烯醇硼酸酯，再分别与 2-戊烯醛及 PMB 保护的 4-羟基丁醛发生 Aldol 缩合反应，分别以 92%和 87%的产率得到 *syn*-Aldol 缩合产物 **2-146** 和 **2-147**。这两个手性片段通过连接环化，构建了分子中关键的螺吡喃环。

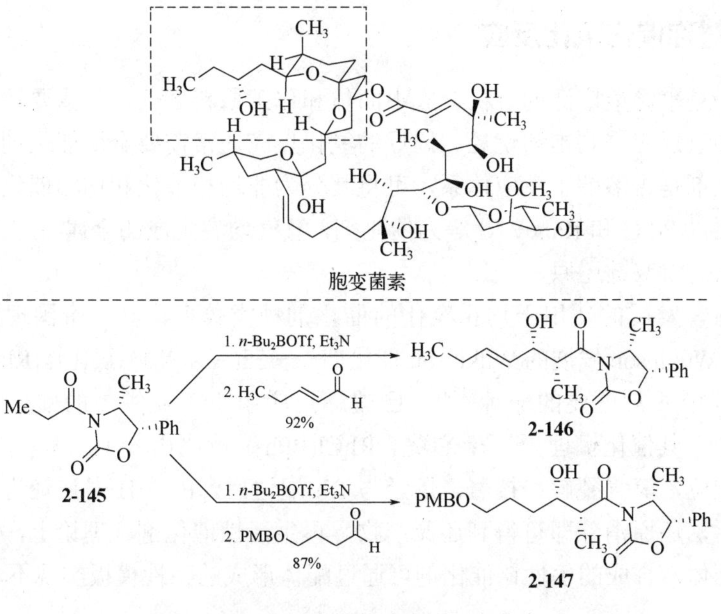

胞变菌素

图 2-73 Evans 辅基法合成胞变菌素

不对称催化法是在少量手性催化剂诱导下（提供手性模板），高效构建手性中心的不对称合成方法（图 2-74）。催化剂的空间结构以及电子云的分布情况决定了底物与催化剂螯合后，不仅能降低反应的活化能来促进反应发生，还通过手性环境控制反应的立体选择性。不对称催化反应诱导的立体选择性可用对映异构体过量（enantiomeric excess，ee）值或对映异构体比例（enantiomeric ratio，er）来衡量；前者表示对映异构体混合物中的一个异构体比另一个异构体多出的量占总量的百分数，后者则是两个对映异构体的比例。由于不对称催化合成在经济效益和合成效率上具有无可比拟的优势，故成为当前合成方法学研究的最重要和最热门的方向之一。近年来，诺贝尔化学奖两次（2001 年和 2020 年）颁给了不对称催化合成化学家，足以说明这一领域的重要性。

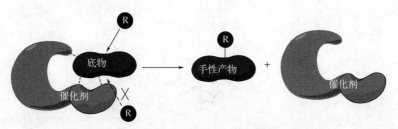

图 2-74 不对称催化控制反应对映选择性的原理

二、不对称催化氢化反应

烯烃是来源最广泛的有机合成中间体和化工原料之一，其重要转化之一就是通过加氢反应得到饱和烷烃。烯烃的氢化反应通常需要金属催化剂的参与，根据催化剂是否溶解于反应体系，可将其分为非均相催化和均相催化。非均相催化主要以 Pd/C 和 Raney Ni 等为催化剂，氢气均裂生成的金属-氢物种与双键加成，从而将双键还原。

目前，发展的适用于均相氢化的催化剂种类较多，其中帝国理工学院的 Geoffrey Wilkinson 发展的 Wilkinson 催化剂——三(三苯基膦)氯化铑[RhCl(PPh₃)₃] 无疑是其中非常重要的一种[97a]，已被广泛应用于工业领域的催化氢化反应（图 2-75）。其催化机理为[97b]：首先，RhCl(PPh₃)₃ 解离出一个三苯基膦配体后，与氢气配位，氢气裂解；接着，烯烃与 Rh 配位后，Rh—H 对烯烃进行迁移插入；最后，还原消除即可得到还原产物，再生活性催化剂。理论上，如果使用手性膦配体，合成的手性铑催化剂可通过配体形成的手性模板实现不对称氢化

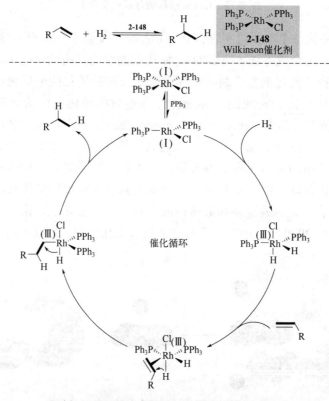

图 2-75　Wilkinson 催化剂及催化加氢反应机理

反应。2001 年，孟山都公司的 William Knowles、名古屋大学的 Ryoji Noyori 与 Scripps 研究所的 Barry Sharpless 共同分享了当年的诺贝尔化学奖，其中 Knowles 与 Noyori 获奖的原因是他们发展了新型手性膦配体，并在不对称催化氢化研究领域做出了卓越贡献。

对于 sp^3 杂化的 N 原子和 P 原子而言，如果它们所连的三个取代基不同，理论上也可形成氮和磷手性中心。但是，sp^3 杂化氮原子可经过 sp^2 杂化实现手性翻转，其能垒较低，一般为 25～37kJ/mol，室温下就可以实现，因此，氮原子中心的手性构型难以保持。而磷手性中心具有更高的构型翻转能垒（46～67kJ/mol），稳定性较高，因此，通常在室温下可保持其手性（图 2-76）。

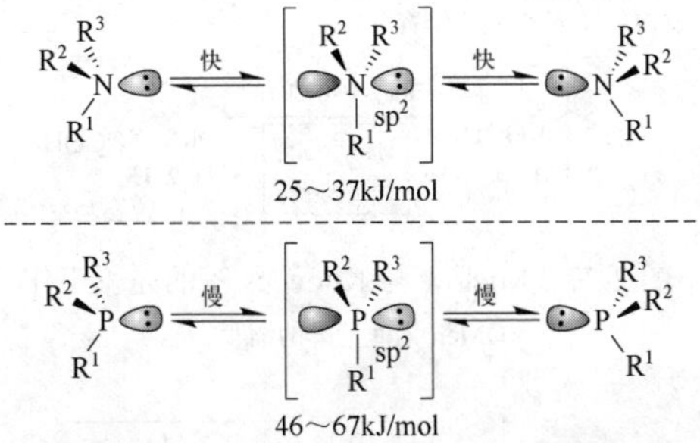

图 2-76　氮和磷手性中心的消旋能垒

在不对称催化氢化发展的过程中，合成手性膦配体的开创性工作是由普林斯顿大学 Kurt Mislow 小组完成的[98]。他们从 2-149 出发，使其与手性薄荷醇形成膦酸酯；接着，所得的非对映异构体通过柱色谱分离，得到的单一旋光异构体与格氏试剂反应，即可获得手性膦氧化合物；最后，用三氯硅烷还原膦氧化合物，成功得到了手性膦化合物。Knowles 率先将该配体用于手性 Wilkinson 催化剂的合成[99]，发现用手性单膦配体 2-150 合成的铑催化剂，在催化 α,β-不饱和酸 2-151 的氢化反应中，以 15%的 ee 值得到手性羧酸 2-152（图 2-77）。尽管这一反应的对映选择性并不高，但却拉开了不对称催化氢化研究的序幕。

不对称催化氢化的深入研究，开始于孟山都公司开发的左旋多巴的不对称合成路线。多巴胺是一种神经传导物质，它的作用是把亢奋和欢愉的信息传递给大脑，其缺乏时会导致手脚不自主地震颤，此即帕金森病。值得一提的是，瑞典科学家 Arvid Carlsson 因为对多巴胺的研究与另外两位科学家分享了 2000 年的诺贝尔生理学或医学奖。然而，如果直接服用多巴胺的话，由于其不能透过血脑屏障，并且在体内快速分解，导致疗效大大降低。而作为多巴胺前体的左旋多巴，则能通过血脑屏障，并在大脑中降解为多巴胺，从而可治疗帕金森病。但左旋多巴的服用剂量相当大，每日高达 3～6g，导致其需求量很大，1970年的年产量就高达 150t（图 2-78）。

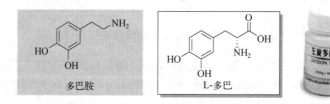

图 2-77　Mislow 与 Knowles 等的先驱工作

OMen 为薄荷醇的缩写。

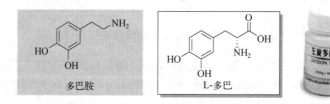

图 2-78　左旋多巴

Roche 制药公司生产左旋多巴的工艺是以苯甲酰保护的甘氨酸 **2-153** 为原料，缩合脱水后得到脱氢氨基酸衍生物 **2-154**，其再催化加氢得到外消旋氨基酸衍生物 **2-155**，然后通过手性拆分就可获得左旋多巴（图 2-79）。由于另外一个异构体不能作为药物使用，从而造成产物浪费。如果将手性膦配位的 Wilkinson 催化剂应用于这一步不对称氢化，则可大幅提高生产效率。Knowles 等合成了一系列手性单膦配位的[Rh(COD)L$_2$]·BF$_4$络合物（图 2-79）[100b]，发现以二芳基手性膦 PAMP 为配体时，反应的对映选择性可提高至 58%。进一步选用具有更大空间位阻的 CAMP 配体，首次将对映选择性提高到 80%。由此可见，手性配体的结构修饰与优化是提高不对称氢化反应对映选择性的关键。

巴黎第十一大学的 Henri B. Kagan 教授，在手性膦配体的设计与合成方面做出了开创性的贡献。1972 年，他从自然界容易获得的手性原料——(2R,3R)-酒石酸出发，经过五步反应，首次合成了含有两个手性碳原子且具有 C_2 对称轴

的双膦配体 **2-158**（DIOP）[100c]，由于这类双齿配体可与金属形成螯合物，因此，由该类配体形成的催化剂稳定性更高。此外，用 DIOP 改造的 Wilkinson 催化剂，在不对称氢化脱氢氨基酸时获得了 72%的对映选择性（图 2-80）。这一结果表明，在过渡金属催化的不对称反应中，并非一定要使用含有 P 手性中心的配体，手性骨架同样适用于构筑手性反应环境，从而诱导产物的立体选择性。

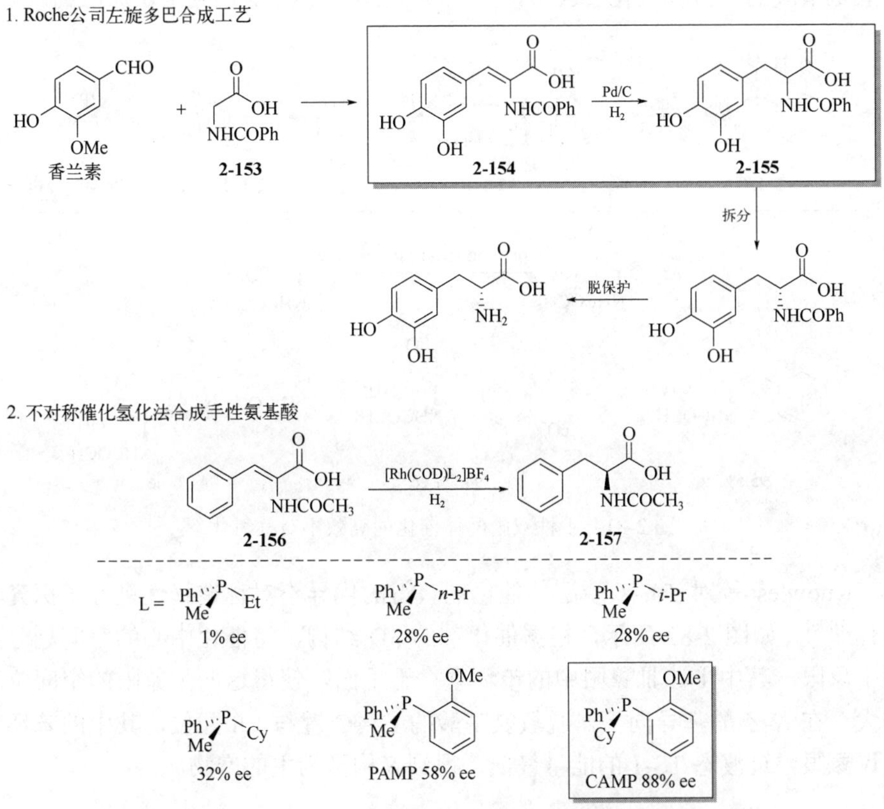

1. Roche公司左旋多巴合成工艺

2. 不对称催化氢化法合成手性氨基酸

图 2-79 左旋多巴的早期合成工艺及不对称催化氢化合成手性氨基酸

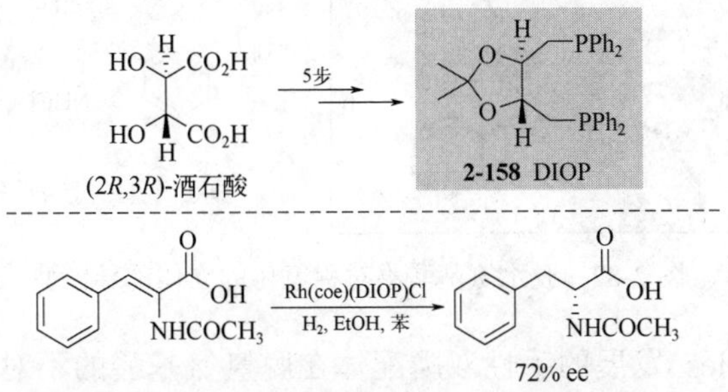

图 2-80 Kagan 等首次合成手性双膦配体 DIOP

1975 年，受 Kagan 的里程碑工作启发，Knowles 等对手性膦配体的结构进行了修饰与优化（图 2-81）[100d]。他们从手性膦氧化合物 **2-159** 出发，经 LDA（二异丙基氨基锂）拔氢、氧化剂 CuCl₂ 的氧化偶联，得到双膦氧化合物 **2-160**；再经过三氯硅烷还原，就得到了手性双膦配体 **2-161**（DIPAMP）。DIPAMP 与铑的络合物在不对称催化氢化反应的效率上实现了质的飞跃，在催化不同类型脱氢氨基酸的不对称氢化反应中，均以高于 90%的 ee 值得到了还原产物。

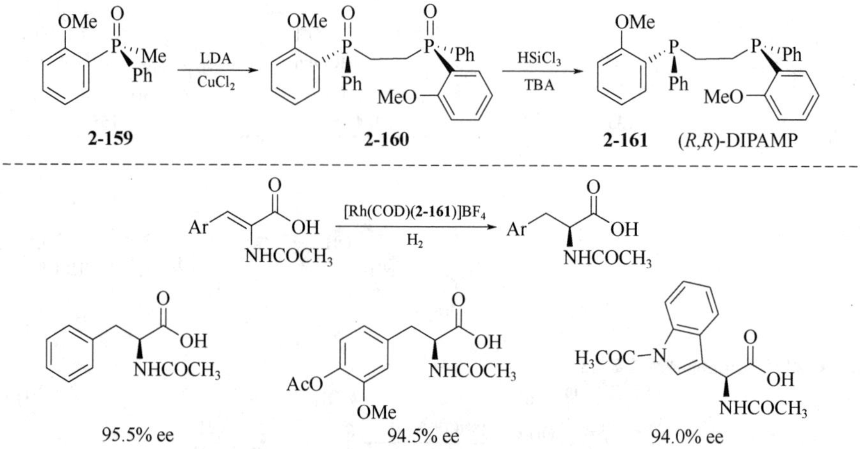

图 2-81 手性双膦配体催化的高效不对称氢化

Knowles 等对 Rh-双膦配体催化剂获得的优异不对称选择性进行了探究与阐释[100e]。如图 2-82 所示，根据催化剂的 3D 结构，将催化中心的空间划分为四个象限，其中 I、III 象限中的苯环垂直于平面，使得这两个象限的空间位阻较大。在 N-乙酰基导向下，脱氢氨基酸的 C═C 键与 Rh 配位，其中的苯环处于 IV 象限，过渡态 TS-1 的能量最低，得到 S 构型为主的产物。

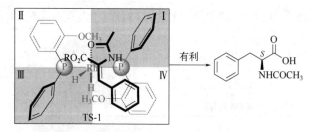

图 2-82 脱水氨基酸不对称氢化的立体诱导模型

尽管 Knowles 发展的手性双膦配体在脱氢氨基酸的不对称还原中表现优异，但其修饰潜力相对较小，应用范围受到了限制。Noyori 课题组首次以具有

C_2 对称轴的联萘二酚为原料，其中的酚羟基被溴代后，得到二溴代物 **2-162**，经过锂化、与二苯基氯化膦反应得到外消旋双膦配体 BINAP；接着，把外消旋体与手性钯络合，将得到的非对映异构体晶体进行分离，所得的光学纯络合物用四氢铝锂还原，成功获得手性 BINAP[101a]。这一双膦配体与 Ru(OAc)$_2$ 络合的手性催化剂，在脱氢氨基酸酯的不对称氢化反应中以 97%的产率和约 100%的 ee 值得到了手性氨基酸（图 2-83）。这一工作开创了轴手性配体在不对称催化反应中应用的先河，极大地推动了不对称催化反应的发展。

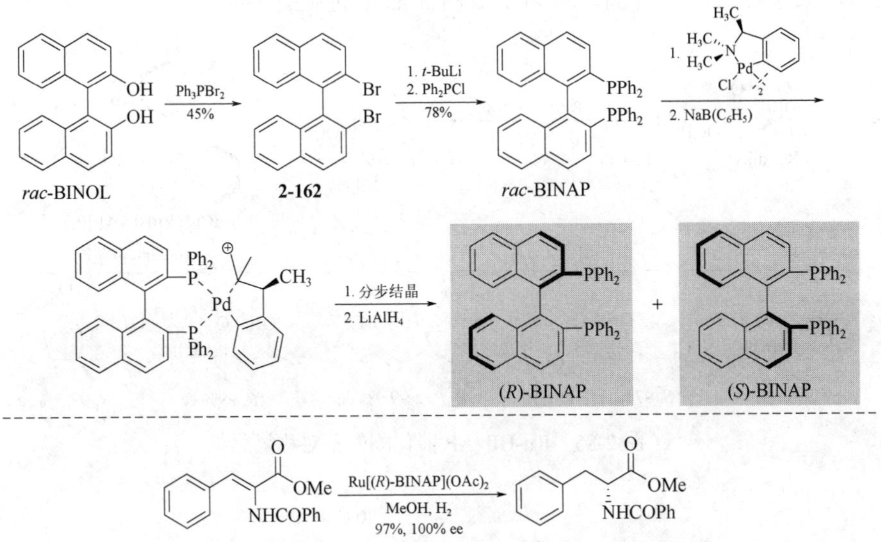

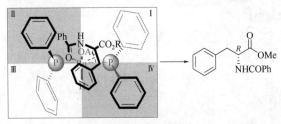

图 2-83 新型手性双膦配体 BINAP 的合成及应用

在 Ru-(*R*)-BINAP 络合物的三维结构中，磷原子上的两个苯环所处的位置不同，一个朝前，另一个朝后，这使得催化剂的 Ⅱ 和 Ⅳ 象限比较拥挤。脱氢氨基酸酯的 *N*-苯甲酰基与 Ru 配位后，朝外平面与 Ⅱ 象限的苯环之间存在空间排斥；同时烯烃也与 Ru 配位，其上的取代基苯基与酯基分别处于空间位阻较小的 Ⅰ、Ⅲ 象限，通过这种过渡态还原底物，得到 *S* 构型产物（图 2-84）[101b]。

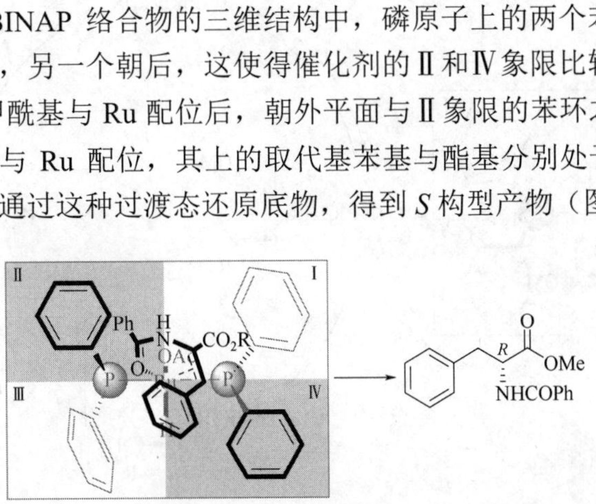

图 2-84 Ru-BINAP 催化不对称氢化的立体诱导模型

除了在脱氢氨基酸的不对称氢化反应中表现优异外，手性 Ru-BINAP 催化剂也可催化羰基化合物的不对称还原，在不同类型底物如 β-酮酸酯、α-氨基酮、1,3-二酮、α-磷酸酯基酮、γ-酮酸酯等的不对称加氢还原中，其对映选择性最高可达 99%[102]（图 2-85）。RuCl$_2$[(R)-BINAP]催化 β-酮酸酯的不对称氢化反应的机理为[101b]：首先，Ru 络合物被氢气裂解形成(P-P)RuHClS$_n$ 物种，β-酮酸酯的两个羰基氧与 Ru 配位，形成稳定的络合物；该络合物的酮羰基及其上的取代基处于空间位阻较小的 III 象限，Ru—H 对羰基迁移插入得到羟基朝上的产物；最后，质子促进产物解离，重新生成活性催化剂（图 2-86）。

图 2-85　Ru-BINAP 催化酮的不对称氢化

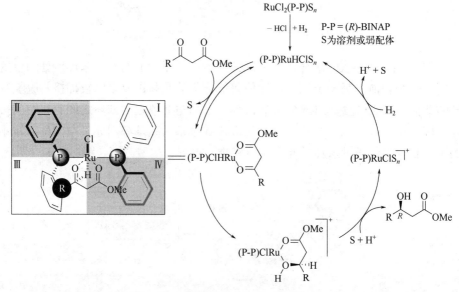

图 2-86　β-酮酸酯催化加氢机理及关键过渡态

　　在前述的不对称还原反应中，底物并没有手性，是通过手性催化来诱导底物形成新的手性中心。但是，如果反应底物已经具有手性中心，两种对映异构体在手性催化剂存在下通常表现出不同的反应活性，一个异构体反应速率较快，另一个异构体的反应速率较慢。当二者的反应速率差别达到一定程度，并且底物也达到一定转化率时，反应快的异构体就完全转化为新的手性化合物，反应慢的异构体则可回收以得到手性原料。这种根据对映异构体反应速率不同来拆分消旋化合物的方法，称为动力学拆分（kinetic resolution，KR）[103]。动力学拆分的局限性在于即使反应的对映选择性达到极限，目标产物的收率也最多只能达到 50%（图 2-87）。通常用选择性因子（selectivity factor）s 来衡量一个不对称催化反应拆分能力的强弱，s 越大对底物的拆分效率就越高。s 是两个对映异构体反应速率常数的比值，可根据图 2-87 中的公式，由转化率（c）和产物的 ee 值来计算。

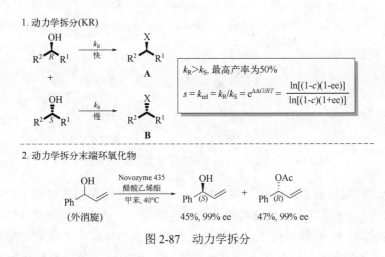

图 2-87　动力学拆分

　　酶的手性口袋对底物的构型具有高度的识别能力，只有特定构型的底物才能进入催化口袋发生反应，因此，酶催化在外消旋化合物的动力学拆分方面具有广泛的应用。例如，Malkov 和 Kočovský 等在合成手性 2-苯基-2-丙烯醇时（图 2-87），用诺维信脂肪酶 435（Novozyme 435）催化外消旋烯丙醇的酯化反应，S 构型醇的反应速率较慢，以 45%产率和 99%的 ee 值回收；R 构型醇的反应速率较快，以 47%的产率和 99%的 ee 值得到相应的手性醋酸酯，从而实现了手性醇的动力学拆分[104]。

　　在动力学拆分反应中，如果底物的两个对映异构体在反应条件下可以快速相互转化，随着反应的进行，反应较慢的对映异构体就转为相对反应

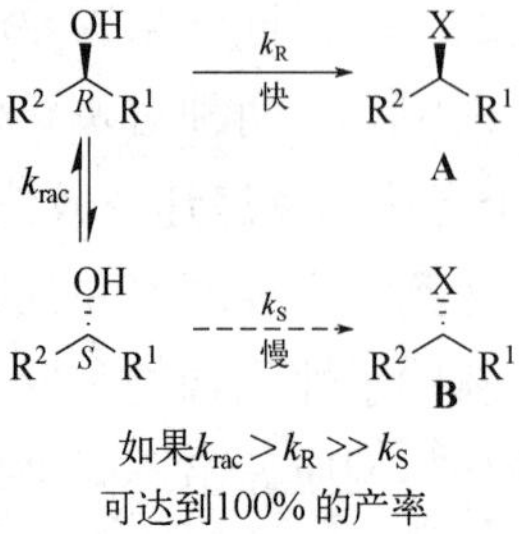

图 2-88 动态动力学拆分

速率较快的对映异构体进行反应,最终使得消旋底物 100%地转化为一个异构体(图 2-88),这种反应模式称为动态动力学拆分(dynamic kinetic resolution)[105]。

2-163 容易通过烯醇化实现对映异构体之间的快速转化,因此,可以作为动态动力学拆分的理想底物。以(R)-BINAP-Ru(II)为催化剂,能以高达 98% 的对映选择性和 94:6 的非对映选择性得到带有两个手性中心的 β-羟基酯 **2-164**,再经关环等转化就可得到 β-内酰胺 **2-165**(图 2-89)[106]。这一关键中间体可用于合成碳青霉烯类(carbapenems),目前采用这一工艺路线的合成规模已经超过 100t/a。

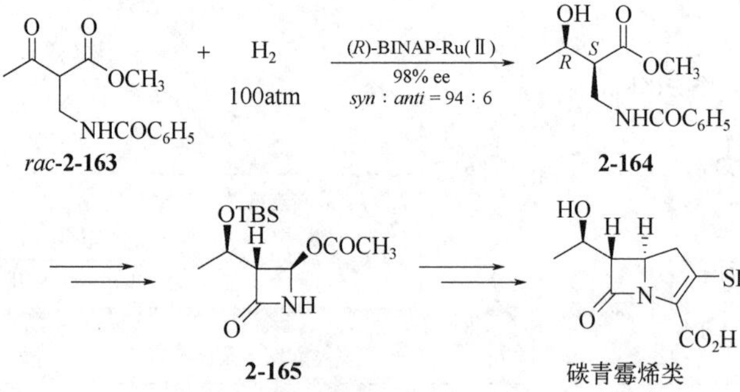

图 2-89 动态动力学拆分应用于碳青霉烯类工业合成

BINAP 在工业生产中成功应用的另一个例子就是我们熟知的左旋薄荷醇的合成。薄荷醇是薄荷和欧薄荷精油中的主要成分,通常以游离或酯的形式存在。薄荷醇共有 8 种异构体,它们的呈香性质各不相同,左旋薄荷醇具有薄荷香气并有清凉作用,外消旋薄荷醇也有清凉作用,其他的异构体则没有清凉作用。Noyori 等以廉价的月桂烯为起始原料,用锂促进碳碳双键与二乙胺的氢胺化反应,得到烯丙基胺 **2-166**(图 2-90)。接着,用[Rh(S)-BINAP]ClO₄催化 **2-166** 的不对称异构化,以 96%~99%的 ee 值得到手性烯胺 **2-167**,而后通过酸水解为醛、ZnBr₂ 催化 Ene 反应关环、氢化双键就可以得到左旋薄荷醇[107]。目前,这条合成工艺已被日本高砂公司用于大规模生产薄荷醇,其年产量高达 3000t。

除了前述著名化学家们的杰出工作,国内许多有机化学家也对手性配体的发展做出了重要贡献。其中,南方科技大学的张绪穆课题组研发出了数以百计的手性膦配体[108],它们被广泛应用于各类底物的不对称催化反应

（图 2-91）[109,110]。其中，比较著名的配体有 TangPhos、DuanPhos 和 TunePhos 等。采用 Rh-TangPhos 催化体系，能以高于 99%的 ee 值实现脱氢氨基酸的不对称氢化；此外，四取代烯烃在 Ru-TunePhos 催化下加氢，也以高于 99%的 ee 值得到顺式氨基酸 **2-169**。

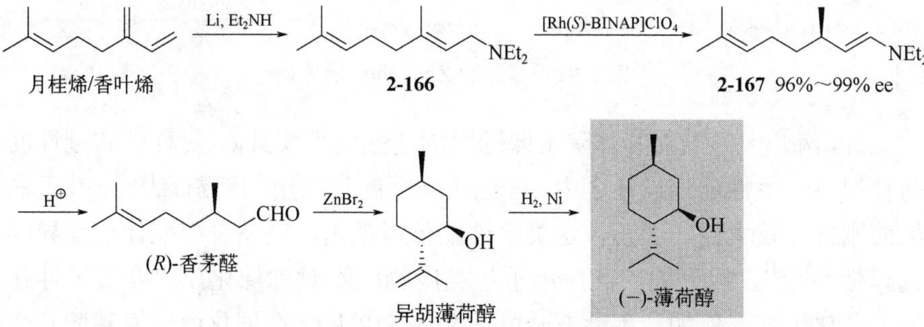

图 2-90　BINAP/Rh 催化剂应用于左旋薄荷醇工业生产

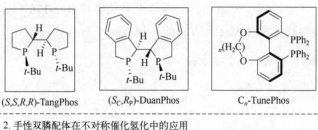

图 2-91　张绪穆课题组研发高效手性配体示例

张绪穆课题组还将膦配体与氢键给体相结合，创造出既能与过渡金属络合，又能通过氢键与底物结合的 ZhaoPhos 系列配体 **2-170**[111]，引领了手性配体发展的新潮流（图 2-92）。该手性配体与 Rh 的络合物在催化不饱和硝基化合物 **2-171** 的不对称氢化反应中，以很高的产率和优异的对映选择性得到手性硝基化合物 **2-172**。

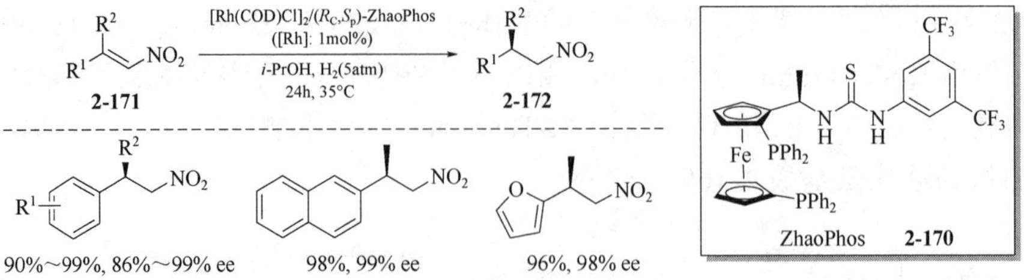

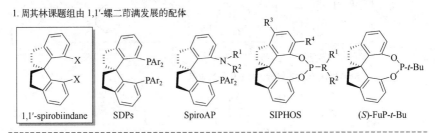

图 2-92 双功能 Zhaophos 配体

此外，南开大学的周其林院士课题组创造性地将兼具 C_2 对称性和刚性的螺二芴骨架引入手性配体设计之中，开创了螺环配体应用的新篇章[112]。基于螺环骨架的刚性和较大的二面角，这类手性配体展现出比联萘骨架配体更优异的对映选择性[113,114]，现已被广泛应用于各类底物的不对称催化反应及其手性化合物的工业化生产。例如，手性亚磷酰胺配体 SIPHOS 在催化脱氢氨基酸及烯胺 2-173 的不对称氢化反应中，能以优异的对映选择性得到手性还原产物。另外，手性单膦配体(S)-FuP-t-Bu 在催化吡咯衍生的烯胺 2-175 的不对称氢化中取得了优异成果，高效地得到了一系列含有四氢吡咯的手性胺 2-176（图 2-93）。鉴于该课题组在创制高效手性催化剂方面的卓越贡献，周其林院士被授予第三届未

图 2-93 周其林课题组研发的手性螺环配体及不对称催化实例

来科学大奖物质科学奖（2018），团队的研究成果也于 2019 年荣获"国家自然科学一等奖"。

中国科学院上海有机所的丁奎岭院士课题组成功开发了一系列结构相对简化但立体诱导效果优异的手性配体，其中的代表性配体有：具有螺[4,4]-1,6-壬二烯骨架的手性膦-噁唑啉 SpinPHOX，具有芳香螺缩酮骨架的手性双膦配体 SKP，以及手性二胺衍生的单齿亚磷酰胺配体 DpenPhos 等（图 2-94）。Ir-SpinPHOX 络合物在催化酮亚胺 2-177 的不对称氢化反应中，以优异的对映选择性得到手性胺 2-178[115]。Pd-SKP 催化剂则在催化芳胺与外消旋烯醇酯 2-179 不对称烯丙基化反应中取得了优异的反应结果[116]。

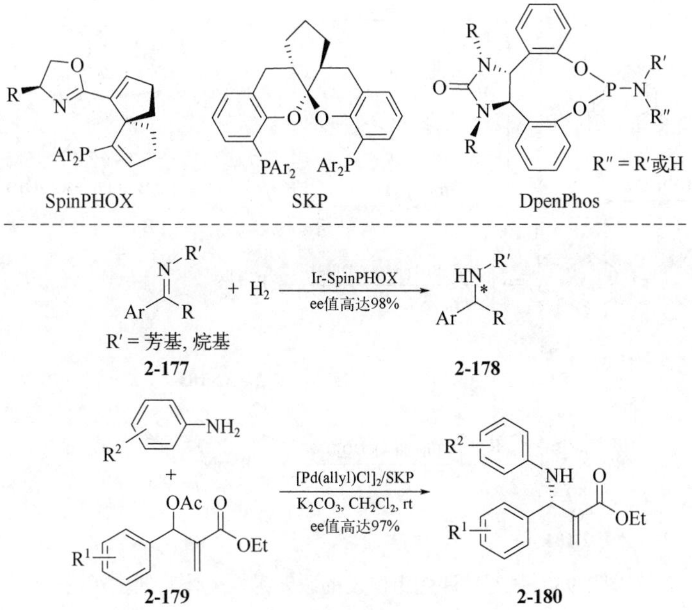

图 2-94　丁奎岭课题组开发的手性配体

前面所述的三类重要的手性配体中，联萘配体、螺环配体等均具有 C_2 对称性，上海交通大学的张万斌课题组基于联苯骨架，设计出一系列新型手性配体，其中有一类具有独特的 D_2 对称性配体（图 2-95）[117]，例如，手性四噁唑啉配体 2-181（TOX）。由于这类联苯衍生物的四个取代基相同，故其不具有轴手性，但与金属配位后，联苯的构象被固定，从而产生了轴手性。

张万斌课题组设计的具有联苯骨架的手性配体，在不对称催化氢化等反应中取得了优异的对映选择性（图 2-96）[118]。例如，BiphPHOX 的阳离子型 Ir 络合物，在环外双键靛红衍生物 2-182 的不对称氢化反应中，以高达 93% 的 ee

值得到手性吲哚氧化物 **2-183**；在酰亚胺 **2-184** 的不对称氢化反应中，以高达 99%的 ee 值得到手性琥珀酰亚胺 **2-185**。

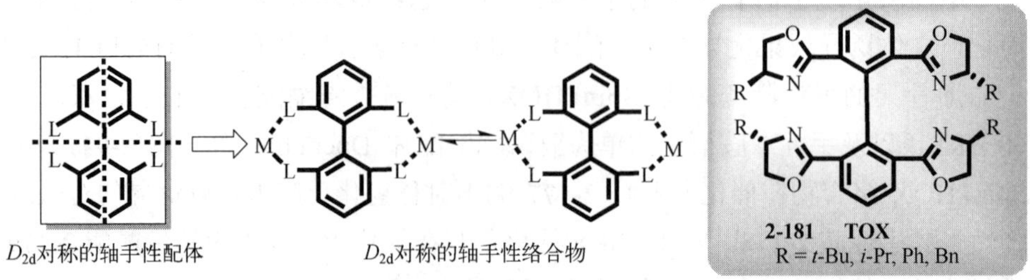

图 2-95 D_2 对称性手性配体

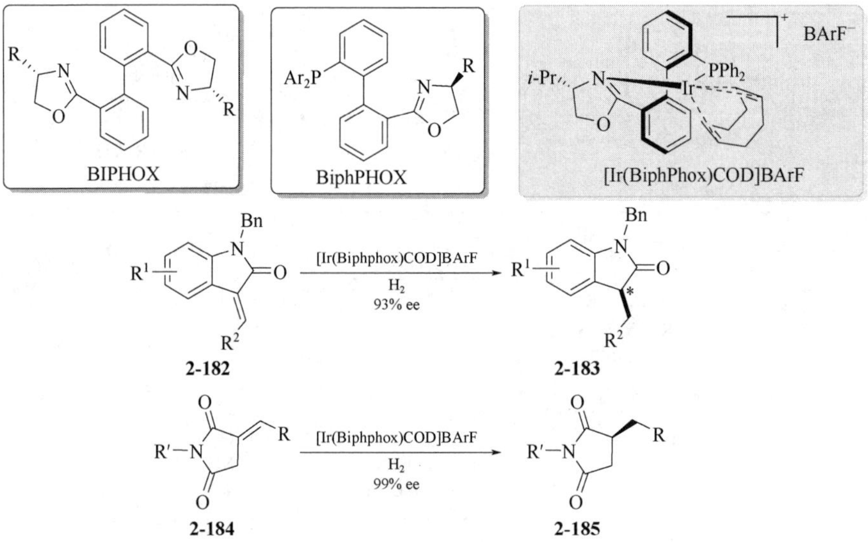

图 2-96 张万斌课题组研发的联苯手性配体及催化实例

中国科学院上海有机所的汤文军教授课题组一直致力于 P 手性中心的膦配体的研发[119]。他们将 TangPhos 及 Buchwald 联苯类单膦配体的结构相结合，发展了一系列具有 P 手性中心的配体如 BIBOP 及 WingPhos，这些手性配体在不对称催化偶联和不对称氢化等反应中取得了优异的不对称诱导效果（图 2-97）[120]。例如，Rh-WingPhos 络合物在非环烯胺 **2-186** 的不对称氢化反应中，以优异的对映选择性（ee 93%~98% ）得到了手性胺 **2-187**。

毫无疑问，我国还有许多化学家在不对称催化氢化领域取得了杰出成果，如香港理工大学的陈新滋院士、中国科学院化学研究所范青华教授、中国科学院大连化学物理研究所的周永贵研究员等，因篇幅所限，就不在此一一赘述。

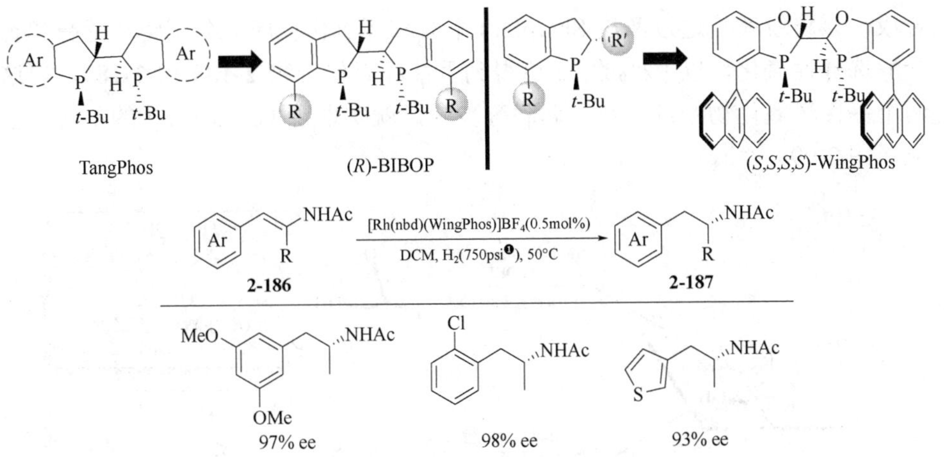

TangPhos　　　　　(R)-BIBOP　　　　　(S,S,S,S)-WingPhos

图 2-97　汤文军课题组研发的手性配体及催化实例

三、不对称催化氧化反应

　　烯烃的氧化反应是有机合成中最重要的反应类型之一。2001 年，由于在不对称催化氧化方面的杰出贡献，特别是开创了"Sharpless 不对称环氧化（SAE）"和"Sharpless 不对称双羟化（SAD）"反应，Scripps 研究所的 Barry Sharpless 获得了诺贝尔化学奖。

　　Sharpless 不对称环氧化反应一般以烯丙醇为底物，以过氧叔丁醇为氧化剂，在四异丙氧基钛和手性酒石酸酯（DET 或 DIPT）的催化下，得到手性环氧产物（图 2-98）[121]。该反应具有诸多优点：第一，环氧化合物是通用的合成子，其可转化为多种重要的手性化合物；第二，该反应的底物适用性范围比较广；第三，反应的对映选择性很高，大多数情况下的对映选择性高于 90%；第四，所用的催化剂和底物都是市场上易得的，并且价格低廉；第五，合成的手性产物的绝对构型可以通过环氧化模型来预测[122]。如图 2-98 所示，在过渡态中，四异丙氧基钛与(S,S)-手性酒石酸酯形成二聚体，烯丙醇与过氧叔丁醇分别与同一个钛原子上的直立的和平伏的异丙氧基交换，通过钛的络合作用将过氧原子与烯烃的 C═C 键拉近，使得氧原子从碳碳双键的 re-面转移，从而得到手性环氧化物。

　　由于手性环氧是一个多样性的转化官能团，因此，Sharpless 不对称环氧化反应在复杂天然产物分子合成中的应用比较广泛。1988 年，哈佛大学的 Elias J. Corey 课题组报道了由角鲨烯衍生的具有抗病毒活性的四环醚 venustatriol 的全

---

❶ 1psi=6.89kPa。

合成，该路线就是通过两次 Sharpless 不对称环氧化反应，分别将法尼醇和香叶醇选择性氧化，以 92% 的 ee 值得到手性环氧化合物 **2-188** 和 **2-189**，当这两个手性环氧化物经过开环、偶联等步骤，就实现了 venustatriol 的不对称合成（图 2-99）[123]。

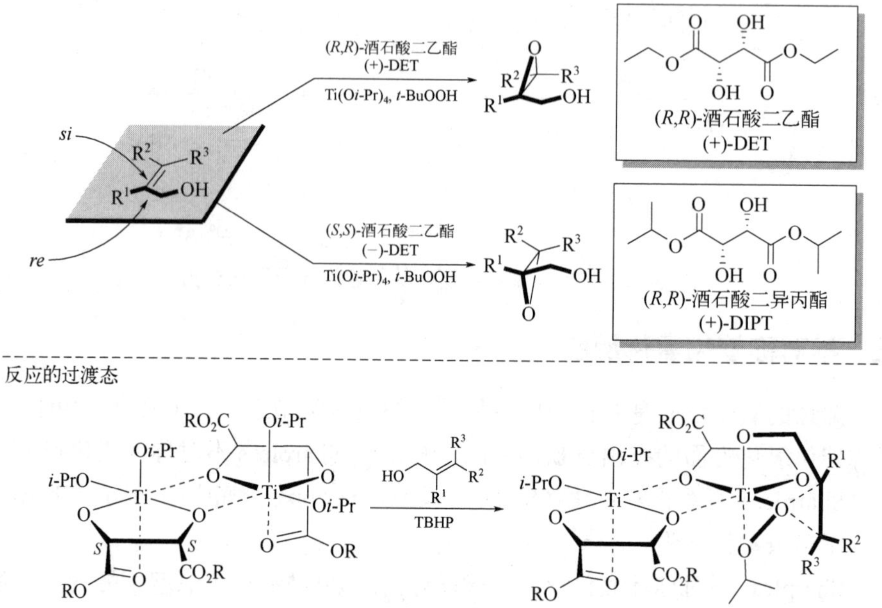

图 2-98　Sharpless 不对称环氧化及反应过渡态模型

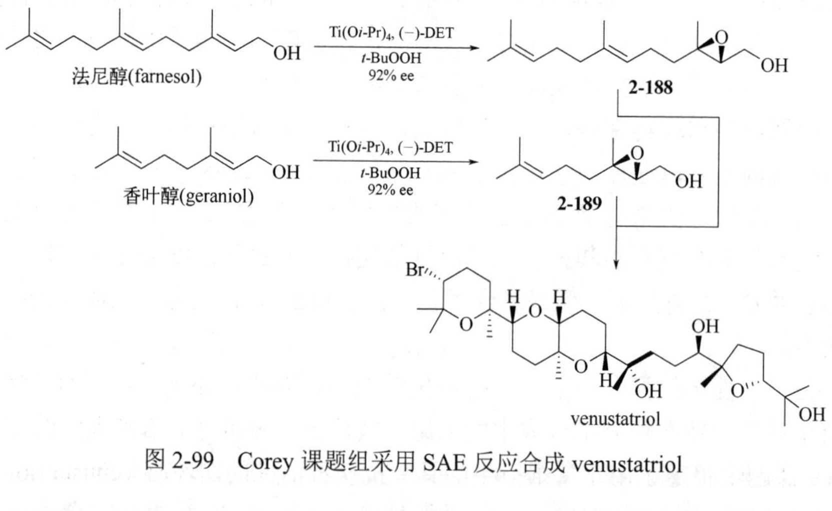

图 2-99　Corey 课题组采用 SAE 反应合成 venustatriol

Sharpless 不对称环氧化反应的应用仅限于烯丙醇底物，其他简单烯烃如 β-甲基苯乙烯 **2-190** 的不对称环氧化反应，依然是富有挑战性且极具研究价值的难题。哈佛大学的 Eric Jacobsen 发展了 salen-Mn 催化剂 **2-192**，其可高对映选择性地实现 **2-190** 的不对称环氧化，以 84% 的产率和 92% 的 ee 值得到手性环氧化物 **2-191**[124a]（图 2-100）。在这一反应过程中，次氯酸钠先将 salen-Mn(Ⅲ)氧化为 Mn(Ⅴ)=O。在关键的氧化转移一步，Jacobsen 认为双键从顶侧上方接近氧原子，为避免较大取代基与手性环己二胺的直立氢原子之间的空间排斥，较大取代基朝下[124a]。但 Katsuki 则认为，烯烃是从边侧上方接近 Mn=O，较大取代基朝左，避免了其与配体苯环上叔丁基的空间排斥作用[124b]。Mn=O 经协同过程，将氧原子转移至双键，得到环氧产物，但分步的自由基机理或经过锰氧杂环丁烷过程的可能性不能排除。虽然 Jacobsen 的不对称催化氧化有较广的底物适用性，但受催化剂空间结构限制，只有顺式且连有共轭取代基的烯烃才能获得较优的立体选择性。

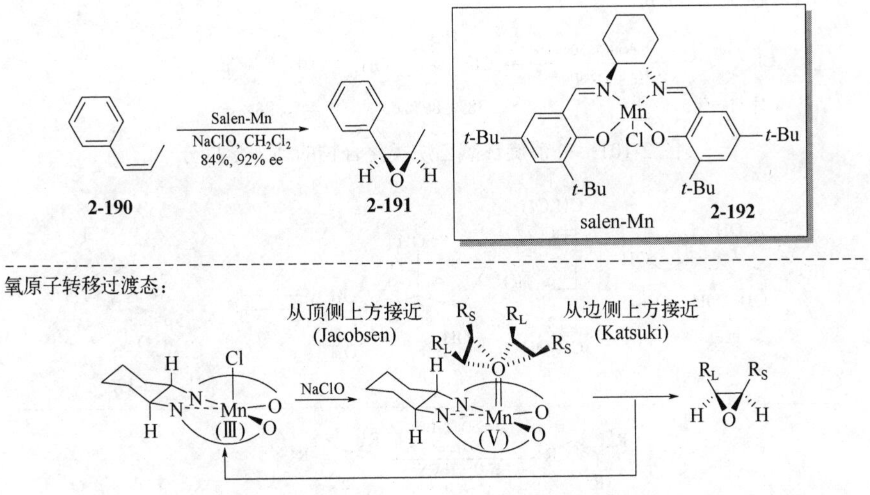

图 2-100　Jacobsen 不对称环氧化反应

Jacobsen 教授还发现，将手性 salen-Co(Ⅲ)（**2-193**）作为路易斯酸，可催化环氧化合物的水解开环，实现外消旋末端环氧化物的动力学拆分，得到手性二醇的同时，回收手性环氧化物（图 2-101）[125]。例如，通过这一方法可以高达 99% 的对映选择性得到 R 构型的环氧氯丙烷，由于这一反应无需溶剂且选择性因子很高（s = 50），是工业化生产手性环氧氯丙烷的优选方法，全球每年产量达到了 100 万吨。

1997 年，科罗拉多州立大学的史一安教授小组，报道了以手性酮 **2-195** 为催化剂的不对称环氧化反应（图 2-102）[126a]。该反应具有以下优点：首先，底物的适用范围较广，对于二取代、三取代、共轭或非共轭烯烃都适用；其次，催化效率较高，产物的对映选择性基本都高于 90%；此外，手性酮 **2-195** 由自然界广泛存在的果糖或半乳糖等合成，很容易实现大规模生产。这一反应是烯烃的不对称催化环氧化反应的重大突破[126b]，被称为 Shi Epoxidation 反应。美中不足的是，由于催化剂在反应中容易被氧化分解，故其用量较大（>30mol%）。

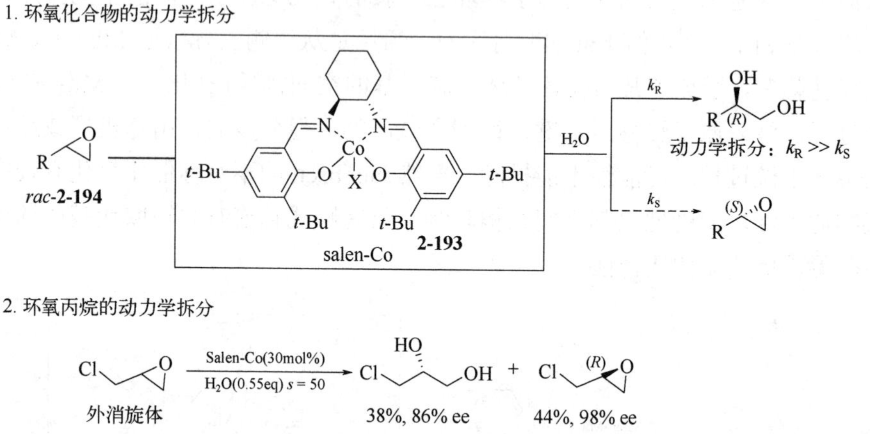

1. 环氧化合物的动力学拆分

2. 环氧丙烷的动力学拆分

图 2-101　外消旋环氧乙烷类化合物的动力学拆分

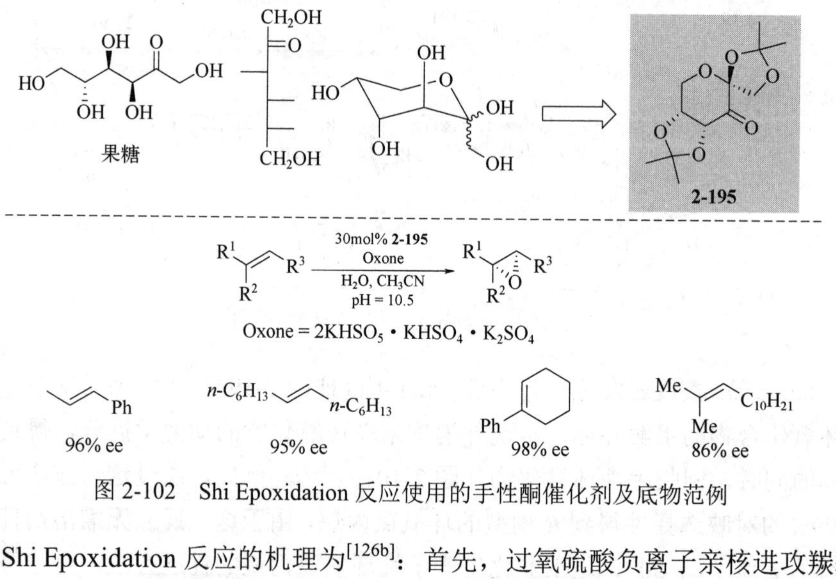

图 2-102　Shi Epoxidation 反应使用的手性酮催化剂及底物范例

Shi Epoxidation 反应的机理为[126b]：首先，过氧硫酸负离子亲核进攻羰基，进而关环得到过氧化酮（dioxirane）；接着，在过氧化酮将氧原子转移至碳碳双键的过程中，为了实现双键的 π^* 轨道与氧原子上孤对电子的最大重叠，螺环过渡态的能量比平面过渡态更低，从而立体选择性得到所示构型的手性环氧化物（图 2-103）。

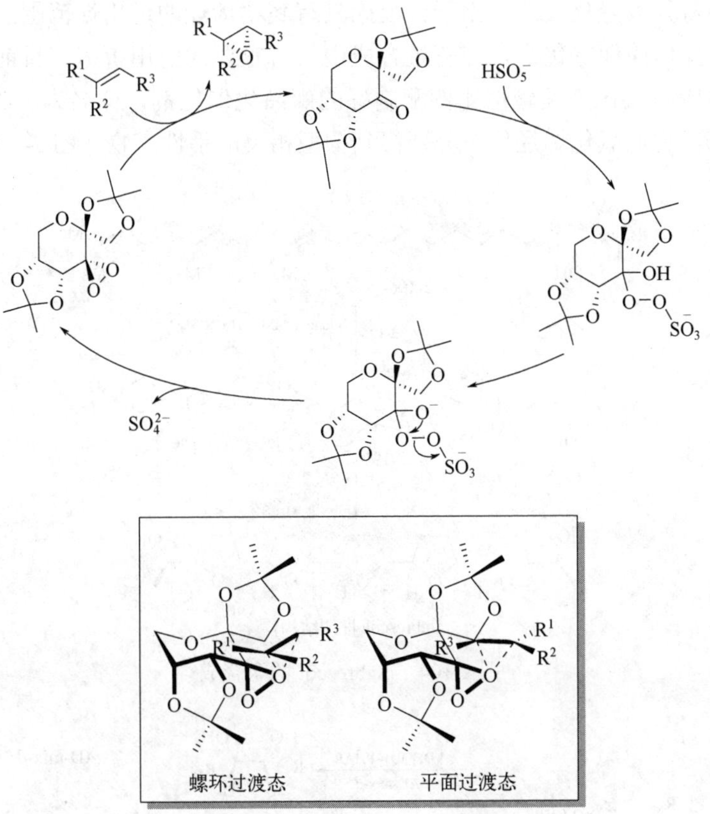

图 2-103 Shi Epoxidation 反应机理

由于 Shi Epoxidation 反应的底物适用范围广、立体选择性高，故在天然产物全合成中具有重要的应用价值。例如，Corey 课题组在合成聚环醚类天然产物 glabrescol 的过程中（图 2-104）[127]，借助 Shi Epoxidation 反应对含有 5 个异戊烯单元的底物 2-196 进行不对称环氧化反应，可以一步高效氧化，得到手性环氧化合物 2-197。后者在酸催化下串联环化，得到目标产物 glabrescol，但他们发现合成产物的谱图数据与天然产物的不一致，由此推测该天然产物的结构有误。

双羟化反应是烯烃转化的另外一个重要氧化反应，在有机合成中的应用比较广泛。Sharpless 获得诺贝尔化学奖的另一个重要原因是发展了 Sharpless 不对称双羟化反应（SAD）[128]。Sharpless 发现，天然产物奎宁（quinine，简写 D）及其差向异构体奎尼丁（quinidine，简写 QD）衍生得到的二聚体——(DHQ)$_2$-PHAL 和 (DHQD)$_2$-PHAL 可作为手性配体与锇酸钾[K$_2$OsO$_2$(OH)$_4$]形成催化剂，在氧化剂（K$_3$[Fe(CN)$_6$]）和碱（K$_2$CO$_3$）的作用下，能够高对映选择性地实现烯烃的不对称双羟化反应。由于该反应具有底物烯烃的适用性范围广、对映选择性高、操作简便等优点，在有机合成中具有重要的应用价值。目前，已有该催化剂与所用氧化剂及碱按比例配制好的商品化催化剂，命名为AD-mix-α 和AD-mix-β，它们氧化烯烃后，分别得到构型相反的手性产物（图 2-105）。

glabrescol(推测结构)

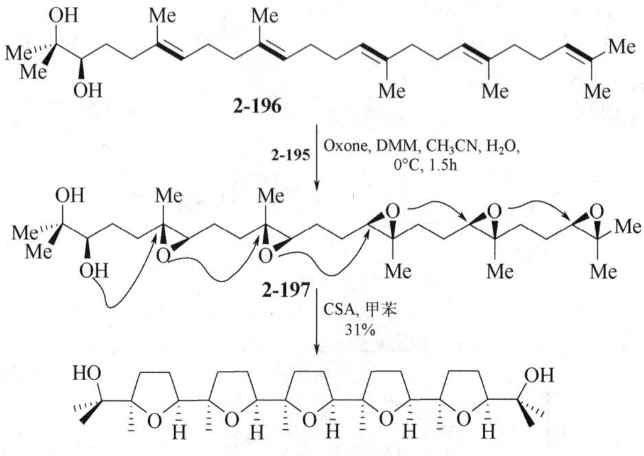

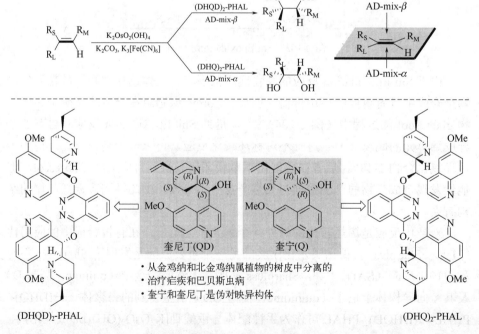

图 2-104 glabrescol 的全合成

图 2-105 Sharpless 不对称双羟化反应

Sharpless 不对称双羟化反应的机理为[129]：首先，OsO₄ 与配体奎宁环的氮原子络合；接着，与烯烃发生[3+2]环加成反应，生成 Os(Ⅵ)二氧杂环戊烷；最后，水解得到产物及 Os(Ⅵ)，后者被 K₃[Fe(CN)₆]重新氧化为 Os(Ⅷ)，继续催化循环。在[3+2]环加成过渡态中，配体的两个喹啉环形成了一个"U 形结合口袋"，苯乙烯进入口袋后与 OsO₄ 发生[3+2]环加成反应时，苯环与喹啉环之间通过 π-π 堆积作用来控制面选择性（图 2-106）。

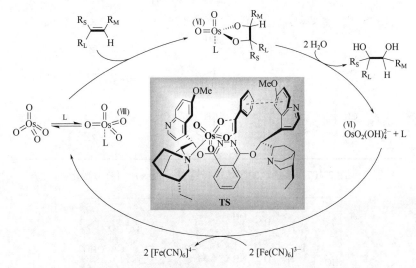

图 2-106 Sharpless 不对称双羟化反应机理与立体控制模型

Sharpless 不对称双羟化反应具有非常广泛的底物适用性，对多烯烃类底物进行氧化时，可以选择性氧化更富电子的双键。例如，对于带有吸电子取代基的共轭多烯烃，优先氧化距吸电子基团更远的双键[130]。此外，取代基多的烯烃优先发生氧化反应，如三取代烯烃比单取代和双取代烯烃更容易被氧化（图 2-107）。

Sharpless 不对称双羟化反应在天然产物全合成中有许多应用实例，其中具有代表性的是马大为课题组在 papuamide B 的全合成过程中，采用该方法合成了这一天然产物侧链中四个可能的异构体（图 2-108）[131]。由于 papuamide B 支链羧酸的两个羟基构型不确定，他们采用 Sharpless 不对称双羟化反应，分别用不同构型底物和催化剂组合，立体选择性地合成了四个异构体：(E)-2-198 在 AD-mix-β 作用下得到(S,R)-2-199，在 AD-mix-α 的作用下则得到其对映异构体 (R,S)-2-199；(Z)-2-198 在 AD-mix-β 作用下得到(R,R)-2-199，在 AD-mix-α 的作用下则得到其对映异构体(S,S)-2-199。这四个异构体分别再衍生化为天然产物的降解产物，通过核磁比较确定了两个羟基的相对构型。

底物	产物	产率/%	ee值/%
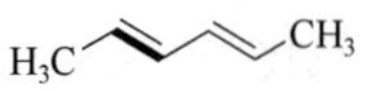 H₃C─CH=CH─CH=CH─CH₃	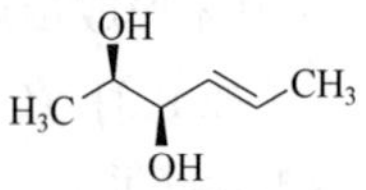 (OH)(OH)结构	78	93
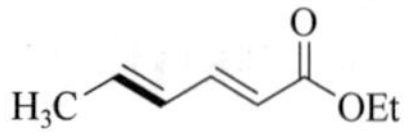 H₃C─CH=CH─CH=CH─CO₂Et	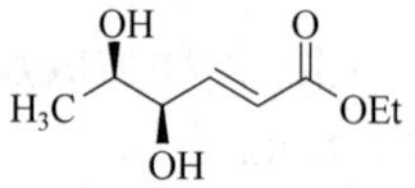 (OH)(OH)结构	78	92
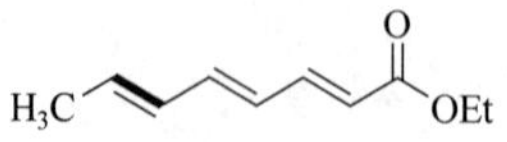 H₃C─CH=CH─CH=CH─CH=CH─CO₂Et	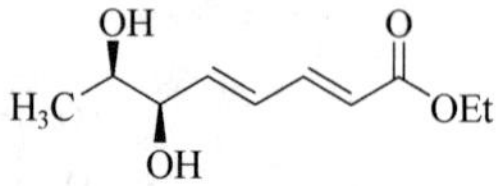 (OH)(OH)结构	93	95
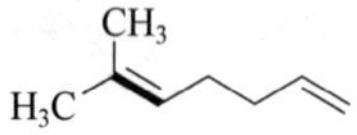 异戊二烯基结构	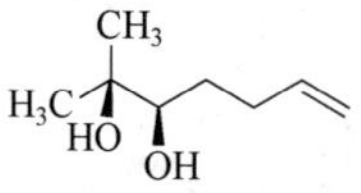 羟基化结构	73	98
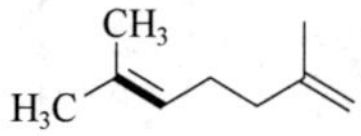 异戊二烯基结构	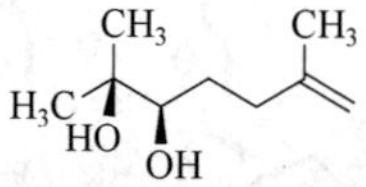 羟基化结构	70	98

图 2-107　多烯烃的区域选择性 Sharpless 不对称双羟化

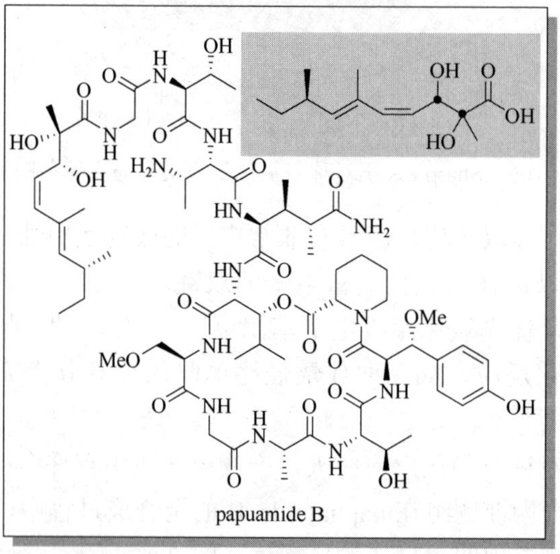

papuamide B

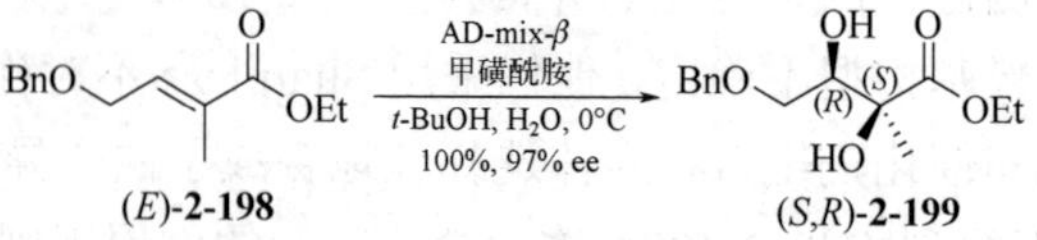

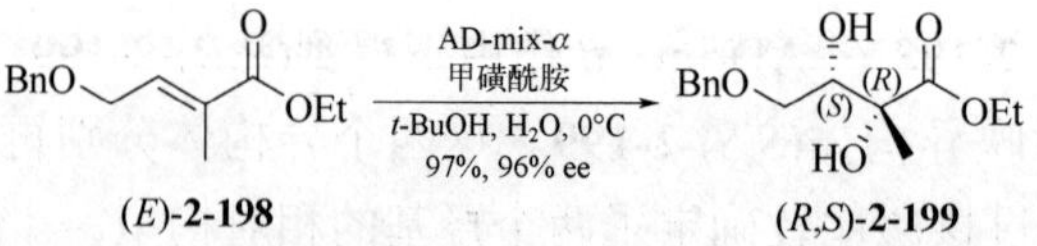

(E)-2-198 → AD-mix-β 甲磺酰胺 t-BuOH, H₂O, 0℃ 100%, 97% ee → (S,R)-2-199

(E)-2-198 → AD-mix-α 甲磺酰胺 t-BuOH, H₂O, 0℃ 97%, 96% ee → (R,S)-2-199

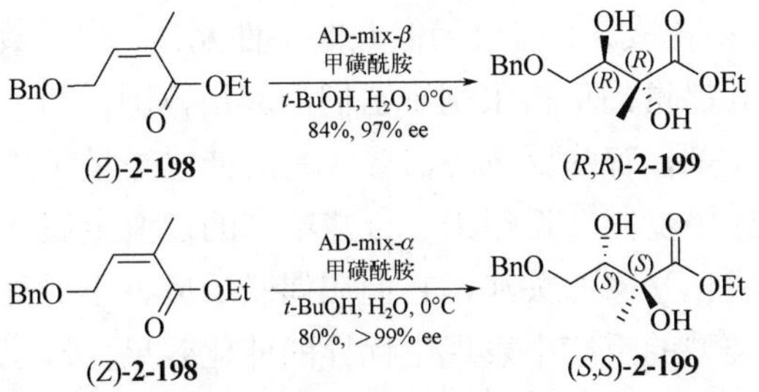

图 2-108　采用 Sharpless 不对称双羟化合成 papuamide B 侧链

　　另外一个典型的例子为哈佛大学的 Matthew D. Shair 课题组在 cortistatin A 的合成过程中，采用 Sharpless 不对称双羟化反应来立体选择性构建手性邻二醇（图 2-109）[132]。具有四个烯键单元的底物 **2-200**，在 Sharpless 不对称双羟化反应中选择性进攻支链的双键，以(DHQD)₂-PHAL 为配体，立体选择性得到二醇 **2-201**，推测该反应的区域选择性可能源于这一双键较小的空间位阻。

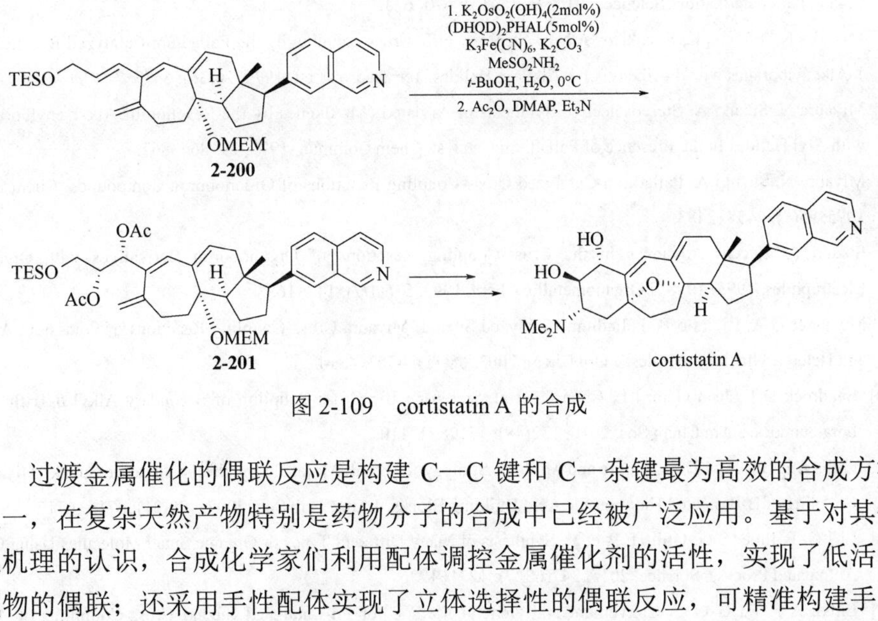

图 2-109　cortistatin A 的合成

　　过渡金属催化的偶联反应是构建 C—C 键和 C—杂键最为高效的合成方法之一，在复杂天然产物特别是药物分子的合成中已经被广泛应用。基于对其催化机理的认识，合成化学家们利用配体调控金属催化剂的活性，实现了低活性底物的偶联；还采用手性配体实现了立体选择性的偶联反应，可精准构建手性中心和轴手性。目前，金属催化偶联反应与光催化或电催化结合后，新的反应模式相继被建立，由此可见，这些经历自由基过程的偶联反应研究方兴未艾，为金属催化偶联反应研究注入了新鲜血液。金属不对称催化反应的核心是手性配体的开发与应用，自手性膦配体被成功应用于不对称催化氢化之后，越来越多的具有优势骨架的手性配体被设计并合成出来，这极大地推动了不对称催化反应研究的快速发展。但这一领域还存在诸多挑战：一方面，除了 BINAP、BOX、

PyBOX 等一些容易合成、价格较为低廉的手性配体，大多数手性配体都需要较多的合成步骤，其昂贵的价格限制了它们的应用范围；另一方面，有些反应需要用贵金属作催化剂，有些反应还需要较高的催化当量（1%～10mol%），这也导致它们的合成应用受限。近年来，一些丰产的过渡金属（Fe、Co、Ni）催化剂也日益受到合成化学家的关注，它们在偶联反应、不对称还原反应、不对称氧化反应等不同类型的反应中表现出优异的催化效果，现已成为较为活跃的研究领域。

参考文献

[1] Zhou Q L. Transition-Metal Catalysis and Organocatalysis: Where Can Progress Be Expected? Angew Chem Int Ed, 2016, 55(18): 5352–5353.

[2] Bates, R. Organic Synthesis Using Transition Metals. John Wiley & Sons, 2012.

[3] Colacot T J. New Trends in Cross-Coupling: Theory and Applications. RSC Catalysis Series, 2014.

[4] Zhao S B, Gensch T, Murray B, et al. Enantiodivergent Pd-catalyzed C—C bond Formation Enabled Through Ligand Parameterization. Science, 2018, 362(6415): 670–674.

[5] Miyaura N, Yamada K, Suzuki A. A New Stereospecific Cross-coupling by the Palladium-Catalyzed Reaction of 1-Alkenylboranes with 1-Alkenyl or 1-Alkynyl Halides. Tetrahedron Lett, 1979, 20(36): 3437–3440.

[6] Miyaura N, Suzuki A. Stereoselective Synthesis of Arylated (E)-Alkenes by the Reaction of Alk-1-enylboranes with Aryl Halides In the Presence of Palladium Catalyst. Chem Commun, 1979, 19: 866–867.

[7] Miyaura N, Suzuki A. Palladium-Catalyzed Cross-Coupling Reactions of Organoboron Compounds. Chem Rev, 1995, 95(7): 2457–2483.

[8] Suzuki A. Recent Advances in the Cross-Coupling Reactions of Organoboron Derivatives with Organic Electrophiles, 1995–1998. J Organometallic Chem, 1999, 576(1/2): 147–168.

[9] Molander G A, Biolatto B. Palladium-Catalyzed Suzuki–Miyaura Cross-Coupling Reactions of Potassium Aryl- and Heteroaryltrifluoroborates. J Org Chem, 2003, 68(11): 4302–4314.

[10] Sandrock D L, Jean-Gérard L, Chen C, et al. Stereospecific Cross-Coupling of Secondary Alkyl β-Trifluoro-boratoamides. J Am Chem Soc, 2010, 132(48): 17108–17110.

[11] Gillis E P, Burke M D. A Simple and Modular Strategy for Small Molecule Synthesis: Iterative Suzuki-Miyaura Coupling of B-Protected Haloboronic Acid Building Blocks. J Am Chem Soc, 2007, 129(21): 6716–6717.

[12] Li J Q, Ballmer S G, Gillis E P, et al. Synthesis of Many Different Types of Organic Small Molecules Using One Automated Process. Science, 2015, 347(6227): 1221–1226.

[13] Littke A F, Fu G C. A Convenient and General Method for Pd-Catalyzed Suzuki Cross-Couplings of Aryl Chlorides and Arylboronic Acids. Angew Chem Int Ed, 1998, 37(24): 3387–3388.

[14] Littke A F, Dai C, Fu G C. Versatile Catalysts for the Suzuki Cross-Coupling of Arylboronic Acids with Aryl and Vinyl Halides and Triflates under Mild Conditions. J Am Chem Soc, 2000, 122: 4020–4028.

[15] Netherton M R, Dai C Y, Neuschütz K, et al. Room-Temperature Alkyl–Alkyl Suzuki Cross-Coupling of Alkyl Bromides that Possess β Hydrogens. J Am Chem Soc, 2001, 123(41): 10099–10100.

[16] Kirchhoff J H, Dai C Y, Fu G C. A Method for Palladium-Catalyzed Cross-Couplings of Simple Alkyl Chlorides: Suzuki Reactions Catalyzed by [Pd$_2$(dba)$_3$]/PCy$_3$. Angew Chem Int Ed, 2002, 41(11): 1945–1947.

[17] Wolfe J P, Singer R A, Yang B H, et al. Highly Active Palladium Catalysts for Suzuki Coupling Reactions. J Am Chem Soc, 1999, 121(41): 9550−9561.

[18] Tang W J, Capacci A G, Wei X D, et al. A General and Special Catalyst for Suzuki-Miyaura Coupling Processes. Angew Chem Int Ed, 2010, 49(34): 5879−5883.

[19] Xu G Q, Fu W Z, Liu G D, et al. Efficient Synthesis of Korupensamines A, B and Michellamine B by Asymmetric Suzuki-Miyaura Coupling Reactions. J Am Chem Soc, 2014, 136(2): 570−573.

[20] Han F S. Transition-Metal-Catalyzed Suzuki−Miyaura Cross-coupling Reactions: A Remarkable Advance from Palladium to Nickel Catalysts. Chem Soc Rev, 2013, 42(12): 5270−5298.

[21] Zhou J R, Fu G C. Suzuki Cross-Couplings of Unactivated Secondary Alkyl Bromides and Iodides. J Am Chem Soc, 2004, 35(23): 1340−1341.

[22] Lundin P M, Fu G C. Asymmetric Suzuki Cross-Couplings of Activated Secondary Alkyl Electrophiles: Arylations of Racemic α-Chloroamides. J Am Chem Soc, 2010, 132(32): 11027−11029.

[23] Owston N A, Fu G C. Asymmetric Alkyl−Alkyl Cross-Couplings of Unactivated Secondary Alkyl Electrophiles: Stereoconvergent Suzuki Reactions of Racemic Acylated Halohydrins. J Am Chem Soc, 2010, 132(34): 11908−11909.

[24] King A O, Okukado N, Negishi E J. Highly General Stereo-, Regio-, and Chemoselective Synthesis of Terminal and Internal Conjugated Enynes by the Pd-catalysed Reaction of Alkynylzinc Reagents with Alkenyl Halides. J Chem Soc, Chem Commun, 1977, 19: 683−684.

[25] Krasovskiy A, Malakhov V, Gavryushin A, et al. Efficient Synthesis of Functionalized Organozinc Compounds by the Direct Insertion of Zinc into Organic Iodides and Bromides. Angew Chem Int Ed, 2006, 45(36): 6040−6044.

[26] Krasovskiy A, Knochel P. A LiCl-Mediated Br/Mg Exchange Reaction for the Preparation of Functionalized Aryl- and Heteroarylmagnesium Compounds from Organic Bromides. Angew Chem Int Ed, 2004, 43(25): 3333−3336.

[27] Mosrin M, Bresser T, Knochel P. Regio- and Chemoselective Multiple Functionalization of Chloropyrazine Derivatives. Application to the Synthesis of Coelenterazine. Org Lett, 2009, 11(15): 3406−3409.

[28] Joshi-Pangu A, Ganesh M, Biscoe M R. Nickel-Catalyzed Negishi Cross-Coupling Reactions of Secondary Alkylzinc Halides and Aryl Iodides. Org Lett, 2011, 13(5): 1218−1221.

[29] Binder J T, Cordier C J, Fu G C. Catalytic Enantioselective Cross-Couplings of Secondary Alkyl Electrophiles with Secondary Alkylmetal Nucleophiles: Negishi Reactions of Racemic Benzylic Bromides with Achiral Alkylzinc Reagents. J Am Chem Soc, 2012, 134(41): 17003−17006.

[30] Moritanl I, Fujiwara Y. Aromatic Substitution of Styrene-Palladium Chloride Complex. Tetrahedron Lett, 1967, 8(12): 1119−1122.

[31] Heck R F. Acylation, Methylation, and Carboxyalkylation of Olefins by Group Ⅷ Metal Derivatives. J Am Chem Soc, 1968, 90(20): 5518−5526.

[32] Mizoroki T, Mori K, Ozaki A. Arylation of Olefin with Aryl Iodide Catalyzed by Palladium. Bull Chem Soc Jap, 1971, 44(2): 581.

[33] Ziegler F E, Chakraborty U R, Weisenfeld R B. A Palladium-Catalyzed Carbon-Carbon Bond Formation of Conjugated Dienones: A Macrocyclic Dienone Lactone Model for the Carbomycins. Tetraheldron, 1981, 37(23): 4035−4040.

[34] Carpenter N E, Kucera D J, Overman L E. Palladium-catalyzed polyene cyclizations of trienyl triflates. J Org Chem, 1989, 54(25): 5846−5848.

[35] Vavon G, Chaminade C, Quesnel G. Action of Benzyl Bromide upon (Organic) Magnesium Compounds. C R Hebd Seances Acad Sci, 1945, 220: 850.

[36] Percival W C, Wagner R B, Cook N C. Grignard Reactions. XXI. The Synthesis of Aliphatic Ketones. J Am Chem Soc, 1953, 75(15): 3731−3734.

[37] Tamura M, Kochi J K. Vinylation of Grignard Reagents. Catalysis by Iron. J Am Chem Soc, 1971, 93(6): 1487−1489.

[38] Smith R S, Kochi J K. Mechanistic Studies of Iron Catalysis in the Cross Coupling of Alkenyl Halides and Grignard Reagents. J Org Chem, 1976, 41(3): 502−509.

[39] Fürstner A, Leitner A, Méndez M, et al. Iron-Catalyzed Cross-Coupling Reactions. J Am Chem Soc, 2002, 124(46): 13856−13863.

[40] Fürstner A, Leitner A. A Catalytic Approach to (R)-(+)-Muscopyridine with Integrated "Self-Clearance". Angew Chem Int Ed, 2003, 42(3): 308−311.

[41] Nakamura M, Matsuo K, Ito S, et al. Iron-Catalyzed Cross-Coupling of Primary and Secondary Alkyl Halides with Aryl Grignard Reagents. J Am Chem Soc, 2004, 126(12): 3686−3687.

[42] Martin R, Fürstner A. Cross-Coupling of Alkyl Halides with Aryl Grignard Reagents Catalyzed by a Low-Valent Iron Complex. Angew Chem Int Ed, 2004, 43(30): 3955−3957.

[43] Ullmann F, Bielecki J. Ueber Synthesen in der Biphenylreihe. Chem Ber, 1901, 34(2): 2174−2185.

[44] Goldberg I. Ueber Phenylirungen bei Gegenwart von Kupfer als Katalysator. Chem Ber, 1906, 39(2): 1691−1692.

[45] Guram A S, Buchwald S L. Palladium-Catalyzed Aromatic Aminations with in situ Generated Aminostannanes. J Am Chem Soc, 1994, 116(17): 7901−7902.

[46] Paul F, Patt J, Hartwig J F. Palladium-Catalyzed Formation of Carbon-Nitrogen Bonds. Reaction Intermediates and Catalyst Improvements in the Hetero Cross-coupling of Aryl Halides and Tin Amides. J Am Chem Soc, 1994, 116(13): 5969−5970.

[47] Ma D W, Zhang Y D, Yao J C, et al. Accelerating Effect Induced by the Structure of α-Amino Acid in the Copper-Catalyzed Coupling Reaction of Aryl Halides with α-Amino Acids. Synthesis of Benzolactam-V8. J Am Chem Soc, 1998, 120(48): 12459−12467.

[48] (a) Ma D W, Cai, Q. Copper/Amino Acid Catalyzed Cross-Couplings of Aryl and Vinyl Halides with Nucleophiles. Acc Chem Res, 2008, 41(11): 1450-1460; (b) Cai Q, Zhou W. Ullmann-Ma Reaction: Development, Scope and Applications in Organic Synthesis. Chin J Chem, 2020, 38(8): 879−893.

[49] Zhou W, Fan M Y, Yin J L, et al. CuI/Oxalic Diamide Catalyzed Coupling Reaction of (Hetero)Aryl Chlorides and Amines. J Am Chem Soc, 2015, 137(37): 11942−11945.

[50] Fan M Y, Zhou W, Jiang Y W, et al. Assembly of Primary (Hetero)Arylamines via CuI/Oxalic Diamide-Catalyzed Coupling of Aryl Chlorides and Ammonia. Org Lett, 2015, 17(23): 5934−5937.

[51] Xia S H, Gan L, Wang K L, et al. Copper-Catalyzed Hydroxylation of (Hetero)aryl Halides under Mild Conditions. J Am Chem Soc, 2016, 138(41): 13493−13496.

[52] Fan M Y, Zhou W, Jiang Y W, et al. CuI/Oxalamide Catalyzed Couplings of (Hetero)aryl Chlorides and Phenols for Diaryl Ether Formation. Angew Chem Int Ed, 2016, 55(21): 6211−6215.

[53] McMurry J E. Carbonyl-Coupling Reactions Using Low-Valent Titanium. Chem Rev, 1989, 89(7): 1513−1524.

[54] Ocampo R, Dolbier W R. The Reformatsky Reaction in Organic Synthesis. Recent Advances. Tetrahedron, 2004, 60(42): 9325−9374.

[55] Everson D A, Jones B A, Weix D J. Replacing Conventional Carbon Nucleophiles with Electrophiles: Nickel-

Catalyzed Reductive Alkylation of Aryl Bromides and Chlorides. J Am Chem Soc, 2012, 134(14): 6146−6159.

[56] Kim S, Goldfogel M J, Gilbert M M, et al. Nickel-Catalyzed Cross-Electrophile Coupling of Aryl Chlorides with Primary Alkyl Chlorides. J Am Chem Soc, 2020, 142(22): 9902−9907.

[57] Lucas E L, Jarvo E R. Stereospecific and Stereoconvergent Cross-couplings between Alkyl Electrophiles. Nat Rev Chem, 2017, 1: 65.

[58] León T, Correa A, Martin R. Ni-Catalyzed Direct Carboxylation of Benzyl Halides with CO_2. J Am Chem Soc, 2013, 135(4): 1221−1224.

[59] Wang X, Wang S L, Xue W C, et al. Nickel-Catalyzed Reductive Coupling of Aryl Bromides with Tertiary Alkyl Halides. J Am Chem Soc, 2015, 137(36): 11562−11565.

[60] Ye Y, Chen H F, Sessler J L, et al. Zn-Mediated Fragmentation of Tertiary Alkyl Oxalates Enabling Formation of Alkylated and Arylated Quaternary Carbon Centers. J Am Chem Soc, 2019, 141(2): 820−824.

[61] Chen F L, Chen K, Zhang Y, et al. Remote Migratory Cross-Electrophile Coupling and Olefin Hydroarylation Reactions Enabled by in Situ Generation of NiH. J Am Chem Soc, 2017, 139(39): 13929−13935.

[62] He Y L, Cai Y L, Zhu S L. Mild and Regioselective Benzylic C—H Functionalization: Ni-Catalyzed Reductive Arylation of Remote and Proximal Olefins. J Am Chem Soc, 2017, 139(3): 1061−1064.

[63] (a) 谢卫青, 左智伟, 资伟伟. 分子内氧化偶联反应在合成复杂吲哚生物碱骨架中的应用. 有机化学, 2013, 33(5): 869−876; (b) Zi W W, Zuo Z W, Ma D W. Intramolecular Dearomative Oxidative Coupling of Indoles: A Unified Strategy for the Total Synthesis of Indoline Alkaloid. Acc Chem Res, 2015, 48(3): 702−711.

[64] (a) Zuo Z W, Xie W Q, Ma D W. Total Synthesis and Absolute Stereochemical Assignment of (−)-Communesin F. J Am Chem Soc, 2010, 132(38): 13226-13228; (b) Zuo Z W, Ma D W. Enantioselective Total Syntheses of Communesins A and B. Angew Chem Int Ed, 2011, 50(50), 12008−12011; (c) Zi W W, Xie W Q, Ma D W. Total Synthesis of Akuammiline Alkaloid (−)-Vincorine via Intramolecular Oxidative Coupling. J Am Chem Soc, 2012, 134(22): 9126−9129; (d) Wei Y, Zhao D, Ma D W. Total Synthesis of the Indole Alkaloid (±)- and (+)-Methyl N-Decarbomethoxychanofruticosinate. Angew Chem Int Ed, 2013, 52(49): 12988−12991; (e) Teng M X, Zi W W, Ma D W. Total Synthesis of the Monoterpenoid Indole Alkaloid (±)-Aspidophylline A. Angew Chem Int Ed, 2014, 53(7): 1814−1817.

[65] Zhao Y S, Wang H B, Hou X H, et al. Oxidative Cross-Coupling through Double Transmetallation: Surprisingly High Selectivity for Palladium-Catalyzed Cross-Coupling of Alkylzinc and Alkynylstannanes. J Am Chem Soc, 2006, 128(47): 15048−15049.

[66] De Konig P D, McAndrew D, Moore R, et al. Fit-for-Purpose Development of the Enabling Route to Crizotinib (PF-02341066). Org Proc Res Dev, 2001, 15(5): 1018−1026.

[67] Myers A G, Tom N J, Fraley M E, et al. A Convergent Synthetic Route to (+)-Dynemicin A and Analogs of Wide Structural Variability. J Am Chem Soc, 1997, 119(26): 6072−6094.

[68] Nilson M G, Funk R L. Total Synthesis of (±)-Cortistatin J from Furan. J Am Chem Soc, 2011, 133(32): 12451−12453.

[69] Zheng C W, Dubovyk I, Lazarski K E, et al. Enantioselective Total Synthesis of (−)-Maoecrystal V. J Am Chem Soc, 2014, 136(51): 17750−17756.

[70] Banks R L, Bailey G C. Olefin Disproportionation. A New Catalytic Process. Ind Eng Chem Prod Res Dev, 1964, 3: 170−173.

[71] Natta G, Dall'Asta G, Mazzanti G. Stereospecific Homopolymerization of Cyclopentene. Angew Chem Int Ed, 1964, 3(11): 723−729.

[72] Calderon N, Chen H Y, Scott K W. Olefin Metathesis-A Novel Reaction for Skeletal Transformations of

Unsaturated Hydrocarbons. Tetrahedron Lett, 1967, 8(34): 3327−3329.

[73] Hérisson P J L, Chauvin Y. Catalyse de Transformation des Oléfines par les Complexes du Tungstène. Ⅱ. Télomérisation des Oléfines Cycliques en Présence d'oléfines Acycliques. Die Makromolekulare Chemie, 1971, 141(1): 161−176.

[74] Schrock R R, Murdzek J S, Bazan G C, et al. Synthesis of Molybdenum Imido Alkylidene Complexes and Some Reactions Involving Acyclic Olefins. J Am Chem Soc, 1990, 112(10): 3875−3886.

[75] Wengrovius J H, Sancho J, Schrock R R. Metathesis of Acetylenes by Tungsten(Ⅵ)-Alkylidyne Complexes. J Am Chem Soc, 1981, 103(13): 3932−3934.

[76] Nguyen S T, Johnson L K, Grubbs R H, et al. Ring-Opening Metathesis Polymerization (ROMP) of Norbornene by a Group Ⅷ Carbene Complex in Protic Media. J Am Chem Soc, 1992, 114(10): 3974−3975.

[77] Schwab P, France M B, Ziller J W, et al. A Series of Well-Defined Metathesis Catalysts-Synthesis of [RuCl₂(=CHR′)(PR₃)₂] and Its Reactions. Angew Chem Int Ed, 1995, 34(18): 2039−2041.

[78] Scholl M, Ding S, Lee C W, et al. Synthesis and Activity of a New Generation of Ruthenium-Based Olefin Metathesis Catalysts Coordinated with 1,3-Dimesityl-4,5-dihydroimidazol-2-ylidene Ligands. Org Lett, 1999, 1(6): 953−956.

[79] Xie W Q, Zou B, Pei D Q, et al. Total Synthesis of Cyclic Tetrapeptide FR235222, a Potent Immunosuppressant that Inhibits Mammalian Histone Deacetylases. Org Lett, 2005, 7(13): 2775−2777.

[80] Fu G C, Nguyen S T, Grubbs R H. Catalytic Ring-Closing Metathesis of Functionalized Dienes by a Ruthenium Carbene Complex. J Am Chem Soc, 1993, 115(21): 9856−9857.

[81] Nicolaou K C, He Y, Vourloumis D, et al. The Olefin Metathesis Approach to Epothilone A and Its Analogues. J Am Chem Soc, 1997, 119(34): 7960−7973.

[82] Pfeiffer M W B, Phillips A J. Total Synthesis of (+)-Cyanthiwigin U. J Am Chem Soc, 2005, 127(15): 5334−5335.

[83] Keitz B K, Endo K, Patel P R, et al. Improved Ruthenium Catalysts for Z-Selective Olefin Metathesis. J Am Chem Soc, 2012, 134(1): 693−699.

[84] Marx V M, Herbert M B, Keitz B K, et al. Stereoselective Access to Z and E Macrocycles by Ruthenium-Catalyzed Z-Selective Ring-Closing Metathesis and Ethenolysis. J Am Chem Soc, 2013, 135(1): 94−97.

[85] Meek S J, O'Brien R V, Llaveria J, et al. Catalytic Z-Selective Olefin Cross-Metathesis for Natural Product Synthesis. Nature, 2011, 471(7339): 461−466.

[86] Alexander J B, La D S, Cefalo D R, et al. Catalytic Enantioselective Ring-Closing Metathesis by a Chiral Biphen-Mo Complex. J Am Chem Soc, 1998, 120(16): 4041−4042.

[87] Malcolmson S J, Meek S J, Sattely E S, et al. Highly Efficient Molybdenum-Based Catalysts for Enantio-selective Alkene Metathesis. Nature, 2008, 456(7224): 933−937.

[88] Gillingham D G, Hoveyda A H. Chiral N-Heterocyclic Carbenes in Natural Product Synthesis: Application of Ru-Catalyzed Asymmetric Ring-Opening/Cross-Metathesis and Cu-Catalyzed Allylic Alkylation to Total Synthesis of Baconipyrone C. Angew Chem Int Ed, 2007, 46(21): 3860−3864.

[89] Ma D W, Xie W Q, Zou B, et al. An Efficient and Tunable Route to AG7088, a Rhinovirus Protease Inhibitor. Tetrahedron Lett. 2004, 45(43): 8103−8105.

[90] (a) Brown H C, Desai M C, Jadhav P K. Hydroboration. 61. Diisopinocampheylborane of High Optical Purity. Improved Preparation and Asymmetric Hydroboration of Representative cis-Disubstituted Alkenes. J Org Chem, 1982, 47: 5065−5069; (b) Brown H C, Jadhav P K. Asymmetric Carbon-Carbon Bond Formation via β-Alyldiisopinampheylborane. Simple Synthesis of Secondary Homoallylic Alcohols with Excellent

Enantiomeric Purities. J Am Chem Soc, 1983, 105: 2092−2093; (c) Boiarska Z, Braga T, Silvani A, et al. Brown Allylation: Application to the Synthesis of Natural Products. Eur J Org Chem, 2021, 22: 3214−3222.

[91] (a) Heravi M M, Zadsirjan V, Farajpour B. Applications of Oxazolidinones as Chiral Auxiliaries in the Asymmetric Alkylation Reaction Applied to Total Synthesis. RSC Adv, 2016, 6(36): 30498−30551; (b) Chen L Y, Huang P Q. Evans' Chiral Auxiliary-Based Asymmetric Synthetic Methodology and Its Modern Extensions. Eur J Org Chem, 2024, 27: e202301131.

[92] (a) Myers A G, Yang B H, Chen H, et al. Pseudoephedrine as a Practical Chiral Auxiliary for the Synthesis of Highly Enantiomerically Enriched Carboxylic Acids, Alcohols, Aldehydes, and Ketones. J Am Chem Soc, 1997, 119(28): 6496−6511; (b) Morales M R, Mellem K T, Myers A G. Pseudoephenamine: A Practical Chiral Auxiliary for Asymmetric Synthesis. Angew Chem Int Ed, 2012, 51: 4568−4571.

[93] (a) Ellman J A. Applications of tert-Butanesulfinamide in the Asymmetric Synthesis of Amines. Pure Appl Chem, 2003, 75(1): 39-46; (b) Robak M T, Herbage M A, Ellman J A. Synthesis and Applications of tert-Butanesulfinamide. Chem Rev, 2010, 110(6): 3600−3740.

[94] Xie W Q, Ding D R, Zi W W, et al. Total Synthesis and Structure Assignment of Papuamide B, A Potent Marine Cyclodepsipeptide with Anti-HIV Properties. Angew Chem Int Ed, 2008, 47(15): 2844−2848.

[95] Evans D A, Takacs J M, McGee L R, et al. Chiral Enolate Design. Pure & Appl Chem, 1981, 53(6): 1109−1127.

[96] Evans D A, Kaldor S W, Jones T K, et al. Total Synthesis of the Macrolide Antibiotic Cytovaricin. J Am Chem Soc, 1990, 112(19): 7001−7031.

[97] (a) Osborn J A, Jardine F H, Young J F, et al. The Preparation and Properties of Tris(triphenylphosphine) halogenorhodium(Ⅰ) and Some Reactions thereof Including Catalytic Homogeneous Hydrogenation of Olefins and Acetylenes and Their Derivatives. J Chem Soc A, 1966: 1711−1732; (b) Halpern J. Mechanistic Aspects of Homogeneous Catalytic Hydrogenation and Related Processes. Inorg Chim Acta, 1981, 50: 11−19.

[98] Korpiun O, Lewis R A, Chickos J, et al. Synthesis and Absolute Configuration of Optically Active Phosphine Oxides and Phosphinates. J Am Chem Soc, 1968, 90(18): 4842−4846.

[99] Knowles W S, Sabacky M J. Catalytic Asymmetric Hydrogenation Employing a Soluble, Optically Active, Rhodium Complex. Chem Comm, 1968(22): 1445−1446.

[100] (a) Knowles W S. Asymmetric hydrogenation. Acc Chem Res, 1983, 16(3): 106-112; (b) Knowles W S, Sabacky M J, Vineyard B D. Catalytic Asymmetric Hydrogenation. J Chem Soc, Chem Commun, 1972: 10−11; (c) Kagan H B, Dang T P. Asymmetric Catalytic Reduction with Transition Metal Complexes. I. Catalytic System of Rhodium(Ⅰ) with (−)-2,3-O-Isopropylidene-2,3-Dihydroxy-1,4 -Bis(diphenylphosphino)butane, A New Chiral Diphosphine. J Am Chem Soc, 1972, 94(18): 6429−6433; (d) Knowles W S, Sabacky M J, Vineyard B D, et al. Asymmetric Hydrogenation with a Complex of Rhodium and a Chiral Bisphosphine. J Am Chem Soc, 1975, 97(9): 2567−2568; (e) Vineyard B D, Knowles W S, Sabacky M J, et al. Asymmetric Hydrogenation. Rhodium Chiral Bisphosphine Catalyst. J Am Chem Soc, 1977, 99(18): 5946−5952.

[101] (a) Miyashita A, Yasuda A, Takaya H, et al. Synthesis of 2,2'-Bis(diphenylphosphino)-1,1'- binaphthyl (BINAP), an Atropisomeric Chiral Bis(triaryl)phosphine, and Its Use in the Rhodium(Ⅰ)-catalyzed Asymmetric Hydrogenation of α-(Acylamino)acrylic Acids. J Am Chem Soc, 1980, 102(27): 7932−7934; (b) Noyori R, Kitamura M, Ohkuma T. Toward Efficient Asymmetric Hydrogenation: Architectural and Functional Engineering of Chiral Molecular Catalysts. Proc Natl Acad Sci, 2004, 101(15): 5356−5362.

[102] (a) Noyori R, Ohkuma T, Kitamura M, et al. Asymmetric Hydrogenation of beta-Keto Carboxylic Esters. A Practical, Purely Chemical Access to β-Hydroxy Esters in High Enantiomeric Purity. J Am Chem Soc, 1987, 109(19): 5856−5858; (b) Kitamura M, Ohkuma T, Inoue S, et al. Homogeneous Asymmetric Hydrogenation of

Functionalized Ketones. J Am Chem Soc, 1988, 110(2): 629−631; (c) Nishi T, Kitamura M, Ohkuma T, et al. Synthesis of Statine and Its Analogues by Homogeneous Asymmetric Hydrogenation. Tetrahedron Lett, 1988, 29(48): 6327−6330.

[103] (a) Kagan H B, Fiaud J C. Kinetic Resolution. Topics in Stereochemistry, John Wiley & Sons, 2007; (b) Vedejs E, Jure M. Efficiency in Nonenzymatic Kinetic Resolution. Angew Chem Int Ed, 2005, 44(26): 3974−4001.

[104] Štambaský J, Malkov A V, Kočovský P. Synthesis of Enantiopure 1-Arylprop-2-en-1-ols and Their *tert*-Butyl Carbonates. J Org Chem, 2008, 73(22): 9148−9150.

[105] (a) Pellissier H. Recent developments in organocatalytic dynamic kinetic resolution. Tetrahedron, 2016, 72(23): 3133-3150; (b) Liu W, Yang X. Recent Advances in (Dynamic) Kinetic Resolution and Desymmetrization Catalyzed by Chiral Phosphoric Acids. Asian J Org Chem, 2021, 10(4): 692−710.

[106] Noyori R, Ikeda T, Ohkuma T, et al. Stereoselective Hydrogenation via Dynamic Kinetic Resolution. J Am Chem Soc, 1989, 111(25): 9134-9135.

[107] Tani K, Yamagata T, Akutagawa S, et al. Metal-Assisted Terpenoid Synthesis. 7. Highly Enantioselective Isomerization of Prochiral Allylamines Catalyzed by Chiral Diphosphine Rhodium(I) Complexes. Preparation of Optically Active Enamines. J Am Chem Soc, 1984, 106(18): 5208−5217.

[108] Wan F, Tang W. Phosphorus Ligands from the Zhang Lab: Design, Asymmetric Hydrogenation, and Industrial Applications. Chin J Chem, 2021, 39(4): 954−968.

[109] Tang W J, Zhang X M. A Chiral 1,2-Bisphospholane Ligand with a Novel Structural Motif: Applications in Highly Enantioselective Rh-Catalyzed Hydrogenations. Angew Chem Int Ed, 2002, 41(9): 1612−1614.

[110] Tang W J, Wu S L, Zhang X M. Enantioselective Hydrogenation of Tetrasubstituted Olefins of Cyclic β-(Acylamino)acrylates. J Am Chem Soc, 2003, 125(32): 9570−9571.

[111] Zhao Q Y, Chen C Y, Wen J L, et al. Noncovalent Interaction-Assisted Ferrocenyl Phosphine Ligands in Asymmetric Catalysis. Acc Chem Res, 2020, 53(9): 1905−1921.

[112] Xie J H, Zhou Q L. Chiral Diphosphine and Monodentate Phosphorus Ligands on a Spiro Scaffold for Transition-Metal-Catalyzed Asymmetric Reactions. Acc Chem Res, 2008, 41(5): 581−593.

[113] Hu A G, Fu Y, Xie J H, et al. Monodentate Chiral Spiro Phosphoramidites: Efficient Ligands for Rhodium-Catalyzed Enantioselective Hydrogenation of Enamides. Angew Chem Int Ed, 2002, 41(13): 2348−2350.

[114] Hou G H, Xie J H, Wang L X, et al. Highly Efficient Rh(I)-Catalyzed Asymmetric Hydrogenation of Enamines Using Monodente Spiro Phosphonite Ligands. J Am Chem Soc, 2006, 128(36): 11774−11775.

[115] Han Z B, Wang Z, Zhang X M, et al. Spiro[4,4]-1,6-Nonadiene-Based Phosphine−Oxazoline Ligands for Iridium-Catalyzed Enantioselective Hydrogenation of Ketimines. Angew Chem Int Ed, 2009, 48(29): 5345−5349.

[116] (a) Wang X M, Meng F Y, Wang Y, et al. Aromatic Spiroketal Bisphosphine Ligands: Palladium-Catalyzed Asymmetric Allylic Amination of Racemic Morita-Baylis-Hillman Adducts. Angew Chem Int Ed, 2012, 51(37): 9276−9282; (b) Wang X M, Guo P H, Han Z B, et al. Spiroketal-Based Diphosphine Ligands in Pd-Catalyzed Asymmetric Allylic Amination of Morita-Baylis-Hillman Adducts: Exceptionally High Efficiency and New Mechanism. J Am Chem Soc, 2014, 136(1): 405−411; (c) Liu J M, Han Z B, Wang X M, et al. Highly Regio- and Enantioselective Alkoxycarbonylative Amination of Terminal Allenes Catalyzed by a Spiroketal-Based Diphosphine/Pd(II) Complex. J Am Chem Soc, 2015, 137(49): 15346−15349.

[117] (a) Fang F, Xie F, Yu H, et al. Efficient Bimetallic Titanium Catalyst for Carbonyl-Ene Reaction. Tetrahedron Lett, 2009, 50(48): 6672−6675; (b) Zhang H, Fang F, Xie F, et al. From C_2- to D_2-symmetry: Atropos Phosphoramidites with a D_2 Symmetric Backbone as Highly Efficient Ligands in Cu-catalyzed Conjugate

Additions. Tetrahedron Lett, 2010, 51(23): 3119−3122.

[118] (a) Liu Y Y, Yao D M, Li K, et al. Iridium-Catalyzed Asymmetric Hydrogenation of 3-Substituted Unsaturated Oxindoles to Prepare C3-Mono Substituted Oxindoles. Tetrahedron, 2011, 67(44): 8445−8450; (b) Liu Y Y, Zhang W B. Iridium-Catalyzed Asymmetric Hydrogenation of α-Alkylidene Succinimides. Angew Chem Int Ed, 2013, 52(8): 2203−2206; (c) Liu Y Y, Gridnev I D, Zhang W B. Mechanism of the Asymmetric Hydrogenation of Exocyclic α,β-Unsaturated Carbonyl Compounds with an Iridium/BiphPhox Catalyst: NMR and DFT Studies. Angew Chem Int Ed, 2014, 53(7): 1901−1905.

[119] Xu G Q, Senanayake C H, Tang W P. Chiral Phosphorus Ligands Based on a 2,3-Dihydrobenzo[d][1,3]oxaphosphole Motif for Asymmetric Catalysis. Acc Chem Res, 2019, 52(4): 1101−1112.

[120] Liu G D, Liu X Q, Cai Z H, et al. Design of Phosphorus Ligands with Deep Chiral Pockets: Practical Synthesis of Chiral β-Arylamines by Asymmetric Hydrogenation. Angew Chem Int Ed, 2013, 52(15): 4235−4238.

[121] (a) Katsuki T, Sharpless K B. The First Practical Method for Asymmetric Epoxidation. J Am Chem Soc, 1980, 102(18): 5974−5976; (b) Gao Y, Klunder J M, Hanson R M, et al. Catalytic Asymmetric Epoxidation and Kinetic Resolution: Modified Procedures Including in Situ Derivatization. J Am Chem Soc, 1987, 109(19): 5765−5780.

[122] Finn M G, Sharpless K B. Mechanism of Asymmetric Epoxidation. 2. Catalyst Structure. J Am Chem Soc, 1991, 113(1): 113−126.

[123] Corey E J, Ha D C. Total Synthesis of Venustatriol. Tetrahedron Lett, 1988, 29(26): 3171−3174.

[124] (a) Jacobsen E N, Zhang W, Muci A R, et al. Highly Enantioselective Epoxidation Catalysts Derived from 1,2-Diaminocyclohexane. J Am Chem Soc, 1991, 113(18): 7063−7064; (b) Irie R, Noda K, Ito Y, et al. Catalytic Asymmetric Epoxidation of Unfunctionalized Olefins. Tetrahedron Lett, 1990, 31(50): 7345−7348.

[125] Tokunaga M, Larrow J F, Kakiuchi F, et al. Asymmetric Catalysis with Water: Efficient Kinetic Resolution of Terminal Epoxides by Means of Catalytic Hydrolysis. Science, 1997, 277(5328): 936−938.

[126] (a) Wang Z X, Tu Y, Frohn M, et al. An Efficient Catalytic Asymmetric Epoxidation Method. J Am Chem Soc, 1997, 119(46): 11224−11235; (b) Wong O A, Shi Y. Organocatalytic Oxidation. Asymmetric Epoxidation of Olefins Catalyzed by Chiral Ketones and Iminium Salts. Chem Rev, 2008, 108(9): 3958−3987.

[127] Xiong Z M, Corey E J. Simple Total Synthesis of the Pentacyclic C_s-Symmetric Structure Attributed to the Squalenoid Glabrescol and Three C_s-Symmetric Diastereomers Compel Structural Revision. J Am Chem Soc, 2000, 122(19): 4831−4832.

[128] Kolb H C, VanNieuwenhze M S, Sharpless K B. Catalytic Asymmetric Dihydroxylation. Chem Rev, 1994, 94: 2483−2547.

[129] Corey E J, Guzman-Perez A, Noe M C. Highly Enantioselective and Regioselective Catalytic Dihydroxylation of Homoallylic Alcohol Derivatives. Tetrahedron Lett, 1995, 36(20): 3481−3484.

[130] Xu D Q, Crispino G A, Sharpless K B. Selective Asymmetric Dihydroxylation (AD) of Dienes. J Am Chem Soc, 1992, 114(19): 7570−7571.

[131] Xie W Q, Ding D R, Zi W W, et al. Total Synthesis and Structure Assignment of Papuamide B, A Potent Marine Cyclodepsipeptide with Anti-HIV Properties. Angew Chem Int Ed, 2008, 47(15): 2844−2848.

[132] Lee H M, Nieto-Oberhuber C, Shair M D. Enantioselective Synthesis of (+)-Cortistatin A, a Potent and Selective Inhibitor of Endothelial Cell Proliferation. J Am Chem Soc, 2008, 130(50): 16864−16866.

第三章
C—H 键官能团化

在众多的天然产物、药物分子、农用化学品、精细化学品、纤维、塑料等有机化合物中，除了 C—C 键之外，C—H 键是构成这些化学物质最基本、最常见的化学键。C—H 键的键能高，因而较为惰性，通常情况下难以直接发生化学反应。第二章介绍的偶联反应及双键的氢化还原和氧化反应都是官能团化分子的转化，这些官能团往往需要多步转化才能从 C—H 键衍生而来。但是，如果通过化学反应将惰性的 C—H 键直接转化为其他官能团，形成新的 C—C 键、C—N 键、C—O 键等化学键，这一策略能够显著提高合成反应的原子经济性和步骤经济性。因此，C—H 键官能团化反应具有极大的应用潜力，它可改变复杂分子合成的逆合成分析方式，为全合成提供更加高效的转化方法。尽管 C—H 键官能团化为有机合成提供了诸多优势，但该领域的发展比较缓慢，这主要是因为其存在两个巨大挑战。①C—H 键的键能较高，难以直接实现官能团化。C—H 键的键能通常为 96～105kcal❶/mol[1]，一般条件下很难断裂，无法发生后续反应并实现官能团化。②同一分子中 C—H 键的键能相差不大，难以实现选择性官能团化。如何区域选择性或立体选择性地实现分子中特定 C—H 键的官能团化而不影响其他 C—H 键，是最具挑战的关键科学问题。正是由于这些挑战性问题的存在，合成化学家把 C—H 键官能团化称为"有机化学的圣杯"。

为了实现惰性 C—H 键的官能团化，合成化学家发展了多种策略。例如，借助强碱丁基锂、仲丁基锂等使 C—H 键去质子化，形成碳负离子，以其作为亲核试剂发生化学反应，从而实现 C—H 键的官能团化。但是，这一策略存在以下不足：对官能团的兼容性较差，还需要使用较为危险的强碱性金属试剂，并且不适用于那些解离常数（pK_a 值）较高的 $C(sp^3)$—H 键。为了解决这些问题，近二十年来，合成化学家利用官能团导向策略，发展了金属（如 Pd、Ru、Rh、Co、Mn 等）催化的 C—H 键官能团化反应，其中包括 C—H 键的烷基化、烯基化、炔基化和芳基化反应，还可通过氧化、胺化、硅化、硼化等反应形成其

---

❶ 1kcal=4.186kJ。

他类型的共价键。与此同时，金属催化的非导向C—H键官能团化反应也取得了巨大进步，其中卡宾、氮宾中间体的C—H键插入反应是较为成熟的研究领域。此外，自由基化学取得的研究进展也为C—H键官能团化反应研究提供了推动力，基于自由基化学的非导向C—H键官能团化反应的报道也越来越多，新的催化体系如光催化及电催化也为C—H键官能团化反应研究提供了新的契机，特别是为C—H键不对称官能团化反应研究注入了新鲜血液。毋庸置疑，这一领域仍然存在很多富有挑战性的问题，例如C—H键的区域选择性和立体选择性官能团化，但随着更多新颖催化体系（如酶催化）的发现与应用，可以预见这些问题也将会被逐个攻克。

C—H键官能团化是最具原子经济性的有机分子转化方法，它为复杂分子的逆合成分析提供了变革性思路，具有重要的应用价值及发展潜力。虽然在过去二十年里，C—H键官能团化研究已经取得了丰硕成果，但它仍然是一个充满活力的研究领域，是当代有机合成化学研究的主要方向之一。本章将从四个方面介绍这一领域的研究进展，包括金属催化导向的C—H键官能团化、金属催化非导向的C—H键官能团化、自由基介导的C—H键官能团化和不对称催化的C—H键官能团化。

第一节　金属催化导向的C—H键官能团化

在过渡金属催化的C—H键官能团化反应中，其中的关键步骤为金属插入C—H键形成碳-金属键，这一基元反应需要克服较高的能垒，在一般条件下很难发生。合成化学家在制备有机金属络合物时发现，当分子中含有强配位能力的官能团（导向基）时，过渡金属易与导向基螯合，拉近金属与邻近C—H键之间的空间距离，通过熵效应促进金属对C—H键的插入反应，从而形成稳定的环状有机金属络合物。金属导向的C—H键插入反应有多种类型，最主要的有两种，具体如下。

一种是通过亲电取代反应形成碳-金属键。高价态的缺电子过渡金属，如$Pd(II)$、$Ru(III)$、$Rh(III)$、$Pt(IV)$、$Au(III)$等，容易与富电子的C—H键发生亲电取代反应，这一过程中金属的价态不会发生变化（图 3-1）。例如，Hartwell等在1970年就发现，$PdCl_2$在与苯并喹啉 3-1 发生反应时，通过与氮原子的络合作用导向$Pd(II)$插入10位的$C(sp^2)$—H键，形成动力学稳定的五元环钯络合物 3-2。通过导向作用，$Pd(II)$同样可插入$C(sp^3)$—H键。例如，8-甲基喹啉 3-3 通过氮螯合作用导向$PdCl_2$插入甲基的$C(sp^3)$—H键，形成五元环钯物种 3-4。

此外，不同类型的含氮官能团（如偶氮化合物 **3-5**、三级胺 **3-6** 以及亚胺 **3-7** 等）都可通过螯合作用导向 Pd(Ⅱ)插入邻位 C—H 键，形成热力学稳定的五元环钯络合物[2]。

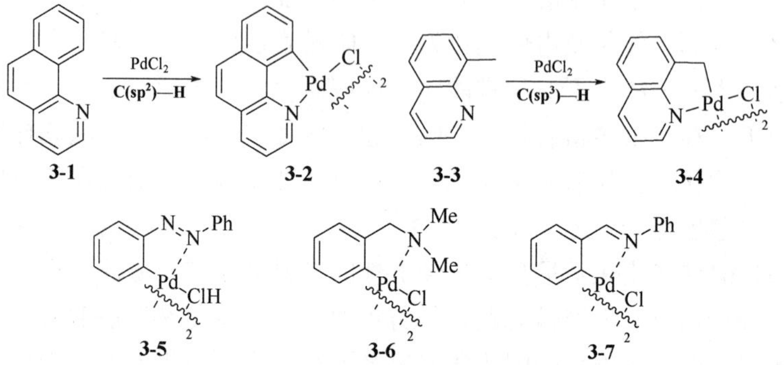

图 3-1　Pd(Ⅱ)对 C—H 键的亲电加成反应

另一种反应为低价金属对 C—H 键的氧化加成反应，也可形成碳-金属键（图 3-2）。低价态金属如 Ir(Ⅰ)、Rh(Ⅰ)、Co(0)等，通过氧化加成方式插入 C—H 键，在这类反应中金属价态提高了 2 价。1967 年，Bennett 与 Milner 报道了 Ir(Ⅰ)络合物 Ir(PPh₃)₃Cl，在苯中加热生成 Ir(Ⅲ)络合物 **3-8**。在该反应中，Ir(Ⅰ) 在膦的导向下，通过氧化加成插入邻位 C—H 键[3]。

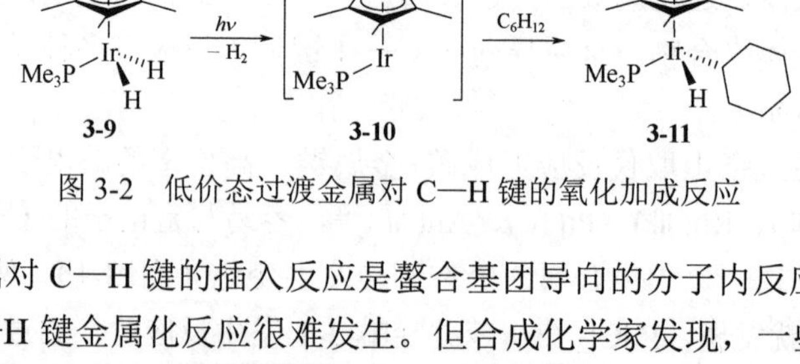

图 3-2　低价态过渡金属对 C—H 键的氧化加成反应

上述金属对 C—H 键的插入反应是螯合基团导向的分子内反应，相对而言，分子间的 C—H 键金属化反应很难发生。但合成化学家发现，一些活泼的低价态金属络合物也可经分子间氧化加成反应直接插入 C—H 键，得到金属化产物。例如，Bergman 等于 1982 年发现（图 3-2），在高压汞灯（λ≥275nm）照射下，二氢 Ir(Ⅲ)络合物 **3-9** 消除一分子氢气，将 Ir 还原为+1 价，得到的 Ir(Ⅰ)可对环己烷的 C—H 键进行氧化加成，生成 Ir(Ⅲ)络合物 **3-11**[4]。

C—H 键的金属插入反应类型还有 σ-键复分解、自由基活化以及 1,2-加成等，后面的章节将会详细描述，这里不再赘述。金属络合物对 C—H 键插入反应的发现，启发合成化学家利用这一基元反应发展金属催化的 C—H 键偶联反应，由此开启了金属催化的 C—H 键官能团化反应研究的新时代。

一、Pd 催化导向的 C—H 键官能团化

Pd(Ⅱ)与 C—H 键亲电加成形成的 C—Pd(Ⅱ)金属键，与金属催化偶联反应中的 Pd(Ⅱ)中间体的反应性质相似，也可通过转金属化、还原消除等反应得到偶联产物。例如，Sames 课题组在 teleocidin B-4 的核心骨架——多环稠合吲哚的合成过程中，利用席夫碱 **3-12** 与 PdCl$_2$ 通过导向的 C(sp^3)—H 键插入反应，得到六元环钯络合物 **3-13**（图 3-3）[5]；随后与烯基硼酸发生转金属化及还原消除反应，得到了甲基 C—H 键的烯基化产物 **3-14**，再经过几步简单转化就完成 teleocidin B-4 核心骨架的合成。

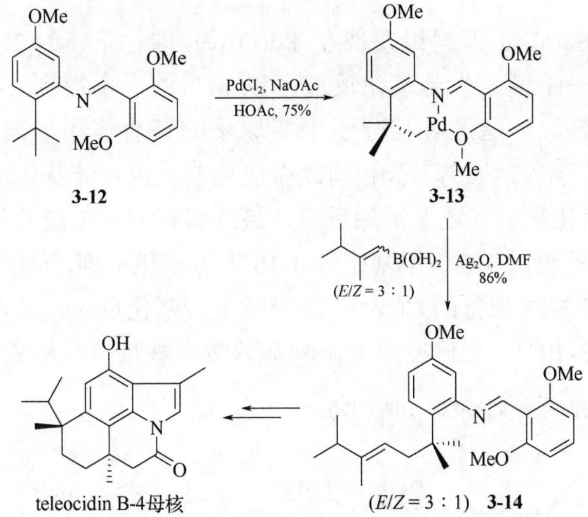

图 3-3 生物碱 teleocidin B-4 核心骨架合成

在第二章介绍的金属催化偶联反应中，低价态金属如 Pd(0)与芳香卤代苯进行氧化加成，得到 Ar–Pd(Ⅱ)–X 中间体而启动反应，后续再经过转金属化、还原消除反应得到偶联产物，同时再生 Pd(0)催化剂，从而实现催化循环。与之类似，如果将 Pd(Ⅱ)对 C—H 键的插入这一基元反应与金属偶联基元反应组合，再通过转金属化及还原消除也可得到偶联产物，同时生成 Pd(0)。但该反应需要使用合适的氧化剂或通过其他类型反应重新将 Pd(0)转化为 Pd(Ⅱ)，才能实现催

化循环（图 3-4）。基于这一研究思路，合成化学家发展了多种 Pd 催化的 C—H 键官能团化反应，该反应不仅可构建 C—C 键，还能将其推广至 C—O 键、C—N 键等其他化学键的构筑[6]。在偶联反应中，Pd 经历了 Pd(0)/Pd(Ⅱ) 的价态变化过程。但在 Pd 催化的 C—H 键官能团化反应中，Pd 的氧化态主要涉及 0 价、+2 价、+3 价及+4 价等四种价态，目前报道的反应中主要有 Pd(Ⅱ)/Pd(Ⅳ) 和 Pd(Ⅱ)/Pd(0) 两种价态循环模式。在第一种催化过程中，卤代烃既可作为氧化剂也可充当官能团化试剂，第二种过程则需要额外加入氧化剂来实现 Pd 的催化循环。

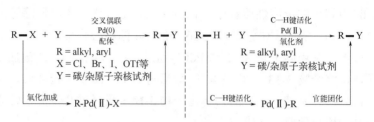

图 3-4　Pd 催化偶联反应与 C—H 键官能团化反应

2005 年，Sanford 课题组发现在 Pd(OAc)₂ 催化下，2-(2-甲基苯基)吡啶 **3-15** 的邻位 C—H 键发生芳基化反应，以 88%的产率得到 2-芳基吡啶 **3-16**（图 3-5）[7]。该反应通过吡啶分子中氮原子的螯合作用导向 Pd(Ⅱ) 对邻位 $C(sp^2)$—H 键的插入，二芳基碘鎓盐既做氧化剂，也是芳基化试剂，促使环状钯中间体发生氧化加成和还原消除反应，最终得到 C—H 键芳基化产物。2007 年，Daugulis 课题组以 3,5-二甲基碘苯 **3-18** 为芳基化试剂，发现在 Pd(OAc)₂ 催化下，酰基苯胺 **3-17** 邻位的 $C(sp^2)$—H 键发生芳基化反应，以 82%的产率得到联苯类衍生物 **3-19**[8]。在该反应中，酰基苯胺中酰胺键的羰基氧为导向基团，

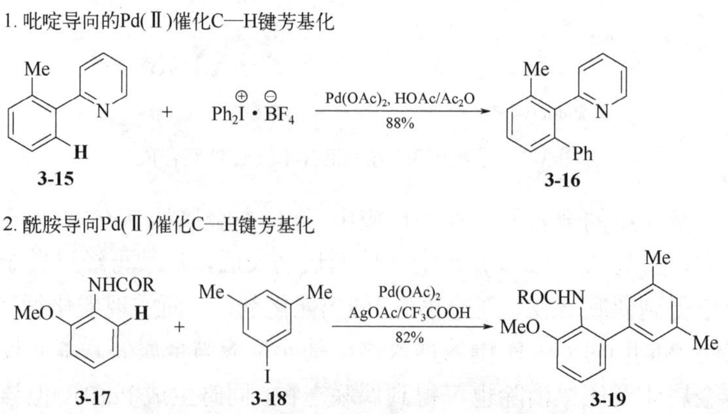

1. 吡啶导向的Pd(Ⅱ)催化C—H键芳基化

2. 酰胺导向Pd(Ⅱ)催化C—H键芳基化

图 3-5　Pd(Ⅱ)催化的 C—H 键芳基化反应

使 Pd(Ⅱ)经五元环过渡态插入邻位的 C—H 键，再与 3,5-二甲基碘苯 **3-18** 发生氧化加成和还原消除反应，从而实现酰氨基邻位 C—H 键的芳基化。

在上述两例 C(sp²)—H 键芳基化反应中，Pd(Ⅱ)首先与芳环上的导向基螯合，随后插入邻位 C—H 键，形成五元环钯中间体 **3-21**（图 3-6）。在这一过程中，与 Pd(Ⅱ)配位的醋酸负离子作为内碱，协助邻位 C(sp²)—H 键的去质子化，从而促进 C—H 键的金属插入反应。这一步被称为协同金属化-脱质子（concerted metalation-deprotonation, CMD），是很多 C—H 键官能团化反应的决速步骤。形成环 Pd(Ⅱ)中间体后，二芳基碘鎓盐或卤代芳烃与五元环钯 **3-21** 发生氧化加成反应，得到四价的环钯 **3-22**，随后进行还原消除即可得到 C(sp²)—H 键芳基化产物。与此同时，Pd 从+4 价被还原为+2 价；Pd(Ⅱ)与 AgOAc 发生阴离子交换，重新生成 Pd(OAc)₂，继续参与催化循环。在该反应中，芳基碘盐或卤代芳烃既作为芳基化试剂也作为氧化剂参与反应，所以，这种 Pd 催化的 C—H 键官能团化反应无需加入额外氧化剂。

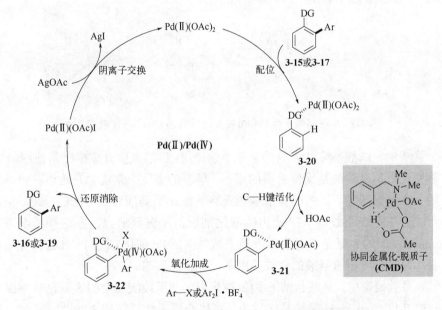

图 3-6　经 Pd(Ⅱ)/Pd(Ⅳ)过程的 C(sp²)—H 键芳基化反应机理

C(sp³)—H 键的键能比 C(sp²)—H 键高，金属插入时需要克服更高的能垒，因此，C(sp³)—H 键官能团化反应更难发生。Daugulis 等报道，以 8-氨基喹啉酰胺和吡啶酰胺为导向基团，在 Pd(OAc)₂ 催化下，实现了羧基 *β*-位和氨基 *γ*-位的 C(sp³)—H 键的芳基化（图 3-7）[9]。在 8-氨基喹啉酰胺 **3-23** 的 C—H 键芳基化反应中，Pd(Ⅱ)与酰胺的氮原子和喹啉的氮原子同时螯合，这种双配位方式使

Pd(Ⅱ)更加稳定，促进了 Pd(Ⅱ)对 β-位 C(sp^3)—H 键的插入，生成稳定的三齿螯合物 **3-25**；对甲氧基碘苯与这一环钯中间体发生氧化加成，生成 Pd(Ⅳ)物种；随后发生还原消除反应，以 92%的产率得到 C(sp^3)—H 键芳基化产物 **3-24**。类似地，吡啶酰胺 **3-26** 通过双氮络合导向 Pd(Ⅱ) 对 γ-位的 C(sp^3)—H 键的插入，形成三齿螯合环钯中间体 **3-28**；接着与溴碘苯发生氧化加成、还原消除反应，以 72%的产率得到 γ-位 C(sp^3)—H 键芳基化产物 **3-27**。

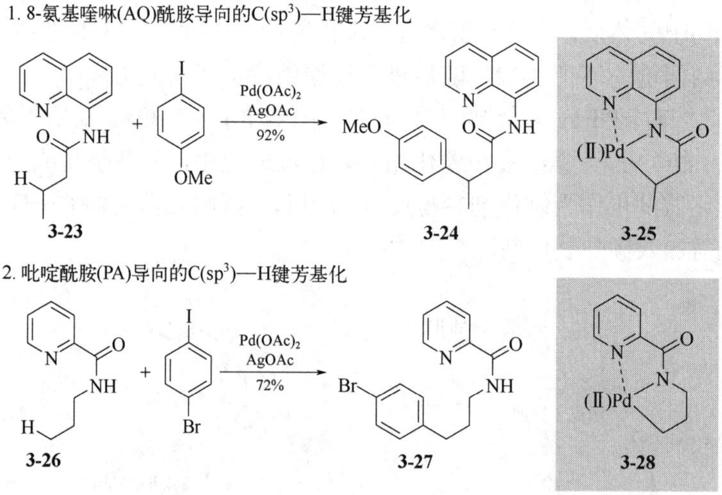

图 3-7 8-氨基喹啉酰胺和吡啶酰胺导向的 C(sp^3)—H 键芳基化

　　手性 α-氨基酸是多肽合成的基本手性砌块，虽然多肽合成中经常使用的 20 种常见天然 α-氨基酸是廉价易得的原料，但有的多肽中常常含有难以获得的非天然手性 α-氨基酸。虽然已有很多非天然手性 α-氨基酸合成方法的报道，但这些合成方法存在路线较长、使用的催化剂价格昂贵等缺点。在这种情况下，Daugulis 发展的 8-氨基喹啉及 2-吡啶酰胺导向的 Pd 催化 C(sp^3)—H 键官能团化反应，为非天然 α-氨基酸的合成提供了一种新的策略。

　　陈弓教授提出，从廉价的 L-丙氨酸出发，利用羧酸衍生的 8-氨基喹啉酰胺导向的 β-位 C(sp^3)—H 键烷基化反应，可以合成手性氨基酸 **3-29**[10]。从这一氨基酸出发，可利用氨基衍生的吡啶酰胺导向的 γ-官能团化反应，得到氨基酸 **3-30**；而利用羧酸衍生的 8-氨基喹啉酰胺导向的第二次 β-位 C—H 键官能团化反应，则可合成氨基酸 **3-31**。此外，这些氨基酸还可进行第三次 C—H 键的官能团化反应。例如 **3-30** 在羧基衍生的 8-氨基喹啉酰胺导向下，β-位 C—H 键发生官能化反应，得到氨基酸 **3-32**。同样，氨基酸 **3-31** 中的两个亚甲基 C—H 键被活化后，分别与酰胺的氮原子发生环化反应即可得到内酰胺 **3-33**，后续再与氨基发生环化反应，即可生成环状胺类化合物 **3-34**。陈弓课题组应用这一策略合成了多个环肽天然产物，例如，在 Pd(OAc)$_2$ 催化下，利用 L-缬氨酸的 8-氨基喹啉酰胺衍生物 **3-35** 与 6-碘代色氨酸 **3-36** 发生 β-位 C—H 键芳基化反应，以 85%的产率得到单一构型的氨基酸 **3-37**。从这一关键中间体出发，实现了环肽天然产物 celogentin C 的全合成（图 3-8）。这一合成策略展示了手性 α-氨基酸 C—H 键官能团化反应在合成结构复杂非天然氨基酸方面的独特优势[11]。后来，该课题组基于 C—H 键官能团化合成非天然氨基酸的反应还完成了 mannopeptimycin α 的合成[12]。

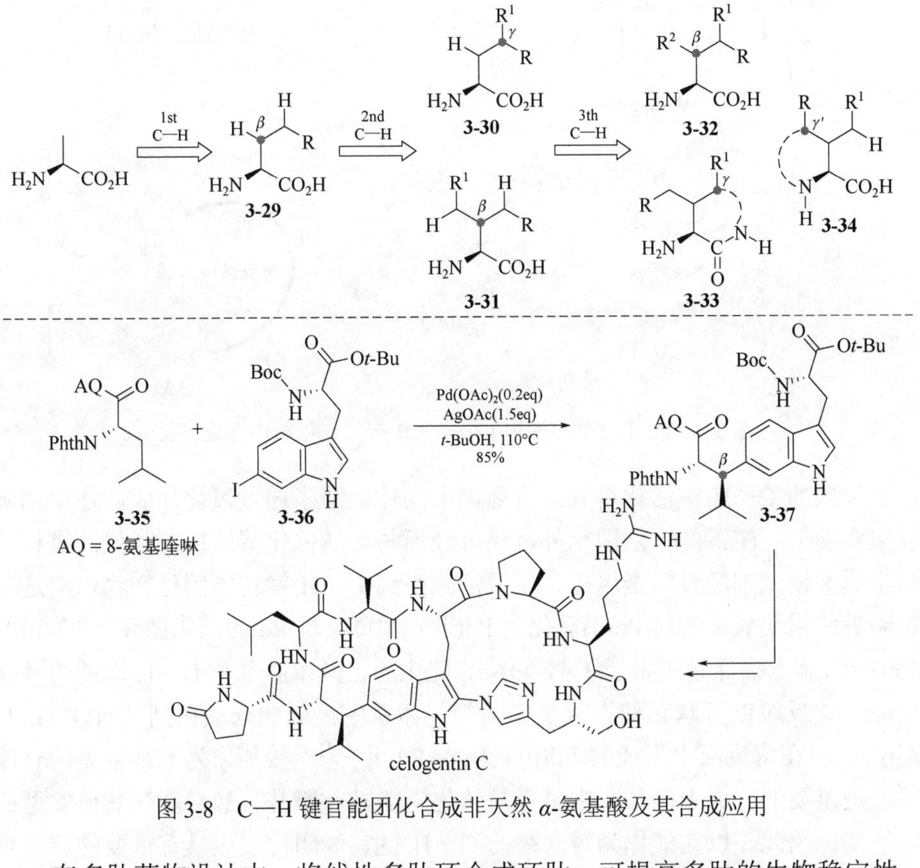

图 3-8　C—H 键官能团化合成非天然 α-氨基酸及其合成应用

　　在多肽药物设计中，将线性多肽环合成环肽，可提高多肽的生物稳定性。这是由于环肽具有稳定的构象，可表现出更优异的生物活性。但完全由肽键连接而成的环肽，存在容易被蛋白水解酶水解的缺点，而将特定肽键用 C—C 键代替可赋予环肽更高的生物稳定性。基于 8-氨基喹啉酰胺导向的 C(sp^3)—H 键芳基化反应，陈弓等发展了线性多肽分子内的 C—H 键芳基化反应合成环肽反

应，为环肽合成提供了一种新策略（图 3-9）[13]。例如，氮端连有烷基长链的
8-氨基喹啉酰胺三肽 **3-38** 在 Pd(OAc)₂ 催化下，以碳酸银为氧化剂，邻苯基甲
酸为添加剂，在稀释浓度（5～25mmol/L）下发生反应，以 73% 的产率得到环
肽 **3-40**。在该反应中，Pd(Ⅱ) 在酰胺喹啉导向基作用活化了酰胺 β-位 C—H 键，
形成五元环钯中间体 **3-39**。接下来，三肽片段中的间位碘代苯丙氨酸与 Pd(Ⅱ)
发生氧化加成反应，随后还原消除关环得到环肽产物。

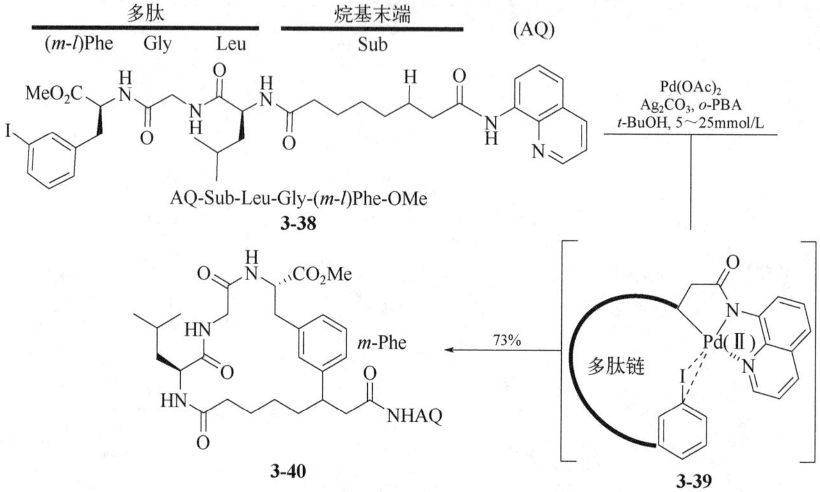

图 3-9　Pd 催化的分子内 C(sp³)—H 键芳基化策略合成环肽

导向的 C—H 键活化得到二价环钯中间体，除了通过氧化加成、还原消除
反应实现 C—H 键的官能团化外，还可经历与金属催化偶联反应类似的过程，
与金属亲核试剂经过转金属化、还原消除得到 C—H 键官能团化产物。但这一
策略最终需要氧化剂将 Pd(0) 氧化为 Pd(Ⅱ)，才可实现 Pd 的催化循环（图 3-10）。
2007 年，施章杰课题组报道了 Pd(OAc)₂ 催化的乙酰苯胺邻位 C—H 键的芳基化
反应，该反应以芳基硼酸为芳基化试剂，体系中需要加入氧化剂 Cu(OTf)₂ 与
Ag₂O，旨在将反应中形成的 Pd(0) 氧化为 Pd(Ⅱ)[14]。羧基作为一种常见的官能
团，是重要的合成中间体，它很容易转化为酯基、醛基、醇羟基等其他类型的
官能团，因此，以羧酸作为导向基的 C—H 键官能团化反应具有重要的应用价
值。2008 年，余金权等首次报道了羧酸导向的 C—H 键芳基化反应[15]，该反应
以 Pd(OAc)₂ 为催化剂，以芳基三氟硼酸钾为芳基化试剂，以苯醌（BQ）和氧
气为氧化剂，成功实现了苯甲酸和苯乙酸邻位 C—H 键的芳基化反应，得到一
系列联苯羧酸产物。这类 Pd 催化导向 C(sp²)—H 键芳基化反应的机理如图 3-10
所示：Pd(Ⅱ) 在乙酰胺或羧酸导向下，插入邻位 C—H 键，得到环钯中间体 **3-45**。

苯硼酸或芳基三氟硼酸钾与 Pd(Ⅱ)发生转金属化反应得到了二芳基 Pd(Ⅱ) **3-46**，再发生还原消除得到联苯产物；与此同时，Pd(Ⅱ)被还原为零价，而氧化剂又将 Pd(0)氧化为 Pd(Ⅱ)，再生催化剂，开始下一次催化循环。

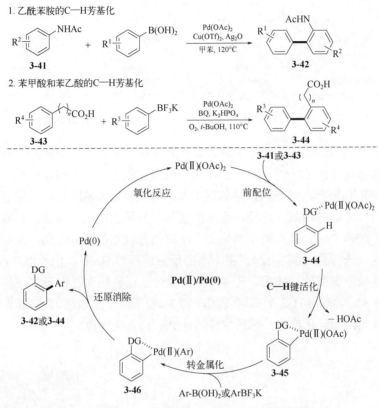

图 3-10 经 Pd(Ⅱ)/Pd(0)过程的 C(sp^2)—H 键芳基化反应及机理

　　基于 C—H 键的芳基化反应，余金权课题组也发展了羧酸导向的 C(sp^2)—H 键烯基化反应（图 3-11）[16]。该反应以 Pd(OAc)$_2$ 为催化剂，以苯醌和氧气为氧化剂，以丙烯酸酯为烯基化试剂，成功实现了苯乙酸 **3-47** 邻位 C—H 键的烯基化反应。但当底物为非对称的苯乙酸衍生物时，反应可能生成两个区域选择性的异构体，但此反应条件下的区域选择性比较差。通过条件筛选发现受保护的氨基酸作为配体，可提升反应的区域选择性。例如，对于 5-甲基-3-甲氧基苯乙酸 **3-49a** 而言，以 *N*-甲酰基亮氨酸为配体，反应的区域选择性高达 20∶1（H$_A$∶H$_B$），3-氟苯乙酸 **3-49b** 和 3-甲基-5-氯苯乙酸 **3-49c** 的活化位点的选择性分别降低为 3.5∶1 和 4.7∶1。以 3,4-二甲氧基-5-异丙氧基苯乙酸 **3-49d** 为底物时，改用 *N*-叔丁氧羰基亮氨酸为配体，区域选择性可达 23∶1。

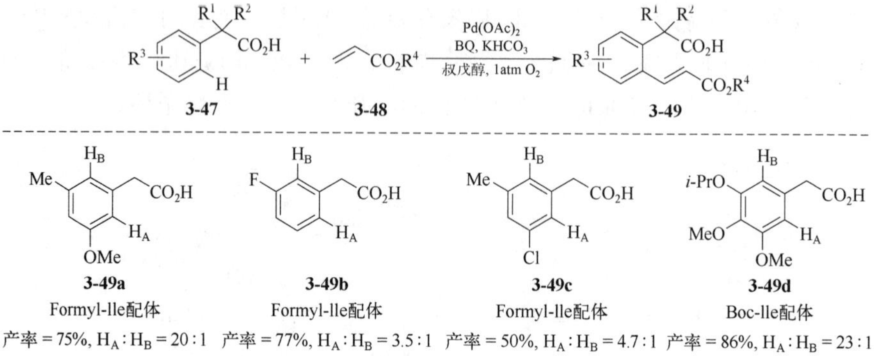

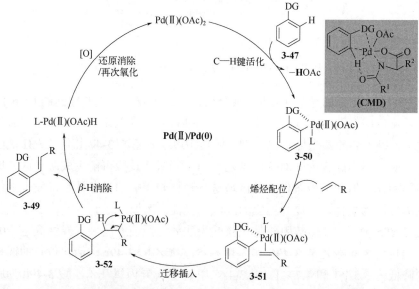

图 3-11　羧酸导向的 Pd 催化苯乙酸区域选择性 C(sp^2)—H 键烯基化反应

上述 C(sp^2)—H 键烯基化反应的机理表述如下：羧酸与 Pd(Ⅱ)螯合之后，被导向插入邻位的 C(sp^2)—H 键。在这一反应过程中，氨基酸配体的羧基和氨基均与 Pd(Ⅱ)螯合，氨基保护基的羰基作为内碱协助 CMD 过程，促进 Pd(Ⅱ)对 C(sp^2)—H 键的插入。此外，氨基酸残基与苯环上的取代基之间存在空间位阻作用，使得 Pd(Ⅱ)插入两个邻位 C—H 键的过渡态能量有差别，从而控制了反应的区域选择性（图 3-12）。接下来的反应过程与 Heck 反应类似，Pd(Ⅱ)与烯烃的碳碳双键配位。随后，芳基 Pd 对烯烃的迁移插入过程形成烷基 Pd(Ⅱ)中间体 **3-52**，消除 β-H 之后即可得到产物 **3-49**。同时，形成的 H—Pd(Ⅱ)—OAc 经过还原消除和氧化反应，重新生成活性 Pd(Ⅱ)催化物种。

图 3-12　羧酸导向的 Pd(Ⅱ)催化 C(sp^2)—H 键烯基化反应的机理

前述 Pd 催化的 C—H 键官能团化反应都是利用导向基的螯合作用，将 Pd(Ⅱ) 与 C—H 键之间的空间距离拉近，从而促进金属对 C—H 键的插入。另外，如果由其他类型反应原位生成的 Pd(Ⅱ) 中间体在空间与 C—H 键接近，也能插入 C—H 键，从而发生后续官能团化反应。2003 年，Baudoin 等报道了在 Pd(0) 催化下，分子内 C(sp^3)—H 键的官能团化反应（图 3-13）[17]。在 Pd(OAc)$_2$/P(o-Tol)$_3$ 催化下，2-(2-溴苯基)-2-甲基丙酸乙酯 **3-53** 的甲基 C(sp^3)—H 键发生分子内芳基化反应，以 78% 的产率生成苯并环丁烷产物 **3-54**。对于类似的 2-乙基-2-(2-碘苯基)丁氧基三异丙基硅烷 **3-55**，在相同条件下，以 82% 的产率得到乙基去饱和化的烯烃产物 **3-56**。

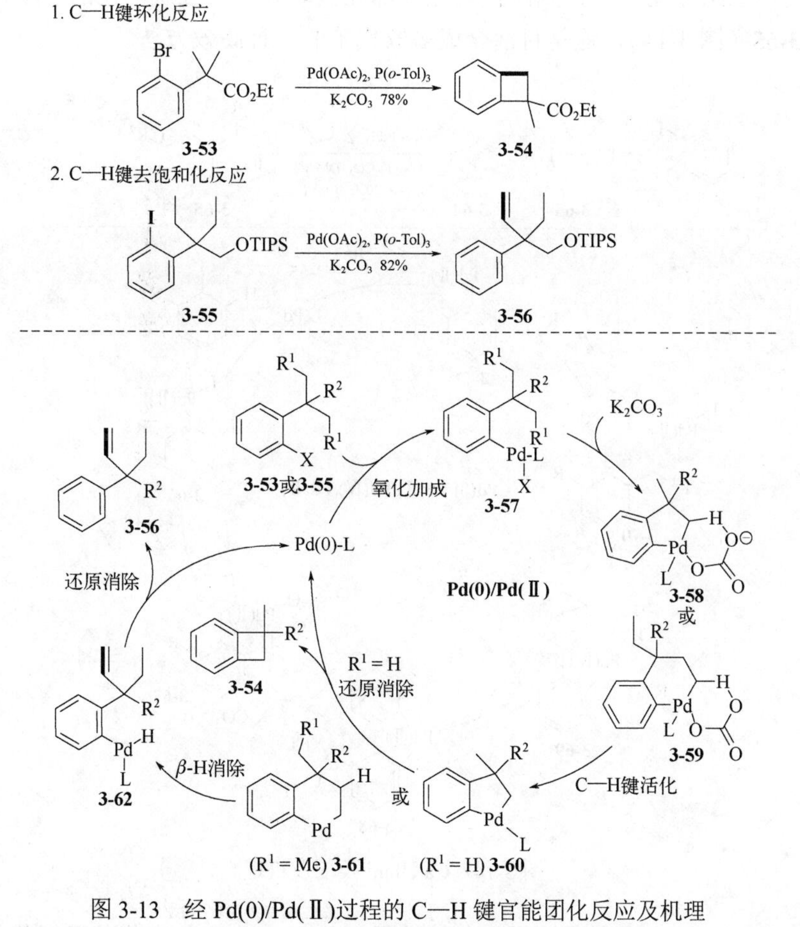

图 3-13 经 Pd(0)/Pd(Ⅱ) 过程的 C—H 键官能团化反应及机理

这一反应可能的机理见图 3-13。首先，Pd(0) 与芳基卤代物发生氧化加成，得到 Ar—Pd(Ⅱ)—X **3-57**。随后，在碳酸根负离子促进下，Pd(Ⅱ) 经 CMD 过程插入烷基的 C(sp^3)—H 键，得到环钯中间体。如果底物的 R^1 为氢时，Pd(Ⅱ)只能经历五环过渡态 **3-58**，得到五元环钯 **3-60**。最后，发生还原消除反应，得到苯并环丁烷 **3-54**，同时再生 Pd(0)催化剂。如果底物的取代基 R^1 为甲基时，Pd(Ⅱ)经六元环过渡态 **3-59** 插入甲基 C—H 键，得到热力学稳定的六元环钯物种 **3-61**；随后，该二价钯中间体发生 β-H 消除，得到 Pd(Ⅱ)物种 **3-62**；最后，经还原消除得到烯烃 **3-56**，同时再生的 Pd(0)继续参与催化循环。

这种由于金属与 C—H 键的空间靠近而促进的金属插入反应，在过渡金属催化反应中比较常见，其中最著名的是 Catellani 反应[18]。这一反应是 Catellani 等在 1997 年报道的，在 Pd 与降冰片烯共同催化下，碘苯与碘代烷烃、单取代烯烃发生三组分反应，得到碘代芳烃与烯烃偶联并且邻位烷基化的多取代芳烃产物 **3-65**（图 3-14），这是目前合成多取代苯的一种高效方法。

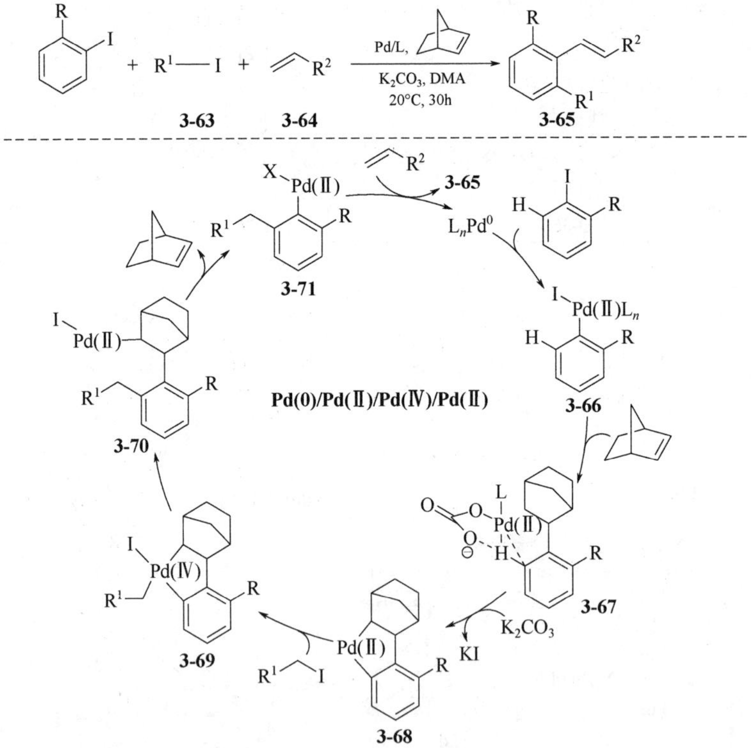

图 3-14 Catellani 反应及机理

Catelleni 反应经历了较为复杂的过程：首先，Pd(0)与卤代芳烃氧化加成，生成 Pd(Ⅱ)物种 **3-66**；受张力影响，降冰片烯比烯烃 **3-64** 具有更高活性，优先与 Pd(Ⅱ)中间体经配位、迁移插入得到 Pd(Ⅱ)物种 **3-67**；带有降冰片烯骨架

Pd(Ⅱ)与苯环邻位 C—H 键空间距离较近，经碳酸根负离子协助的 CMD 过程，插入邻位 C—H 键形成五元环钯 **3-68**；接着，碘代烷烃与这一 Pd(Ⅱ)中间体氧化加成得到 Pd(Ⅳ)中间体 **3-69**，随后还原消除形成新的 C—C 键同时生成 Pd(Ⅱ)物种 **3-70**；由于苯基邻位均被取代，该中间体经 β-C 消除过程脱除降冰片烯之后，形成 Ar–Pd(Ⅱ) **3-71**；与 Heck 反应类似，该 Pd(Ⅱ)中间体与位阻小的末端烯烃经迁移插入、β-H 消除得到烯基化产物 **3-65**；同时，金属 Pd(Ⅱ)被还原为 Pd(0)，继续参与催化循环。在 Catellani 反应中，降冰片烯作为共同催化剂，在反应中还作为过渡导向基，导向 Pd(Ⅱ)对邻位 C—H 键的插入反应。在此过程中，金属钯的价态变化较多，经历了复杂的 Pd(0)/Pd(Ⅱ)/Pd(Ⅳ)/Pd(Ⅱ)的变化过程。

Catellani 反应一经发现就得到了有机化学家的广泛关注，受这一反应机理启发，合成化学家进行了大量合成方法和相关反应类型的研究。2000 年，Lautens 教授报道了在 Pd(OAc)₂ 和降冰片烯（NBE）共同催化下，邻碘代甲苯 **3-72** 与 7-溴-2-己烯酸乙酯 **3-73** 发生 Catellani 反应，以 90%的产率得到四氢萘的衍生物 **3-74**（图 3-15）[19]。该反应可能的机理与图 3-14 展示的反应机理相似，

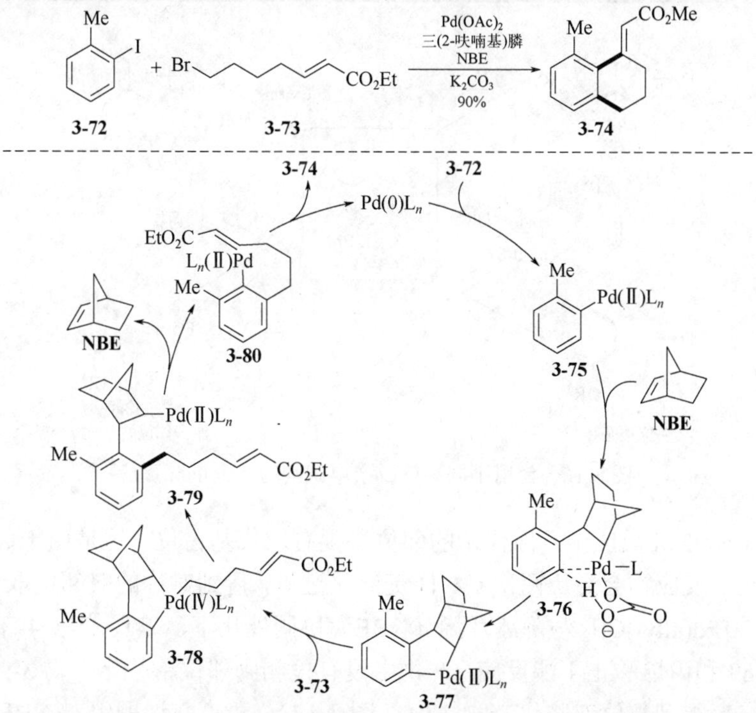

图 3-15　分子内 Catellani 反应及机理

只是在 β-C 消除得到 Pd(Ⅱ)中间体 **3-80** 后，再发生分子内迁移插入、β-H 消除，获得环化产物 **3-74**（图 3-15）。基于分子内的 Catellani 反应，Lautens 教授成功发展了一系列构建环系骨架的方法[20]，展示了这一反应在构建环系骨架中的重要应用价值。

芝加哥大学的董广斌教授对 Catellani 反应进行了开拓性研究（图 3-16），使用不同的亲核试剂（Nu⁻）和亲电试剂（E⁺），合成了不同类型的多取代苯衍生物 **3-82**。例如，邻位取代的卤代苯与环氧化合物在 Pd/NBE 共催化下，通过开环氧/氧关环得到苯并呋喃 **3-84**[21]。以羟胺苯甲酸酯为亲电试剂，用异丙醇作为还原剂和淬灭剂，可合成脱除卤素原子的邻位胺化产物 **3-85**[22]。以酸酐为亲电试剂，则得到脱卤的邻位酰基化的产物 **3-86**[23]。若用酸酐 **3-87** 代替经典 Cantellani 反应中的亲电试剂卤代烷，则通过羧基化反应得到取代苯甲酸衍生物 **3-88**[24]。

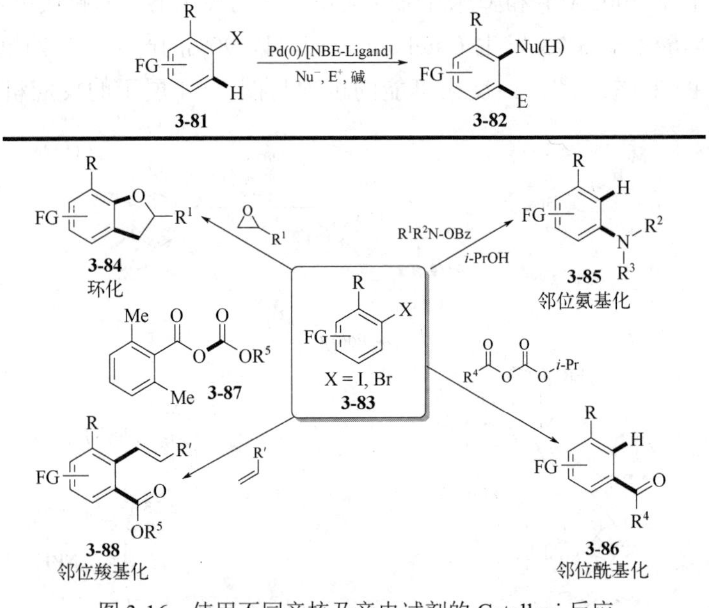

图 3-16 使用不同亲核及亲电试剂的 Catellani 反应

在 Catellani 反应中，卤代苯的邻位必须有取代基占位，这是由于邻位没有取代基时，反应物会经历两次 C—H 键活化过程，得到对称的双邻位取代产物。例如，在[Pd(allyl)Cl]₂ 与降冰片烯（NBE）协同催化下，碘代苯与 4-苯甲酸吗啉酯 **3-89** 和丙烯酸正丁酯反应，产物中没有检测到邻位单胺化产物 **3-90**，仅以 29%的产率得到邻位双胺化产物 **3-91**（图 3-17）。董广斌课题组对 NBE 进行结构修饰，发现以桥头碳原子被修饰的降冰片烯 **NBE-1** 为共催化剂时，可以克服

Catellani 反应的"邻位约束"限制，实现了邻位未取代碘代苯的单胺化反应，以 55% 的产率得到二取代苯 **3-90**，邻位双取代产物基本被抑制[25]。理论计算表明，以降冰片烯为共催化剂时，由 NBE 导向的 C—H 键插入产物与亲电试剂偶联后，形成的 Pd(Ⅱ) 中间体经能量较低的过渡态 **3-92**，再次发生 C—H 键插入反应，得到邻位二取代产物。这是由于在 β-C 消除的过渡态 **3-93** 中，苯环与降冰片烯桥连碳之间的距离比较近，它们之间产生的空间位阻导致该过渡态能量较高。而以 **NBE-1** 为共催化剂时，在第一次 C—H 键插入、偶联反应后，由于新引入的基团 E 与降冰片烯的桥头取代基 R^1、配体 L 与桥头取代基 R^2 之间均存在空间排斥作用，使得第二次 C—H 键插入反应过渡态 **3-94** 的能量高于 β-C 消除过渡态 **3-95** 的能量，因此，仅得到邻位 C—H 键单官能团化产物。

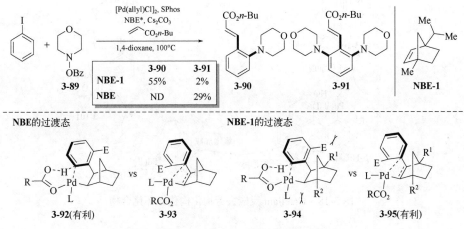

图 3-17 碘苯单邻位胺化的 Catelleni 反应

芳香化合物的去芳构化反应可将平面结构的芳香烃转化为具有三维空间结构的环状骨架，这是一种合成环系骨架的高效方法。栾新军课题组发现，在 Pd(OAc)$_2$ 与降冰片烯共同催化下，取代碘苯、α-溴代萘酚及炔烃发生 Catelleni 反应，以 46%～89% 的产率得到螺环酮 **3-99**（图 3-18）[26]。该反应的机理为：Pd(0) 与取代碘苯发生氧化加成反应，得到 Pd(Ⅱ) 物种 **3-100**；然后，**3-100** 与降冰片烯配位、迁移插入，Pd(Ⅱ) 经过 CMD 过程插入邻位 C—H 键，得到环钯 **3-102**，其与 α-溴代萘酚发生氧化加成、还原消除反应得到芳基偶联产物 **3-103**；接着，芳基 Pd(Ⅱ) 与炔烃配位后迁移插入，得到 Pd(Ⅱ) 中间体 **3-104**；最后，萘酚与 Pd(Ⅱ) 的配体发生交换，异构化后得到六元环 Pd(Ⅱ) 物种 **3-105**，**3-105** 发生还原消除，即可得到螺环酮 **3-99**。

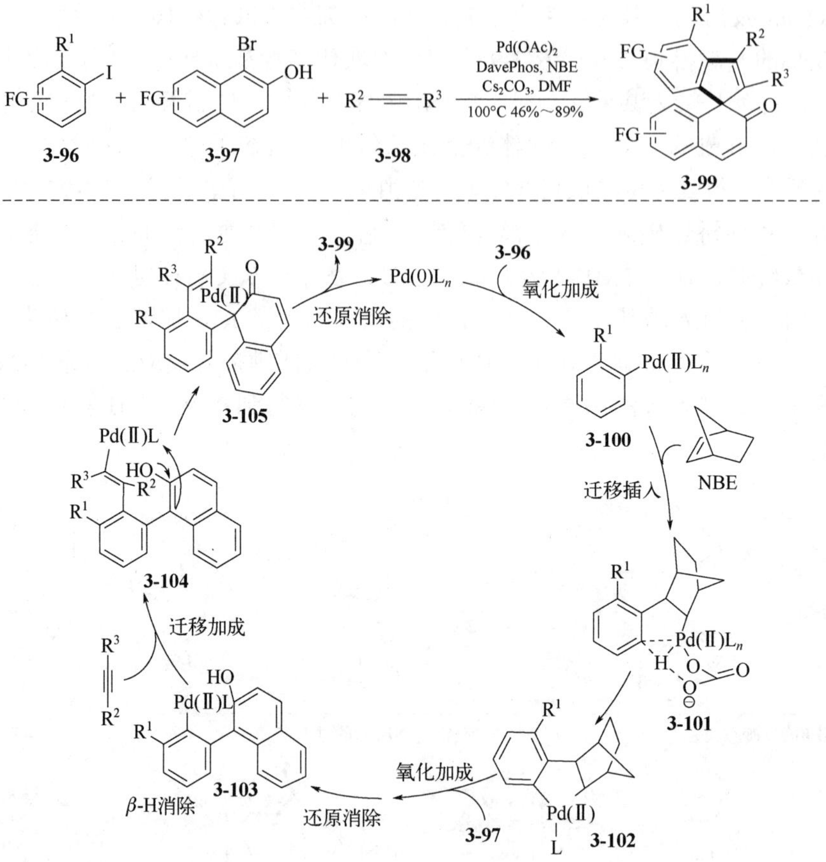

图 3-18　Catellani 反应去芳构化构建螺环化合物

二、Ru 催化导向的 C—H 键官能团化

　　与 Pd、Rh 等过渡金属相比，Ru 具有价格低廉且更加稳定的优势，它一般为稳定的 0 价、+2 价和+4 价。在 Ru 螯合基团导向下，可通过氧化加成和亲电加成两种反应方式插入 C—H 键，形成热力学稳定的五元或六元环状钌络合物。这些中间体与环状钯中间体有相似的反应性质，如通过氧化加成、还原消除反应实现 C—H 键的官能团化。但其也具有独特的反应性能，如通过氢金属化反应对不饱和键进行加成，从而催化 C—H 键的烷基化和烯基化反应[27]。

　　1993 年，村井真二（Shinji Murai）报道了 RuH$_2$(CO)(PPh$_3$)$_3$ 催化的苯乙酮与乙烯基三乙氧基硅烷的 C—H 键烷基化反应，得到乙酰基邻位被烷基取代的产物 **3-107**（图 3-19）[28]。该反应可能的机理为：RuH$_2$(CO)(PPh$_3$)$_3$ 脱除氢气后形成 Ru(0)，酮羰基导向 Ru(0)通过氧化加成方式插入到芳环邻位 C—H 键，形成五元环 Ru(Ⅱ)—H 物种 **3-108**；接着，乙烯基三乙氧基硅烷与 Ru(Ⅱ)配位，Ru(Ⅱ)—H 与双键发生顺式加成，得到烷基取代的环状 Ru(Ⅱ)中间体 **3-110**；最后，**3-110** 发生还原消除，得到芳环乙酰基邻位 C—H 键烷基化产物 **3-107**，同时再生的 Ru(0)继续参与催化循环。同位素标记实验表明，催化循环中的决速步骤为 C—C 键形成这一步，而非 Ru(0)对 C—H 键插入这一步。

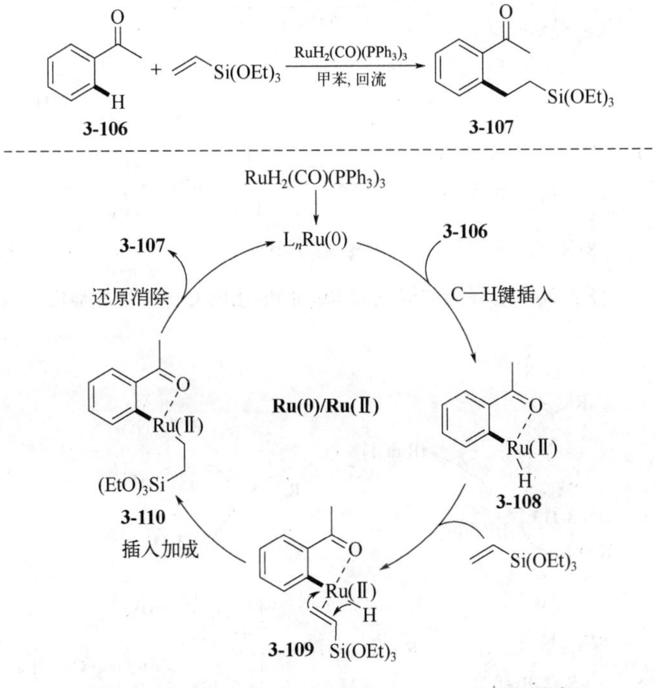

图 3-19 Ru(Ⅱ)催化苯乙酮的 C—H 烷基化反应

在 Pd(Ⅱ)催化的 C—H 键官能团化反应中，Pd 通过配体促进的 CMD 过程插入邻位 C—H 键，与此类似，Ru(Ⅱ)也可通过亲电加成过程插入 C—H 键，从而实现 C—H 键的官能团化。2008 年，Ackermann 课题组报道了三氮唑杂环导向的 Ru(Ⅱ)催化 C—H 键芳基化反应（图 3-20）[29]。他们发现，添加剂对反应的完成至关重要。以二金刚烷氧化膦为添加剂，可以 85%的产率得到 C—H 键芳基化产物 **3-113**。他们的进一步研究发现，羧酸（金刚烷酸、叔戊酸等）也是优异的促进剂，其中使用 2,4,6-三甲基苯甲酸时反应效果最佳，可将反应的产率提高至 93%。

该反应的可能机理为（图 3-21）[30]：首先，羧酸根负离子与 Ru(Ⅱ)络合物发生配体交换；随后，Ru 通过六元环过渡态插入 C—H 键，得到五元环 Ru(Ⅱ)

3-114。在这一过程中，羧酸根负离子促进了 C—H 键的协同去质子化-金属化反应。接着，五元环 Ru(Ⅱ)与卤代烃发生氧化加成，生成 Ru(Ⅳ) **3-116**；最后，**3-116** 发生还原消除，得到邻位 C—H 键芳基化产物 **3-113**；与此同时，Ru(Ⅳ) 被还原为 Ru(Ⅱ)，继续参与下一次催化循环。

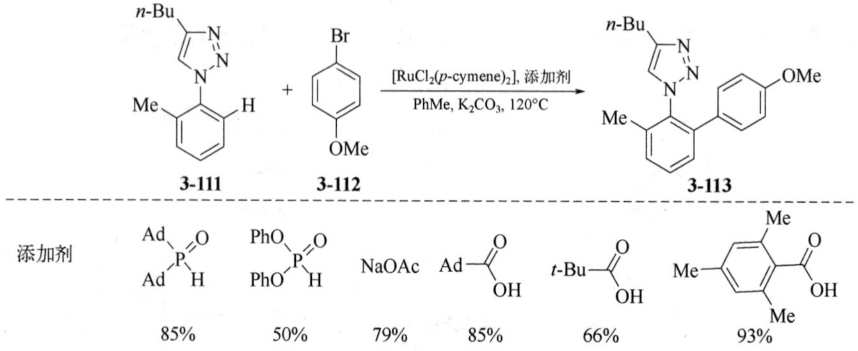

图 3-20 羧酸配体促进的 Ru(Ⅱ)催化的 C—H 键芳基化

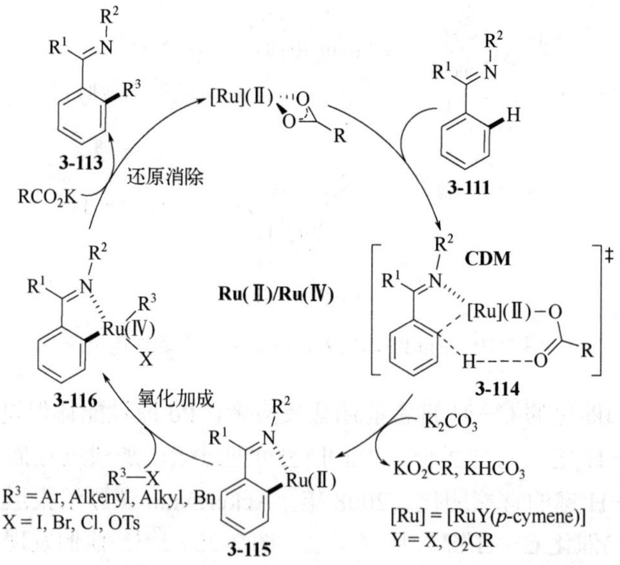

图 3-21 羧酸配体促进的 Ru(Ⅱ)催化的 C—H 键芳基化反应机理

除了上述 R(Ⅱ)/Ru(Ⅳ)催化过程，Ru 也可经过 Ru(Ⅱ)/Ru(0)催化循环实现 C—H 键官能团化。这类反应中需加入氧化剂以实现催化剂的循环。2011 年，Jeganmohan 等报道了 Ru(Ⅱ) 催化苯乙酮 C—H 键的烯基化反应（图 3-22），用醋酸铜/氧气作氧化剂，以 55%～89%的产率得到了烯基酮 **3-118**[31]。该反应可能的机理为：在羰基导向下，Ru(Ⅱ)插入邻位 C—H 键，形成五元环 Ru(Ⅱ)物种 **3-119**；接着，烯烃与 Ru(Ⅱ)配位后发生迁移插入反应，得到七元环 Ru(Ⅱ)物种 **3-121**；**3-121** 发生 β-H 消除反应，得到产物 **3-118**；最后，形成的 Ru(Ⅱ)—H 物种被醋酸铜氧化，再生 Ru(Ⅱ)活性催化剂。

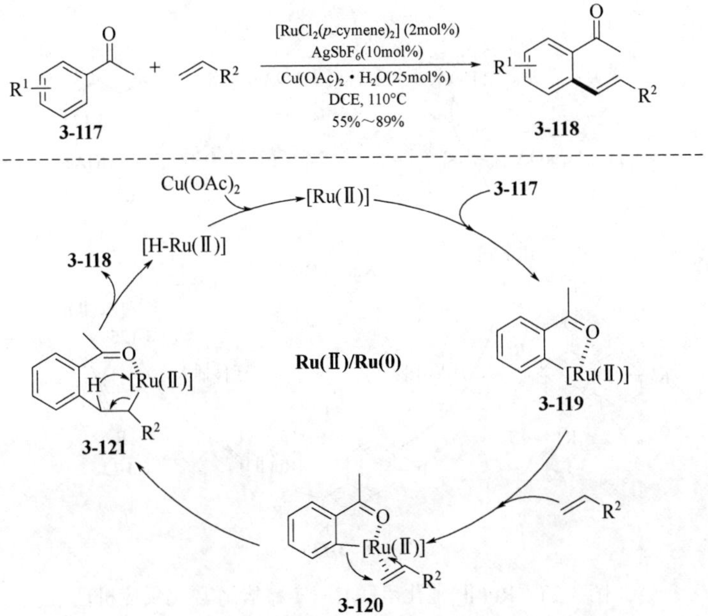

图 3-22　Ru(Ⅱ)催化的苯乙酮邻位 C—H 键的烯基化反应

在[RuCl$_2$(p-cymene)$_2$]催化下，以 Cu(OAc)$_2$ 为氧化剂，苯甲酰胺 **3-122** 可与炔烃 **3-123** 发生串联的 C—H 键烯基化/环化反应，得到异喹啉酮 **3-124**（图 3-23）[32]。这一反应具有较广的底物适用范围，无论是富电子的还是缺电子的苯甲酰胺，都能够与炔烃反应，以高产率得到一系列异喹啉酮产物。

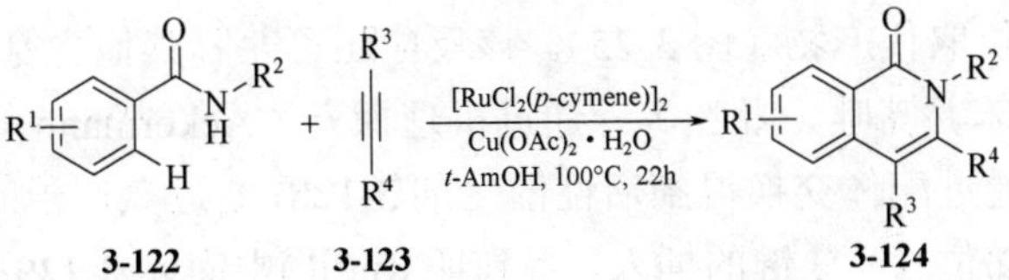

图 3-23　Ru(Ⅱ)催化苯甲酰胺的串联 C—H 键烯基化/环化反应

在这一串联反应中，[RuCl$_2$(p-cymene)$_2$]先与醋酸根负离子发生配体交换，得到活性催化剂[Ru(Ⅱ)](OAc)$_2$（图 3-24）；然后，在苯甲酰胺 **3-122** 的氮原子导向下，通过醋酸根负离子促进的去质子化过程插入邻位 C—H 键，生成五元

环钌中间体 **3-125**；接着，与炔通过配位、迁移插入，生成七元环钌中间体 **3-126**；随后发生还原消除形成 C—N 键，得到异喹啉酮 **3-124**；与此同时，催化剂钌从二价被还原为零价，Cu(OAc)$_2$ 则将 Ru(0) 重新氧化为 Ru(Ⅱ)活性催化剂，实现催化剂再生。

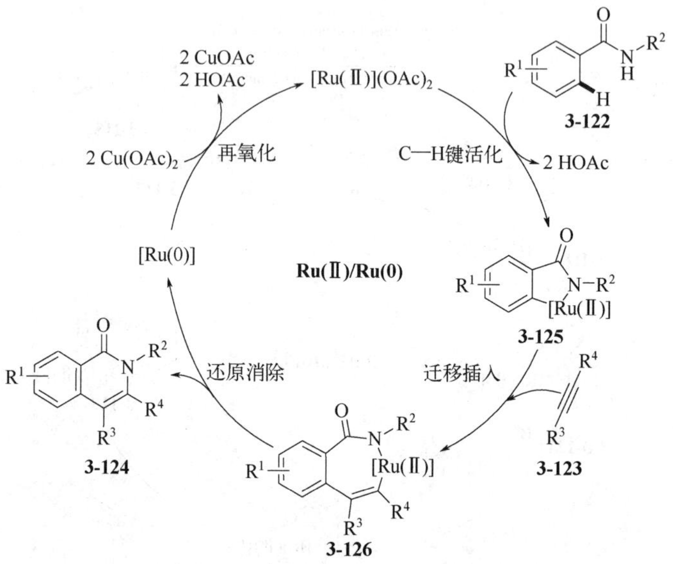

图 3-24　Ru(Ⅱ)催化串联 C—H 烯基化/环化反应机理

在导向的 C—H 官能团化反应中，过渡金属与导向基配位后，通过五元环过渡态插入邻位 C—H 键，后续的转化仅局限于邻位碳原子，最终得到邻位 C—H 键官能团化的产物。但在某些情况下，环状 Ru(Ⅱ)金属中间体可在苯环其他位置的碳原子发生反应，得到非邻位的区域选择性官能团化产物。2013 年，Ackermann 课题组报道了 2-苯基吡啶间位 C—H 键的选择性烷基化反应[33]。该反应以[RuCl$_2$(p-cymene)$_2$]为催化剂，以仲溴代烷为烷基化试剂，以 28%～76% 的产率得到间位取代产物（图 3-25）。该反应还可兼容其他含氮原子的导向基，例如 2-咪唑、苯并咪唑、吡唑等。通过机理探究，Ackermann 等提出该反应的 Ru(Ⅱ)络合物通过配体交换得到活性催化剂 **3-128**，通过氮原子的导向作用实现 Ru(Ⅱ)对芳基邻位 C—H 键的插入，得到环 Ru(Ⅱ)中间体 **3-129**；仲溴代物通过单电子转移，被 Ru(Ⅱ)还原得到仲自由基，同时形成 Ru(Ⅲ)物种；由于 Ru-C(sp^2) 对 σ 键的诱导作用，自由基对环状 Ru 中间体位阻较小的间位进行加成，得到 **3-130**；该自由基被 Ru(Ⅲ)氧化，消除质子后得到间位烷基化的 Ru(Ⅱ)络合物 **3-131**；最后再通过质子化得到产物 **3-127**，同时再生活性催化剂。

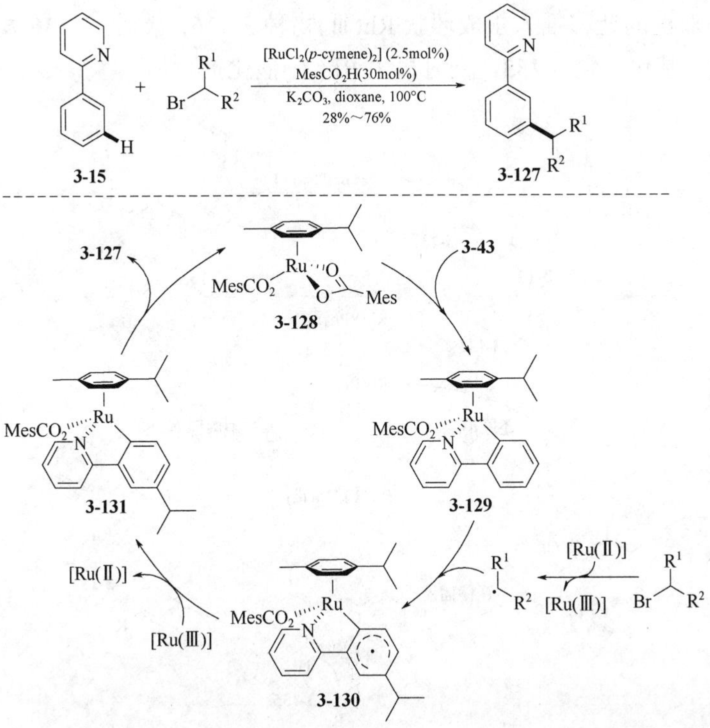

图 3-25　Ru(Ⅱ)催化的 2-苯基吡啶间位 C—H 键烷基化反应

三、Rh 催化导向的 C—H 键官能团化

　　Rh 具有稳定的 0 价、+1 价、+2 价和+3 价，Rh 络合物在导向基存在下，可通过 Rh(Ⅰ)对 C—H 键的氧化加成或 Rh(Ⅲ)对 C—H 键的亲电加成得到环状 Rh 中间体，环状 Rh 中间体通过氧化加成、迁移插入等不同类型的后续基元反应，成功实现 C—H 键的官能团化。Rh 催化的 C—H 键官能团化反应类型较多，既有 C—H 键的烷基化、烯基化、芳基化反应，也有串联的 C—H 键烯基化/环化反应。此外，在这一催化模式中，Rh(Ⅱ)还可与重氮化合物反应，形成铑卡宾中间体，直接插入 C—H 键实现其官能团化，这一部分内容将在本章第三节进行介绍。

　　1994 年，金容海等首次报道了 2-苯基吡啶在 Rh(PPh₃)₃Cl 催化下，与烯烃发生邻位 C—H 键烷基化反应，得到 2-苯基吡啶衍生物 3-133。该反应对单取代烯烃有较好的适用性，通常都能以中等以上的产率和区域选择性得到直链烷基化产物（图 3-26）[34]。该反应经历了 Rh(Ⅰ)/Rh(Ⅲ)的催化循环过程：Rh(PPh₃)₃Cl 首先失去一分子 PPh₃，空出的配位点与底物中吡啶的 N 原子络合；随后，Rh(Ⅰ)通过氧化加成方式插入邻位 C—H 键，形成五元环[Rh(Ⅲ)—H]物种 3-134；接着，该中间体再次失去一个 PPh₃ 配体，与烯烃的 π 键配位，而后

Rh—H 与双键的迁移插入生成环状 Rh(Ⅲ)物种 **3-136**；最后，**3-136** 发生还原消除，得到烷基化产物 **3-133**，同时再生 Rh(Ⅰ)催化剂。

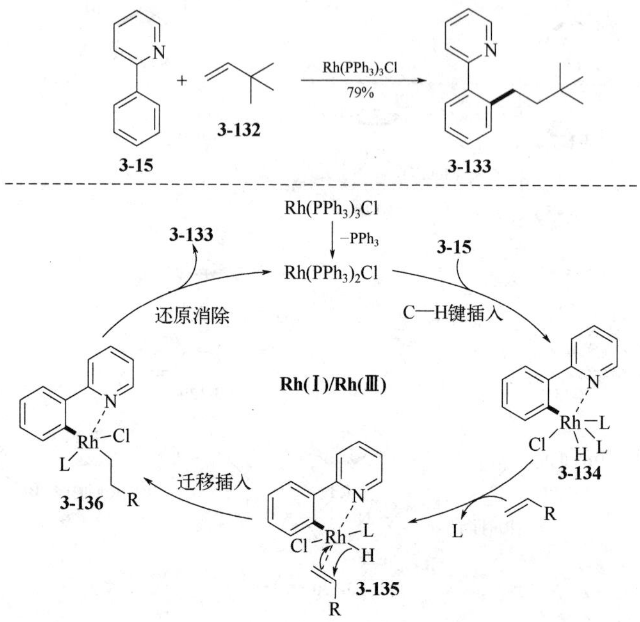

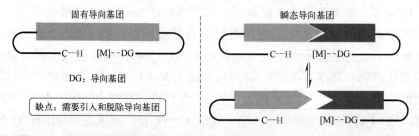

图 3-26 吡啶导向下 Rh(Ⅰ)催化芳环 C—H 键的烷基化机理

在底物固有导向基团参与的 C—H 键活化的过程中，底物中的导向基团与金属络合之后，可促进金属对 C—H 键的插入反应（图 3-27）。该策略的不利之处在于反应底物需要预先引入导向基团，反应之后又需要脱除该基团，大大降低了合成效率。此外，由于大多数导向基团很难从底物中直接脱除，从而限制了其在合成上的应用。导向基团的引入，还可由反应底物与带有导向基团的共催化剂在反应体系中原位形成，这一共催化剂通过与底物原位结合，可导向金属对 C—H 键的插入，反应结束后又可从产物中解离下来，重新参与催化反应，因而这类导向基团被称为瞬态导向基团（transient directing group）。

图 3-27 底物固有导向基团与瞬态导向基团促进金属对 C—H 键的插入反应

　　基于醛酮与胺可快速通过可逆反应形成亚胺的性质，Jun 等首次报道了以 3-甲基-2-氨基吡啶为瞬态导向基团，与 Rh(PPh₃)₃Cl 共催化实现了醛的 C—H 键烷基化合成酮的反应（图 3-28）[35]。这一反应的可能机理为：首先，苯甲醛与 3-甲基-2-氨基吡啶 3-137 缩合脱水，形成亚胺 3-139[36]；接着，Rh(PPh₃)₃Cl 脱去一分子 PPh₃，空出的配位点与 3-139 的吡啶基络合；随后，Rh(Ⅰ)通过氧化加成插入亚胺的 C—H 键，形成五元环状中间体 Rh(Ⅲ)—H 3-140；然后，该中间体再离去一分子 PPh₃，空出的配位点与烯烃配位，而后 Rh(Ⅲ)—H 与烯烃的迁移插入得到 3-142；随后，Rh(Ⅲ)中间体还原消除可得到酮亚胺 3-143，同时再生 Rh(Ⅰ)催化剂。最后，酮亚胺 3-143 水解即可得终产物 3-138，同时再生瞬态导向基团 3-甲基-2-氨基吡啶 3-137。

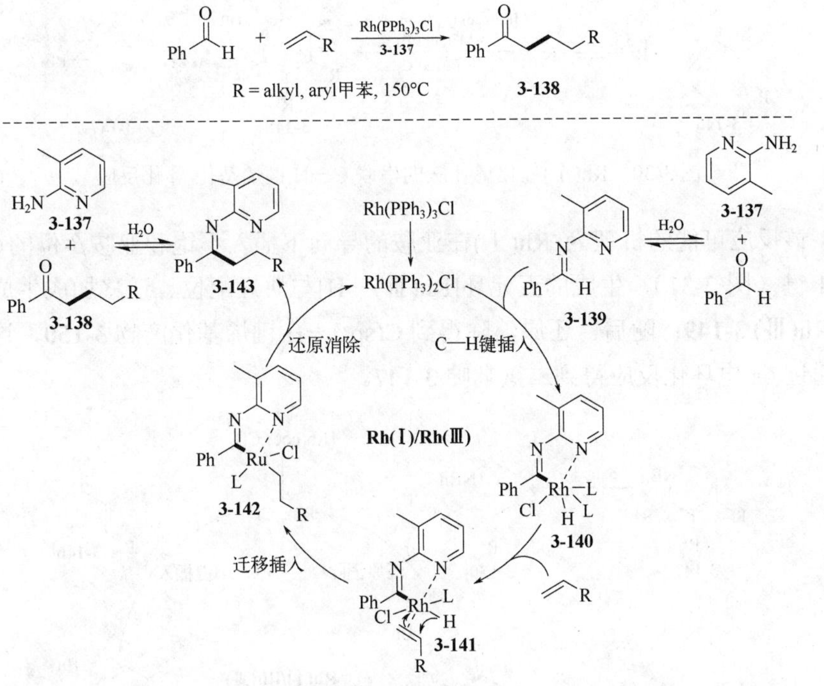

图 3-28　瞬态导向基团导向的 Rh(Ⅰ)催化醛基 C—H 键的烷基化反应及机理

　　Rh(Ⅰ)催化的 C—H 键烷基化反应可拓展至分子内环化反应，用于构建环系骨架。如图 3-29 所示，Ellman 等报道了 Rh(PPh₃)₃Cl 催化的亚胺 3-144 的分子内环化反应，得到并环产物 3-145[37]。该反应可能通过亚胺导向 Rh(PPh₃)₃Cl 对邻位 C—H 键的插入，得到 Rh(Ⅲ)—H 物种；该中间体与分子内的烯烃进行配位、迁移插入及还原消除，得到了最终产物 3-145。这一反应的普适性较高，可以优良产率构建五元、六元碳环以及氧杂环、氮杂环化合物。

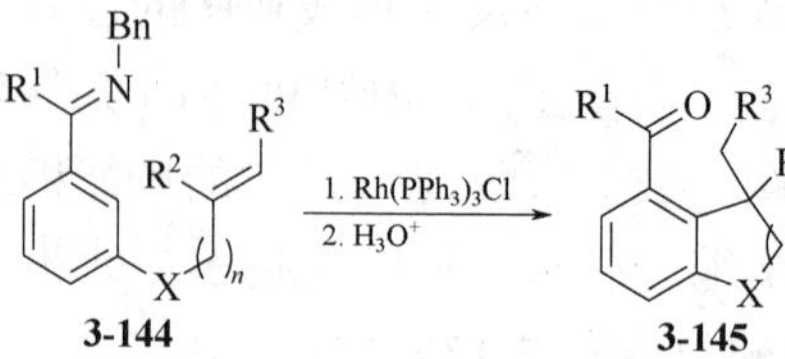

图 3-29 亚胺导向的 Rh(Ⅰ)催化的分子内 C—H 键烷基化反应

Rh(Ⅰ)插入 C—H 键后，如果以炔烃为氢受体，则可得到烯基化产物。Ellman 等发现在[Rh(coe)$_2$Cl]$_2$/3-147 的催化下（图 3-30）[38]，烯亚胺 3-146 通过串联的 C—H 键烯基化、电环化反应，得到二氢吡啶 3-148。

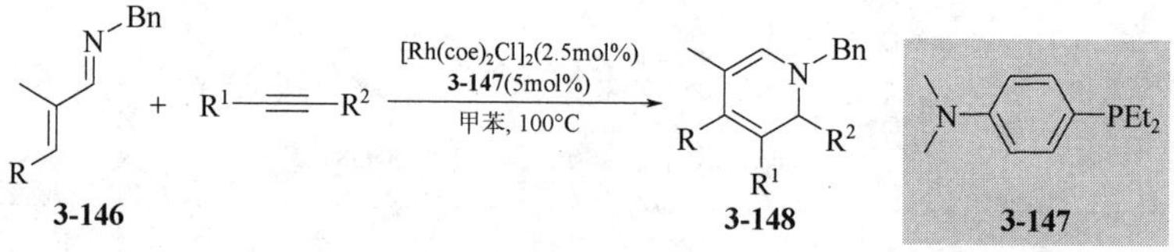

图 3-30 Rh(Ⅰ)催化烯亚胺的串联 C—H 键烯基化/环化反应

该反应可能的机理为：Rh(Ⅰ)在亚胺的导向下插入不饱和亚胺 β-位的 C(sp^2)—H 键（图 3-31），生成的五元环[Rh(Ⅲ)—H]与炔烃配位、迁移加成生成五元环 Rh(Ⅲ) 3-149；随后，还原消除得到 C(sp^2)—H 键烯基化产物 3-150，这一产物通过 6π 电环化反应得到二氢吡啶 3-147。

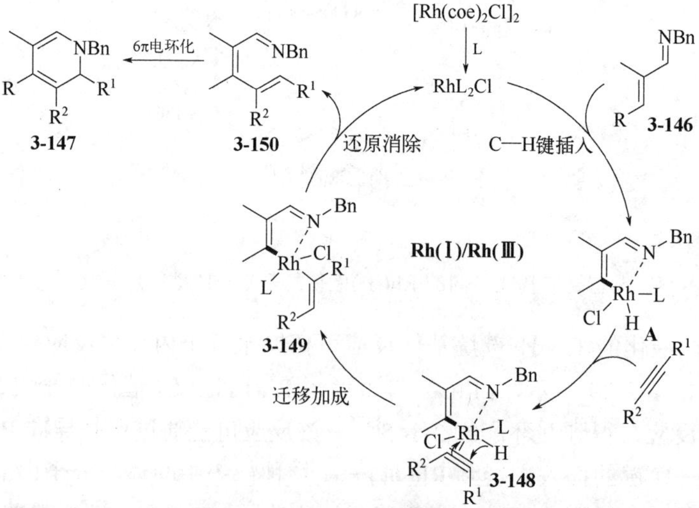

图 3-31 Rh(Ⅰ)催化的串联 C—H 键烯基化/电环化反应机理

上述 Rh(Ⅰ)催化的 C—H 键官能团化反应，关键的基元反应为 Rh(Ⅰ)在螯合基团导向下对 C—H 键的氧化加成形成环状 Rh(Ⅲ)中间体，这一中间体也可在螯合基团导向下，由 Rh(Ⅲ)对 C—H 键的亲电加成反应形成。2008 年，Miura 等报道了在[Cp*RhCl$_2$]$_2$ 催化下，1-苯基吡唑的 C—H 键邻位烯基化反应[39]，以 81%的产率得到取代吡唑 **3-152**（图 3-32），但这一反应需要加入过量的 Cu(OAc)$_2$·H$_2$O 作为氧化剂。该反应可能的机理为：在吡唑氮原子的导向下，Rh(Ⅲ)通过亲电加成反应插入吡唑邻位的 C—H 键，得到环状 Rh(Ⅲ)物种 **3-153**；然后，与苯乙烯经过配位、迁移插入，得到七元环铑中间体 **3-155**；接着，**3-155** 发生 β-H 消除，得到烯基化产物 **3-152**；与此同时，生成的 Rh(Ⅲ)—H 物种还原消除一分子醋酸得到 Rh(Ⅰ)，Rh(Ⅰ)被 Cu(OAc)$_2$ 氧化为 Rh(Ⅲ)，完成催化循环。

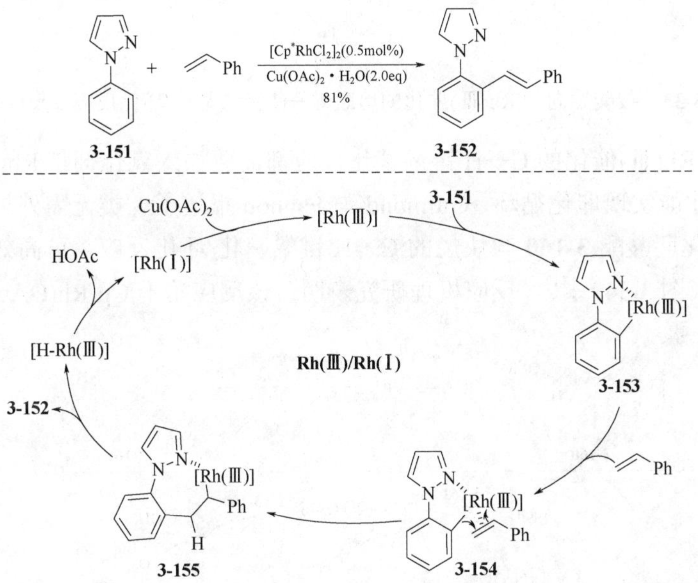

图 3-32　Rh(Ⅲ)催化的 1-苯基吡唑的邻位 C—H 键烯基化反应及反应机理

Rh(Ⅲ)催化 C—H 键活化反应，也可通过还原消除过程合成环化产物。Miura 课题组发现在[Cp*RhCl$_2$]$_2$ 催化下，苯甲酸与 1,2-二苯乙炔反应，经过串联的 C—H 键烯基化/环化过程，以 81%的产率得到苯并吡喃酮 **3-156**（图 3-33）[40]。其反应机理可能为：在苯甲酸的羧基导向下，Rh(Ⅲ)插入羧基邻位的 C(sp^2)—H 键，形成五元环 Rh(Ⅲ)中间体 **3-157**；接着，该中间体与炔烃配位、迁移加成，生成七元环 Rh(Ⅲ)中间体 **3-159**；最后，**3-159** 发生还原消除反应，得到苯并吡喃酮 **3-156**；与此同时，Rh(Ⅲ)被还原为 Rh(Ⅰ)，Cu(OAc)$_2$ 则将 Rh(Ⅰ)氧化为 Rh(Ⅲ)，继续参与下一轮催化循环。

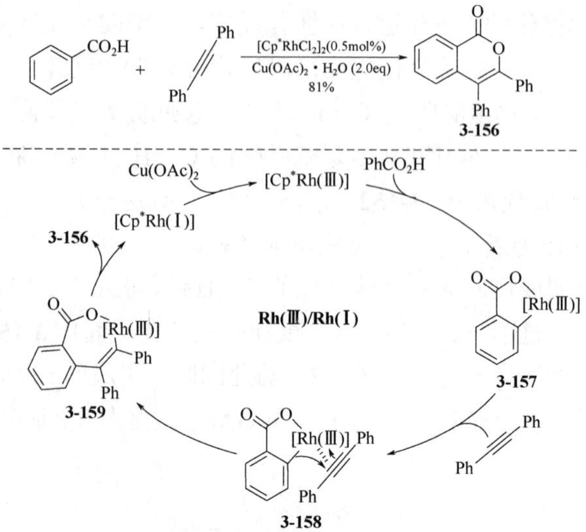

图 3-33　羧酸导向的 Rh(Ⅲ)催化的串联 C—H 键烯基化/环化反应及反应机理

　　上述 Rh(Ⅲ)催化的 C—H 键烯基化反应都需要加入氧化剂将 Rh(Ⅰ)氧化为 Rh(Ⅲ)，才能实现催化循环。Guimond 与 Fagnou 报道了一类无需外加氧化剂的 Rh(Ⅲ)催化肟酸酯 **3-160** 与炔烃的 C—H 键烯基化/环化反应，可高效合成喹啉酮 **3-161**（图 3-34）[41]。反应机理研究表明：该反应始于 Cp*Rh(OAc)₂ 与底物

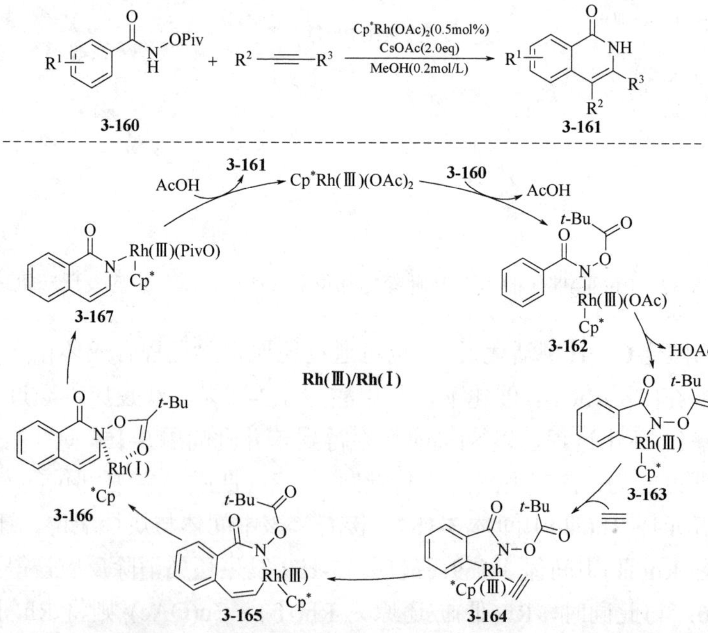

图 3-34　肟酸酯导向的 Rh 催化的 C—H 键烯基化/环化反应及反应机理

配体交换形成的 **3-162**，随后 Rh(Ⅲ)通过协同金属化-脱质子(CMD)过程插入邻位 C—H 键，形成五元环 Rh(Ⅲ)中间体；接着，Rh 与炔烃配位、迁移加成，生成的七元环 Rh(Ⅲ)中间体 **3-165** 还原消除后得到中间体 **3-166**；最后，在特戊酰基导向下，Rh(Ⅰ)插入 N—O 键得到 Rh(Ⅲ)中间体 **3-167**；随后乙酸质子转移，得到产物喹啉酮 **3-161**，同时再生催化剂 $Cp^*Rh(OAc)_2$。

四、3d 过渡金属催化导向的 C—H 键官能团化

在 C—H 键官能团化反应研究中，主要使用 4d（如 Ru、Rh 和 Pd）及 5d（如 Ir）过渡金属作为催化剂，这些金属在地壳中含量稀少、价格昂贵且具有一定的毒性，这在很大程度上限制了该类催化反应在合成中的应用。相对于这些贵金属而言，3d 过渡金属（如 Fe、Co、Ni）具有廉价易得、性质稳定、对环境友好等优势。在关键 C—H 键插入反应中，3d 过渡金属既可由低价态金属络合物通过氧化加成来实现，也可由高价态过渡金属与 C—H 键的亲电加成而得到插入中间体。后续的官能团化反应类型也比较多，烯基化、芳基化、串联环化等不同类型的反应均有报道。由于篇幅有限，本节只介绍 Fe、Co 催化导向的 C—H 键官能团化反应，其他金属如 Sc、Ti、Cr、Mn 等催化的 C—H 键官能团化反应可参阅相关文献[42]。

在 Co 催化导向的 C—H 键官能团反应中，Co 的价态一般有 0 价、+1 价、+2 价、+3 价，其催化机理已经较为明确[43]。2010 年，Yoshikai 课题组报道了 Co 催化酮亚胺 **3-168** 与 4-辛炔的 C—H 键烯基化反应[44]，见图 3-35。该反应以 P(3-ClPh)₃ 为配体，以 t-BuCH₂MgBr 和吡啶为添加剂，以 87% 的产率得到酮 **3-169**。在这一反应中，CoBr₂/L 首先与格氏试剂经过转移金属化、还原消除，被还原为 Co(0)或 Co(Ⅰ)，其中过量的格氏试剂对于催化剂的催化循环是必不可少的。Co(0 或 Ⅰ)优先与炔烃配位后得到络合物 **3-170**，然后亚胺导向 Co(0 或 Ⅰ)通过氧化加成插入 C—H 键，形成环状 Co(Ⅱ或Ⅲ)中间体 **3-171**。虽然这一过程也可能发生亚胺导向的 Co(0 或 Ⅰ)对邻位 C—H 键的插入反应，炔烃再与环状 Co(Ⅱ或Ⅲ)中间体配位，但是，机理研究表明，1,2-二苯基乙炔的速率常数比 4-辛炔大 3 倍[45]。由于 C—H 键插入这一步是该反应的决速步骤，这就说明炔烃与 Co 的配位发生在 C—H 键插入反应之前；如果在之后发生，由于配位过程的能垒比较低，二者反应速率不可能相差如此之大。最后，环状 Co 中间体 **3-171** 发生迁移加成、还原消除及水解反应，得到烯基化产物 **3-169**。

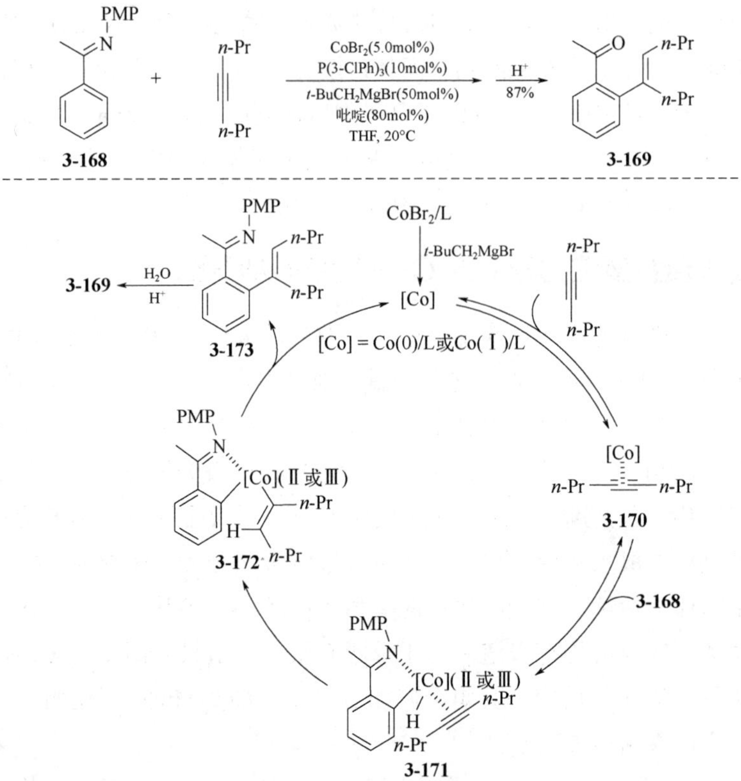

图 3-35 Co(Ⅱ)催化酮亚胺邻位 C—H 键的烯基化反应及反应机理

2012 年，Ackermann 等报道，Co(acac)$_2$/IMes 能催化 2-芳基吡啶 **3-174** 的 C—H 键芳基化反应[46]。该反应需把环己基格氏试剂作为碱，氨基磺酸酯 **3-175** 作为芳基化试剂，以 82%的产率得到芳基化产物 **3-176**（图 3-36）。该反应的机理可能为：首先，环己基格氏试剂将 Co(acac)$_2$ 还原为低价的[Co]-Cy（Co 的价态可能为+1 价），在吡啶导向下 Co 插入邻位 C—H 键，消除环己烷得到环状 Co 中间体 **3-176**。接着，氨基磺酸酯 **3-175** 通过单电子转移使 C—O 键均裂，形成芳基自由基，同时 Co 的价态提高了一价；芳基自由基随即与环状 Co 结合，得到三价 Co 中间体 **3-179**；最后，**3-179** 还原消除后即得到 C—H 键芳基化产物 **3-176**；与此同时，形成的[Co]-X 与环己基格氏试剂经过转金属化反应，再生活性催化剂，从而完成催化循环。

低价 Co 催化的 C—H 键官能团化反应中，需用格氏试剂作为还原剂，其可将高价态的 Co 还原为低价态，以实现催化剂循环。但是，格氏试剂的亲核性很强，致使这类反应对官能团的兼容性较差。2014 年，Glorius 等报道了在 [Cp*Co(CO)I$_2$]催化下，嘧啶导向的吲哚 2-位 C—H 键的烯丙基化反应，以 97%

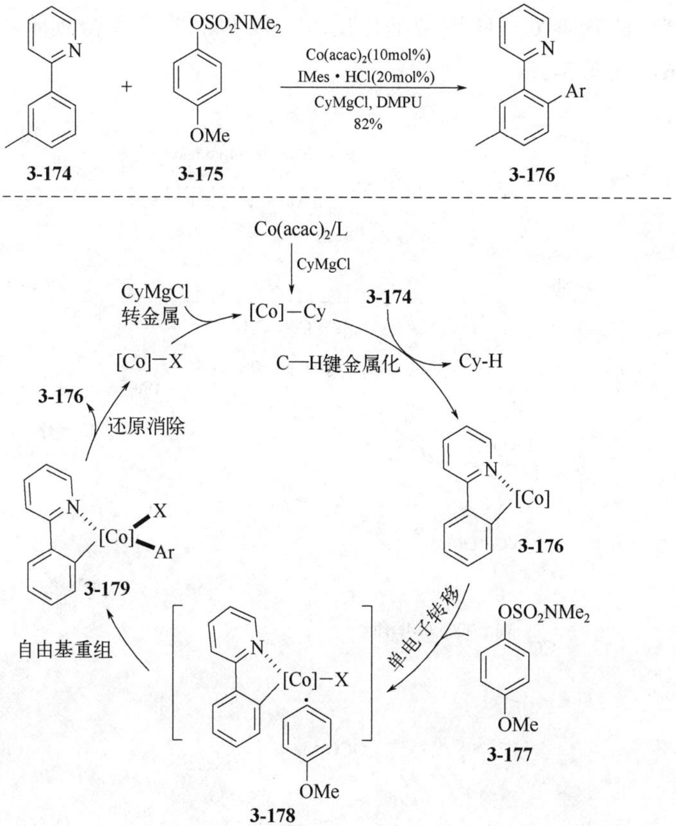

图 3-36 Co(Ⅱ)催化 2-芳基吡啶 C—H 键芳基化反应及其可能反应机理

的产率得到了取代吲哚 **3-181**（图 3-37）[47]。该反应的机理可能为：在 AgSbF₆ 及 PivOH 作用下，[Cp*Co(Ⅲ)(CO)I₂]原位生成[Cp*Co(Ⅲ)(OPiv)]⁺活性催化剂，Co(Ⅲ)在嘧啶配位导向下插入吲哚 2-位的 C—H 键，得到五元环中间体 Co(Ⅲ) **3-182**；接着，Co 与烯丙基甲基碳酸酯配位、迁移插入，得到七元环 Co(Ⅲ)物种 **3-184**；然后，β-氧酯基消除得到烯丙基化产物，同时生成[Cp*Co(Ⅲ)OMe]；最后，Co(Ⅲ)经过配体交换再生催化剂，实现催化循环。需要注意的是，在该反应中 Co 的价态保持不变，反应无需外加氧化剂。

铁是地壳中含量最高的重金属元素，具有价格便宜及低生物毒性的特点。虽然 Fe 络合物对 C—H 键的插入反应早有报道，但 Fe 催化 C—H 键的官能团化反应直到 2008 年才由 Nakamura 等首次报道[48]。该课题组研究 Fe 催化偶联反应时，偶然发现了 3-苯基吡啶 C—H 键苯基化的副产物。通过对这一副反应的详细研究，发现以 Fe(acac)₂ 为催化剂，以 1,10-菲罗啉（1,10-phen）为配体，以二氯异丁烯（DCIB）为氧化剂，以二苯基锌为芳基化试剂和还原试剂，可实现 Fe 催化的喹啉 C—H 键芳基化反应，以 99%的产率得到苯基取代苯并[h]喹啉 **3-186**，见图 3-38。

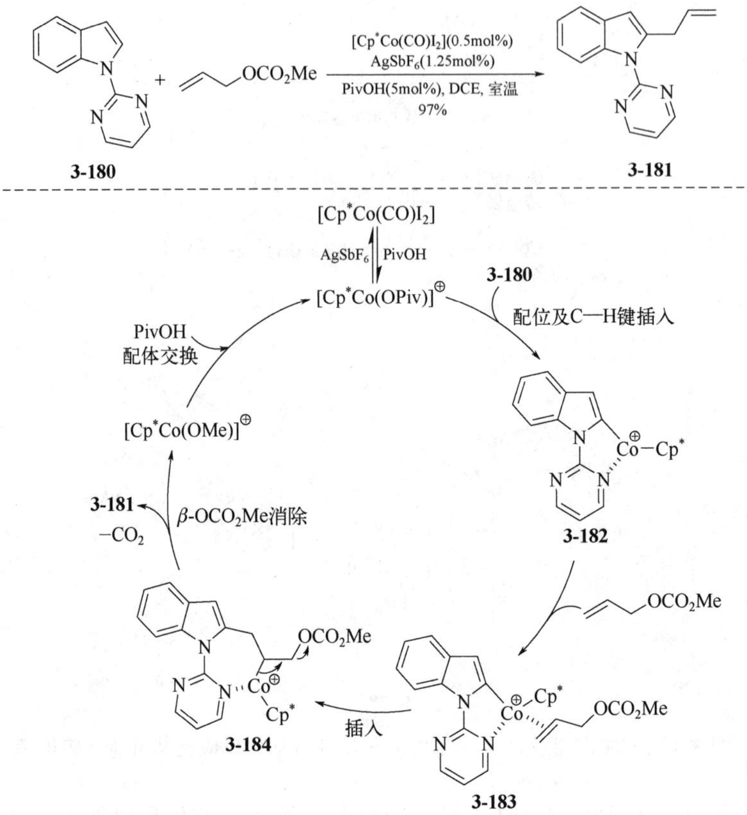

图 3-37　Cp*Co(Ⅲ)催化嘧啶导向的吲哚 2-位烯丙基化反应及反应机理

　　基于机理研究[49]及理论计算[50]，作者提出了该反应可能的机理：首先，Fe(acac)₂/1,10-菲罗啉与底物生成 Fe(Ⅱ)络合物 **3-187**，它与原位生成的二苯基锌经过转金属化得到苯基 Fe(Ⅱ)络合物 **3-188**，苯基促进 C—H 键去质子化得到五元环 Fe(Ⅱ)络合物 **3-189**；接着，再次经过转金属化得到 Fe(Ⅱ)络合物，二氯异丁烯通过单电子转移将其氧化为 Fe(Ⅲ)；然后，底物促进还原消除得到 C—H 键芳基化产物 **3-186**，同时还得到 Fe(Ⅰ)络合物 **3-192**；最后，二氯异丁烯将 Fe(Ⅰ)氧化为 Fe(Ⅱ)，实现催化循环。需要指出的是，在两步氧化反应中，由二氯异丁烯生成的叔丁基自由基也可以作为氧化剂。在这一报道之后，Fe 催化的 C—H 键官能团化反应得到了众多合成化学家的关注，目前该研究领域也取得了长足发展，因篇幅有限，感兴趣的读者可以阅读相关综述文献[51]。

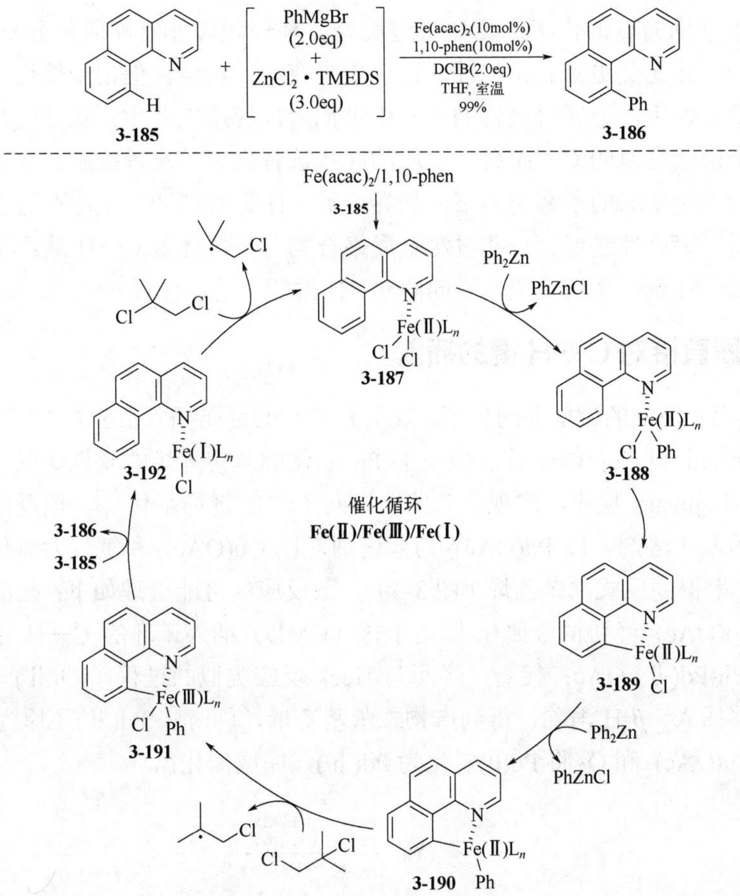

图 3-38 Fe(Ⅱ)催化喹啉 C—H 键芳基化反应及反应机理

第二节 金属催化非导向的 C—H 键官能团化

在前述的导向 C—H 键官能团化反应中，导向基不仅能够有效促进金属对惰性 C—H 键的插入反应，还能巧妙地解决 C—H 键官能团化反应的区域选择性问题。但其存在以下不足之处。首先，导向基的引入增加了额外的操作步骤。这些反应不仅需要将常见官能团如酮转化为亚胺，或将羧酸转化为 8-氨基喹啉酰胺等，而且在完成 C—H 键的官能团化后，还需要将导向基水解以重新恢复官能团。其次，当反应物中存在多个不同类型的 C—H 键时，过渡金属催化的导向基策略只能活化特定位点的 C—H 键，即与导向基空间邻近的位点（α-γ位），其他位置的官能团化反应则难以通过导向基的定位效应来实现。

对于常见的石油化工产品如长链烷烃、环烷烃等非官能团化分子，C—H键的官能团化无疑更具有挑战性，但也更具有应用价值。但由于烷烃与金属之间缺乏螯合作用，金属对底物的 C—H 键插入反应难以发生；加之烷烃分子中存在多个键能类似的 C—H 键，反应的区域选择性更是难以控制。尽管如此，在众多合成化学家的不懈努力下，非导向 C—H 键官能团化反应在过去几十年仍然取得了突破性进展。一些过渡金属络合物可直接插入 C—H 键或经 σ-键交换形成 C—M 键，从而实现非导向的 C—H 键的官能团化反应[52]。

一、金属直接对 C—H 键的插入

$C(sp^2)$—H 键的键能相对较低，发生分子间的金属插入反应相对容易。1969年，Moritani 和 Fujiwara 首次报道了 Pd 催化的苯与烯烃的脱氢偶联反应，即 Moritani-Fujiwara 反应，实现了苯的非导向 C—H 键烯基化[53]。该反应使用大大过量的苯作溶剂，以 $Pd(OAc)_2$ 为催化剂，以 $Cu(OAc)_2$ 和氧气为氧化剂，以 45% 的产率得到反式二苯乙烯（图 3-39）。该反应的可能机理如下：在醋酸根协助下，$Pd(OAc)_2$ 经协同金属化-脱质子化（CMD）插入苯环的 C—H 键，得到中间体 Ph-Pd(Ⅱ)-OAc；接着，经历与 Heck 反应类似的过程，Pd(Ⅱ)与烯烃配位、迁移插入、β-H 消除，得到产物二苯基乙烯，同时将 Pd(Ⅱ)还原为 Pd(0)；最后，$Cu(OAc)_2$ 和 O_2 将 Pd(0)氧化为 Pd(Ⅱ)，完成催化循环。

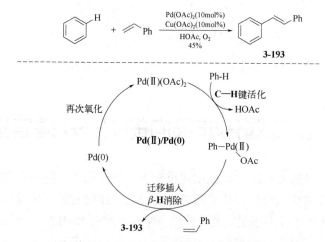

图 3-39　Moritani-Fujiwara 反应及机理

在 Moritani-Fujiwara 反应被报道后，虽然很多合成化学家对这一反应进行了改进，但其还存在需要过量芳基底物的缺点；此外，由于 Pd(Ⅱ)难以插入带有缺电子取代基苯的 C—H 键，因此，这类底物难以在这一条件下发生 C—H

键烯基化反应。2009 年，余金权课题组发现，以二取代吡啶 **3-195** 为配体，可选择性实现苯甲酸乙酯的 C—H 键烯基化反应，以 52%的产率得到间位取代为主的产物 **3-194**，间位、对位取代产物的比例为 81∶19（图 3-40）[54]。虽然吡啶 **3-195** 通过过渡态 **3-196** 促进了 Pd(Ⅱ)对芳基 C—H 键的插入反应，但该反应仍然需要使用大大过量的苯甲酸乙酯作为底物。2018 年，Gemmeren 等发现，以乙酰甘氨酸和吡啶衍生物 **3-197** 为协同配体，以 Pd(OAc)$_2$ 为催化剂，可实现苯甲酸乙酯的烯基化反应，反应产率为 54%，邻、间、对位产物的比例为 18∶67∶15，间位产物占优势[55]。需要指出的是，这一催化体系首次实现了取代苯作为限量试剂（limiting reagent）的烯基化反应。在这一反应的关键步骤——Pd(Ⅱ)插入 C—H 键的反应中，乙酰甘氨酸和吡啶与 Pd(Ⅱ)同时配位，前者的乙酰基可作为内碱加速苯环 C—H 键的 CMD 过程；同时，吡啶作为配体，进一步加强了 Pd(Ⅱ)络合物与芳基底物之间的相互作用，从而促进了 C—H 键的活化。

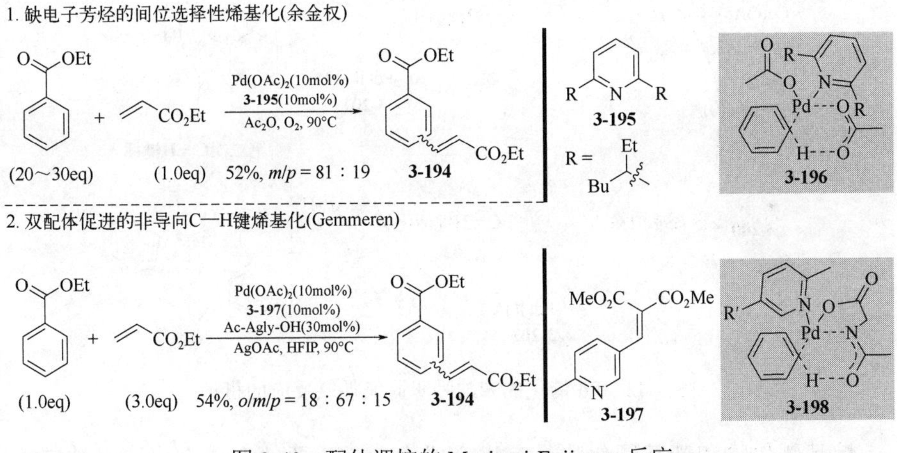

图 3-40 配体调控的 Moritani-Fujiwara 反应

2007 年，Fagnou 等报道了苯与 *N*-乙酰吲哚 **3-199** 在 Pd(TFA)$_2$ 催化下的脱氢偶联反应，以 84%的产率得到吲哚 3-位苯基化产物 **3-200**，该反应同时还形成了少量吲哚 2-位苯基化产物（图 3-41）[56]。此反应以 Cu(OAc)$_2$ 为氧化剂，以 3-硝基吡啶及特戊酸铯（CsOPiv）为添加剂，并且需要使用大大过量的苯（30 倍量）。

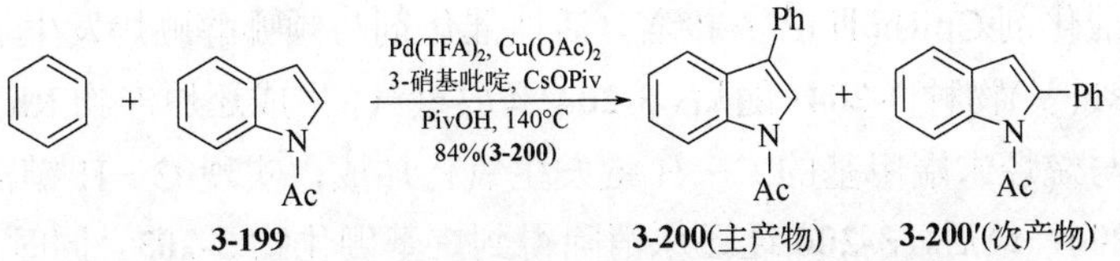

图 3-41 Pd 催化的 *N*-乙酰基吲哚与苯的脱氢偶联反应

该反应机理为：首先，Pd(OAc)$_2$ 经 CMD 过程插入一个芳基底物（Ar^{1}H）的 C—H 键，得到 Ar^1-Pd(Ⅱ)；接着，该中间体再经过一次 CMD 过程插入至另一芳基 Ar^2 的 C—H 键，得到 Ar^1-Pd(Ⅱ)-Ar^2 中间体；然后，该中间体经过还原消除得到偶联产物 **3-200**，同时将 Pd(Ⅱ)转化为 Pd(0)；最后，Cu(OAc)$_2$ 将 Pd(0) 氧化为 Pd(Ⅱ)，继续参与催化循环（图 3-42）。Kozuch 和 Shaik 通过理论计算发现，该反应中 Pd(Ⅱ)优先插入吲哚环富电子的 3-位 C—H 键，这是由于吲哚中富电子的 C2—C3 键容易与 Pd(Ⅱ)配位，从而促进了第一次 C—H 键的插入反应；副产物则是 Pd(Ⅱ)插入吲哚 2-位 C—H 键而形成的。接下来的第二次 C—H 键插入反应中，Pd(Ⅱ)中间体优先与苯环上的 C—H 键发生插入反应，从而得到杂二聚为主的偶联产物[57]。

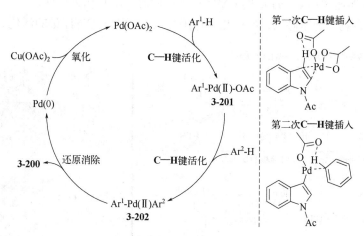

图 3-42　Pd 催化的苯与吲哚脱氢偶联反应的机理

烷基硼化物和芳基硼化物是有机合成中非常重要的合成砌块，已被广泛应用于医药、农药和功能材料的合成。烷基硼化物的合成一般基于碳原子的官能团化反应，比如碳碳双键和三键的硼氢化反应、格氏试剂与硼酸酯的加成消除反应等。2000 年，Hartwig 等报道了在 Cp*Rh(η^4-C$_6$Me$_6$)催化下，烷烃一级 C(sp^3)—H 键的选择性硼化反应，该反应以 B$_2$Pin$_2$ 为硼源，得到烷基硼酸频哪醇 **3-203**（图 3-43）[58]。这一反应的机理为：Cp*Rh(η^4-C$_6$Me$_6$)先与频哪醇硼烷反应，转化为活性催化剂 CpRh(Ⅲ)H$_2$；接着，活性催化剂与频哪醇硼烷发生氧化加成反应，得到 Rh(Ⅴ)物种 **3-204**；随后，**3-204** 释放氢气，生成还原产物 Rh(Ⅲ) **3-205**，该中间体与烷烃末端甲基的 C—H 键发生氧化加成，实现 C—H 键活化，得到 Rh(Ⅴ) **3-206**；最后，**3-206** 经还原消除得到烷基硼化物 **3-203**，同时金属 Rh 重新生成活性催化剂，继续参与下一次催化循环。

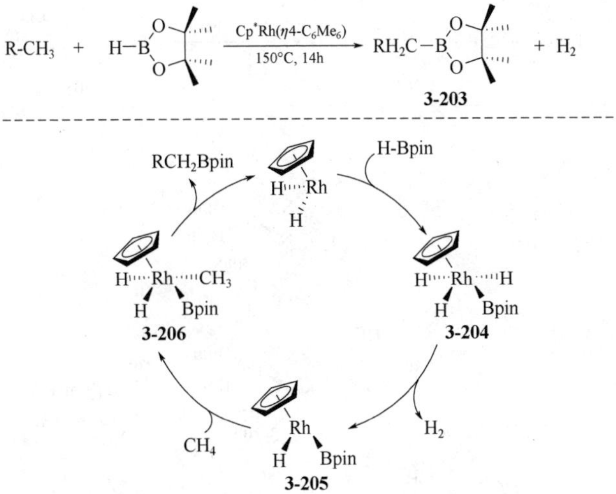

图 3-43　Rh 催化的 C—H 键硼化反应及其机理

　　前述的 Rh 催化 C(sp^3)—H 键的硼化反应,需要使用大大过量的烷烃作为溶剂,相对而言,键能较小的芳环 C(sp^2)—H 键更容易发生非导向的硼化反应。2002 年,Hartwig 报道了[Ir(COD)(OMe)]$_2$/dtbby 催化的芳环 C—H 键硼化反应,以双联频哪醇基二硼烷（B$_2$pin$_2$）为硼化试剂,得到芳基频哪醇硼酸酯 3-208（图 3-44）[59]。这一反应的机理为:[Ir(COD)(OMe)]$_2$ 与 dtbby 配位后,再与 B$_2$Pin$_2$ 发生氧化加成反应,得到 Ir(Ⅲ)中间体;接着,解离 COD 空出配位点,得到活性催化剂 3-209;然后,该中间体与芳环的 C(sp^2)—H 键通过氧化加成或者 σ 键复分解反应,得到 Ir(Ⅴ)络合物 3-210;最后,3-210 发生还原消除,得到芳基频哪醇硼酸酯,同时形成的 Ir(Ⅲ)—H 物种与 B$_2$Pin$_2$ 经 σ 键复分解重新转化为活性催化剂 3-209。

　　Hartwig 发展的[Ir(COD)(OMe)]$_2$/dtbby 催化的芳香烃的 C—H 键硼化反应存在催化剂用量较大（5mol%）、Ir 价格昂贵等不足,因此,提高催化剂的活性对这类反应的实际应用具有重要意义。该反应的活性催化剂——Ir(Ⅲ)络合物 3-209 连有三个硼基,但还原消除过程中只有一个硼基参与了反应,其余两个硼基则作为 Ir 的配体。基于这一反应机理,李鹏飞等设计了一类含 N,B-双齿配体的 Ir 催化剂 3-214（图 3-45）[60]。这一催化剂的合成比较简单,从 2-氯吡啶和邻苯二胺出发,发生取代反应后与四次亚氨基乙硼烷交换,得到四氨基二硼烷化合物 3-213;最后与[Ir(COD)Cl]$_2$ 发生氧化加成反应,得到含双 N,B-型配体的 Ir(Ⅲ)催化剂 3-214。相对于[Ir(OMe)(COD)]$_2$/dtbby 原位形成的催化剂而言,这一催化剂具有更高的活性,1mol%催化剂即可实现不同芳香烃 C—H 键的硼化反应,并且反应温度更低、底物适用范围更广泛。

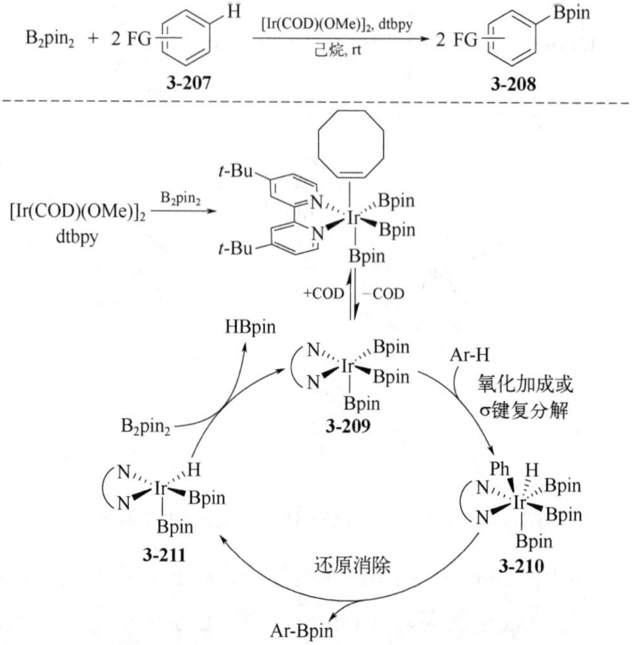

图 3-44　Ir 催化的芳环 C—H 键硼化反应及其机理

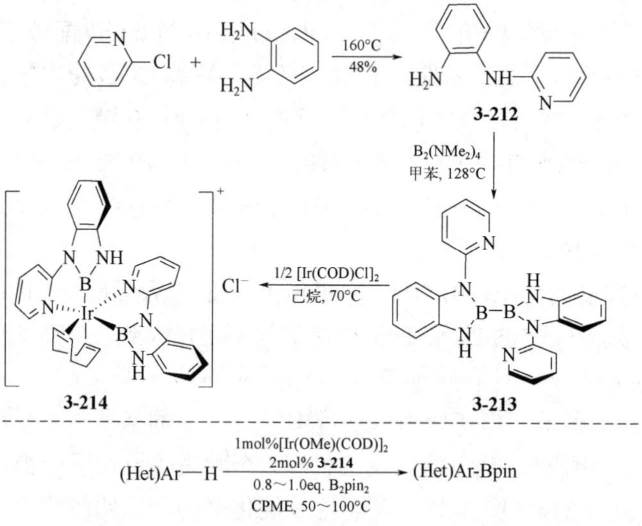

图 3-45　Ir(Ⅲ)-*N*,*B*-双齿配体催化的 C—H 键硼化反应

二、金属卡宾对 C—H 键的插入

　　卡宾（carbene），又称碳宾或碳烯，为电中性二价碳的活泼中间体（图 3-46），按照碳原子杂化方式可将其分为单线态和三线态两种。单线态卡宾的碳原子为

sp^2 杂化，两个未成键电子以自旋相反方式共同占据一个 sp^2 杂化轨道，该类卡宾还有一个空的 2p 轨道。三线态卡宾的碳原子为 sp 杂化，两个未成键电子以自旋方向相同方式各占据一个 2p 轨道。三线态卡宾为双自由基结构，比单线态卡宾稳定。通常情况下，自由基卡宾非常不稳定，是一种活泼的反应中间体，但在某些特定结构中也可稳定存在。例如，一些连有大位阻取代基的氮杂环卡宾（N-heterocylic carbene，NHC），能够通过氮原子的共轭效应和极性诱导作用，使自己变得更加稳定。此外，卡宾还能与过渡金属形成金属卡宾（metal carbene），从而变得稳定，其通式为 $L_nM=CR_2$，通常分为 Fischer 卡宾和 Schrock 卡宾。Fischer 卡宾为卡宾与 Fe(0)、Co(0)、W(0)等低价中后过渡金属形成的络合物，其中的孤对电子以 σ 配体与金属成键，与此同时，金属中的一对孤对电子与卡宾形成反馈 π 键。Schrock 卡宾则是卡宾与 Ti(Ⅳ)和 Ta(Ⅴ)等高价前过渡金属形成的络合物，二者之间各提供一个电子形成双键。形成金属卡宾中间体的常用方法为重氮化合物与过渡金属 Rh(Ⅱ)、Cu(Ⅰ)、Ag(Ⅰ)及 Au(Ⅰ)等的重氮分解反应，这些金属卡宾活性高，可以 1,2-加成方式直接插入 C—H 键，实现 C—H 键的官能团化反应[61]。

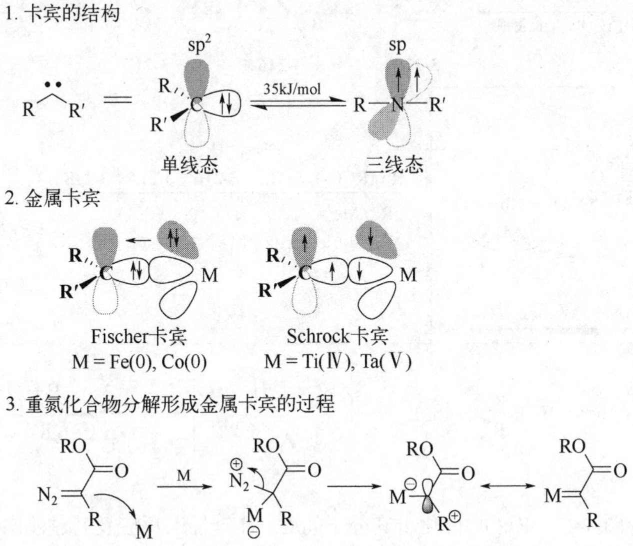

1. 卡宾的结构

单线态　三线态

2. 金属卡宾

Fischer卡宾　　　　　Schrock卡宾
M = Fe(0), Co(0)　　M = Ti(Ⅳ), Ta(Ⅴ)

3. 重氮化合物分解形成金属卡宾的过程

图 3-46　卡宾的结构和金属卡宾

　　光照下，重氮化合物分解后形成的自由基卡宾可直接插入 C—H 键；但当底物中存在多个不同类型 C—H 键时，往往得到的是统计分布的混合物，这是自由基卡宾活性过高导致的区域选择性差。例如，卡宾对 2-甲基丁烷的 C—H 键插入反应，可能形成 4 种产物（图 3-47）：1° C—H 键插入产物 **3-215** 和 **3-158**、

2° C—H 键插入产物 **3-217**，以及 3° C—H 键插入产物 **3-216**。由于 C—H 键的键能相差不大（1°～3° C—H 键的键能分别约为 98、94 和 90kcal/mol），因而反应的区域选择性难以控制。Noels 等发现，以 Rh(Ⅱ) 为催化剂时，其阴离子配体的大小可以调控反应的区域选择性[62]。当配体为醋酸根时，所得产物以 2° C—H 键插入产物 **3-217** 为主（90%）。但当配体为大位阻的三蝶烯-9-甲酸根时，1° C—H 插入产物 **3-215** 和 **3-218** 的比例显著提升（分别为 18% 和 37%）。这是由于 Rh₂(RCO₂)₂ 的结构为 D₄ₕ 对称的扇形二聚体结构，每个羧酸根离子同时与两个 Rh 结合，Rh—Rh 之间形成金属键，其催化活性位点处于轴向顶点位置。当以醋酸根为配体时，甲基位阻较小，催化位点开放，具有较小位阻但更富电子的 2° C—H 键便更容易发生反应；3° C—H 键虽更富电子，但其较大的空间位阻阻碍了反应的发生。而当配体为大位阻三蝶烯-9-甲酸根时，催化位点被配体苯环所环绕，过渡态的空间排斥作用使得较小位阻的甲基更容易进入催化口袋发生反应，得到 **3-218** 为主的产物；基于同样的原因，分子中位阻稍大的甲基 C—H 键插入产物 **3-215** 的比例也大大提高。

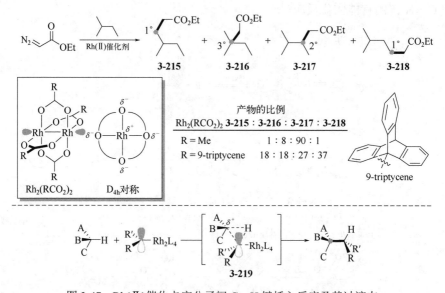

图 3-47　Rh(Ⅱ)催化卡宾分子间 C—H 键插入反应及其过渡态

目前，金属卡宾插入 C—H 键的反应机理仍存在较大的争议，其中被合成化学家广为接受的是 Davies 提出的三中心四电子模型[61]。如图 3-47 所示，在 Rh 卡宾插入 C—H 键的过渡态 **3-219** 中，卡宾碳原子的 2p 轨道与 C—H 键垂直，随后的氢原子转移与 C—C 键形成协同发生，得到 C—H 键插入产物，但这两个过程发生的先后顺序仍不明确。在反应过程中，C—H 键的键长变长，使得碳原子上的正电荷累积，因此，含有可稳定碳正离子取代基的 C—H 键反应活性更高。由此可知，C—H 键的反应活性次序为：α-杂原子取代、烯丙位及苄位 C—H 键 > 3° C—H 键 > 2° C—H 键 >> 1° C—H 键。虽然金属催化卡宾的分子间 C—H 键插入反应缺乏区域选择性，但金属催化卡宾分子内 C—H 键插入反应通常可以实现区域选择性关环，这是由于该反应一般通过动力学有利的伪椅式过渡态进行，故产物一般为五元环产物；但在一些结构特殊的底物中，也会形成四元环或六元环（图 3-48）。

1982 年，Wenkert 等报道，在 $Rh_2(OAc)_4$ 催化下，三环二萜 virescenol B 衍生的重氮酮 **3-220** 发生分子内 C—H 键插入反应，卡宾区域选择性插入烯丙位 C—H 键，以 59% 产率得到单一的顺式异构体 **3-221**[63]，见图 3-48。Taber 等对 $Rh_2(OAc)_4$ 催化的 α-重氮-β-酮酸酯的分子内 C—H 键插入反应进行了深入研究，发现当分子内存在不同类型的 C—H 键时，金属卡宾优先插入 3° C—H 键[64]。例如，重氮化合物 **3-222** 在 $Rh_2(OAc)_4$ 催化下，以 84% 的产率得到环戊酮产物，3° C—H 键插入产物 **3-223** 与 2° C—H 键插入产物 **3-224** 的比例为 4.6：1，见图 3-48。

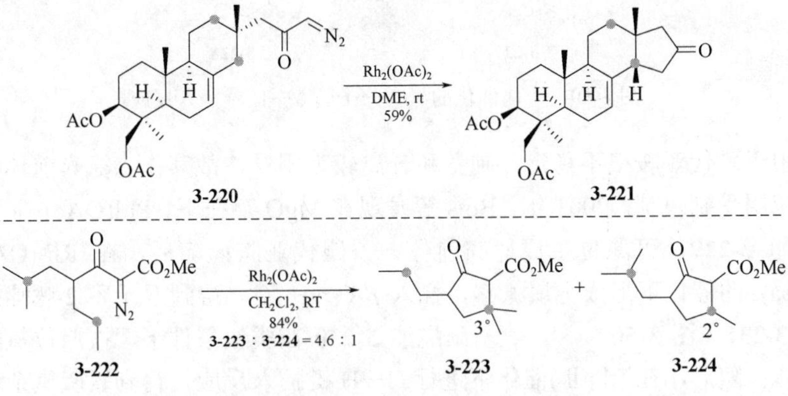

图 3-48　Rh(Ⅱ)催化的卡宾分子内 C—H 键插入反应

三、金属氮宾对 C—H 键的插入

氮宾（nitrene），也被称为氮卡宾、氮烯或者乃春，是一类缺电子的一价氮活性中间体。氮宾的氮原子外层有 6 个价电子，有单线态和三线态两种结构，单线态更为稳定。氮宾是一种不稳定的反应中间体，其反应性质与卡宾类似。金属氮宾具有较高的反应活性，可插入 C—H 键，得到胺化产物[65]。在金属催化的氮宾插入反应中，碳原子的构型保持不变，C—H 键的反应活性次序为烯丙位、苄位 C—H 键> 3° C—H 键> 2° C—H 键>> 1° C—H 键。

Breslow 等首次报道了金属催化的氮宾分子间 C—H 键插入反应（图 3-49）[66]，他们以碘代亚胺（iminoiodane）**3-225** 为氮宾前体，在四苯基卟啉氯化铁 [Fe(TPP)Cl] 或四苯基卟啉氯化锰 [Mn(TPP)Cl] 的催化下，使氮宾前体与环己烷反应，得到 C—H 键胺化产物环己胺 **3-226**。虽然该反应的产率只有 7%，但这一报道是首例过渡金属催化氮宾对 C—H 键的插入反应。接下来，Breslow 等报道了 Rh(Ⅱ)催化的分子内 C—H 键胺化反应，通过筛选，发现 Rh₂(OAc)₄ 是高效的氮宾转移催化剂，其可促进碘代亚胺 **3-227** 分子内 C—H 键插入反应，以 86%的产率得到磺酰胺衍生物 **3-228**[67]（图 3-49）。

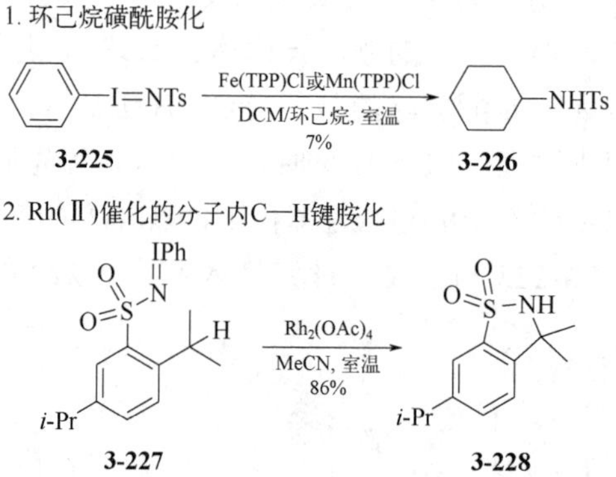

1. 环己烷磺酰胺化

2. Rh(Ⅱ)催化的分子内C—H键胺化

图 3-49　金属催化的氮宾分子间 C—H 键插入反应

由于碘代亚胺很不稳定，制备和分离较为困难，故其作为氮宾前体在合成中的应用受到限制。2001 年，Bois 等发现在 MgO 存在下，PhI(OAc)₂ 氧化氨基碳酸酯 **3-229**，可原位生成氮宾前体——碘代亚胺；随后，在 Rh₂(OAc)₄ 或 Rh₂(tpa)₄ 的催化下形成金属氮宾，插入 β-C—H 键，得到五元环 2-噁唑烷酮类产物 **3-231**（图 3-50）[68]。氨基磺酰酯 **3-230** 在类似条件下，被原位氧化为氮宾前体；随后，在 Rh(Ⅱ)催化下进行 C—H 键插入反应，得到氧硫氮杂环己烷 **3-232**；值得注意的是，这类底物反应时优先插入 γ-C—H 键，得到六元环产物 [69]。由于这一反应可以实现羟基 β-位 C—H 键的胺化反应，故可高效合成 β-氨基醇类化合物，已应用于一些复杂天然产物（如河鲀毒素）的全合成[65b]，为天然产物全合成提供了新的策略。

2018 年，Bois 课题组进一步对 Rh(Ⅱ)催化的分子间 C—H 键胺化反应进行了优化，发现以 Rh₂(esp)₂ 为催化剂、苯磺酰胺为胺源、特戊酸碘苯为氧化剂、三甲基乙腈为溶剂，可实现一系列复杂分子的分子间 C—H 键胺化反应（图 3-51）[70]。例如，以 Troc 保护的 D-异薄荷醇为底物，得到了区域选择性插入 5 位 3° C—H 键的胺化产物 **3-234a**；以 N-Boc 保护的缬氨酸为底物，得到了插入

4 位 3° C—H 键的产物 **3-234b**；以受保护雌酚酮为底物，得到了插入苄位 C—H 键的产物 **3-234c**；以紫苏内酯为底物，得到插入 2 位 2° C—H 键产物 **3-234d**。从这些结果可以看出，对于含有多种不同 C—H 键的复杂分子而言，其中 C—H 键胺化反应位点的选择性与电子云密度和空间位阻紧密相关，不同位点的选择性顺序一般为苄位 C—H 键 > 3° C—H 键 > 2° C—H 键 >> 1° C—H 键。

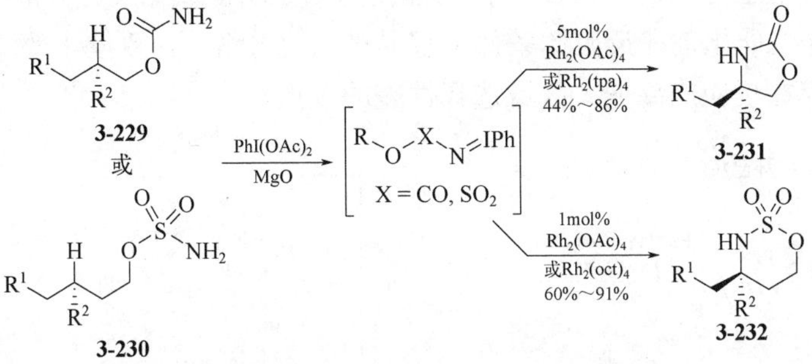

图 3-50 Rh(Ⅱ)催化的氮宾分子内 C—H 键插入反应

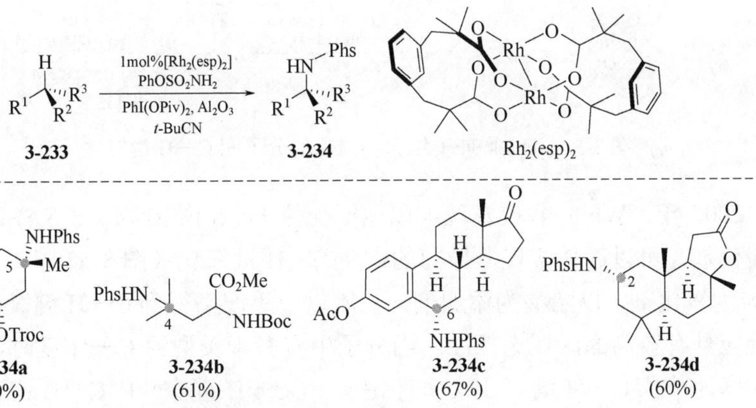

图 3-51 Rh 催化的氮宾分子间 C—H 键胺化反应

四、金属催化 C—H 键氧化

在复杂多环萜类天然产物的生物合成过程中，生物体一般采用双阶段（two-phase）合成策略。第一阶段为环化过程，环化酶催化线性前体发生一系列环化反应，以构建天然产物的核心骨架；第二阶段为氧化过程，即用氧化酶催化 C—H 键的氧化，在骨架中引入羟基以提高天然产物的氧化态。例如，以血红素铁为催化中心的细胞色素 P450（cytochrome P450 或 CYP450）是生物体内最重要的氧化酶，它不仅能催化 C—H 键的氧化反应，还可以催化环氧化、氧化裂解等不同类型的反应。

1979 年，受到 CYP450 催化 C—H 键氧化反应的启发，Groves 等首次报道了四苯基卟啉氯化铁［Fe(TPP)Cl］催化的烷烃 C—H 键氧化反应[71]。这一反应使用大大过量的环己烷，以 PhIO（氧化碘苯）为氧化剂，仅以 8%产率得到环己醇（图 3-52）[72]。采用这一催化体系氧化醋酸正辛酯，反应的区域选择性较差，得到 C2-C7 位亚甲基氧化的混合物。在此之后，众多合成化学家对卟啉金属络合物及非血红素配位金属络合物催化的 C—H 键氧化反应开展了大量研究工作，但这些催化剂在反应体条件下容易被氧化分解，导致催化效率低；并且，该体系还存在反应产率低、区域选择性差的缺点[73]。

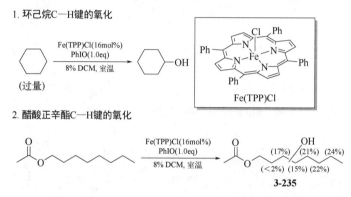

图 3-52　Fe(Ⅲ)卟啉络合物催化的分子间 C—H 键氧化反应

2007 年，White 教授发现，以四氮配位 Fe(Ⅱ)络合物 Fe[(S,S)-PDP] **3-237** 为催化剂，可以高效实现非导向的 C(sp^3)—H 键氧化（图 3-53）[74]。该反应以 H$_2$O$_2$ 为氧化剂，以醋酸为添加剂，一般以中等产率得到 C—H 键氧化产物。这一反应具有较高的区域选择性，当分子中有多种类型的 C—H 键时，它们的反应次序为苄位 C—H 键 > 3° C—H 键 > 2° C—H 键 >> 1° C—H 键。例如，在该反应体系中，特戊酸酯保护的环己醇 **3-236** 中的 3° C—H 键被选择性氧化，以 51%的产率立体专一性地得到构型保持的产物 **3-238**。这一催化体系的反应条件温和、底物适用性高，可应用于复杂天然产物 C(sp^3)—H 键的选择性氧化。对于含有多个 3° C—H 键的分子，反应区域选择性则由 C—H 键的电子云密度、立体结构、立体电子效应等多个因素共同控制。例如，青蒿素分子中有 4 个 3° C—H 键，在该反应条件下可选择性氧化 C10 位的 C—H 键，以 47%的产率得到青蒿素氧化物 **3-239**。(−)-α-dihydropicrotoxinin **3-240** 有一个高含氧的内核，与氧原子接近的 C—H 键受吸电子诱导效应影响，其上的电子云密度降低，不易被氧化；而分子中异丙基的 3° C—H 键因空间位阻太大也无法被氧化，因此，这一天然产物在此条件下不能发生 C—H 键氧化反应。四氢赤霉素衍生物分子中虽然含有多个 3° C—H 键，但在羧基导向下可选择性氧化 C15 位的 2° C—H 键，以 52%的产率得到内酯 **3-241**。

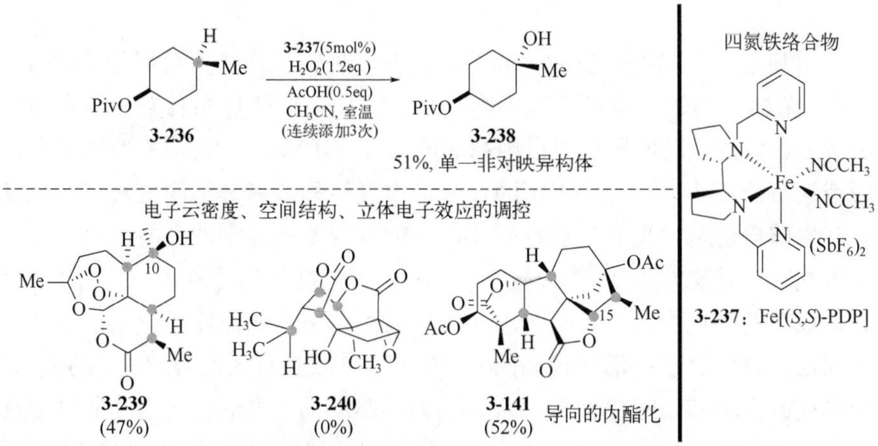

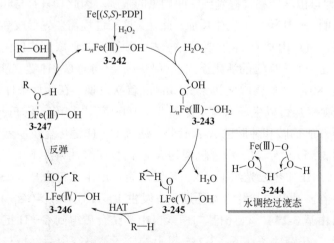

图 3-53　Fe[(*S*,*S*)-PDP]催化的 C(sp^3)—H 键氧化反应

　　四氮配位 Fe 催化 C—H 键氧化的反应机理为自由基反弹机制（radical rebound mechanism）（图 3-54）[75]。首先，催化剂被双氧水氧化为 Fe(Ⅲ)—OH **3-242**，—OH 与 H$_2$O$_2$ 经配体交换得到 Fe(Ⅲ)中间体 **3-243**。接着，这一络合物在与 Fe 配位的水分子协助下断裂 O—O 键，Fe(Ⅲ)被氧化为高亲电性的 Fe(Ⅴ)=O 物种 **3-245**。然后，Fe(Ⅴ)=O 攫取 C—H 键的 H 原子，而自身被还原为 Fe(Ⅳ)(OH)(OH) **3-246**，同时生成自由基 R·。最后，与 Fe 配位的一个 OH 与自由基 R·结合，得到 Fe(Ⅲ)络合物 **3-247**，产物解离的同时再生催化剂[73]。

图 3-54　四氮配位 Fe 催化的 3° C—H 键的氧化反应机理

第三节　自由基介导的 C—H 键官能团化

自由基是一类活泼的反应中间体，它有多种转化途径，可用于构建 C—C 键、C—杂原子键等，也可进攻不饱和键、关环、构建环系骨架。碳自由基的形成有多种方式，比如通过锡自由基的攫卤反应（XAT）、黄原酸酯与锡自由基加成或裂解反应等。C—H 键可通过分子内氢转移或者分子间氢转移（HAT）方式产生碳自由基，再经过后续转化，就能实现 C—H 键的官能团化反应。前一种方式一般是碳[76]、氧[73c]或氮[77]自由基，经过 1,n-氢迁移（一般为 1,5-氢迁移）形成新的碳自由基。后一种方式则是活泼自由基如卤原子或氮自由基通过分子间反应攫取分子中活性较高的 C—H 键（一般具有较低裂解能）的氢原子，从而形成碳自由基。HAT 过程一般是热力学驱动的，高活性自由基通过攫氢形成稳定的 X—H（X = C、N、O 等）键；与此同时，具有较低裂解能的 C—H 键断裂，形成更稳定碳自由基。经过 HAT 过程形成碳自由基的活化方式，已经成为 C—H 键官能团化的重要策略之一，其已经在一些复杂分子合成中得到了广泛应用。近年来，有机合成领域将 HAT 过程与光催化或过渡金属催化相结合，这为 C—H 键官能团化研究注入了新的活力。

一、自由基介导的远程 C—H 键官能团化

自由基介导的远程 C—H 键官能团化反应是基于分子内氢转移过程，通过 1,n-氢迁移实现相隔多个化学键的碳原子的活化。这一过程虽然可定点活化 C—H 键，但自由基转移过程受到空间构象的限制，因此，只有与起始自由基空间位置接近的 C—H 键才能发生反应。此外，这一过程需要先形成高活性自由基物种（如氮、氧自由基），这就要求分子中必须存在能形成这些自由基前体的官能团，因而这类 C—H 键的活化模式也可归属于导向的 C—H 键官能团化反应。

19 世纪 80 年代，德国化学家 Hofmann 首次发现，在酸性条件下，2-丙基-1-溴六氢吡啶受热可以生成八氢重氮茚[78]。1909 年，Löffler 和 Freytag 将这一反应拓展至一般伯胺和仲胺的 N-卤代物，通过 C—H 键环化反应就可得到吡咯衍生物（图 3-55）[79]。这一反应机理为 N-卤代胺在酸性条件下质子化，形成盐 **3-252**；然后，在加热或光照下，N—X 键均裂，产生氮自由基 **3-253** 及卤原子自由基；接着，氮自由基经六元环过渡态发生 1,5-H 迁移，δ-C(sp^3)—H 键均裂后形成碳自由基 **3-254**，该自由基与卤素自由基结合后得到 C—H 键的卤代产物 **3-255**；最后，在碱性条件下，**3-255** 氮上的质子被碱夺取后，再与卤代烷发生

亲核取代反应，关环生成四氢吡咯 **3-250**。这种氮自由基介导的、经过分子内氢迁移实现的 C—H 键的卤代反应，统称为 Hofmann-Löffler-Freytag 反应（HLF 反应）。

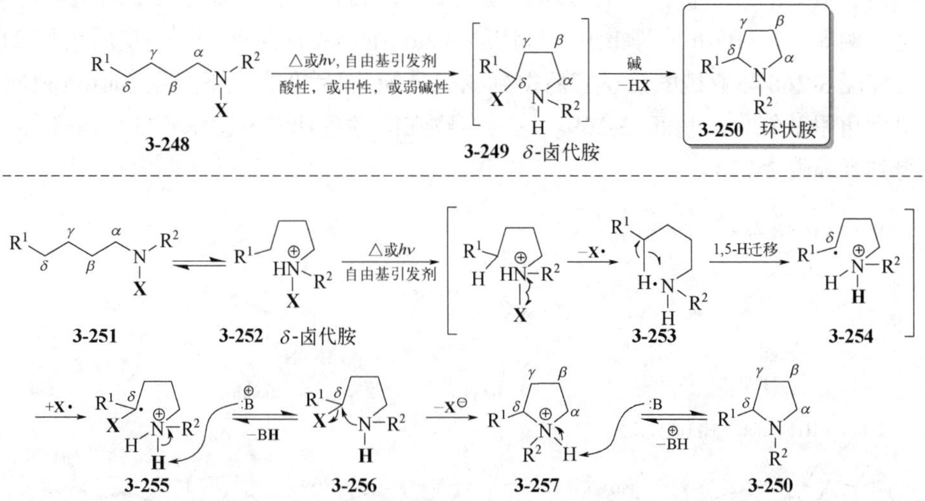

图 3-55　Hoffman-Löffler-Freytag 反应及其机理

Hoffman-Löffler-Freytag 反应为含有氮杂环的复杂天然产物提供了新的合成策略（图 3-56）。2019 年，Muñiz 等[80a]采用 PhI(O$_2$CAr)/I$_2$（Ar = 3-氯苯基）原位生成的 ArCOI，将 **3-258** 转化为 N—I 中间体，该中间体的 N—I 键在室温下均裂，氮自由基通过 1,5-氢迁移反应，实现 δ-C(sp^3)—H 键的碘代；然后，分子内环化形成吡咯环，以 67%的产率得到取代四氢吡咯 **3-259**，后来由这一中间体完成了尼古丁的合成。这一反应在末端碳原子引入甲氧基是为了提高 δ-C(sp^3)—H 的反应活性，促进 1,5-氢迁移反应的发生。在分子构象的限制下，HLF 反应还可通过 1,6-氢迁移方式构建六元哌啶环。2014 年，Baran 课题组在合成二萜生物碱(−)-isoatisine 的过程中[80b]，先用 PIDA(醋酸碘苯)/I$_2$ 将 **3-260** 的磷酰胺转化为 N-I 中间体，然后在光照下经 1,6-氢迁移将 20-位的 C—H 键碘代，反应完成后再将磷酰胺氧化为亚胺；最后，在碱性条件下水解亚胺，得到醛 **3-261**。在这一反应中，由于反应底物四环骨架的构象固定，甲基与氮自由基在空间上比较接近，可通过 1,6-氢迁移方式得到 20-位 C—H 键的碘代产物。

除了氮自由基外，氧自由基也可通过分子内氢迁移反应实现远程 C—H 键的官能团化，Barton 反应是这类反应的典型代表之一。Barton 反应是在光照下，亚硝酸酯 **3-262** 的 δ-C(sp^3)—H 被氧化后得到肟醇 **3-263**，随后水解得到 γ-羟基酮 **3-264**（图 3-57）。其反应机理为：亚硝酸酯的 N—O 键在光照下发生均裂，

得到 NO 自由基与烷氧自由基 **3-265**；接着，烷氧自由基经过 1,5-H 迁移得到 δ-C
自由基 **3-266**，碳自由基再与 NO 自由基结合生成亚硝基化合物 **3-267**；然后，
3-267 发生异构化，得到肟醇 **3-263**[81]。Barton 氧化反应在甾体类天然产物合成
中具有重要的应用价值，其可通过远程 C—H 键活化将甾体骨架中的角甲基氧
化。例如，在 Barton 等报道的醛固酮（aldosterone）合成中[82]，皮质甾酮-21-
乙酸酯 **3-268** 与亚硝酰氯反应后得到亚硝酸酯，随后在光照下发生 Barton 反应，
得到角甲基氧化产物肟 **3-269**。这一产物在酸性条件下发生水解的同时关环，
得到半缩醛 **3-270**。

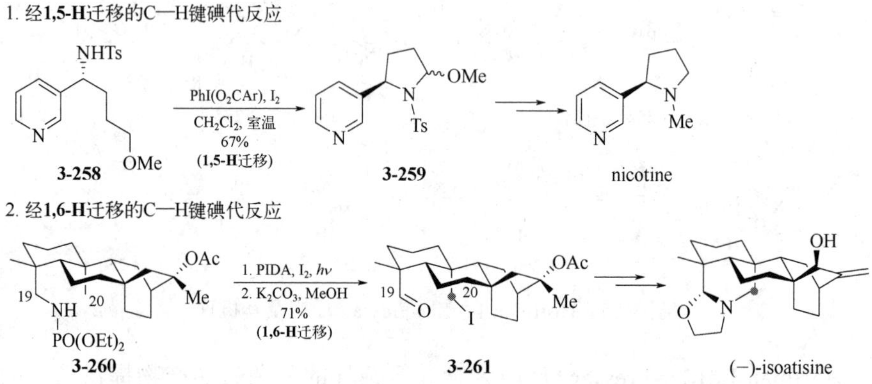

1. 经1,5-H迁移的C—H键碘代反应

2. 经1,6-H迁移的C—H键碘代反应

图 3-56　Hoffman-Löffler-Freytag 反应在天然产物合成中的应用

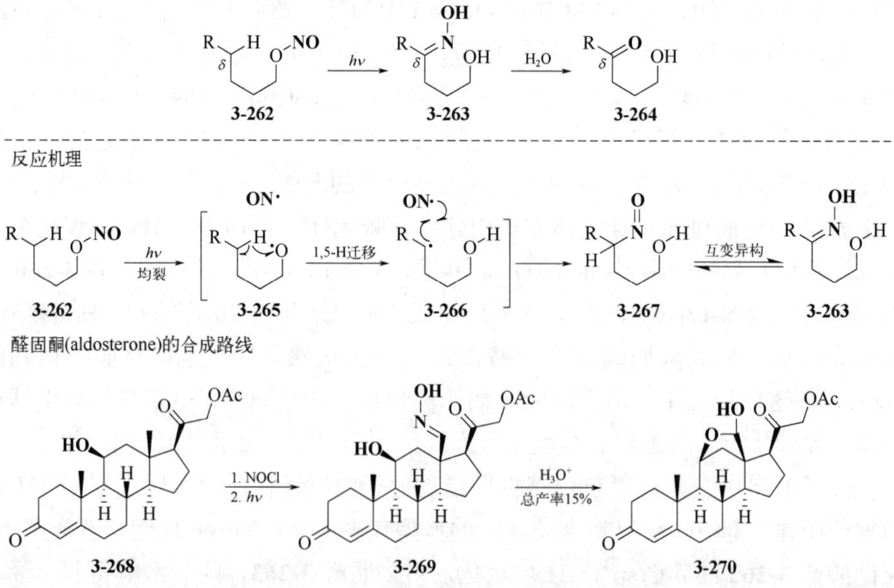

反应机理

醛固酮(aldosterone)的合成路线

图 3-57　Barton 反应及其在合成中的应用

羟基也可被醋酸碘苯（PIDA）或者醋酸铅［Pb(OAc)₂］直接氧化成氧自由基，相对于亚硝酸酯加热或光解反应而言，这种方法操作简单、氧化剂稳定易得，因而应用更加广泛。2008 年，Baran 等在合成具有强抗癌活性三萜生物碱 cortistatin A **3-278** 的过程中（图 3-58）[83]，就通过醋酸碘苯氧化 OH 获得氧自由基。具体过程如下：先使强的松衍生的缩酮 **3-271** 处于光照下，用 PIDA/Br₂ 将 C2 位羟基氧化为氧自由基 **3-272**，它与 C10 位甲基空间接近，通过 1,6-氢迁移得到 C19 位碳自由基 **3-273**，然后与溴自由基结合，即得到 C—H 键溴代产物 **3-275**。在该反应条件下，C19 位碳再次经过羟基导向的 C—H 键溴代反应，得到二溴代产物 **3-276**，最后用 TMS 保护羟基可得到关键中间体 **3-277**。

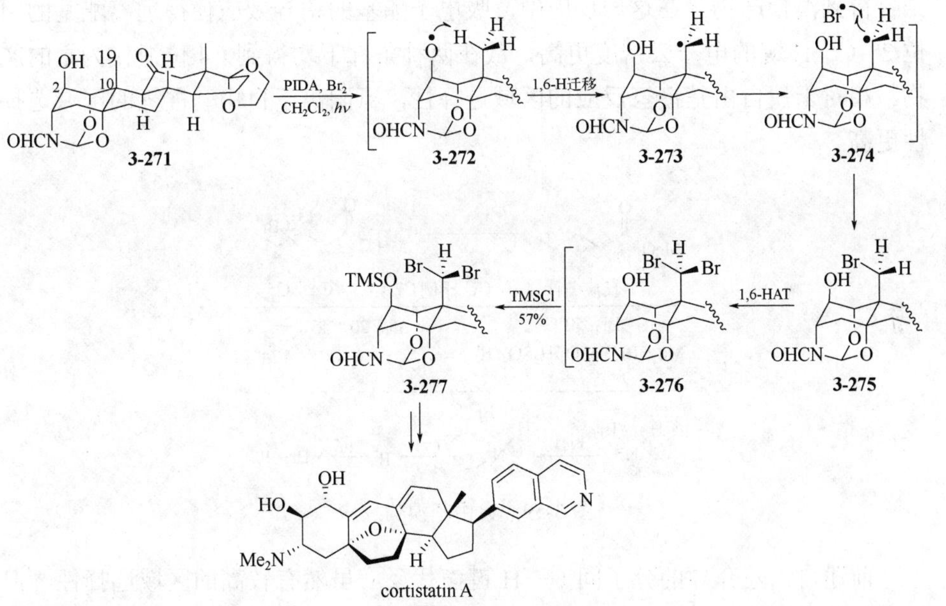

图 3-58　羟基导向的远程 C—H 官能团化

二、自由基介导的分子间 C—H 键官能团化

自由基介导的分子内 HAT 反应倾向于发生在空间距离较近的原子之间，因而只能活化特定位置的 C—H 键。但对于氮、氧、卤素等高活性的自由基而言，它们可通过分子间攫取 C—H 键上氢原子的方式，得到新的碳自由基，从而实现 C—H 键的官能团化。当分子中存在多种类型的 C—H 键时，其反应活性顺序一般为：杂原子取代的 C—H 键、苄位 C—H 键 > 3°C—H 键 > 2° C—H 键 >>

1° C—H 键。除此之外，反应的选择性还与 C—H 键的空间位阻以及攫取的氢原子类型密切相关。

在分子间 HAT 反应中，攫氢自由基的活性越高，反应的选择性则越低。例如，正戊酸甲酯与溴水受热，发生 C—H 键的溴代反应，得到 C2～C4 溴代的混合物，三者比例为 35∶20∶45，C4 位溴代产物稍多，甲基溴代产物则未检测到（图 3-59）。Minisci 等发现，以 N-溴代二甲胺为溴代试剂，在 FeSO₄/H₂SO₄存在下，正戊酸甲酯的 C—H 键发生溴代反应，得到以 C4 位取代为主的混合物（占总产物的 81%），并且甲基上的氢也有部分溴代（12%）[84]。这一反应过程可能是质子化 N-溴代二甲胺均裂，形成氮阳离子自由基和溴自由基，氮阳离子自由基攫取正戊酸甲酯中 C—H 键的氢原子得到碳自由基，再与溴自由基结合得到溴代产物。在这一反应中，吸电子酯基的诱导效应使得远离酯基的 4位 2° C—H 键的电子云密度更高，故在两种条件下均得到 C4 位溴代为主的产物。相对于溴自由基攫氢反应的区域选择性，氮阳离子自由基攫氢的区域选择性更高。

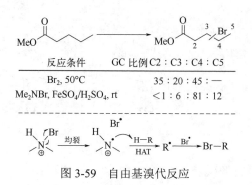

图 3-59　自由基溴代反应

前述自由基介导的分子间 C—H 键卤代反应虽然有较高的区域选择性，但存在使用过量底物、反应条件剧烈（硫酸作溶剂）等缺陷。2014 年，Alexanian 等报道了以溴代酰胺 **3-279** 为溴代试剂，己酸甲酯在光照下顺利发生 C—H 键的溴代反应，以 56% 的产率得到 5 位亚甲基溴代为主的产物（图 3-60）[85]。接着，该课题组以氯代酰胺 **3-280** 为卤代试剂，选择性将己酸甲酯 5 位亚甲基氯代；但这一反应需要用碱碳酸铯来抑制氯气的生成，避免产物进一步氯代为多氯代产物[86]。在这一反应中，卤代酰胺在光照下均裂为氮自由基和相应的卤素自由基；氮自由基攫取底物的氢原子，形成的碳自由基再与卤素自由基结合，形成卤代产物。值得注意的是，这类反应的底物为限制剂量试剂，反应条件温和，可实现复杂分子 C—H 键的区域选择性卤代。

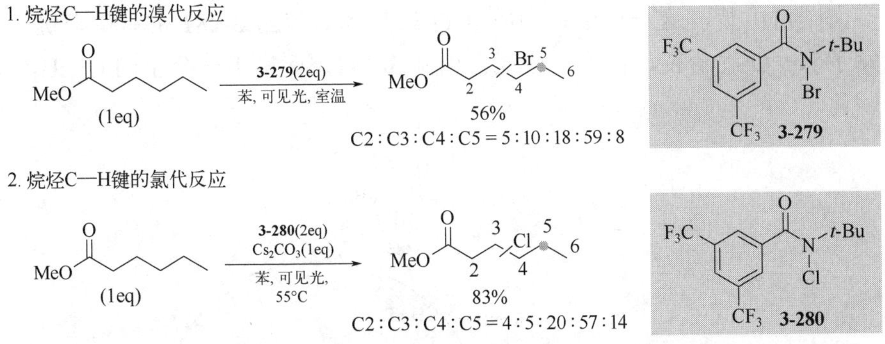

1. 烷烃C—H键的溴代反应

56%

C2 : C3 : C4 : C5 = 5 : 10 : 18 : 59 : 8

2. 烷烃C—H键的氯代反应

83%

C2 : C3 : C4 : C5 = 4 : 5 : 20 : 57 : 14

图 3-60　光促进的烷基 C—H 键的卤代反应

Alexanian课题组报道了 O-烯基羟肟酸酯介导的C(sp^3)—H键多样性转化反应，通过加入不同的自由基捕获试剂，将 C—H 键转化为多种类型的极性官能团（如卤素、硫、叠氮、氰基等）（图 3-61）[87]。这一反应只需使用当量底物和 O-烯基羟肟酸酯 3-281，它们在 60～80℃发生反应，可区域选择性合成不同类型的 C—H 键官能团化产物。例如，以环辛烷为底物，可以 44%～95%的产率得到环辛基卤、三氟甲基硫醚、叠氮、苯硫醚及腈。以复杂天然产物如香紫苏内酯为底物时，则可以 74%～95%的产率选择性将香紫苏内酯 2 位的 C—H 键官能团化，立体选择性地得到 β-构型产物 3-283。

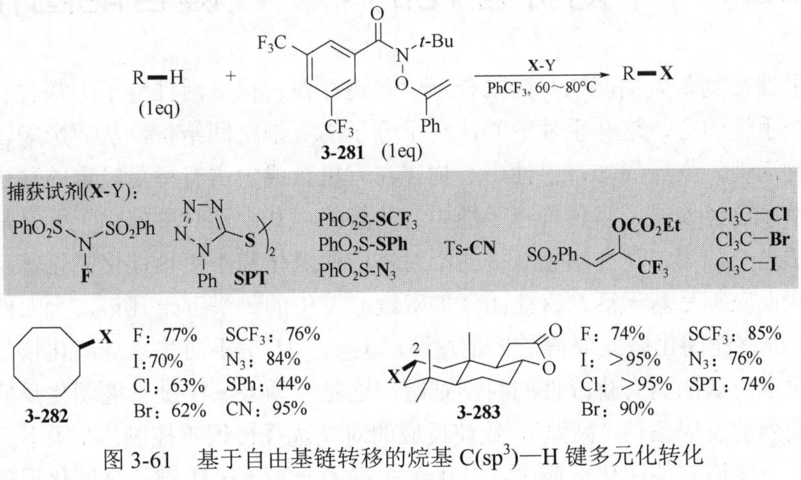

图 3-61　基于自由基链转移的烷基 C(sp^3)—H 键多元化转化

机理研究表明，这一反应可能经历了自由基链转移过程（图 3-62）。首先，O-烯基羟肟酸酯 3-281 受热后 N—O 键均裂，形成酰胺氮自由基；接着，氮自由基攫取 C—H 键的氢原子，生成烷基自由基，该中间体与捕获试剂结合后，就得到 C—H 键官能团化产物；与此同时，捕获试剂裂解产生砜基自由基或者多卤碳自由基，这一自由基加成至 *O*-烯基羟肟酸酯 **3-281** 的碳碳双键后，引发了 N—O 键断裂，再次生成氮自由基 **3-284**，促进下一分子的 C—H 键官能团化。

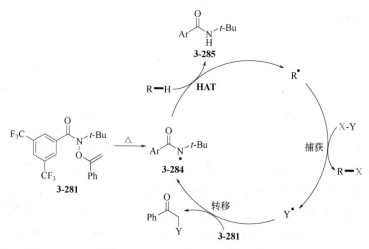

图 3-62　自由基链转移反应的机理

第四节　不对称催化的 C—H 键官能团化

　　手性在复杂天然产物和药物分子中普遍存在，很多活性分子中都含有一个或多个手性中心，这些手性中心决定了分子的三维空间结构，从而影响了它们的生物活性。众所周知，手性中心构建在有机合成中占有举足轻重的地位，合成化学家已经发展了多种构建手性中心的策略，其中不对称催化无疑是最重要的方法之一。第二章介绍了双键的不对称催化氢化和不对称催化氧化等反应，但这些反应都是基于活性官能团（如双键）发生的。最近十几年，金属催化的 C—H 键官能团化研究取得了长足发展，但 C—H 键不对称官能团化依然是合成化学家公认的具有挑战性的科学难题，这是因为 C—H 键官能团化反应一般需要剧烈的反应条件（高温），致使反应的对映选择性很难控制。在很多金属催化的 C—H 键官能团化反应中，其中最关键的一步 C—H 键的金属化反应往往受到配体调控，因此，理论上可通过筛选合适的手性配体实现不对称催化的 C—H 键官能团化反应。本节将对近年来发展的不对称催化的 C—H 键官能团化反应进行介绍，按照第一节和第二节描述金属催化 C—H 键官能团化反应的顺序，逐一介绍相应的不对称催化的 C—H 键官能团化反应[88]。

一、Pd 催化的不对称 C—H 键官能团化反应

1979 年，Sokolov 等报道了在 *N*-乙酰-L-缬氨酸 **3-287** 催化下，*N*,*N*-二甲氨基甲基二茂铁 **3-286** 与 NaPdCl₄ 反应，Pd(Ⅱ)插入环戊二烯阴离子（Cp）的一个 C—H 键，形成手性环状钯络合物 **3-288**（图 3-63）。他们发现在弱碱性条件下（pH 8.75），手性氨基酸可诱导 C—H 键插入反应的立体选择性，生成具有平面手性的 *N*,*N*-二甲氨基甲基二茂铁氯化钯二聚体 **3-288**，反应的 ee 值为 65%[89]。

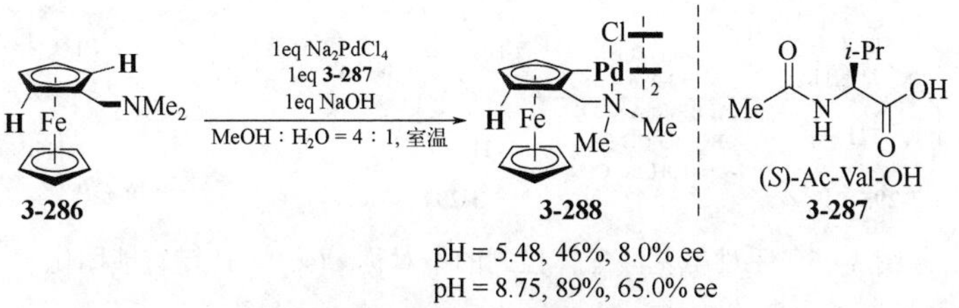

pH = 5.48, 46%, 8.0% ee
pH = 8.75, 89%, 65.0% ee

图 3-63　*N*,*N*-二甲氨基甲基二茂铁的不对称环钯化反应

2008 年，基于手性氨基在 C—H 键插入反应中的诱导效应，余金权课题组以氨基被保护的异亮氨酸 **3-290** 为配体，以烷基硼酸为烷基化试剂，以苯醌和 Ag₂O 为氧化剂，在 Pd(OAc)₂ 催化下，通过吡啶导向的芳基 C—H 键烷基化反应实现了吡啶衍生物 **3-289** 的去对称化，以 91%产率和 87%的 ee 值得到手性吡啶 **3-291**（图 3-64）[90]。这一研究首次揭示了手性氨基酸在 Pd 催化的 C—H 键官能团化反应中可控制反应的对映选择性，在很大程度上推动了不对称催化 C—H 键官能团反应的研究。

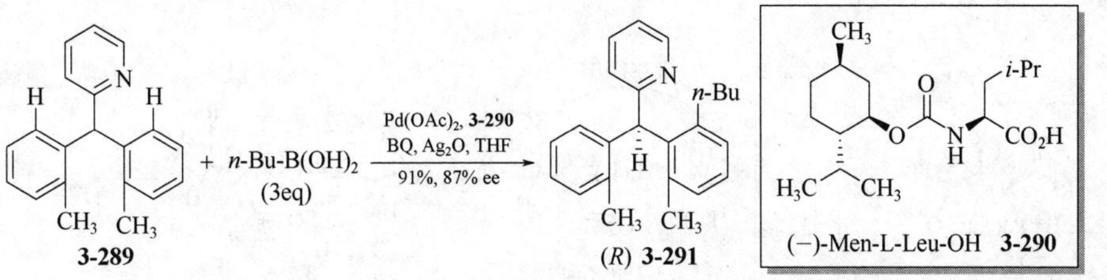

图 3-64　手性氨基酸配体促进的不对称 C—H 键烷基化

余金权课题组进一步将氨基酸型配体催化的不对称 C—H 键官能团化反应推广至 C(sp³)—H 键的不对称官能团化反应（图 3-65）。例如，以 Pd(OAc)₂/**3-293** 为催化剂，通过酰胺导向，实现了环丙烷甲酰胺 **3-292** 的 C(sp³)—H 键的对映选择性芳基化、烯基化和烷基反应，成功构建了连续手性中心，反应的对映选

择性高达 92%[91]。但是，在连有偕二甲基羧酸衍生酰胺 **3-295** 的 C(sp³)—H 键对映选择性芳基化反应中，叔亮氨酸衍生的异羟肟酸 **3-296** 是更优的手性配体，能以 80% 的 ee 值得到含有手性季碳中心的酰胺衍生物 **3-297**[92]。

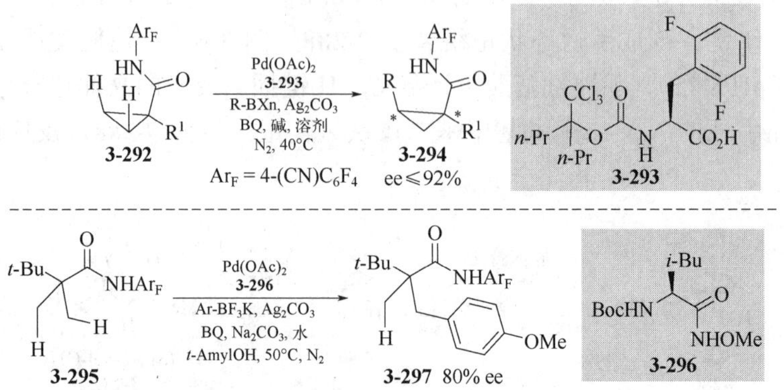

图 3-65　手性氨基酸配体控制的不对称 C(sp³)—H 键官能团化

在手性氨基酸配体调控的不对称 C—H 键官能团化反应中，Pd(Ⅱ)首先与保护氨基酸形成了五元环钯络合物（图 3-66）[93]。接着，底物通过导向基与环 Pd(Ⅱ)络合，在接下来的关键协同金属化-脱质子(CMD)过渡态中，当底物中的 R 基团处于环钯中间体平面上方时，其与氨基酸残基上 R² 的距离相对较近，它们之间产生较大的空间排斥作用，使得这一过渡态不够稳定，为能量不利过渡态。而当底物中的 R 基团处于环钯中间体平面下方时，其远离 R²，这一过渡态能量较低，从而立体选择性得到 C—H 键插入产物 **3-301**。在这一过程中，氨基酸配体不仅提供了手性反应环境，氮上的保护基作为内碱还促进了 C—H 键氢原子的离去。

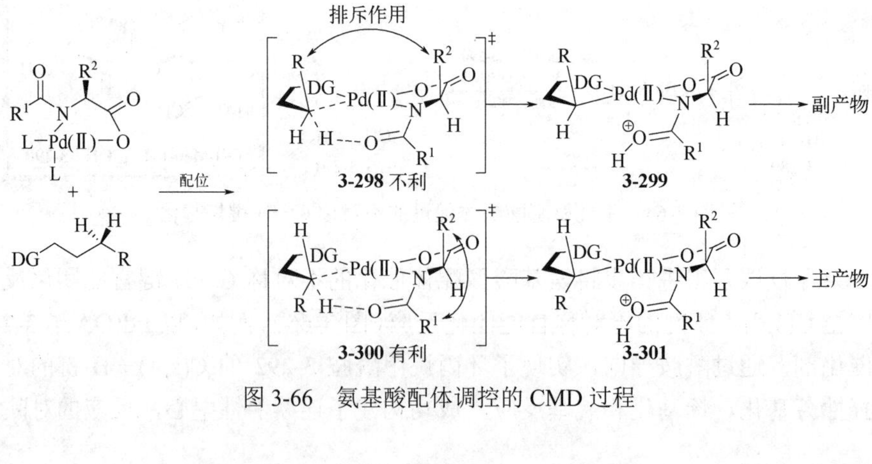

图 3-66　氨基酸配体调控的 CMD 过程

在余金权课题组报道手性氨基酸配体可诱导Pd催化不对称C—H键官能团化反应之后，国内外很多有机化学家利用这一催化体系实现了多类不对称催化的 C—H 键官能团化反应。例如，2015 年，韩福社课题组报道了 $Pd(OAc)_2$/手性氨基酸 **3-303** 催化的 $C(sp^2)$—H 键去对称芳基化反应（图 3-67）。该反应以芳香硼酸频哪醇酯为芳基化试剂，以苯醌及碳酸银为氧化剂，合成了一系列具有磷手性中心的磷酰胺 **3-304**，反应的 ee 值最高可达 98%。该课题组还以磷手性中心的磷酰胺为催化剂，实现了 1,3-环戊二酮类化合物的去对称化还原反应，以较高的对映选择性得到手性 2,2-二取代-3-羟基环酮[94]。

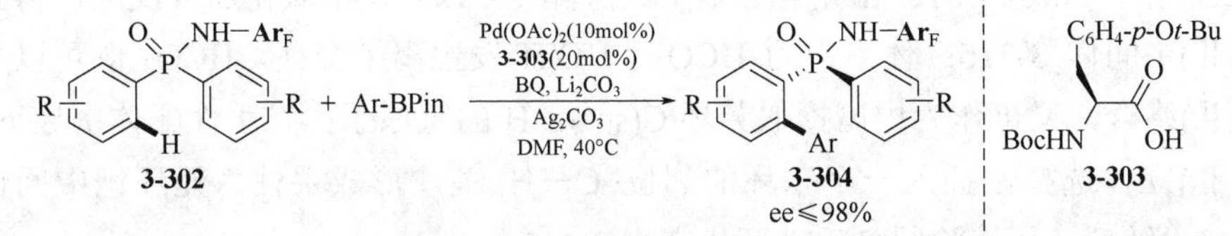

图 3-67 手性氨基酸配体控制的不对称 C—H 键芳基化构建磷中心手性

除了受保护氨基酸可以作为手性配体实现立体选择性的 C—H 键官能团化，未保护氨基酸也可作为瞬态导向基，催化醛的不对称 C—H 键官能团化。2016 年，余金权课题组首次报道了手性氨基酸作为瞬态导向基的 Pd 催化 2-取代苯基醛苄位 $C(sp^3)$—H 键芳基化反应（图 3-68）[95]。2-甲基苯甲醛 **3-305** 在 $Pd(OAc)_2$/甘氨酸共同催化下，以芳基碘为芳基化试剂，得到苄位 $C(sp^3)$—H 键芳基化产物 **3-307**。在这一反应中，甘氨酸与苯甲醛原位形成亚胺，导向 Pd(Ⅱ) 插入苄位 C—H 键，得到双环钯中间体 **3-308**；然后，**3-308** 与碘苯发生氧化加成、还原消除得到 C—H 键芳基化产物；最后，产物亚胺水解得到 2-甲基苯甲

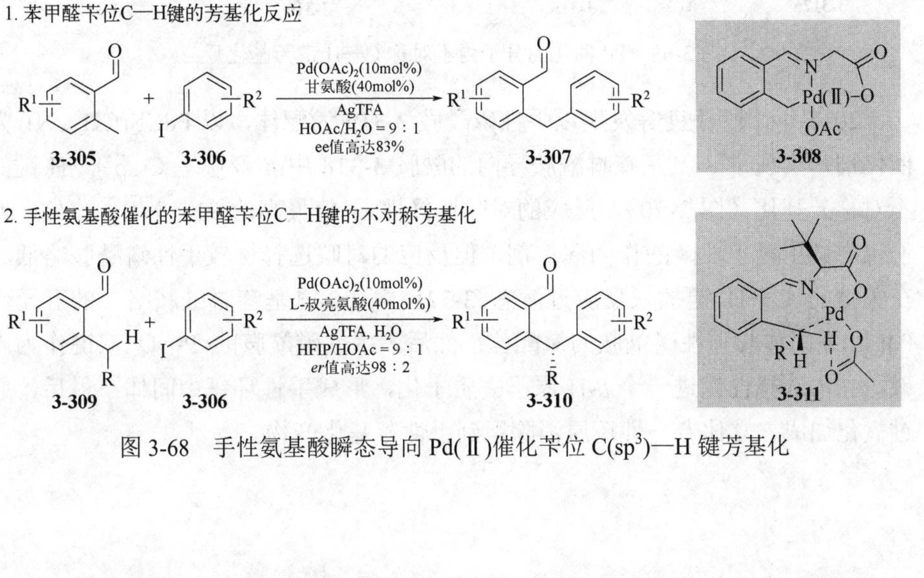

1. 苯甲醛苄位C—H键的芳基化反应

2. 手性氨基酸催化的苯甲醛苄位C—H键的不对称芳基化

图 3-68 手性氨基酸瞬态导向 Pd(Ⅱ)催化苄位 $C(sp^3)$—H 键芳基化

醛苄位芳基化产物 **3-307**，同时再生氨基酸催化剂。当以 2-取代苯基醛 **3-309**
为底物，以手性 L-叔亮氨酸为共催化剂，可实现苄位 C—H 键的不对称芳基化
反应，得到苯甲醛衍生物 **3-310**，反应的对映选择性最高为 98∶2（*er* 值）。

在 Pd 催化的 C—H 键官能团化反应中，不只是手性氨基酸可以作为配体促
进不对称 C—H 键官能团化反应，其他类型的手性配体（如手性磷酸及 BINOL）
也可用于催化不对称 C—H 键官能团化反应。2009 年，Cramer 等发展了
Pd(OAc)$_2$/手性磷酰胺 **3-313** 催化的分子内芳基 C(sp^2)—H 键的芳基化反应
（图 3-69），以最高 97%的 ee 值合成出具有季碳中心的手性二氢茚 **3-314**[96]。在
该反应中，Pd(0)/**3-313** 首先与三氟甲磺酸酯 **3-312a** 发生氧化加成反应，得到
Pd(Ⅱ)中间体 **3-315**；体系中的 HCO$_3^-$ 与 OTf$^-$发生离子交换，HCO$_3^-$既可以与
Pd(Ⅱ)络合，又可作为内碱攫取芳环 C(sp^2)—H 的氢原子；在手性配体诱导下，
Pd(Ⅱ)立体选择性插入一个苯环的邻位 C—H 键，形成手性六元环钯中间体
3-316，随后还原消除得到手性环化产物 **3-317**。

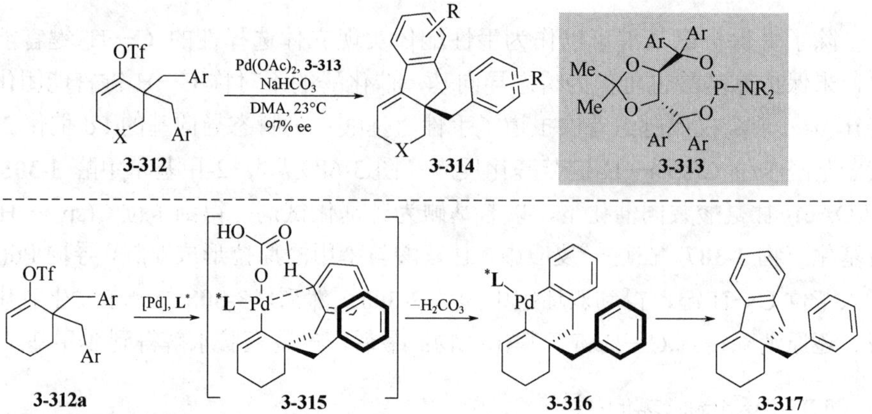

图 3-69　Pd 催化的分子内不对称 C—H 键芳基化反应

2015 年，段伟良等发现以手性磷酰胺 **3-319** 为配体，以 PdCl$_2$(CH$_3$CN)$_2$ 为
催化剂，实现了 8-氨基喹啉酰胺导向的酰胺 **3-318** 中 *β*-亚甲基 C(sp^3)—H 键的
不对称芳基化（图 3-70），反应的对映选择性 *er* 值最高达 91∶9[97]。此外，他
们也尝试了以手性磷酸作为催化剂，但反应的对映选择性较手性磷酰胺略低。
在关键的 C—H 键插入反应过渡态 **3-321** 中，8-氨基喹啉酰胺络合的五元环
Pd(Ⅱ)中间体与手性磷酰胺的氮配位；然后，手性磷酰胺的 P=O 双键作为内
碱，立体选择性促进一个 *β*-H 原子去质子化，形成手性环钯中间体；最后，通
过氧化加成、立体专一性还原消除得到手性芳基化产物。

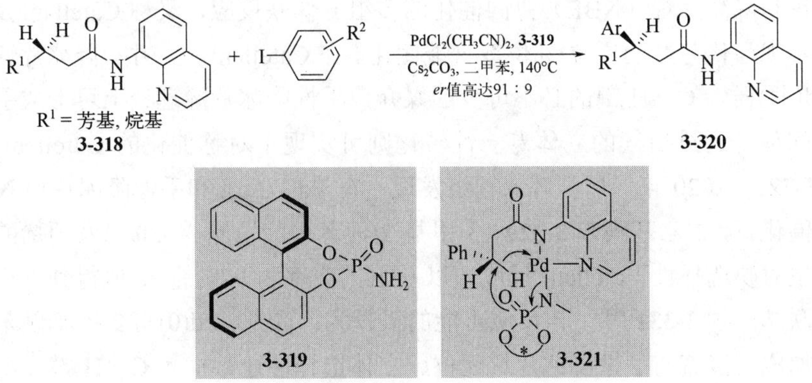

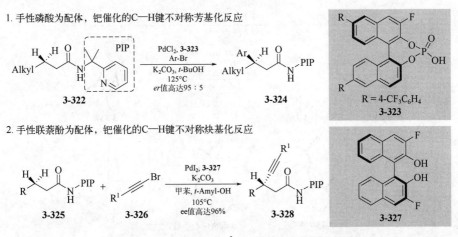

图3-70 手性磷酰胺催化的不对称 C(sp³)—H 芳基化

毋庸置疑，在金属催化导向的 C—H 键官能团化反应中，导向基的作用至关重要，合成化学家已经发展了多种类型的导向基团，这些导向基团在导向 C—H 键官能团化反应中扮演着极其重要的角色。史炳烽课题组发现 2-吡啶基异丙基辅基（PIP）为一类优异的导向基团，借助它成功实现了多种类型金属催化导向的 C—H 键官能团化反应[98]。该课题组报道了 PIP 导向的 Pd(Ⅱ)催化 C(sp³)-H 的不对称芳基化和炔基化反应[99]。如图 3-71 所示，以 PdCl₂/手性磷酸 **3-323** 为催化剂，溴代芳烃为芳基化试剂，实现了酰胺 **3-322** 的 *β*-位亚甲基的不对称芳基化，反应的对映选择性最高为 95∶5（*er* 值）。以 PdI₂/手性 BINOL **3-327** 为催化剂、溴化炔 **3-326** 为炔基化试剂，成功实现了酰胺 **3-325** 的 *β*-亚甲基不对称炔基化，反应的对映选择性高达 96%（ee 值）。

1. 手性磷酸为配体，钯催化的C—H键不对称芳基化反应

2. 手性联萘酚为配体，钯催化的C—H键不对称炔基化反应

图 3-71 PIP 导向的 C(sp³)-H 不对称官能团化反应

钯与降冰片烯（NBE）协同催化的多组分偶联反应，又称 Catellani 反应，可以实现卤代芳烃的原位/邻位双官能团化。在 Catelleni 反应中，降冰片烯是介导 Pd(Ⅱ)插入 C—H 键的必不可少的媒介，手性降冰片烯理论上可形成手性环钯中间体，通过后续的立体专一性转化则可实现不对称催化的 Catelleni 反应（图 3-72）。2020 年，周强辉课题组发现，在 Pd(OAc)$_2$ 和手性降冰片烯 **NBE-1** 共同催化下，2-乙基碘苯 **3-329**、3-甲基-2-溴苯甲酸甲酯 **3-330** 以及丙烯酸叔丁酯发生对映选择性 Catelleni 反应，以 63%的产率和 97%的 ee 值得到具有轴手性的联苯产物 **3-331**[100]。该反应可能的机理为：首先，Pd(0)与 2-乙基碘苯发生氧化加成，接着与手性降冰片烯配位、立体选择性迁移插入 C—H 键，得到手性环状钯物种 **3-332**；3-甲基-2-溴苯甲酸甲酯 **3-330** 通过酯基配位，在手性降冰片烯骨架诱导下，立体选择性与 Pd(Ⅱ)氧化加成得到 Pd(Ⅳ)中间体 **3-333**；接着，经还原消除和 β-C 消除得到具有轴手性的 Pd(Ⅱ)中间体 **3-334**；最后与丙烯酸叔丁酯经迁移插入、β-H 消除，就可得到手性联苯 **3-331**。当以 3-甲基-2-

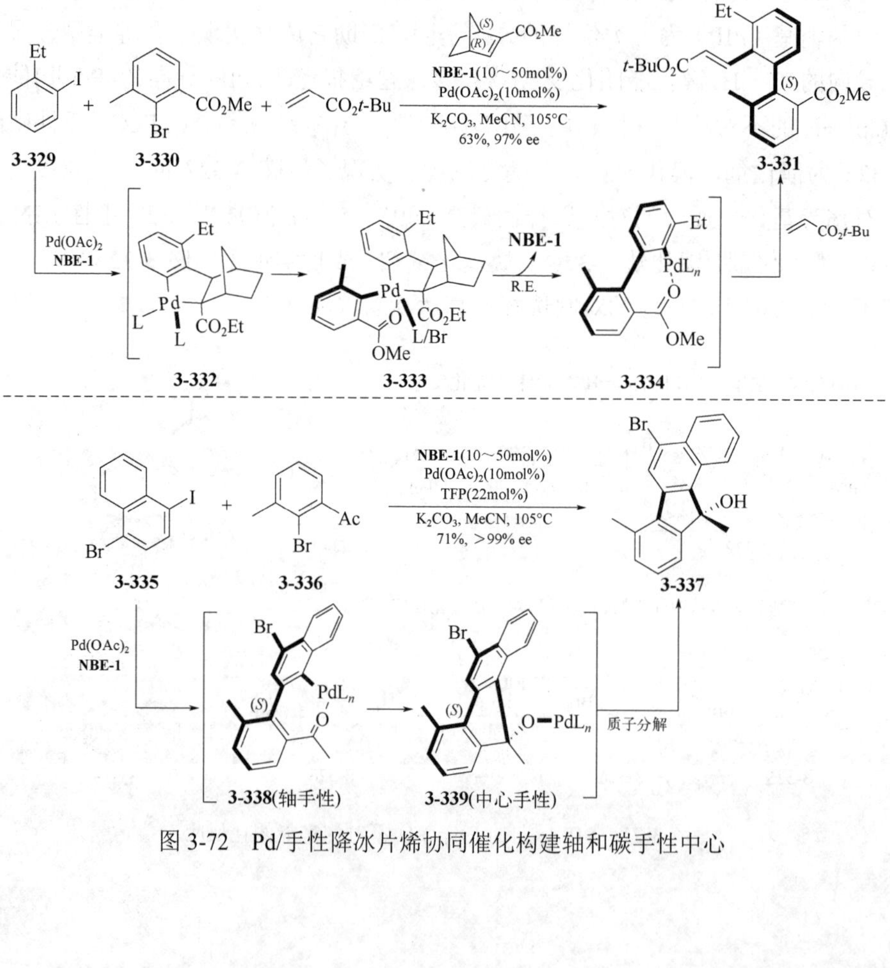

图 3-72 Pd/手性降冰片烯协同催化构建轴和碳手性中心

溴苯乙酮 **3-336** 为偶联组分时，在 Pd(OAc)$_2$/**NBE-1** 共同催化下与碘代萘 **3-335** 反应，以 71%的产率和>99%的 ee 值得到手性芴醇 **3-337**；这一反应中，在手性降冰片烯介导下，反应物 **3-335** 与 **3-336** 经过上述类似过程，生成轴手性环 Pd(Ⅱ) 中间体 **3-338**；接着，Pd(Ⅱ)对酮羰基迁移加成，在此过程中轴手性立体专一性转移为中心手性，从而得到手性芴醇产物。

二、Rh 催化的不对称 C—H 键官能团化反应

在金属催化的 C—H 键不对称官能团化反应中，手性配体既可调控催化剂的催化活性，还可控制反应的对映选择性。近十年来，合成化学家采用不同类型的配体，发展了一系列的 Rh 催化的不对称 C—H 键官能团化反应[101]。前文介绍的 Cp*Rh(Ⅲ)催化的 C—H 键官能团化反应中，配体 Cp*（五甲基环戊二烯阴离子）在反应过程中始终与 Rh 配位。假如 Cp*骨架带有手性，其理论上能诱导反应的立体选择性，从而催化不对称 C—H 键官能团化反应。过去十多年里，基于手性 Cp*配体发展的 Rh 催化的 C—H 键不对称官能团化反应得到快速发展[102]。

2012 年，Cramer 课题组首次设计并合成了 C_2 对称的环戊二烯阴离子配体，它与 Rh(Ⅰ)配位形成的手性催化剂 **3-341**，在过氧化二苯甲酰存在下，可催化羟肟酸 **3-340** 与苯乙烯的不对称 C—H 键活化/环化反应（图 3-73）[103]，以 91% 的产率和 92%的 ee 值得到手性四氢异喹啉酮 **3-342**。在关键的 C—H 键插入反应中，手性配体 Cp*与 Rh 配位构成了一个半开放的盒形结构，其左侧被二苯基缩酮占据，后侧被直立甲基屏蔽。酰胺导向 Rh(Ⅲ)插入芳环的 C—H 键时，由于催化剂后侧甲基的空间排斥作用，空间位阻较大的 Boc 保护基朝前的环 Rh 中间体 **3-343** 较朝后中间体 **3-344** 的能量低。接着，在苯乙烯与环铑中间体的配位、迁移插入反应中，由于左侧被二苯基缩酮所占据，它只能从右侧接近 Rh(Ⅲ)，从而得到 R-构型产物。

上述带有手性二醇的 Cp*配体的结构较为刚性，使得其手性催化环境可修饰性较弱。2013 年，Cramer 等合成了一类具有手性联萘骨架的环戊二烯阴离子 Rh(Ⅰ)络合物 **3-347**，这种配体可以通过改变萘环 3 和 3′位的取代基来调控手性口袋的大小，较前一代的手性环戊二烯阴离子配体更具优势（图 3-74）[104]。这一新型 Rh 催化剂可在温和条件下催化羟肟酸 **3-345** 与联烯 **3-346** 的 C—H 键不对称烯丙基化反应，以 80%的产率、93%的 ee 值得到加成产物 **3-348**。与前述反应类似，在能量有利的过渡态 **3-349** 中，Rh 催化剂后侧被大位阻的 OTIPS 屏蔽，环状 Rh(Ⅲ)中间体的酰胺键朝前，避免了空间排斥作用；此外，联烯受到联萘骨架空的间屏蔽作用，只能从右侧接近 Rh 中心，从而得到 R-构型产物。

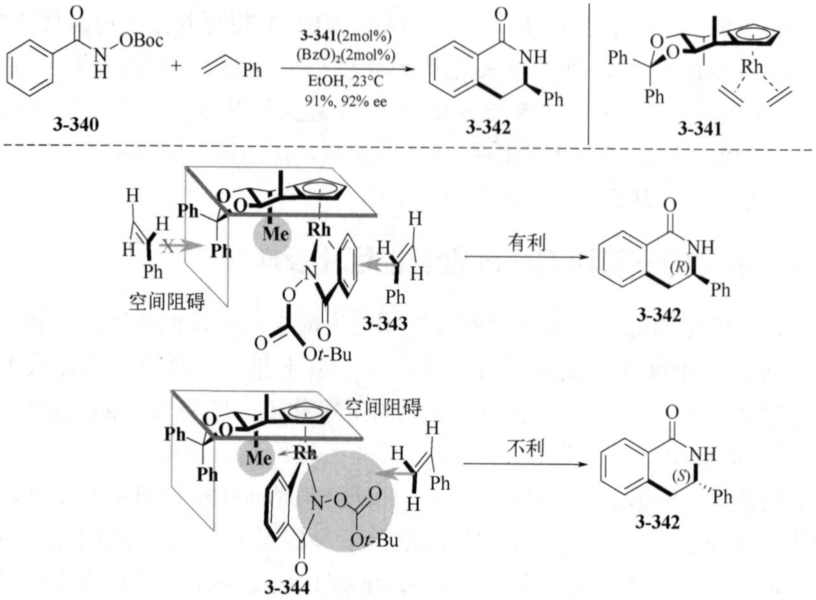

图 3-73 手性 Rh(Ⅲ)不对称催化 C—H 活化/环化反应

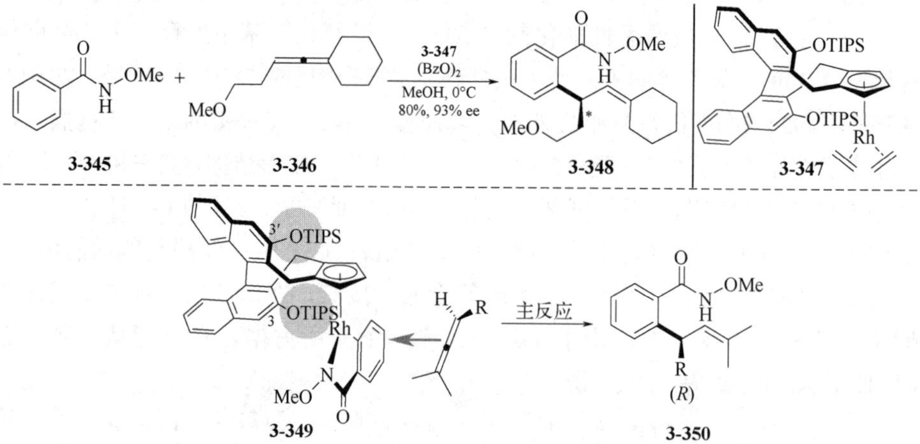

图 3-74 手性 Rh(Ⅲ)催化 C—H 键不对称烯丙基化

Cramer 发现具有手性联萘骨架的 Cp*配体在 Rh(Ⅲ)催化 C—H 键官能团化反应中表现出优异立体选择性后，国内多个课题组对这一类手性催化剂开展了广泛的应用研究（图 3-75）。2018 年，李兴伟课题组用 Rh(Ⅲ)手性催化剂 3-353 来催化亚砜亚胺 3-351 与重氮化合物 3-352 的反应，通过 C—H 键活化/环化反应实现去对称化，以 96%的产率和 96%的 ee 值得到手性环化亚砜亚胺 3-354[105]。2019 年，该课题组又用 Rh(Ⅲ)手性催化剂 3-357 来催化不对称 C—H 键活化/

亲核环化，实现了吲哚 **3-355** 与 2-炔基苯胺 **3-356** 的氧化偶联，在温和条件下以 95%的产率和 94%的 ee 值合成了具有轴手性的 2,3'-双吲哚 **3-358**。反应机理研究表明：Rh(Ⅲ)在嘧啶导向下插入吲哚 2-位的 C—H 键，形成环铑中间体；接着，该中间体活化 2-炔基苯胺，使其发生关环反应；最后，通过过渡态 **3-357** 的立体专一性还原消除，得到具有轴手性中心的偶联产物。

1. 不对称C—H键活化/环化构筑硫手性中心

2. 不对称C—H键活化/环化构筑轴手性中心

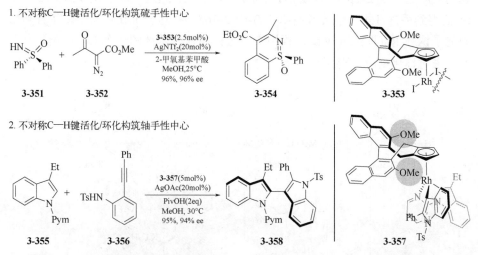

图 3-75　手性 Rh(Ⅲ)不对称催化 C—H 键活化构建硫中心手性和轴手性

合成化学家发展了含有不同类型手性骨架的 Rh(Ⅰ)催化剂，进一步拓展了手性 Rh 络合物在 C—H 键不对称官能团化反应中的应用范围。2016 年，游书力课题组基于 1,1'-螺比茚的手性骨架，合成了手性 Cp* 配位 Rh(Ⅰ)络合物 **3-360**（图 3-76）[106]。与具有手性联萘骨架的 Cp*Rh(Ⅰ)催化剂相比，该催化剂具有更为紧凑的手性环境，这有利于调节反应的立体选择性。利用苯并异喹啉的导向作用，手性 Rh(Ⅰ) **3-360** 高效催化了 C—H 键的烯基化反应，构建了具有轴手性的产物 **3-361**，反应的产率为 96%，er 值为 97：3。

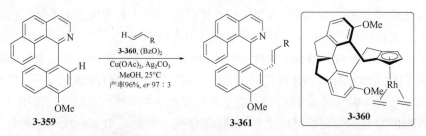

图 3-76　手性螺环戊二烯 Rh 催化不对称氧化偶联构建轴手性

在 Rh 催化导向的 C—H 键官能团化反应中，除了用手性 Cp*配体控制反应的对映选择性外，合成化学家还发展了其他不同策略，如手性酸介导的 C—H 键插入，开展了多种类型的 C—H 键官能团化反应研究。2018 年，Matsunaga 等以手性 BINOL 骨架衍生的手性羧酸 **3-364** 为共同催化剂（图 3-77）[107]，实现了 Cp*Rh(Ⅲ)催化的二芳基取代甲胺（包括未受保护伯胺）**3-363** 与重氮化合物的对映选择性 C(sp²)—H 键活化/脱羧环化反应，通过去对称化以最高 97%的 ee 值得到手性 1,4-二氢异喹啉-3(2H)-酮 **3-365**。在这一催化体系中，手性羧酸阴离子诱导 Rh(Ⅲ)在 CMD 过程中立体选择性插入苯环的一个 C—H 键，从而实现去对称化反应，得到目标化合物。

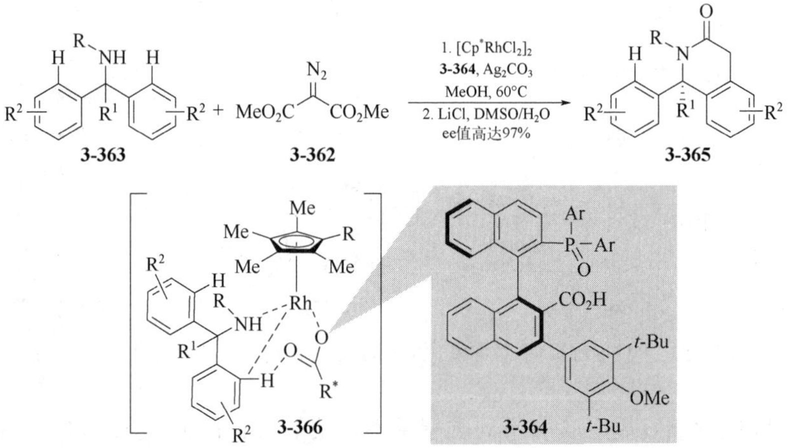

图 3-77　手性羧酸辅助 Rh 催化的不对称 C—H 键活化

三、Ir 催化的不对称 C—H 键官能团化反应

自 Hartwig 报道 Ir 催化芳环的非导向 C—H 键硼化反应之后，合成化学家对该反应开展了广泛而深入的研究。特别是李鹏飞课题组首次发现，N,B-双齿络合的 Ir 催化剂具有更高的催化活性，他们还将这一配体拓展至导向的 C—H 键硼化反应。基于这些研究成果，徐森苗课题组设计并合成了由手性二胺衍生的 N,B-双齿配体的前体——手性硅硼烷 **3-368**（图 3-78）[108]，利用该类配体实现了多种类型 Ir 催化导向 C—H 键的不对称硼化反应。2019 年，徐森苗课题组报道了[IrCl(COD)]₂/**3-368** 催化的二芳基甲胺导向的 C—H 键硼化反应，以高达 88%的产率和 94%的 ee 值得到手性二芳基甲胺 **3-369**[108a]。在这一反应中，Ir(Ⅰ)插入配体的 B—Si 键后形成手性 Ir(Ⅲ)催化剂，接着与 B₂pin₂ 反应，得到活性较高的手性催化剂 Ir(Ⅲ) **3-370**。底物中的二甲基胺与 Ir 配位，在手性配体控制

下，Ir(Ⅲ)立体选择性对苯环上的一个 C—H 键进行氧化加成；在这一过程中，Ir 上一个配体的 B 原子通过与 H 原子配位促进了金属的插入反应，最后经过还原消除得到去对称化产物。该课题组进一步将这一催化体系应用于环丙烷的 C(sp³)—H 键不对称硼化反应，发现在[IrCl(COD)]₂/3-374 催化下，对映选择性发生 C—H 键硼化反应，同时构建了两个手性中心，得到多取代手性环丙基硼酸酯 3-375。

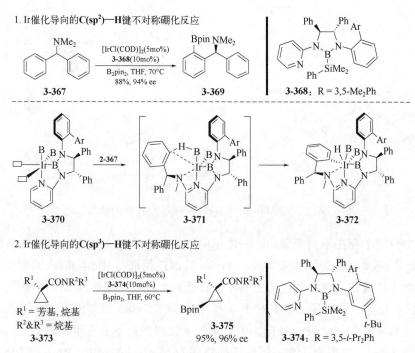

图 3-78　Ir 催化的 C—H 键不对称硼化反应

四、金属催化卡宾的不对称 C—H 键插入反应

金属催化的卡宾对 C—H 键的插入反应是最早报道的 C—H 键官能团化反应之一，特别是羧酸类 Rh(Ⅱ)催化剂被发现之后，以手性羧酸负离子为配体的 Rh(Ⅱ)催化的不对称 C—H 键插入反应也陆续被报道。1997 年，Davies 等发现，手性铑催化剂 Rh₂[(S)-DOSP]₄可催化推-拉型卡宾前体——重氮酯 3-376 对环烷烃的不对称 C—H 键插入反应（图 3-79）[109]，反应的对映选择性高达 96%。这一催化剂之所以能够控制反应的对映选择性，是由于 Rh₂[(S)-DOSP]₄的四个呈扇形阴离子配体中，处于对角线的两个脯氨酸磺酰基同时朝上或朝下，这使得 Rh 轴向催化位点空间的 Ⅰ、Ⅲ 象限被占据[110]，这一空间结构使形成的 Rh

卡宾中间体 **3-377** 中位阻较小的酯基朝左，而位阻较大的芳基朝右。Rh 卡宾对 C—H 键插入时，Ⅲ 象限被配体屏蔽，致使环烷烃骨架处于位阻较小的第Ⅳ象限，此时环己烷的直立 C—H 键与 Rh 卡宾经过 1,2-插入反应，得到 *R*-构型的产物。

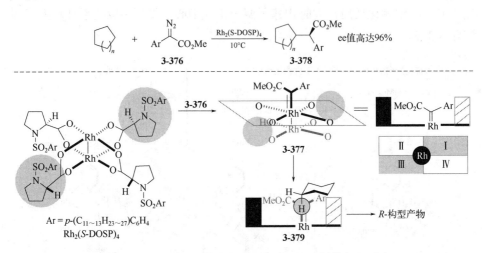

图 3-79　手性 Rh(Ⅱ)催化卡宾不对称 C—H 键的插入反应

当分子中存在不同类型的 C—H 键时，金属卡宾插入反应的区域选择性可由 Rh(Ⅱ)的手性羧酸配体来调控。Davies 等通过筛选与 Rh(Ⅱ)络合的配体，实现区域选择性和立体选择性的 C—H 键官能团化反应（图 3-80）[111]。例如，在 Rh(Ⅱ)催化芳基重氮酯 **3-381** 对 1-甲基-4-乙基苯 **3-380** 的苄位 C—H 键插入反应中，如果以 Rh$_2$[(*R*)-DOSP]$_4$ 为催化剂，主要得到乙基上亚甲基 C—H 键插入的产物 **3-383**，产率为 75%，区域选择性即 *rr* 值>20∶1；而以 Rh$_2$[(*R*)-BPCP]$_4$ 为催化剂时，则以甲基 C—H 键插入产物 **3-383** 为主，产率为 74%，区域选择性为 5∶1，对映选择性高达 92%。这是由于 Rh$_2$[(*R*)-BPCP]$_4$ 配体中环丙烷上的三个芳香取代基将 Rh 催化位点空间屏蔽得较多，使得位阻较小的甲基更容易进入手性催化口袋，从而发生插入反应。

相对于环烷烃上的 C—H 键及苄位 C—H 键，直链烷烃 C—H 键的区域选择性与立体选择性插入反应更具挑战性，但通过选用合适大小的手性配体也可以实现这类挑战性 C—H 键的插入反应（图 3-81）[112]。Davies 教授发现，连有芳基修饰的手性环丙基羧酸配体 Rh(Ⅱ)催化剂 **3-384** 可催化芳基重氮酯 **3-381** 与正戊烷的反应，不仅可以区域选择性实现正戊烷 2 位亚甲基 C—H 键的不对称插入反应，还具有优异的对映选择性（ee = 92%）、非对映选择性（*dr* = 8∶1）以及区域选择性（*rr* = 18∶1）[112a]。以带有手性氨基酸配体的手性铱 **3-386** 为催化剂，可选择性实现芳基重氮酯对 2-甲基丁烷 2 位次甲基 C—H 键的插入反应，该反应具有较高的对映选择性（ee＝81%）和优异的区域选择性（rr＞98∶2）[112b]。

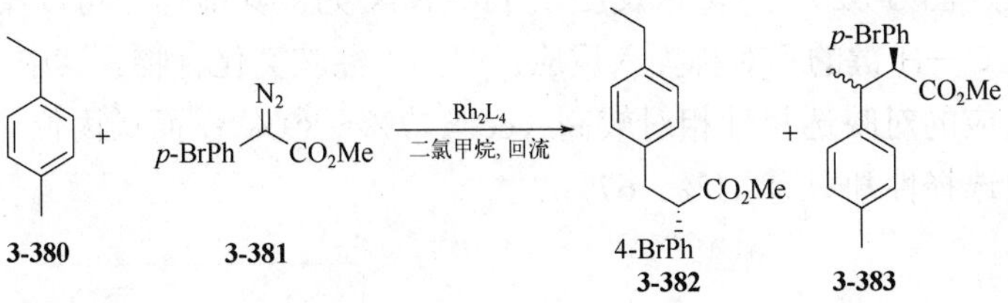

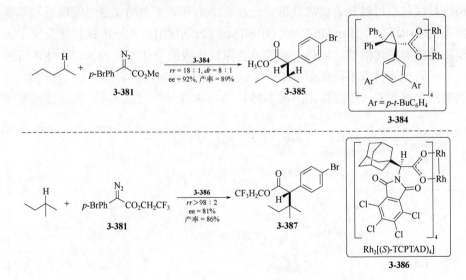

催化剂	3-382与3-383的比率	产率	3-382的ee值
Rh₂[(R)-DOSP₄]	＜1∶20	75%	—
Rh₂[(R)-BPCP₄]	5∶1	74%	92%

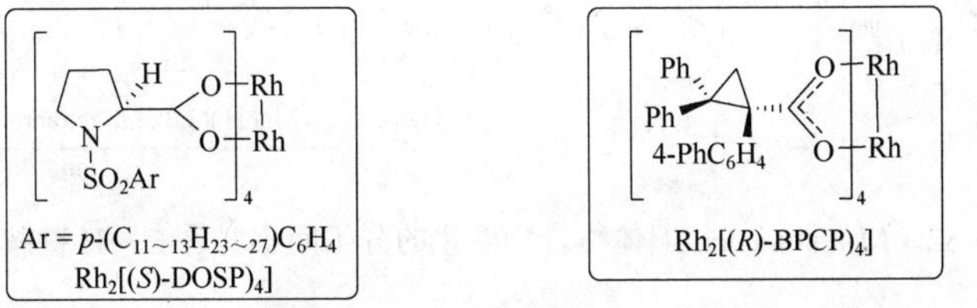

图 3-80　手性 Rh(Ⅱ)催化的区域选择性与立体选择性 C—H 键插入反应

图 3-81　区域选择性与立体选择性 C—H 键插入反应

五、金属催化的 C—H 键不对称胺化反应

自 Breslow 首次报道金属卟啉催化的氮宾 C—H 键插入反应后，手性金属催化剂催化的 C—H 键不对称胺化反应也逐渐有相关报道。虽然反应的对映选

择性不是很理想，但却为不对称催化体系的发展提供了重要启示。2001 年，Katsuki 等报道了手性 Mn(Ⅲ)/salen 配体络合物催化的分子间 C—H 键的不对称胺化反应（图 3-82）[113]，该反应以 PhI=NTs 为氮宾前体，可以实现苄位和环烃烯丙位 C—H 键的不对称插入反应，得到手性胺类化合物。其中，苄位 C—H 键插入反应的对映选择性相对较高（ee = 77%～89%）；而烯丙位 C—H 插入反应的对映选择性却只有 41%～67%。

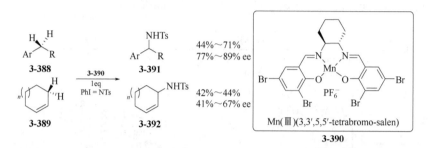

图 3-82　Mn(Ⅲ)/salen 配体络合物催化的分子间不对称 C—H 键胺化反应

虽然 Breslow 报道的金属卟啉催化剂的催化效率不够理想，但对卟啉的结构进行优化后可以显著提高其催化活性。2000 年，支志明课题组发现五氟苯基修饰的卟啉催化剂[Ru(TPFPP)(CO)]和[Mn(TPFPP)Cl]在 C—H 键胺化反应中表现出优异的催化活性，以碘代亚胺或者原位生成的碘代亚胺为氮宾前体，可通过分子间反应插入不同类型的 C—H 键（如苄位、烯丙位、桥头 C—H 键），以较高产率得到 C—H 键胺化产物 **3-394**（图 3-83）[114]。2002 年，该课题组发现

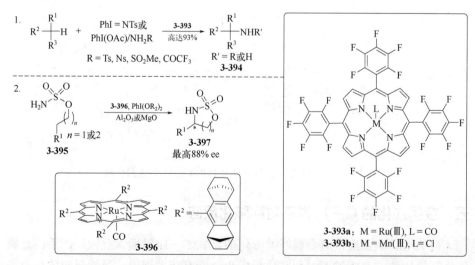

图 3-83　卟啉类金属催化剂催化氮宾的不对称 C—H 键插入反应

使用苯基取代的手性卟啉配位的 Ru 催化剂[Ru(tpfpp)(CO)] **3-396**，可实现磺酰胺 **3-395** 的分子内 C—H 键的不对称胺化反应[115]，以最高 88%的 ee 值得到手性杂环化合物 **3-397**。

　　氮宾前体除了前述的碘代亚胺或原位生成的碘代亚胺之外，酰基叠氮或磺酰基叠氮同样是稳定的氮宾前体。张小祥等发现，在氢键给体修饰的 Co(Ⅱ)-卟啉催化下，重氮化合物或者磺酰基叠氮可作为卡宾和氮宾的前体，与烯烃发生环丙烷或环氮杂环丙烷化反应。反应机理研究表明：这些反应并非经历了金属卡宾、氮宾中间体，而是通过金属自由基催化（metalloradical catalysis）过程实现的[116,117]。基于这一新的催化机制，张小祥课题组发展了 Co(Ⅱ)-卟啉 **3-399** 催化磺胺酰叠氮化物 **3-398** 的分子内 C—H 键胺化反应（图 3-84），高效合成了手性六元环磺酰二胺 **3-400**[118]。此反应不仅具有优良的区域选择性，还具有较高的非对映选择性。值得注意的是，当以 Co(Ⅱ)-四苯基卟啉作为催化剂时，该反应完全不能发生，这一结果表明氢键（酰胺）给体修饰的卟啉配体，在催化

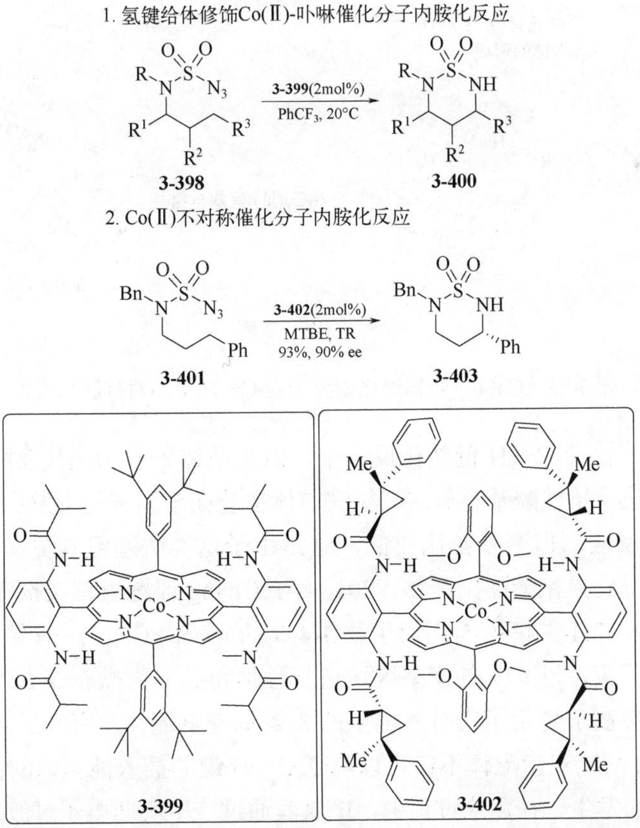

1. 氢键给体修饰Co(Ⅱ)-卟啉催化分子内胺化反应

2. Co(Ⅱ)不对称催化分子内胺化反应

图 3-84　Co(Ⅱ)-卟啉催化的 C—H 键胺化反应

过程中起着举足轻重的作用。张小祥课题组的进一步研究发现，利用手性Co(Ⅱ)-卟啉催化剂**3-402**可以催化磺酰胺叠氮化物**3-401**的不对称分子内C—H键胺化反应，以93%的产率和90%的ee值得到六元环磺酰二胺**3-403**[119]。

反应机理研究表明，上述反应可能是在Co(Ⅱ)-卟啉**3-404**的催化下，磺酰基叠氮**3-401**脱去一分子氮气，形成α-Co酰胺氮自由基**3-405**，氮自由基经1,6-氢原子迁移生成ζ-Co(Ⅲ)烷基自由基**3-406**。随后，烷基自由基通过分子内自由基取代反应，不仅生成了六元环氨基磺酰胺，还再生了 Co-卟啉催化剂 **3-404**（图3-85）[120]。在这一催化循环中，形成的中间体 **3-405** 和 **3-406** 为 Co 取代的自由基，故将这一催化过程称为金属自由基催化（metalloradical catalysis）。

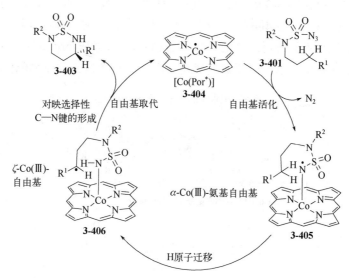

图 3-85　Co(Ⅱ)-卟啉催化的分子内 C—H 键不对称胺化机理

在金属催化的 C—H 键胺化反应中，氮宾前体一般为碘代亚胺或其前体酰胺以及磺酰胺，虽然酰基叠氮这一氮宾前体也能在金属催化下发生分子内 C—H 键的酰胺化反应，但产率都比较低，这是由于这类酰基氮宾更易发生 Curtius 重排反应，得到异氰酸酯副产物。2018 年，Chang 课题组首次报道了 Cp*Ir(Ⅲ) **3-408** 催化的 1,2,4-二噁唑-5-酮衍生物 **3-407** 的分子内 C(sp³)—H 键和 C(sp²)—H 键的酰胺化反应，以 97%的产率区域选择性地得到 γ-内酰胺 **3-409**[121]。这一反应成功的关键在于使用了带有富电子的 8-氨基喹啉配体。密度泛函理论计算表明，富电子的 N,N-双齿配体不仅可以降低 C—H 键的插入能垒，还抑制了 Curtius 重排副反应的发生。在反应过程中，Ir 氮宾通过三中心四电子过渡态插入 C—H键，立体专一性地得到 C—H 键插入产物。Chang 课题组发现，用 Ts 保护的手性二胺络合的催化剂Cp*Ir(Ⅲ) **3-413**可实现1,2,4-二噁唑-5-酮衍生物**3-407**的分子内C—H键不对称酰胺化反应，以最高98%的ee值得到内酰胺**3-412**[122]。理论计算表明，在关键的C—H键插入反应中，手性二胺配体的N—H键可作为氢键给体，与酰基氮宾的羰基配位，Ir酰基氮宾分子通过椅式构象发生C—H键插入反应，从而得到R-构型的手性内酰胺（图3-86）。

1. Cp*Ir(Ⅲ)催化的1,2,4-二噁唑-5-酮分子内C—H酰胺化反应

2. 手性Cp*Ir(Ⅲ)催化的分子内C—H键不对称酰胺化反应

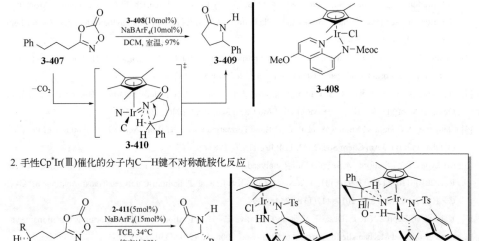

图 3-86　Cp*Ir(Ⅲ)催化分子内 C—H 键胺化反应

　　由于过渡金属催化的 C—H 键官能团化反应具有步骤经济性和原子经济性优势，因而在近二十年得到了快速发展。C—H 键官能团化已经在复杂天然产物合成中得到了广泛应用，它们的使用为复杂有机分子合成提供了新的策略，改变了复杂分子的逆合成分析模式。但是，这一研究领域还存在某些不足之处，例如，导向策略无疑在 C—H 键官能团化研究和发展中占有重要地位，但导向基也大大限制了它在合成中的应用，因为引入保护基和移除保护基的操作无疑增加了合成操作步骤，降低了合成效率；此外，过渡金属催化的 C—H 键官能团化反应的反应条件比较剧烈，催化剂用量比较大，增加了合成成本。但毫无疑问，C—H 键官能团化反应研究还有很大的发展空间，新的配体持续被发现并使用，这为区域选择性和立体选择性 C—H 键官能团化反应研究提供了驱动力，特别是与光催化、电催化和酶催化的结合，推动了这一领域的蓬勃发展，为绿色、高效制造奠定了坚实基础。

参考文献

[1] Blanksby S J, Ellison G B. Bond Dissociation Energies of Organic Molecules. Acc Chem Res, 2003, 34(24): 255–263.

[2] (a) Hartwell G E, Lawrence R V, Samas M J. The Formation of Palladium(Ⅱ)– and Platinum(Ⅱ)–Carbon Bonds by Proton Abstraction from Benzo[h]quinoline and 8-Methylquinoline. J Chem Soc, D, 1970, 15: 912–912; (b) Cope C, Siekman R W. Formation of Covalent Bonds from Platinum or Palladium to Carbon by Direct Substitution. J Am Chem Soc, 1965, 87: 3272–3273; (c) Cope C, Friedrich E C. Electrophilic Aromatttic Substitution Reactions by Platinum(Ⅱ) and Palladium(Ⅱ) Chlorides on N,N-dimethylbenzylamines. J Am Chem Soc, 1968, 90: 909–913.

[3] Bennett M A, Milner D L. Chlorotris (Triphenylphosphine) Iridium (Ⅰ): An Example of Hydrogen Transfer to a Metal from a Co-ordinated Ligand. Chem Commun, 1967(12): 581–582.

[4] Janowicz A H, Bergman R G. Carbon-hydrogen Activation in Completely Saturated Hydrocarbons: Direct Observation of M + R—H $\longrightarrow$ M(R)(H). J Am Chem Soc, 1982, 104(1): 352–354.

[5] Dangel B D, Godula K, Youn S W, et al. C—C Bond Formation via C—H Bond Activation: Synthesis of the Core of Teleocidin B4. J Am Chem Soc, 2002, 124(40): 11856–11857.

[6] (a) Lyons T W, Sanford M S. Palladium-Catalyzed Ligand-Directed C—H Functionalization Reactions. Chem Rev, 2010, 110: 1147–1169; (b) He J, Wasa M, Chan K S L, et al. Palladium-Catalyzed Transformations of Alkyl C—H Bonds. Chem Rev, 2017, 117(13): 8754–8786.

[7] Kalyani D, Deprez N R L, Desai L V, et al. Oxidative C—H Activation/C—C Bond Forming Reactions: Synthetic Scope and Mechanistic Insights. J Am Chem Soc, 2005, 127(20): 7330–7331.

[8] Shabashov D, Daugulis O. Palladium-Catalyzed Anilide ortho-Arylation and Subsequent One-Pot Cyclization to Phenanthridines. J Org Chem, 2007, 72(20): 7720–7725.

[9] (a) Daugulis O, Do H Q, Shabashov D. Palladium- and Copper-Catalyzed Arylation of Carbon−Hydrogen Bonds. Acc Chem Res, 2009, 42: 1074–1086; (b) Zaitsev V G, Shabashov D, Daugulis O. Highly Regioselective Arylation of sp^3 C—H Bonds Catalyzed by Palladium Acetate. J Am Chem Soc, 2005, 127(38): 13154–13155.

[10] He G, Wang B, Nack W A, et al. Syntheses and Transformations of α-Amino Acids via Palladium-Catalyzed Auxiliary-Directed sp^3 C—H Functionalization. Acc Chem Res, 2016, 49(4): 635–645.

[11] Feng Y Q, Chen G. Total Synthesis of Celogentin C by Stereoselective C—H Activation. Angew Chem Int Ed, 2010, 49(5): 958–961.

[12] Wang B, Liu Y P, Jiao R, et al. Total Synthesis of Mannopeptimycins α and β. J Am Chem Soc, 2016, 138(11): 3926–3932.

[13] Zhang X K, Lu G, Sun M, et al. A General Strategy for Synthesis of Cyclophane-braced Peptide Macrocycles via Palladium-Catalysed Intramolecular sp^3 C—H Arylation. Nat Chem, 2018, 10(5): 540–548.

[14] Shi Z J, Li B J, Wan X B, et al. Suzuki−Miyaura Coupling Reaction by PdⅡ-Catalyzed Aromatic C—H Bond Activation Directed by an N-Alkyl Acetamino Group. Angew Chem Int Ed, 2007, 46(29): 5554–5558.

[15] Wang D H, Mei T S, Yu J Q. Versatile Pd(Ⅱ)-Catalyzed C—H Activation/Aryl-Aryl Coupling of Benzoic and Phenyl Acetic Acids. J Am Chem Soc, 2008, 130(52): 17676–17677.

[16] Wang D H, Engle K M, Shi B F, et al. Ligand-Enabled Reactivity and Selectivity in a Synthetically Versatile Aryl C—H Olefination. Science, 2010, 327(5963): 315–319.

[17] Baudoin O, Herrbach A, Guéritte F. The Palladium-Catalyzed C—H Activation of Benzylic gem-Dialkyl Groups. Angew Chem Int Ed, 2003, 42(46): 5736-5740.

[18] Catellani M, Frignani F, Rangoni A. A Complex Catalytic Cycle Leading to a Regioselective Synthesis of O,O'-Disubstituted Vinylarenes. Angew Chem Int Ed, 1997, 36(1/2): 119-122.

[19] Lautens M, Piguel S. A New Route to Fused Aromatic Compounds by Using a Palladium-Catalyzed Alkylation-Alkenylation Sequence. Angew Chem Int Ed, 2000, 39(6): 1045-1046.

[20] (a) Lautens M, Mancuso J. Addition of Bifunctional Organoboron Reagents to Strained Alkenes. Carbon-Carbon Bond Formation with Rh(Ⅰ) Catalysis in Aqueous Media. J Org Chem, 2004, 69: 3478-3487; (b) Tseng N W, Mancuso J, Lautens M. Rhodium-Catalyzed Tandem Vinylcyclopropanation of Strained Alkenes. J Am Chem Soc, 2006, 128: 5338-5339; (c) Martins A, Alberico D, Lautens M. Synthesis of Polycyclic Heterocycles via a One-Pot Ortho Alkylation/Direct Heteroarylation Sequence. Org Lett, 2006, 8: 4827-4829; (d) Thansandote P, Hulcoop D G, Langer M, et al. Palladium-Catalyzed Annulation of Haloanilines and Halobenzamides Using Norbornadiene as an Acetylene Synthon: A Route to Functionalized Indolines, Isoquinolinones, and Indoles. J Org Chem, 2009, 74: 1673-1678; (e) Candito D A, Lautens M. Palladium-Catalyzed Domino Direct Arylation/N-Arylation:Convenient Synthesis of Phenanthridines. Angew Chem Int Ed, 2009, 48: 6713-6716.

[21] Li R H, Dong G B. Direct Annulation between Aryl Iodides and Epoxides through Palladium/Norbornene Cooperative Catalysis. Angew Chem Int Ed, 2018, 57(6): 1697-1701.

[22] Dong Z, Dong G B. Ortho vs Ipso: Site-Selective Pd and Norbornene-Catalyzed Arene C—H Amination Using Aryl Halides. J Am Chem Soc, 2013, 135(49): 18350-18353.

[23] Dong Z, Wang J C, Ren Z, et al. Ortho C—H Acylation of Aryl Iodides by Palladium/Norbornene Catalysis. Angew Chem Int Ed, 2015, 54(43): 12664-12668.

[24] Wang J C, Zhang L, Dong Z, et al. Reagent-Enabled ortho-Alkoxycarbonylation of Aryl Iodides via Palladium/Norbornene Catalysis. Chem, 2016, 1(4): 581-591.

[25] Wang J C, Li R H, Dong Z, et al. Complementary Site-selectivity in Arene Functionalization Enabled by Overcoming the Ortho Constraint in Palladium/Norbornene Catalysis. Nat Chem, 2018, 10(8): 866-872.

[26] Zuo Z J, Wang H, Fan L X, et al. Modular Assembly of Spirocarbocyclic Scaffolds through Pd(0)-Catalyzed Intermolecular Dearomatizing [2+2+1] Annulation of Bromonaphthols with Aryl Iodides and Alkynes. Angew Chem Int Ed, 2017, 56(10): 2767-2771.

[27] Arockiam P B, Bruneau C, Dixneuf P H. Ruthenium(Ⅱ)-Catalyzed C—H Bond Activation and Functionalization. Chem Rev, 2012, 112(11): 5879-5918.

[28] Murai S, Kakiuchi F, Sekine S, et al. Efficient Catalytic Addition of Aromatic Carbon-Hydrogen Bonds to Olefins. Nature, 1993, 366(6455): 529-531.

[29] Ackermann L, Vicente R, Althammer A. Assisted Ruthenium-Catalyzed C—H Bond Activation: Carboxylic Acids as Cocatalysts for Generally Applicable Direct Arylations in Apolar Solvents. Org Lett, 2008, 10(11): 2299-2302.

[30] Ackermann L, Vicente R, Potukuchi H K, et al. Mechanistic Insight into Direct Arylations with Ruthenium(Ⅱ) Carboxylate Catalysts. Org Lett, 2010, 12(21): 5032-5035.

[31] Padala K, Jeganmohan M. Ruthenium-Catalyzed Ortho-Alkenylation of Aromatic Ketones with Alkenes by C—H Bond Activation. Org Lett, 2011, 13(23): 6144-6147.

[32] Ackermann L, Lygin A V, Hofmann D C N. Ruthenium-Catalyzed Oxidative Annulation by Cleavage of C—H/N—H Bonds. Angew Chem Int Ed, 2011, 50(28): 6379-6382.

[33] Hofmann N, Ackermann L. meta-Selective C—H Bond Alkylation with Secondary Alkyl Halides. J Am Chem Soc, 2013, 135(15): 5877–5884.

[34] Lim Y G, Kim Y H, Kang J B. Rhodium-Catalysed Regioselective Alkylation of the Phenyl Ring of 2-Phenyl-pyridines with Olefins. J Chem Soc, Chem Commun, 1994(19), 2267–2268.

[35] Jun C H, Moon C W, Lee D Y. Chelation-Assisted Carbon-Hydrogen and Carbon-Carbon Bond Activation by Transition Metal Catalysts. Chem Eur J, 2002, 8(11): 2422–2428.

[36] Jun C H, Lee H, Hong J B. Chelation-Assisted Intermolecular Hydroacylation: Direct Synthesis of Ketone from Aldehyde and 1-Alkene. J Org Chem, 1997, 62(5): 1200–1201.

[37] Thalji R K, Ahrendt K A, Bergman R G, et al. Annulation of Aromatic Imines via Directed C—H Activation with Wilkinson's Catalyst. J Am Chem Soc, 2001, 123(39): 9692–9693.

[38] Colby D A, Bergman R G, Ellman J A. Synthesis of Dihydropyridines and Pyridines from Imines and Alkynes via C—H Activation. J Am Chem Soc, 2008, 130(11): 3645–3651.

[39] Umeda N, Hirano K, Satoh T, et al. Rhodium-Catalyzed Mono- and Divinylation of 1-Phenylpyrazoles and Related Compounds via Regioselective C—H Bond Cleavage. J Org Chem, 2009, 74(18): 7094–7099.

[40] Ueura K, Satoh T, Miura M. Rhodium- and Iridium-Catalyzed Oxidative Coupling of Benzoic Acids with Alkynes via Regioselective C—H Bond Cleavage. J Org Chem, 2007, 72(14): 5362–5367.

[41] Guimond N, Gorelsky S I, Fagnou K. Rhodium(Ⅲ)-Catalyzed Heterocycle Synthesis Using an Internal Oxidant: Improved Reactivity and Mechanistic Studies. J Am Chem Soc, 2011, 133(16): 6449–6457.

[42] Gandeepan P, Müller T, Zell D, et al. 3d Transition Metals for C—H Activation. Chem Rev, 2019, 119(4): 2192–2452.

[43] Moselage M, Li J, Ackermann L. Cobalt-Catalyzed C—H Activation. ACS Catal, 2016, 6(2): 498–525.

[44] Gao K, Lee P S, Fujita T, et al. Cobalt-Catalyzed Hydroarylation of Alkynes through Chelation-Assisted C—H Bond Activation. J Am Chem Soc, 2010, 132(35): 12249–12251.

[45] Lee P S, Fujita T, Yoshikai N. Cobalt-Catalyzed Room-Temperature Addition of Aromatic Imines to Alkynes via Directed C—H Bond Activation. J Am Chem Soc, 2011, 133(43): 17283–17295.

[46] Song W F, Ackermann L. Cobalt-Catalyzed Direct Arylation and Benzylation by C—H/C—O Cleavage with Sulfamates, Carbamates, and Phosphates. Angew Chem Int Ed, 2012, 51(33): 8251–8254.

[47] Yu D G, Gensch T, Azambuja F, et al. Co(Ⅲ)-Catalyzed C—H Activation/Formal SN-Type Reactions: Selective and Efficient Cyanation, Halogenation, and Allylation. J Am Chem Soc, 2014, 136(51): 17722–17725.

[48] Norinder J, Matsumoto A, Yoshikai N, et al. Iron-Catalyzed Direct Arylation through Directed C—H Bond Activation. J Am Chem Soc, 2008, 130(18): 5858–5859.

[49] Yoshikai N, Asako S, Yamakawa T, et al. Iron-Catalyzed C—H Bond Activation for the ortho-Arylation of Aryl Pyridines and Imines with Grignard Reagents. Chem Asian J, 2011, 6(11): 3059–3065.

[50] Sun Y H, Tang H, Chen K J, et al. Two-State Reactivity in Low-Valent Iron-Mediated C—H Activation and the Implications for Other First-Row Transition Metals. J Am Chem Soc, 2016, 138(11): 3715–3730.

[51] (a) Shang R, Ilies L, Nakamura E. Iron-Catalyzed C—H Bond Activation. Chem Rev, 2017, 117: 9086–9139; (b) Mo J Y, Messinis A M, Li J L, et al. Chelation-Assisted Iron-Catalyzed C—H Activations: Scope and Mechanism. Acc Chem Res, 2024, 57(1): 10–22.

[52] Hartwig J F, Larsen M A. Undirected Homogeneous C—H Bond Functionalization: Challenges and Opportunities. ACS Cent Sci, 2016, 2(5): 281–292.

[53] Fujiwara Y, Moritani I, Danno S, et al. Aromatic Substitution of Olefins. Ⅵ. Arylation of Olefins with

Palladium (II) Acetate. J Am Chem Soc, 1969, 91(25): 7166-7169.

[54] Duffey T A, Shaw S A, Vedejs E. AcOLeDMAP and BnOLeDMAP: Conformationally Restricted Nucleophilic Catalysts for Enantioselective Rearrangement of Indolyl Acetates and Carbonates. J Am Chem Soc, 2009, 131(1): 14-15.

[55] Chen H, Wedi P, Meyer T, et al. Dual Ligand-Enabled Nondirected C—H Olefination of Arenes. Angew Chem Int Ed, 2018, 57(9): 2497-2501.

[56] Stuart D R, Fagnou K. The Catalytic Cross-Coupling of Unactivated Arenes. Science, 2007, 38(40): 1172-1175.

[57] Meir R, Kozuch S, Uhe A, et al. How Can Theory Predict the Selectivity of Palladium-Catalyzed Cross-Coupling of Pristine Aromatic Molecules? Chem Eur J, 2011, 17(27): 7623-7631.

[58] Chen H Y, Schlecht S, Semple T, et al. Thermal, Catalytic, Regiospecific Functionalization of Alkanes. Science, 2000, 287(5460): 1995-1997.

[59] Ishiyama T, Takagi J, Hartwig J F, et al. A Stoichiometric Aromatic C—H Borylation Catalyzed by Iridium(I)/2,2′-Bipyridine Complexes at Room Temperature. Angew Chem Int Ed, 2002, 41(16): 3056-3058.

[60] Wang G H, Xu L, Li P F. Double N,B-Type Bidentate Boryl Ligands Enabling a Highly Active Iridium Catalyst for C—H Borylation. J Am Chem Soc, 2015, 137(25): 8058-8061.

[61] Davies H M L, Beckwith R E J. Catalytic Enantioselective C—H Activation by Means of Metal-Carbenoid-Induced C—H Insertion. Chem Rev, 2003, 103(8): 2861-2904.

[62] Demonceau A, Noels A F, Hubert A J, et al. Transition-Metal-Catalysed Reactions of Diazoesters. Insertion into C—H Bonds of Paraffins Catalysed by Bulky Rhodium (II) Carboxylates: Enhanced Attack on Primary C—H Bonds. Bull Soc Chim Belg, 1984, 93(11): 945-948.

[63] Wenkert E, Davis L L, Mylari B L, et al. Cyclopentanone Synthesis by Intramolecular Carbon-Hydrogen Insertion of Diazo Ketones. A Diterpene-to-steroid Skeleton Conversion. J Org Chem, 1982, 47(17): 3242-3247.

[64] (a) Taber D F, Petty E H. General Route to Highly Functionalized Cyclopentane Derivatives by Intramolecular C—H Insertion. J Org Chem, 1982, 47: 4808-4809; (b) Taber D F, Ruckle R E. Cyclopentane Construction by Dirhodium Tetraacetate-Mediated Intramolecular C—H Insertion: Steric and Electronic Effects. J Am Chem Soc, 1986, 108(24): 7686-7693.

[65] (a) Darses B, Rodrigues R, Neuville L, et al. Transition Metal-Catalyzed Iodine(III)-Mediated Nitrene Transfer Reactions: Efficient Tools for Challenging Syntheses. Chem Commun, 2017, 53(3): 493-508; (b) Hazelard D, Nocquet P A, Compain P. Catalytic C—H Amination at Its Limits: Challenges and Solutions. Org Chem Front, 2017, 4: 2500-2521; (c) Park Y, Kim Y, Chang S. Transition Metal-Catalyzed C—H Amination: Scope, Mechanism, and Applications. Chem Rev, 2017, 117: 9247-9301.

[66] Breslow R, Gellman S H. Tosylamidation of cyclohexane by a cytochrome P-450 model. J. Chem Soc, Chem Commun, 1982, 24: 1400-1401.

[67] Breslow R, Gellman S H. Intramolecular Nitrene C—H Insertions Mediated by Transition-Metal Complexes as Nitrogen Analogues of Cytochrome P-450 Reactions. J Am Chem Soc, 1983, 105(22): 6728-6729.

[68] Espino C G, Bois J D. A Rh-Catalyzed C—H Insertion Reaction for the Oxidative Conversion of Carbamates to Oxazolidinones. Angew Chem Int Ed, 2001, 40(3): 598-600.

[69] Espino C G, Wehn P M, Chow J, et al. Synthesis of 1,3-Difunctionalized Amine Derivatives through Selective C—H Bond Oxidation. J Am Chem Soc, 2001, 123(28): 6935-6936.

[70] Chiappini N D, Mack J B C, Bois J D. Intermolecular C(sp^3)—H Amination of Complex Molecules. Angew

Chem Int Ed, 2018, 57(18): 4956−4959.

[71] Groves J T, Nemo T E, Myers R S. Hydroxylation and Epoxidation Catalyzed by Iron-Porphine Complexes. Oxygen Transfer from Iodosylbenzene. J Am Chem Soc, 1979, 101(4): 1032−1033.

[72] Groves J T, Nemo T E. Aliphatic Hydroxylation Catalyzed by Iron Porphyrin Complexes. J Am Chem Soc, 1983, 105(20): 6243−6248.

[73] (a) Meunier B. Metalloporphyrins as Versatile Catalysts for Oxidation Reactions and Oxidative DNA Cleavage. Chem Rev, 1992, 92: 1411-1456; (b) Bakanas I, Lusi R F, Wiesler S, et al. Strategic Application of C—H Oxidation in Natural Product Total Synthesis. Nat Rev Chem, 2023, 7: 783-799; (c) Qiu Y Y, Gao S H. Trends in Applying C—H Oxidation to the Total Synthesis of Natural Products. Nat Prod Rep, 2016, 33: 562−581.

[74] Chen M S, White M C. A Predictably Selective Aliphatic C—H Oxidation Reaction for Complex Molecule Synthesis. Science, 2007, 318(5851): 783−787.

[75] Prat I, Mathieson J S, Güell M, et al. Observation of Fe(V)=O Using Variable-Temperature Mass Spectrometry and Its Enzyme-like C—H and C=C Oxidation Reactions. Nat Chem, 2011, 3(10): 788−793.

[76] Sarkar S, Cheung K P S, Gevorgyan V. C—H Functionalization Reactions Enabled by Hydrogen Atom Transfer to Carbon-Centered Radicals. Chem Sci, 2020, 11(48): 12974−12993.

[77] Qin Q X, Yu S Y. Visible-Light-Promoted Remote C(sp^3)—H Amidation and Chlorination. Org Lett, 2015, 17(8): 1894−1897.

[78] Hofmann A W. Ueber die Einwirkung des Broms in Alkalischer Lösung auf die Amine. Ber. Dtsch. Chem Ges, 1883, 16(1): 558−560.

[79] Löffler K, Freytag C. Über eine neue Bildungsweise von N-Alkylierten Pyrrolidinen. Über eine neue Bildungsweise von N-Alkylierten Pyrrolidinen. Ber Dtsch Chem Ges, 1909, 42(3): 3427−3431.

[80] (a) Castillo E D, Muñiz K. Enantioselective Synthesis of Nicotine via an Iodine-Mediated Hofmann-Löffler Reaction. Org Lett, 2019, 21: 705−708; (b) Cherney E C, Lopchuk J M, Green J C, et al. A Unified Approach to ent-Atisane Diterpenes and Related Alkaloids: Synthesis of (−)-Methyl Atisenoate, (−)-Isoatisine, and the Hetidine Skeleton. J Am Chem Soc, 2014, 136: 12592−12595.

[81] Barton D H R, Beaton J M, Geller L E, et al. A New Photochemical Reaction. J Am Chem Soc, 1960, 82: 2640−2641.

[82] Barton D H R, Beaton J M. A Synthesis of Aldosterone Acetate. J Am Chem Soc, 1961, 83(19): 4083−4089.

[83] Shenvi R A, Guerrero C A, Shi J, et al. Synthesis of (+)-Cortistatin A. J Am Chem Soc, 2008, 130(23): 7241-7243.

[84] Minisci F, Galli R, Bernardi R. Polar Effects in Radical Reactions: A New Selective Type of Radical Bromination. Chem Commun, 1967(17), 903−904.

[85] Schmidt V A, Quinn R K, Brusoe A T, et al. Site-Selective Aliphatic C—H Bromination Using N-Bromoamides and Visible Light. J Am Chem Soc, 2014, 136(41): 14389−14392.

[86] Quinn R K, Könst Z A, Michalak S E, et al. Site-Selective Aliphatic C—H Chlorination Using N-Chloroamides Enables a Synthesis of Chlorolissoclimide. J Am Chem Soc, 2016, 138(2): 696−702.

[87] Fazekas T J, Alty J W, Neidhart E K, et al. Diversification of Aliphatic C—H Bonds in Small Molecules and Polyolefins through Radical Chain Transfer. Science, 2022, 375(6580): 545−550.

[88] Wu W T, Wang, S G, Liang X W. Asymmetric Functionalization of C-H Bonds. The Royal Society of Chemistry, 2015.

[89] Sokolov V I, Troitskaya L L, Reutov O A. Asymmetric Cyclopalladation of Dimethylamino-methylferrocene. J

Organomet Chem, 1979, 182(4): 537−546.

[90] Shi B F, Maugel N, ZhangY H, et al. Pd(Ⅱ)-Catalyzed Enantioselective Activation of C(sp²)—H and C(sp³)—H Bonds Using Monoprotected Amino Acids as Chiral Ligands. Angew Chem Int Ed, 2008, 47: 4882−4886.

[91] Wasa M, Engle K M, Lin D W, et al. Pd(Ⅱ)-Catalyzed Enantioselective C—H Activation of Cyclopropanes. J Am Chem Soc, 2011, 133(49): 19598−19601.

[92] Xiao K J, Lin D W, Miura M, et al. Palladium(Ⅱ)-Catalyzed Enantioselective C(sp³)−H Activation Using a Chiral Hydroxamic Acid Ligand. J Am Chem Soc, 2014, 136(22): 8138−8142.

[93] Shao Q, Wu K, Zhuang Z, et al. From Pd(OAc)₂ to Chiral Catalysts: The Discovery and Development of Bifunctional Mono-N-Protected Amino Acid Ligands for Diverse C—H Functionalization Reactions. Acc Chem Res, 2020, 53(4): 833−851.

[94] Du Z J, Guan J, Wu G J, et al. Pd(Ⅱ)-Catalyzed Enantioselective Synthesis of P-Stereogenic Phosphinamides via Desymmetric C—H Arylation. J Am Chem Soc, 2015, 137(2): 632−635.

[95] Zhang F L, Hong K, Li T J, et al. Functionalization of C(sp³)—H bonds using a transient directing group. Science, 2016, 351(6270): 252−256.

[96] Albicker M, Cramer N. Enantioselective Palladium-Catalyzed Direct Arylations at Ambient Temperature: Access to Indanes with Quaternary Stereocenters. Angew Chem Int Ed, 2009, 48(48): 9139−9142.

[97] Yan S B, Zhang S, Duan W L. Palladium-Catalyzed Asymmetric Arylation of C(sp³)—H Bonds of Aliphatic Amides: Controlling Enantioselectivity Using Chiral Phosphoric Amides/Acids. Org Lett, 2015, 17(10): 2458−2461.

[98] Zhang Q, Shi B F. 2-(Pyridin-2-yl)isopropyl (PIP) Amine: An Enabling Directing Group for Divergent and Asymmetric Functionalization of Unactivated Methylene C(sp³)—H Bonds. Acc Chem Res, 2021, 54(12): 2750−2763.

[99] (a) Yan S Y, Han Y Q, Yao Q J, et al. Palladium(Ⅱ)-Catalyzed Enantioselective Arylation of Unbiased Methylene C(sp³)—H Bonds Enabled by a 2-PyridinylisopropylAuxiliary and Chiral Phosphoric Acids. Angew Chem Int Ed, 2018, 57(29): 9093-9097. (b) Han Y Q, Ding Y, Zhou T, et al. Pd(Ⅱ)-Catalyzed Enantioselective Alkynylation of Unbiased Methylene C(sp³)—H Bonds Using 3,3'-Fluorinated-BINOL as a Chiral Ligand. J Am Chem Soc, 2019, 141: 4558−4563.

[100] Liu Z S, Hua Y, Gao Q W, et al. Construction of Axial Chirality via Palladium/Chiral Norbornene Cooperative Catalysis. Nat Cata, 2020, 3(9): 727−733.

[101] Zhang Y, Zhang J J, Lou L J, et al. Recent Advances in Rh(Ⅰ)-Catalyzed Enantioselective C—H Functionalization. Chem Soc Rev, 2024, 53(7): 3457−348.

[102] Mas Roselló J, Herraiz A G, Audic B, et al. Chiral Cyclopentadienyl Ligands: Design, Syntheses, and Applications in Asymmetric Catalysis. Angew Chem Int Ed, 2021, 60(24): 13198−13224.

[103] Ye B H, Cramer N. Chiral Cyclopentadienyl Ligands as Stereocontrolling Element in Asymmetric C—H Functionalization. Science, 2012, 338(6106): 504−506.

[104] Ye B H, Cramer N. A Tunable Class of Chiral Cp Ligands for Enantioselective Rhodium(Ⅲ)-Catalyzed C—H Allylations of Benzamides. J Am Chem Soc, 2013, 135(2): 636−639.

[105] (a) Shen B X, Wan B S, Li X W. Enantiodivergent Desymmetrization in the Rhodium(Ⅲ)-Catalyzed Annulation of Sulfoximines with Diazo Compounds. Angew Chem Int Ed, 2018, 57: 15534−15538; (b) Tian M, Bai D, Zheng G, et al. Rh(Ⅲ)-Catalyzed Asymmetric Synthesis of Axially Chiral Biindolyls by Merging C—H Activation and Nucleophilic Cyclization. J Am Chem Soc, 2019, 141(24): 9527−9532.

[106] Zheng J, Cui W J, Zheng C, et al. Synthesis and Application of Chiral Spiro Cp Ligands in Rhodium Catalyzed Asymmetric Oxidative Coupling of Biaryl Compounds with Alkenes. J Am Chem Soc, 2016, 138(16): 5242−5245.

[107] (a) Lin L, Fukagawa S, Sekine D, et al. Chiral Carboxylic Acid Enabled Achiral Rhodium(Ⅲ)-Catalyzed Enantioselective C—H Functionalization. Angew Chem Int Ed, 2018, 57(37): 12048−12052; (b) Yoshino T, Matsunaga S. Chiral Carboxylic Acid Assisted Enantioselective C—H Activation with Achiral Cp^{x}M^{III} (M = Co, Rh, Ir) Catalysts. ACS Catal, 2021, 11: 6455−6466.

[108] (a) Zou X L, Zhao H N, Li Y W, et al. Chiral Bidentate Boryl Ligand Enabled Iridium-Catalyzed Asymmetric C(sp^2)—H Borylation of Diarylmethylamines. J Am Chem Soc, 2019, 141: 5334−5342; (b) Shi Y J, Gao Q, Xu S M. Chiral Bidentate Boryl Ligand Enabled Iridium-Catalyzed Enantioselective C(sp^3)—H Borylation of Cyclopropanes. J Am Chem Soc, 2019, 141(27): 10599−10604; (c) Chen L L, Yang Y H, Liu L H, et al. Iridium-Catalyzed Enantioselective α-C(sp^3)—H Borylation of Azacycles. J Am Chem Soc, 2020, 142: 12062−12068.

[109] Davies H M L, Hansen T. Asymmetric Intermolecular Carbenoid C—H Insertions Catalyzed by Rhodium(Ⅱ) (S)-N-(p-Dodecylphenyl)sulfonylprolinate. J Am Chem Soc, 1997, 119(38): 9075−9076.

[110] Hansen J, Autschbach J, Davies H M L. Computational Study on the Selectivity of Donor/Acceptor-Substituted Rhodium Carbenoids. J Org Chem, 2009, 74(17): 6555−6563.

[111] Qin C M, Davies H M L. Role of Sterically Demanding Chiral Dirhodium Catalysts in Site-Selective C—H Functionalization of Activated Primary C—H Bonds. J Am Chem Soc, 2014, 136(27): 9792−9796.

[112] (a) Liao K B, Negretti S, Musaev D G, et al. Site-Selective and Stereoselective Functionalization of Unactivated C—H Bonds. Nature, 2016, 533: 230−234; (b) Liao K L, Pickel T C, Boyarskikh V, et al. Site-Selective and Stereoselective Functionalization of Non-Activated Tertiary C—H Bonds. Nature, 2017, 551(7682): 609−613.

[113] Kohmura Y, Katsuki T. Mn(salen)-Catalyzed Enantioselective C—H Amination. Tetrahedron Lett, 2001, 42(19): 3339−3342.

[114] Yu X Q, Huang J S, Zhou X G, et al. Amidation of Saturated C—H Bonds Catalyzed by Electron-Deficient Ruthenium and Manganese Porphyrins. A Highly Catalytic Nitrogen Atom Transfer Process. Org Lett, 2000, 2(15): 2233−2236.

[115] Liang J L, Yuan S X, Huang J S, et al. Highly Diastereo- and Enantioselective Intramolecular Amidation of Saturated C—H Bonds Catalyzed by Ruthenium Porphyrins. Angew Chem Int Ed, 2002, 41(18): 3465−3468.

[116] Chen Y, Fields K B, Zhang X P. Bromoporphyrins as Versatile Synthons for Modular Construction of Chiral Porphyrins: Cobalt-Catalyzed Highly Enantioselective and Diastereoselective Cyclopropanation. J Am Chem Soc, 2004, 126(45): 14718−14719.

[117] Subbarayan V, Ruppel J V, Zhu S F, et al. Highly Asymmetric Cobalt-Catalyzed Aziridination of Alkenes with Trichloroethoxysulfonyl Azide (TcesN$_3$). Chem Commun, 2009(28): 4266−4268.

[118] Lu H J, Jiang H L, Wojtas L, et al. Selective Intramolecular C—H Amination through the Metalloradical Activation of Azides: Synthesis of 1,3-Diamines under Neutral and Nonoxidative Conditions. Angew Chem Int Ed, 2010, 49(52): 10192−10196.

[119] Li C Q, Lang K, Lu H J, et al. Catalytic Radical Process for Enantioselective Amination of C(sp^3)—H Bonds. Angew Chem Int Ed, 2018, 57(51): 16837−16841.

[120] Lyaskovskyy V, Suarez A I O, Lu H J, et al. Mechanism of Cobalt (Ⅱ) Porphyrin-Catalyzed C—H Amination

with Organic Azides: Radical Nature and H-Atom Abstraction Ability of the Key Cobalt(Ⅲ)-Nitrene Intermediates. J Am Chem Soc, 2011, 133(31): 12264−12273.

[121] Hong S Y, Park Y, Hwang Y, et al. Selective Formation of γ-Lactams via C—H Amidation Enabled by Tailored Iridium Catalysts. Science, 2018, 359(6379): 1016−1021.

[122] Park Y, Chang S. Asymmetric Formation of γ-Lactams via C—H Amidation Enabled by Chiral Hydrogen-bond-donor Catalysts. Nat Catal, 2019, 2(3): 219−227.

第四章
不对称有机催化

新型催化反应的发现与应用一直是有机合成化学家关注的焦点，由前两章介绍的众多金属催化反应可知，金属催化模式的多样性及其催化效率的高效性使得这类催化反应在学术领域和工业界得到了广泛应用。但是，金属催化也存在着不容忽视的缺陷：一方面，金属催化剂在分离过程中难以完全除去，残留在产品中的痕量金属也会造成产品污染；另一方面，常见过渡金属催化剂所使用的 Pd、Ru、Rh、Au 等金属的储量有限，价格昂贵，导致使用成本过高。

在不对称催化领域，金属不对称催化与生物催化是两个主要的研究方向。金属不对称催化主要依赖于配体的手性来调控金属催化反应的催化活性和对映选择性；生物催化主要是指酶催化，它虽然具有高效性和专一性，但底物的适用范围却非常有限。目前，酶的定向进化已经筛选出具有更高催化活性、优异立体选择性和宽泛底物适用范围的酶，这使得酶催化在不对称催化领域发挥了更加重要的作用。例如，2018 年的诺贝尔化学奖授予了美国的弗朗西斯·阿诺德（Frances H. Arnold）、美国的乔治·史密斯（George P. Smith）和英国的格雷戈里·温特（Gregory P. Winter）三位科学家，以表彰他们在酶的定向演化以及肽类和抗体的噬菌体展示技术方面取得的杰出成果，其中弗朗西斯·阿诺德因"研究酶的定向演化"而分享了一半奖金（图 4-1）。

早在 1894 年，Knoevenagel 就发现哌啶能催化丙二酸二乙酯与醛的缩合反应，从而合成了不饱和酯。此后，陆续有多种有机小分子被用于催化有机合成反应，其中代表性的例子有脯氨酸催化的分子内不对称 Aldol 缩合反应（Hajos-Parrish-Eder-Sauer-Wiechert 反应），但是该领域的研究进展比较缓慢，发表的研究论文也比较少，尚未形成完整的理论体系。受到酶催化不对称反应机理的启发，德国化学家本杰明·李斯特（Benjamin List）发现了手性脯氨酸的手性烯胺（enamine）催化模式；同年，美国化学家戴维·麦克米伦（David W.

C. MacMillan）发展了手性亚胺（imine）催化模式，并首次将有机小分子催化反应定义为"有机催化"（organocatalysis）。在此之后，不对称有机催化研究迅速发展起来，合成化学家陆续发现了不同类型的有机催化反应和结构新颖的有机催化剂，与其相关的论文数量也快速增长，至此，有机催化迅速在不对称催化领域占据一席之地。这可能归因于有机催化具有对空气和湿气不敏感的优势，并且多数催化剂廉价易得，因而在合成领域得到了广泛应用。杰明·李斯特和戴维·麦克米伦因在不对称有机催化领域的引领性贡献，共同获得了2021年的诺贝尔化学奖（图4-2）。除了手性胺催化之外，手性路易斯碱催化、手性布朗斯特酸催化以及不对称相转移催化也在这一时期发展起来。目前，有机催化已经成为合成化学家的重要合成工具之一，更是合成化学研究的热门领域之一，亦是本章将要讲述的内容。

图4-1　2018年诺贝尔化学奖得主：弗朗西斯·阿诺德（a）、乔治·史密斯（b）和格雷戈里·温特（c）

图4-2　2021年诺贝尔化学奖得主：本杰明·李斯特（a）和戴维·麦克米伦（b）

<h1 style="text-align:center">第一节　手性胺催化</h1>

一、手性胺催化的发现

　　化学家很早就发现，以胺为催化剂，可以促进有机反应的发生。例如，克脑文盖尔缩合反应（Knoevenagel condensation reaction）是在仲胺（哌啶、四氢吡咯等）催化下，使具有活性亚甲基的丙二酸酯与醛发生缩合反应，进而脱去一分子水，生成 α,β-不饱和酯（图 4-3）[1]。该反应是由 E. Knoevenagel 于 1894 年首次发现的，他最初选用二乙胺做催化剂，后来改为哌啶催化。随后，Doebner 向反应体系中加入催化量的质子酸作为共催化剂，成功加速了反应的进行。

　　Knoevenagel 缩合反应的机理如图 4-3 所示[2]。首先，质子化哌啶与苯甲醛 **4-1** 缩合，脱水生成亚胺正离子 **4-4**，质子酸的加入可加速这一步反应的进行。然后，丙二酸二乙酯 **4-2** 被反应体系中的碱脱除质子后形成烯醇负离子，该中间体进一步进攻亚胺正离子 **4-4**，形成新的碳碳键，得到中间体 **4-5**。接着，丙二酸二乙酯 α-位的质子转移至哌啶的氮原子上，得到偶极离子中间体 **4-6**。最后，**4-6** 发生 β-消除反应，催化剂哌啶再生的同时，得到了 α,β-不饱和酯 **4-3**。在这一反应过程中，哌啶与醛缩合形成的亚胺正离子降低了醛的 LUMO 轨道能量，从而增强了羰基的亲电能力，加速了反应的进行。

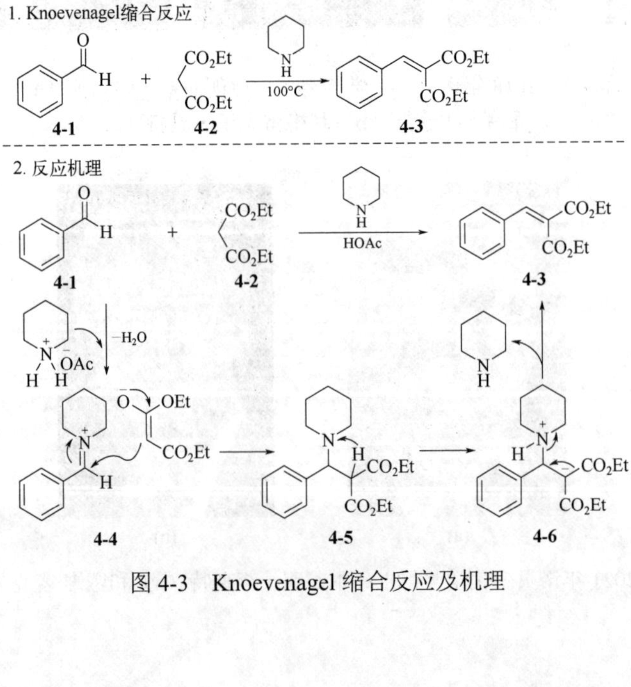

图 4-3　Knoevenagel 缩合反应及机理

Wieland-Miescher 酮是 1,3-环己二酮与甲基乙烯基酮（methyl vinyl ketone,
MVK）在碱性条件下发生 Michael 加成/Robison 环化串联反应制备的双环酮[3]。
为制备手性 Wieland-Miescher 酮，合成化学家发展了手性拆分法，但其最高产
率不超过 50%。1971 年，美国先灵葆雅公司（Schering-Plough Ltd）的 Eder、
Sauer 和 Wiechert 三人发现，手性脯氨酸可催化三酮 4-7 的分子内 Aldol 缩合/
脱水反应（Robison 环化），以 84% 的 ee 值得到手性 Wieland-Miescher 酮 4-8（图
4-4）[4]。瑞士罗氏（Roche）公司的 Hajos 和 Parrish 几乎同时报道，脯氨酸能
催化三酮 4-9 的不对称 Aldol 缩合反应，得到羟基酮产物 4-10，然后，在酸性
条件下脱水，以 87% 的 ee 值获得 Hajos-Parrish 酮 4-11，所以，将这一反应称
为 Hajos-Parrish-Eder-Sauer-Wiechert 反应[5]。需要注意的是，Aldol 缩合产物在
脱水过程中，常因发生逆 Aldol 缩合反应而导致手性中心略有消旋。

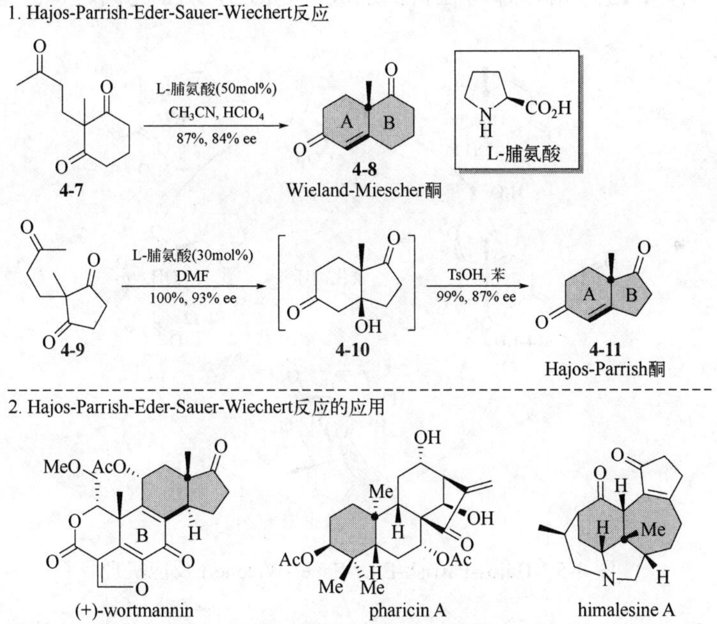

图 4-4 基于 Hajos-Parrish-Eder-Sauer-Wiechert 反应合成复杂天然产物

Hajos-Parrish 酮这类带有季碳中心的手性并环骨架在天然产物中普遍存
在，因此，Hajos-Parrish-Eder-Sauer-Wiechert 反应在天然产物全合成领域得到
了广泛应用（图 4-4）。例如，2017 年，北京大学罗佗平课题组以 Hajos-Parrish
酮为原料，经后续分子内呋喃环的 Friedel-Crafts 烷基化反应构建了 B 环，成功
实现了(+)-wortmannin 的全合成[6]。同年，浙江大学的丁寒锋教授在合成贝壳杉
烷二萜 pharicin A 的过程中，以 Wieland-Miescher 酮为原料，先将其 B 环打开，

后经关键的分子内[5+2]环加成/1,2-酰基迁移串联反应，成功构建了双环[3.2.1]辛烷骨架[7]。2019 年，南方科技大学的徐晶教授以手性 6,7-双环二酮为原料，先采用分子内 Heck 反应构筑桥环体系，后借助 Nazarov 反应构建环戊烯酮骨架，从而完成了虎皮楠生物碱(−)-himalensine 的合成[8]。

　　基于理论计算，Houk 教授对 Hajos-Parrish-Eder-Sauer-Wiechert 反应中关键的一步——分子内 Aldol 缩合进行了系统研究[9]。如图 4-5 所示，该反应首先是脯氨酸与三酮 4-9 中位阻小的甲基酮脱水缩合，形成烯胺中间体 4-12。在接下来的分子内 Aldol 缩合中，脯氨酸的羧酸质子选择性与一个羰基通过氢键络合，形成九元环状过渡态。与此同时，这个羰基与脯氨酸氮原子邻位的 H 原子之间还存在静电作用，从而稳定了该过渡态 TS-1。该反应中脯氨酸的手性羧基通过氢键作用活化羰基的同时，也导向了烯胺对羰基加成的面选择性。最后，亚胺正离子中间体 4-13 水解，即可在得到加成产物(S,S)-4-10 的同时释放催化剂。

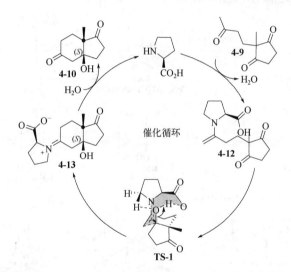

图 4-5　Hajos-Parrish-Eder-Sauer-Wiechert 反应机理

　　2000 年，List 教授在 Aldol 缩合酶催化反应和脯氨酸催化的 Hajos-Parrish-Eder-Sauer-Wiechert 反应的启发下，发现在 30mol%的 L-脯氨酸催化下，丙酮与醛可发生对映选择性分子间 Aldol 缩合反应（图 4-6）[10]。该催化体系对芳香醛的对映选择性较低（60%～76% ee）；但以异丁醛为 Aldol 反应受体时，能以 96% ee 得到手性酮 4-15d。与脯氨酸催化的分子内 Aldol 缩合反应机理类似，脯氨酸先与丙酮缩合脱水得到烯胺中间体，脯氨酸的羧基通过氢键诱导醛从烯胺 β-面接近（过渡态 TS-2）[11,12]。与此同时，在烯胺中间体的静电作用下，醛上的取代基伸向左侧时，反应的能垒更低，得到 R-构型为主的产物。此外，脯氨酸与醛形成的烯胺中间体提高了双键 HOMO 轨道的能量，增强了 α-碳原子的亲核性，故将这一催化模式称为亚胺催化。

4-15a：$R^1 = NO_2$, 68%, 76% ee;
4-15b：$R^1 = H$, 62%, 60% ee;
4-15c：$R^1 = Br$, 74%, 65% ee。

4-15d
97%, 96% ee

TS-2

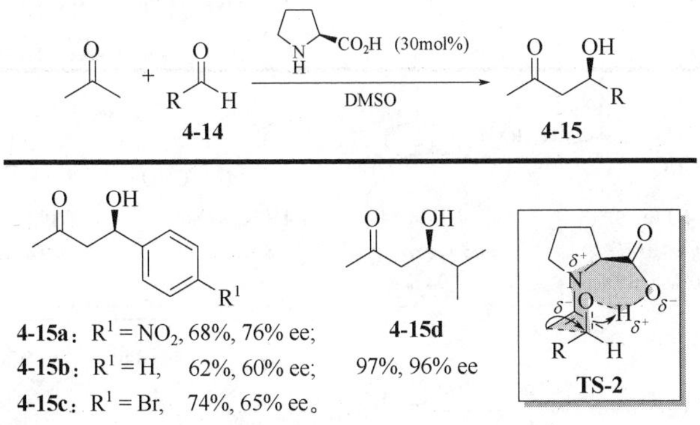

图 4-6　(*S*)-脯氨酸催化的丙酮与醛的分子间不对称 Aldol 缩合反应

同年，MacMillian 教授发现了手性咪唑啉酮催化的不饱和醛与共轭二烯烃的分子间不对称 Diels-Alder 反应（图 4-7）[13]。受路易斯酸催化的 Diels-Alder 反应的启发，MacMillian 教授提出伯胺与不饱和醛可逆缩合脱水，形成 α,β-不饱和烯基亚胺正离子，氮原子所带的正电荷降低了不饱和亚胺正离子 LUMO 轨道的能量，从而加速了其与双烯体的 Diels-Alder 反应。通过对手性伯胺进行筛选，他们发现手性咪唑啉酮的催化能力最佳，其能催化环戊二烯与巴豆醛之间的 Diels-Alder 反应，得到 *endo*-和 *exo*-型加成产物的 ee 值分别为 90%和 85%，二者的比例为 1：1。当丙烯醛与环己二烯反应时，则以 94% ee 值得到 *endo*-型为主的产物 **4-17b**。当以 2-甲基-1,3-丁二烯或 2-苯基-1,3-丁二烯为双烯体时，也能以较高的对映选择性得到手性环己烯产物 **4-17c** 和 **4-17d**。为阐明反应的对映选择性，MacMillan 教授指出：在反应过渡态 **TS-3** 中，咪唑啉酮与不饱和醛形成的亚胺正离子中间体受到邻位两个甲基的空间排斥作用，主要以(*E*)-构型存在，其双键上的取代基偏向位阻较小的苄基一侧。在这一构象中，苄基屏蔽了烯亚胺正离子的 β-面，故双烯体只能从 α-面靠近后发生 Diels-Alder 环加成反应。在这一催化反应中，不饱和醛与手性胺缩合脱水形成的亚胺正离子中间体既降低了共轭体系 LUMO 轨道的能量，又提高了反应的催化活性，因此，将这一催化模式称为亚胺催化。在这篇论文中，MacMillan 教授首次提出了"有机催化"这一概念，他将有机小分子催化的反应统称为有机催化[13]。

List 和 MacMillan 教授发现的手性胺催化的亚胺催化模式和烯胺催化模式很快引起了其他化学家的研究兴趣。围绕这两种类型的催化反应，化学家设计的结构新颖的催化剂及新型反应不断涌现，开启了不对称有机催化研究的时代。

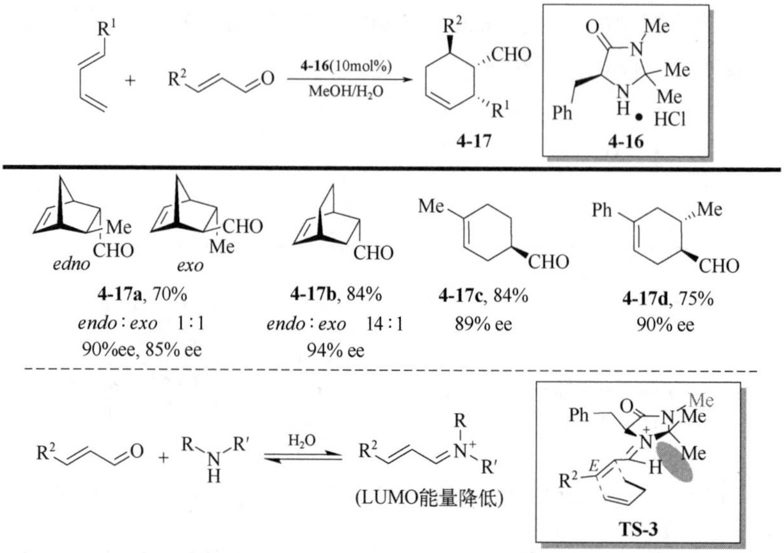

图 4-7 手性咪唑啉酮催化烯醛的不对称 Diels-Alder 反应

二、不对称烯胺催化

醛或酮与手性胺经过脱水、异构化，形成烯胺中间体，而氮原子的富电性使烯胺 HOMO 轨道的能量升高，α-碳原子的亲核性也随之增强。此外，手性胺的空间位阻和分子间的次级作用通常会诱导亲电试剂的进攻方向，从而实现反应的立体选择性。采用烯胺催化模式，合成化学家发展了醛/酮的不对称催化 Aldol 缩合、Mannich 反应、Michael 加成以及 α-官能团化等反应，由于篇幅有限，这里仅列举一些具有代表性的例子。

List 教授发现脯氨酸能够催化丙酮与醛的不对称 Aldol 反应之后，合成化学家进一步拓展了参与 Aldol 反应的给体（亲核试剂）和受体（亲电试剂）的范围。2000 年，List 教授发现以羟基丙酮为 Aldol 反应的给体，能区域选择性地在羟基相连的 α-碳原子上发生缩合反应（图 4-8）[14]。当以脂肪醛为受体时，反应的 ee 值高于 99%；而芳香醛作受体时，反应的非对映选择性降至 3：2，对映选择性则只有 67%（4-20c）。在反应的过渡态 TS-4 中，羟基丙酮与脯氨酸缩合脱水，区域选择性地得到 E 式烯醇。在羧基的导向作用下，醛从烯胺的 α-面接近中间体，得到产物 4-20a～c。环状酮也可作为给体，参与脯氨酸催化的不对称 Aldol 缩合反应，它与异丁醛反应的产率为 41%，dr 值为 7：1，分别以86% 和 89% 的 ee 值得到加成产物 4-20d[15]。作为聚酮合成中被广泛应用的 C3合成子，2,2-二甲基-1,3-二噁烷-5-酮在脯氨酸催化下，与醛的不对称 Aldol 缩合反应分别以 97% 和 93% 的 ee 值得到 4-20e 和 4-20f[16]。

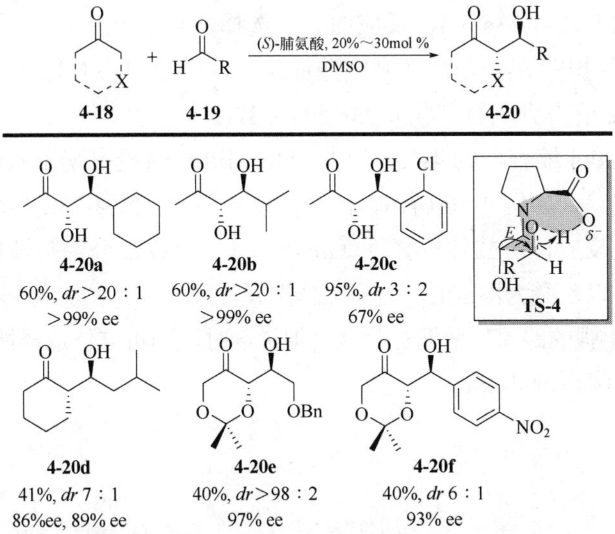

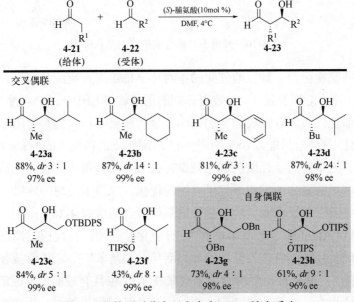

图 4-8　(*S*)-脯氨酸催化的不对称 Aldol 缩合反应

　　醛也可作为给体，参与脯氨酸催化的不对称 Aldol 缩合反应。但因为醛还可作为受体参与反应，从而生成自身 Aldol 缩合的副产物，降低了交叉偶联的产率。MacMillan 教授采用蠕动泵缓慢滴加给体的方法，成功抑制了醛自身发生的 Aldol 缩合副反应，首次实现了不同结构的醛之间的交叉 Aldol 缩合反应（图 4-9）[17]。如果把丙醛作为给体，使其与不同的脂肪醛或芳基醛反应，均可

图 4-9　醛的不对称交叉和自身 Aldol 缩合反应

得到交叉偶联产物 **4-23a~d**，反应的对映选择性高于 97%。对于醛自身 Aldol
缩合反应，受保护的 α-羟基醛在脯氨酸催化可发生自身不对称 Aldol 缩合反应，
以高达 99% ee 值得到缩合产物 **4-23e** 和 **4-23f**。

从自身 Aldol 缩合产物 **4-23h** 出发，MacMillan 教授实现了六碳糖的从头立
体选择性合成[18]。如图 4-10 所示，在溴化镁作用下，醛 **4-23h** 与烯醇硅醚 **4-24**
在二氯甲烷中反应，可立体选择性（dr 10∶1）合成部分羟基被保护的葡萄糖
4-25a。然而，以乙醚为溶剂时，则可立体选择性（dr >19∶1）得到受保护的甘露
糖 **4-25b**。当用强的路易斯酸四氯化钛为促进剂时，则可立体选择性（dr >19∶1）
得到受保护的阿洛糖 **4-25c**。

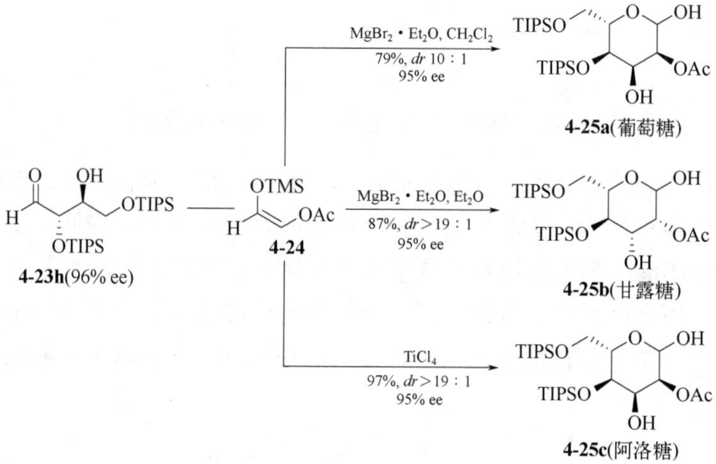

图 4-10　采用不对称合成策略制备六碳糖

对某些底物而言，脯氨酸催化的不对称 Aldol 缩合反应具有优异的催化活
性，但脯氨酸的溶解度较小，导致催化剂的用量较多 [10%~30%（摩尔分数）]。
此外，该催化体系还存在底物适用范围较窄的缺点，如丙酮和对硝基苯甲醛在
脯氨酸催化下反应，只能以 68%的产率和 76%的 ee 值得到 Aldol 缩合产物 **4-15a**
（图 4-11）。为了提高手性胺的催化效率，在 List 教授报道该反应之后，有很多
合成化学家对脯氨酸的结构进行了修饰与优化，取得了理想的效果。2003 年，
龚流柱与吴云东教授以脯氨酸和手性氨基醇缩合的酰胺 **4-26** 为催化剂，以 93%
的 ee 值得到 Aldol 缩合产物 **4-15a**[19]。计算化学表明：在反应过渡态中，催化
剂的酰胺键及羟基同时作为氢键给体来活化对硝基苯甲醛，从而显著提高反应
的立体选择性。脯氨酸衍生的对甲苯磺酰胺 **4-27** 也具有较高的反应活性，产物
的产率高达 98%，ee 值也提高到 83%[20]。龚流柱课题组的进一步研究发现，以

酒石酸衍生的脯氨酰胺 **4-28** 为催化剂，促使反应的 ee 值升高至 99%[21]。此外，手性二胺与手性氨基醇衍生的脯氨酰胺 **4-29** 和 **4-30** 均表现出优异的催化活性，分别以 98%和 99%的 ee 值得到 Aldol 缩合产物[22,23]。

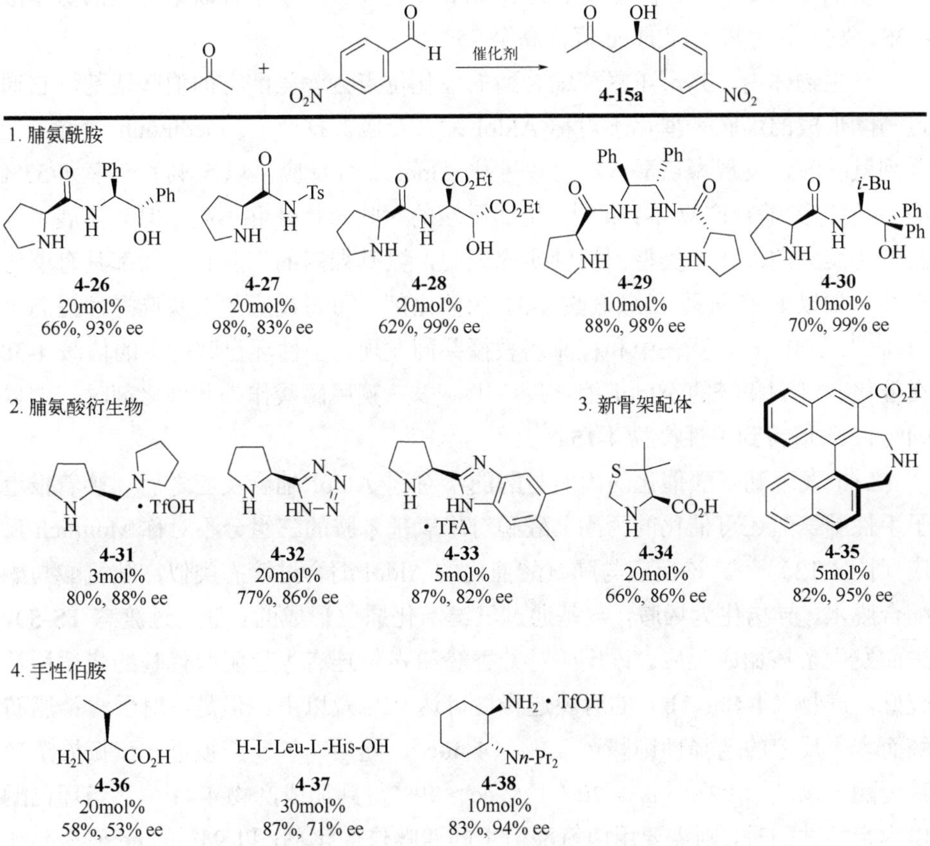
催化剂
4-15a
1. 脯氨酰胺
4-26
20mol%
66%, 93% ee
4-27
20mol%
98%, 83% ee
4-28
20mol%
62%, 99% ee
4-29
10mol%
88%, 98% ee
4-30
10mol%
70%, 99% ee
2. 脯氨酸衍生物
3. 新骨架配体
4-31
3mol%
80%, 88% ee
4-32
20mol%
77%, 86% ee
4-33
5mol%
87%, 82% ee
4-34
20mol%
66%, 86% ee
4-35
5mol%
82%, 95% ee
4. 手性伯胺
H-L-Leu-L-His-OH
4-36
20mol%
58%, 53% ee
4-37
30mol%
87%, 71% ee
4-38
10mol%
83%, 94% ee

图 4-11 不对称 Aldol 缩合反应使用的手性胺催化剂

除了将脯氨酸衍生化为酰胺，用其他官能团代替其中的羧基也可以提高催化活性。例如，Yamamoto 等发现，利用脯氨酸衍生的手性二胺 **4-31**，在三氟甲磺酸共催化下，可将丙酮与对硝基苯甲醛发生的 Aldol 反应的对映选择性提高至 88%[24]。在反应过渡态，三氟甲磺酸将叔胺质子化，质子化的叔胺与醛通过氢键作用诱导反应的面选择性。Arvidsson 发现将脯氨酸的羧基替换为四唑 **4-32**，同样可以提高反应的立体选择性，这是由于四唑的酸性比羧基稍强，其通过与水形成多重氢键提高了反应的活性[25]。Vincent 等将羧基替换为苯并咪唑 **4-33**，用三氟乙酸作共催化剂，反应的 ee 值可提高至 82%[26]。

　　除了手性脯氨酸及其衍生物，合成化学家还探索了其他类型手性胺催化的 Aldol 缩合反应。2001 年，Babas 筛选了不同手性胺催化的丙酮和醛的 Aldol 缩合反应，发现手性噁唑酸 **4-34** 表现出良好的催化活性，以 86% 的 ee 值得到手性羟基酮 **4-15a**[27]。名古屋大学的 Maruoka 教授合成了手性联萘衍生的氨基酸 **4-35**，发现其可将反应的 ee 值提高至 95%[28]。

　　在生物体内，Type-I 羟醛缩合酶的催化位点为赖氨酸上的伯胺残基，它通过与酮形成的烯胺来催化不对称 Aldol 缩合反应。据此，Amedjkouh 筛选了一系列氨基酸，发现缬氨酸同样可以催化 Aldol 缩合反应，以 58% 的产率和 53% 的 ee 值得到缩合产物 **4-15a**[29]。虽然反应的对映选择性并不高，但却拓展了烯胺催化反应的催化剂类型。后续研究表明，氨基裸露的二肽和三肽都具有催化活性，如以 L-亮氨酸-L-缬氨酸 **4-37** 为催化剂，可将反应的对映选择性提高至 71%[30]。2007 年，罗三中和程津培教授共同发现，手性环己胺衍生的伯胺 **4-38** 在催化开链酮和醛的 Aldol 缩合反应中，以三氟甲磺酸作为共催化剂时，能以 94% 的 ee 值得到手性产物 **4-15a**[31]。

　　List 发现脯氨酸催化的丙酮与醛的不对称 Aldol 缩合反应之后，接着报道了手性脯氨酸还可催化的丙酮、醛和对甲氧基苯胺的三组分不对称 Mannich 反应（图 4-12）[32]。该反应与脯氨酸催化的 Aldol 缩合过渡态类似，脯氨酸与酮缩合脱水、异构化为烯胺，羧基通过氢键活化原位形成的亚胺（过渡态 **TS-5**），进而发生亲核加成反应。该反应对芳香醛和 α-位连有大位阻取代基的醛适用性较好，产物（**4-40a**、**b**）的对映选择性可达 93% 及以上。但是，对于直链脂肪醛而言，反应的选择性则降至 73%（**4-40c**）。随后，该反应被进一步拓展至羟基丙酮，以产率 92%、dr > 20∶1 及 ee > 99% 得到加成产物 **4-41**[33]。当环己酮作为亲核试剂时，则需要用丙氨酸衍生的四唑作催化剂，以 94% 的 ee 值得到加成产物 **4-42**[34]。脯氨酸还可催化醛与预先制备的亚胺的不对称 Mannich 反应，以 93% 的 ee 值得到顺式为主的加成产物 **4-43**[35]。此外，Hayashi 也发现，脂肪醛、芳香醛和对甲氧基苯胺也能在脯氨酸催化下发生三组分 Mannich 反应，以产率 90%、dr > 95∶5 和 ee 98% 得到加成产物 **4-44**[36]。

　　Michael 加成反应是构建碳碳键最常用的方法之一，手性路易斯酸催化的不对称 Michael 加成反应所用的亲核试剂一般为具有活泼亚甲基的丙二酸酯或丙二酮，但这些催化体系难以实现简单酮或醛的直接 Michael 加成反应，而需预先将其转化为亲核性更强的烯胺或烯醇硅醚，但这增加了操作步骤，降低了合成效率。醛或酮的烯胺催化模式被发现之后，合成化学家发现这一催化模式也适合不对称 Michael 加成反应（图 4-13）。2001 年，List 教授报道了(S)-脯氨酸催化环己酮与反式-β-硝基苯乙烯 **4-45** 的不对称 Michael 加成反应，以 DMSO 为溶剂时，能以 $dr > 20 : 1$ 得到顺式为主的产物 **4-46**，但其对映选择性只有 23%[37]。Enders 等发现，以甲醇为溶剂时，该反应的对映选择性可提高至 57%[38]。他们认为，甲醇作溶剂时，可以促进脯氨酸的溶解，从而提高了催化效率。在该反应的过渡态 **TS-6** 中，脯氨酸的羧基与硝基烯之间存在氢键作用，进而诱导了加成反应的立体选择性。随后，合成化学家对脯氨酸进行结构改造，以提高该反应的立体选择性。如图 4-13 所示，Kotsuki 发现以带有吡啶基的手性吡咯烷 **4-47** 为催化剂，以二硝基苯磺酸（DNBS）为共催化剂，可将该反应的对映选择性提高至 99%[39]。Ley 以脯氨酸衍生的四氮唑 **4-48** 为催化剂，以异丙醇和乙醇为混合溶剂，反应的对映选择性高达 91%[40]。脯氨酸衍生的手性二胺在不对称 Michael 加成反应中也表现出优异的催化活性。Barbas 发现在 N,N-二癸基手性二胺 **4-49** 和三氟乙酸（TFA）的共同催化下，在饱和食盐水中实现了环己酮与反-β-硝基苯乙烯的不对称 Michael 加成反应，产物的 ee 值高达 89%[41]。王为等发现，以三氟甲磺酸保护的手性二胺 **4-50** 为催化剂时，反应的对映选择性可提高至 97%[42]。Pansare 等通过在脯氨酸衍生手性二胺末端增加一个叔胺基团得到的手性胺 **4-51**，在对甲苯磺酸共同催化下，以高于 99% 的 ee 值得到加成产物 **4-46**[43]。

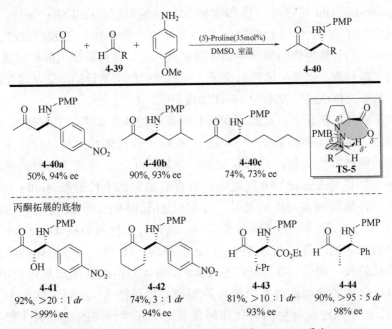

图 4-12　脯氨酸催化的三组分不对称 Mannich 反应

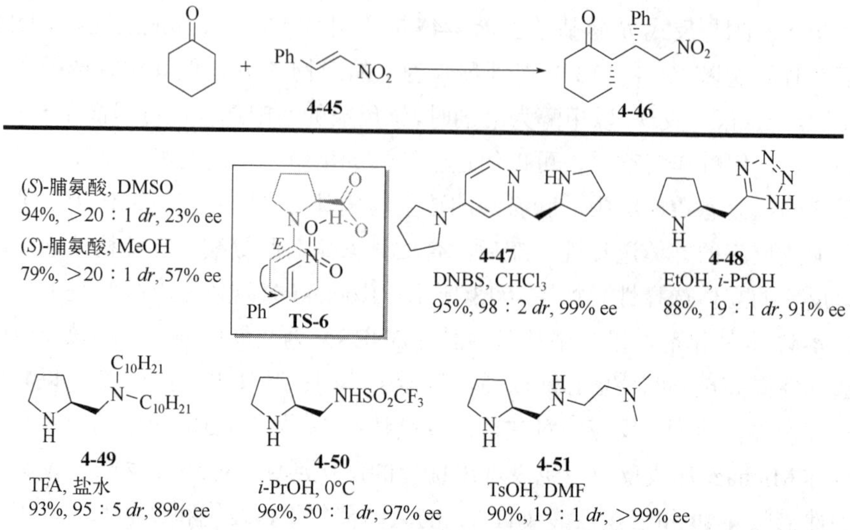

图 4-13 手性胺催化环己酮与反式-β-硝基苯乙烯的不对称 Michael 加成反应

在手性胺催化下，醛也可与硝基烯烃发生不对称 Michael 加成反应（图 4-14）。2001 年，Barbas 课题组发现，手性二胺 **4-54** 可催化醛与硝基烯烃 **4-53** 的不对称 Michael 加成反应，以 56%～78%的 ee 值得到加成产物 **4-55**[44]。2005 年，Hayashi 课题组以 TMS 保护的二苯基脯氨醇 **4-57** 为催化剂（Jørgensen-Hayashi 催化剂），以高达 99%的 ee 值得到产物 **4-58a**～**c**[45]；但以 α-二取代醛为底物时，仅以 68%的 ee 值得到加成产物 **4-58d**。在反应过渡态 **TS-7** 中，该催化剂与醛形成的烯胺中间体以 E 式为主，使得双键上的取代基远离大位阻的二苯基醇，硝基与烯胺氮原子之间的静电作用诱导硝基烯从烯胺的 β-面接近，从而立体选择性发生 Michael 加成反应。

在手性仲胺催化下，虽然环状酮和醛都能与硝基烯烃发生不对称 Michael 加成反应，但链状脂肪族酮（如丙酮）在这一催化体系中的反应活性较低，产物的对映选择性欠佳，为了解决这一难题，化学家发展了新的伯胺配体。Tsogoeva[46]和 Schmatz[47]分别发现，以含有硫脲的手性伯胺 **4-60a** 和 **4-60b** 为催化剂，醋酸和水为添加剂时，分别以 86%和 91%的 ee 值得到加成产物 **4-59**（图 4-15）。同年，Jacobsen 也发现，以带有硫脲的伯胺 **4-60c** 为催化剂，苯甲酸为添加剂，可以高达 99%的 ee 值得到产物[48]。这些催化剂的高活性源于手性伯胺空间位阻小（过渡态 **TS-8**），可以与丙酮快速形成烯胺中间体，加之催化剂中的硫脲通过双氢键作用与硝基烯烃络合，起到了活化亲电试剂的作用，正是通过这种协同活化作用显著提升了手性胺的催化活性和立体选择性。

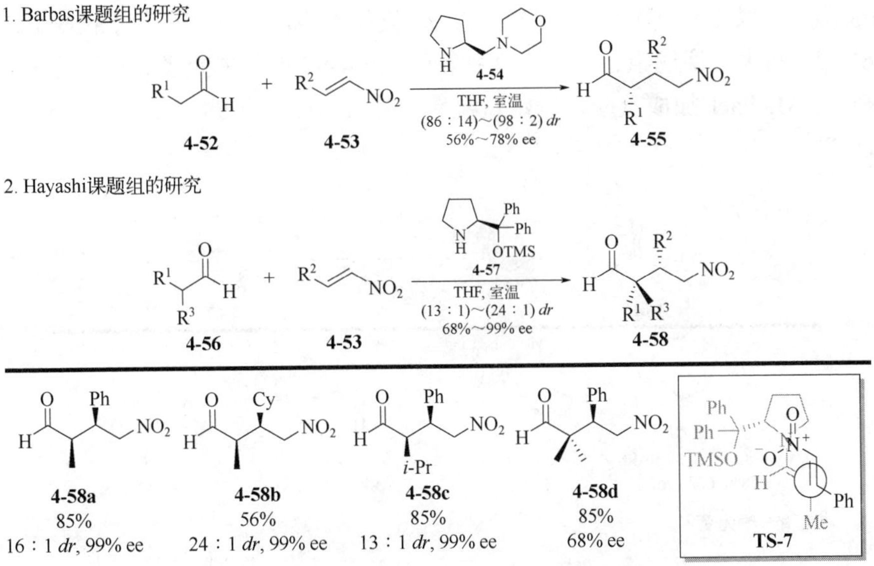

1. Barbas课题组的研究

2. Hayashi课题组的研究

图 4-14 醛与硝基烯烃的不对称 Michael 加成反应

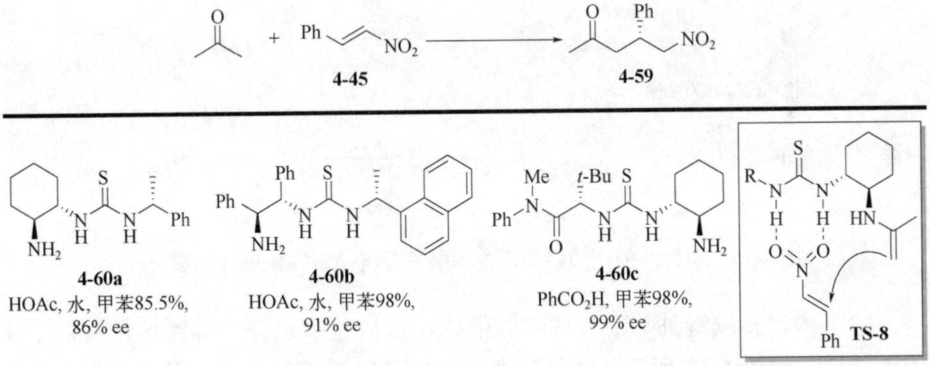

图 4-15 手性伯胺催化的丙酮与硝基烯的不对称 Michael 加成反应

硝基烯烃之外，不饱和酮和不饱和酯也可作为受体参与手性胺催化的 Michael 加成反应（图 4-16）。2003 年，Jørgensen 课题组报道了手性吡咯烷 **4-63** 催化的苯丙醛 **4-61** 与甲基乙烯基酮（MVK）的不对称 Michael 加成反应，虽然该催化体系的对映选择性仅为 65%，但这一研究为后续的手性胺催化研究提供了重要参考[49]。2005 年，Gellman 课题组发现，以手性咪唑啉酮 **4-64** 为催化剂，可将反应的对映选择性提高至 89%[50]。该课题组的进一步研究发现，以 *O*-甲基化脯氨醇 **4-65** 为催化剂，可将反应的对映选择性进一步提高至 95%[51]。Hayashi 课题组采用手性脯氨醇 **4-57**，以 97% 的 ee 值得到了加成产物。2006 年，王为课题组报道了手性二胺 **4-50** 催化的环己酮与查耳酮 **4-66** 的不对称 Michael

加成反应，以 80%的产率、50∶1 的 *dr* 值和 90%的 ee 值得到手性顺式二酮 **4-67**[52]。马大为课题组报道，手性脯氨醇 *ent*-**4-57** 催化的正戊醛与不饱和硫酯 **4-68** 的 Michael 加成反应，以定量收率、7∶1 *dr* 值和 99% ee 值得到手性醛 **4-69**[53]。

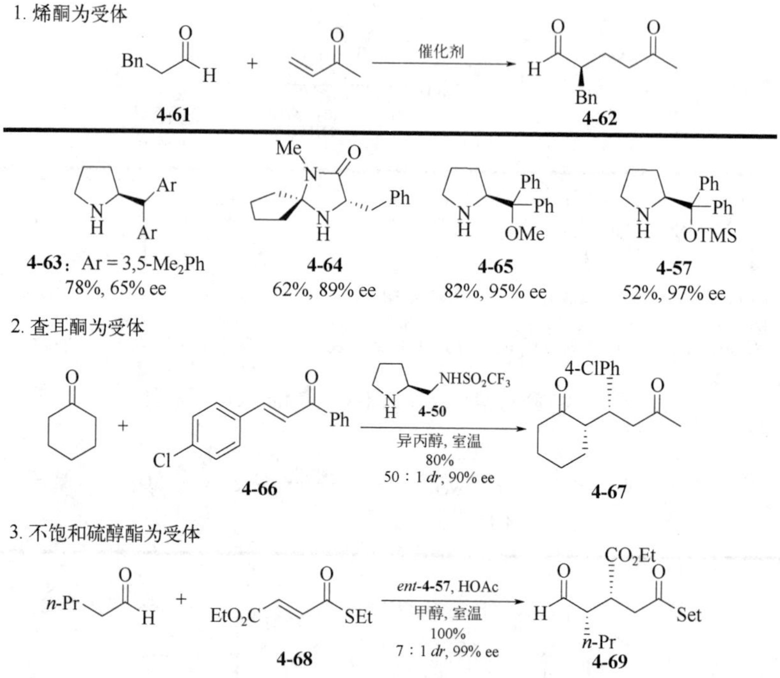

图 4-16　手性胺催化的醛与不饱和酮/酯的不对称 Michael 加成反应

除了构建碳碳键外，不对称烯胺催化还可构建碳杂键，得到 α-位官能团化的手性醛。如图 4-17 所示，钟国富课题组以脯氨酸为催化剂，以亚硝基苯为氧化剂，成功实现了醛的 α-不对称氧化反应，以 94%～99%的 ee 值得到手性 α-羟基醛 **4-71**[54]。Jørgensen 课题组使用 Jørgensen-Hayashi 催化剂 **4-72**，以 *N*-苯硫基-1,2,4-三唑为硫化试剂，实现了醛的 α-不对称硫醚化反应，以 61%～98%的 ee 值得到手性 α-苄硫基取代醛 **4-73**[55]。值得一提的是，不对称卤代反应，如 C_2-对称的手性胺 **4-74** 可催化醛的 α-位不对称氯代反应，以 81%～97%的 ee 值得到手性 α-氯代醛 **4-75**[56]。MacMillan 课题组以手性噁唑啉酮 **4-76** 的二氯乙酸盐为催化剂，以 *N*-氟代苯磺酰胺为氟化试剂，以优异的对映选择性（91%～98% ee）得到手性 α-氟代醛 **4-77**[57]。List 课题组以 L-脯氨酸为催化剂，以偶氮二甲酸酯为亲电试剂，实现了醛的 α-不对称胺化反应，以 95%～97%的 ee 值得到手性 α-氨基醛 **4-78**[58]。

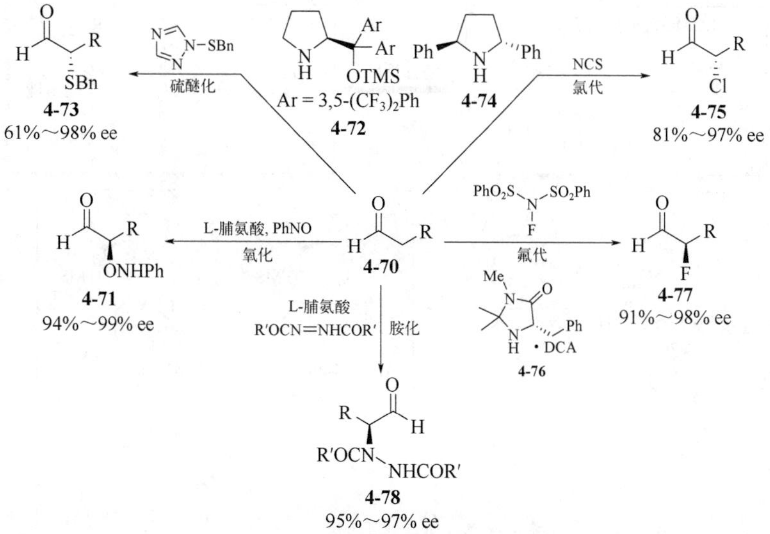

图 4-17 手性胺催化的醛的 α-官能团化反应

　　早在 1934 年，Fuson 就提出，随着共轭体系中不饱和碳链的增长，官能团对共轭体系中碳原子的亲电性或亲核性的影响随着共轭体系得到延伸，此即插烯规则（vinylogy rule）。在烯胺催化模式下，羰基化合物与胺形成烯胺后，α-碳原子的 LUMO 轨道能量升高，从而表现出较强的亲核性。在羰基与其邻位的 α-碳原子之间直接插入一个烯基单元之后，烯醛与胺缩合脱水、异构化后，可形成二烯胺。根据插烯规则可知，二烯胺除了 α-碳原子具有亲核性外，该中间体的 γ-碳原子也表现出亲核性（图 4-18）。2006 年，Jørgensen 课题组首次报道了手性胺催化不饱和醛的二烯胺活化模式，不饱和醛 4-79 与手性脯氨醇 4-72 缩合脱水，形成亚胺正离子中间体 4-80，进一步异构化为二烯胺 4-81[59]。该中间体的 β,γ-碳碳双键与偶氮二甲酸乙酯发生杂 Diels-Alder 环加成反应，得到手性化合物 4-82，最后水解开环得到 γ-位不对称胺化产物 4-83。

　　在手性胺催化下，不饱和醛形成的二烯胺中间体——β,γ-碳碳双键还可以与缺电子的二烯烃发生反电子需求的 Diels-Alder 环加成反应，该反应可用来构建手性环己烯骨架（图 4-19）。2010 年，四川大学陈应春课题组发现，在 Jørgensen-Hayashi 催化剂 4-57 作用下，巴豆醛通过手性二烯胺中间体与亚甲基丙二腈 4-84 发生反电子需求的 Diels-Alder 环加成反应，以 89∶11 的 dr 值和 98% 的 ee 值得到手性环己烯 4-85[60]。此外，手性二烯胺催化模式也可实现不饱和醛 γ-位的不对称催化 Aldol 缩合反应。Melchiorre 课题组发现，手性脯氨醇 4-88 可催化不饱和醛 4-87 与靛红 4-86 的插烯 Aldol 缩合反应，以 3.2∶1 的 dr 值和 90% 的 ee 值得到含有两个连续手性中心的加成产物 4-89[61]。

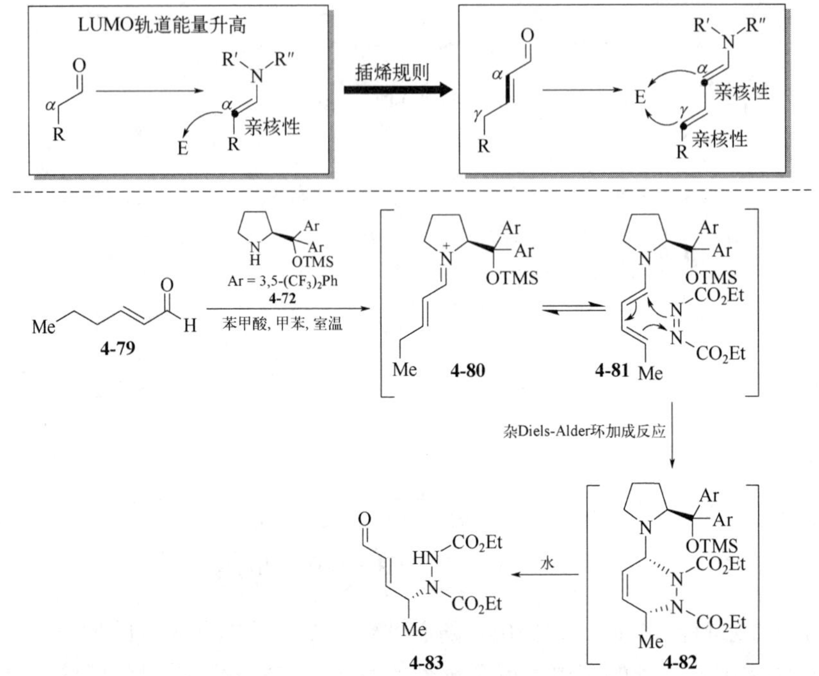

图 4-18　二烯胺催化模式

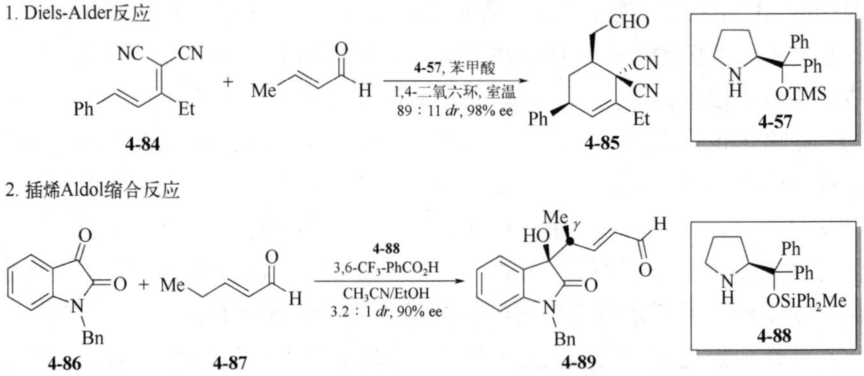

图 4-19　手性胺催化不饱和醛的二烯胺活化

相对于不饱和醛而言，烯酮羰基的位阻较大，它与仲胺缩合脱水形成烯胺的反应能垒较高，导致催化难以进行。相对而言，手性伯胺催化剂的位阻比较小，更易与大位阻的醛或酮缩合脱水，从而实现烯胺模式活化。此外，由于 α,β-环己烯酮存在多个可烯醇异构化位点，故其与手性胺缩合异构化时可形成多种二烯胺中间体，从而导致副产物的生成。2010 年，Melchiorre 课题组发现奎宁衍生物——手性伯胺 **4-91** 能催化环己烯酮 **4-90** 与反式-β-硝基苯乙烯 **4-45** 的不对称 Michael 加成反应（图 4-20），反应的对映选择性高达 98%[62]。需要指出的是，在此催化体系中，反应的区域选择性发生在烯酮的 γ-位，以 95%的产率得到加成产物 **4-92**。该课题组后续还报道，含有硫脲官能团的手性伯胺 **4-94** 能催化环己烯酮 **4-90** 与 β-酮酸酯 **4-93** 的不对称插烯 Aldol 缩合反应，以 94%的 ee 值得到手性烯酮 **4-95**[63]。

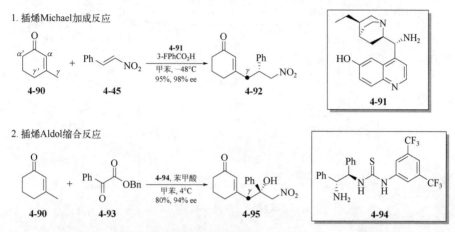

图 4-20　手性胺伯催化烯酮的插烯 Michael 加成及 Aldol 缩合反应

　　根据插烯规则，烯胺催化模式可进一步推广至含有共轭二烯的醛类底物，形成的三烯胺中间体虽有多个亲核性位点，但受到空间位阻的影响，反应一般发生在最远端的碳原子上。如图 4-21 所示，2011 年，Jørgensen 和陈应春课题组首次报道了 2,4-己二烯醛 **4-96** 与亚甲基氧化吲哚 **4-97** 在手性脯氨醇 **4-57** 与邻氟苯甲酸共同催化下，发生不对称[4+2]环加成反应，以 98%产率和 98%的 ee 值得到环化产物 **4-98**[64]。理论计算表明：2,4-己二烯醛与手性脯氨醇形成的中间体——三烯胺异构体中，全反式中间体 **A** 的能量最低。参与[4+2]环加成反应的两个可能的 *s-cis* 三烯胺——**B** 和 **C** 的能量稍高，分别为 3.6kcal/mol 和 3.8kcal/mol；并且，异构化为这两个中间体的过渡态的能量也比较接近，分别为 10.0kcal/mol 和 11.8kcal/mol。但是，在接下来的[4+2]环加成反应中，中间体 **C** 中参与反应的二烯靠近手性脯氨醇结构单元，其 *endo* 过渡态 **TS-9** 中，亲双烯体的氧化吲哚部分与手性脯氨醇之间存在空间排斥作用，导致其过渡态能量过高。而中间体 **B** 与亚甲基氧化吲哚经 *endo* 过渡态 **TS-10** 发生的环加成反应具有较低的反应能垒。此外，为了避免大位阻二苯基醇的空间排斥，亚甲基氧化吲哚从三烯胺的 α-面接近，从而立体选择性得到环加成产物 **4-98**。

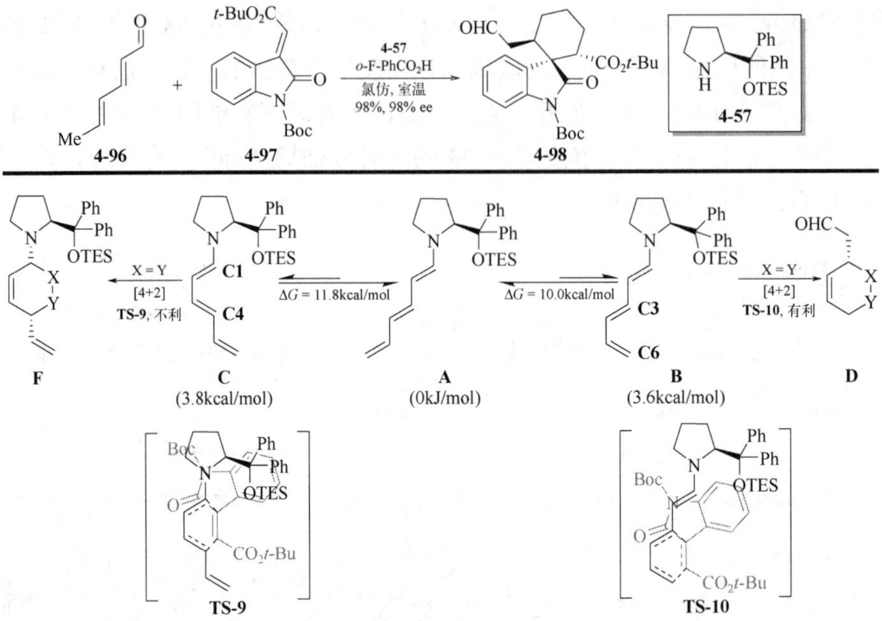

图 4-21　三烯胺催化模式

三、不对称亚胺催化

　　亚胺催化模式指的是手性胺与 α,β-不饱和醛或 α,β-不饱和酮脱水后形成亚胺正离子，由于氮原子所带的正电荷降了 α,β-不饱和双键 LUMO 轨道能量，从而增强了 β-碳原子的亲电性。MacMillan 教授首次报道手性亚胺催化反应之后，合成化学家利用这一催化模式发展了一系列 α,β-不饱和醛的不对称催化环加成反应和亲电加成反应，本部分将对其研究进展进行系统介绍。

　　2000 年，MacMillan 教授用 **4-101** 催化巴豆醛 **4-99** 与硝酮 **4-100** 的对映选择性[3+2]环加成反应（图 4-22），以 70%的产率、94∶6 的 *endo/exo* 和 94%的 ee 值得到异噁唑啉 **4-102**[65]。除了构建五元环和六元环体系外，亚胺催化同样可应用于构建三元环。2005 年，MacMillan 课题组报道了手性二氢吲哚羧酸催化不饱和醛 **4-103** 和硫叶立德 **4-104** 的环化反应，以 30∶1 的 *dr* 值和 95%的 ee 值得到环丙烷基甲醛 **4-105**[66]。如过渡态 **TS-11** 所示，二氢吲哚羧酸与不饱和醛形成亚胺正离子中间体，同时羧基负离子与硫叶立德 **4-104** 通过静电吸引，诱导亲核加成的面选择性。接着，形成的烯胺中间体进攻酮羰基 α-位的苯硫基，关环得到环丙烷产物。同年，Jørgensen 课题组报道了手性脯胺醇 **4-72** 催化的肉桂醛的不对称环氧化反应，以双氧水为氧化剂，以 93∶7 的 *dr* 值和 96%的 ee 值得到环氧化物[67]。与环丙烷化反应类似，该反应通过串联亲核加成/环化反应进行。

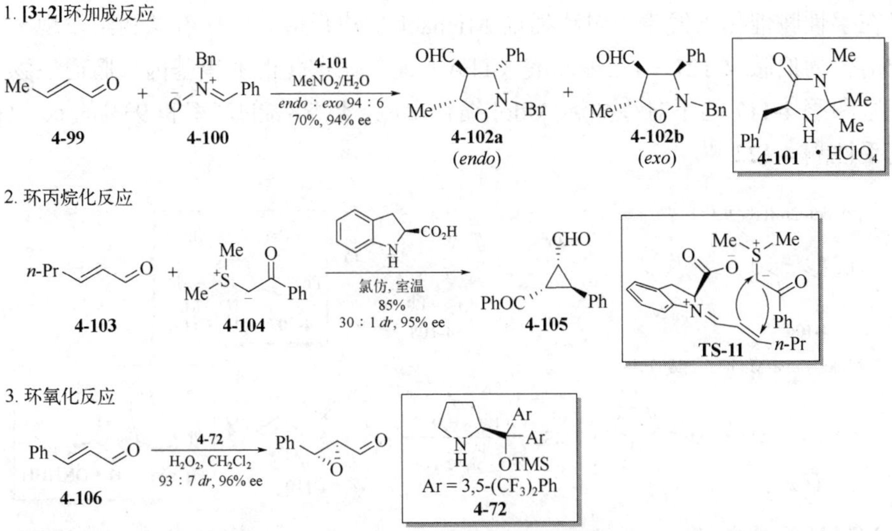

1. **[3+2]环加成反应**

2. 环丙烷化反应

3. 环氧化反应

图 4-22 手性胺催化 α,β-不饱和醛的不对称环化反应

手性伯胺与不饱和醛缩合脱水形成亚胺正离子中间体，其 β-碳原子电子云密度降低、亲电性增强，在手性胺控制下可发生不对称亲核加成反应（图 4-23）。Friedel-Crafts 烷基化反应是富电子芳香化合物与亲电性碳原子之间的加成反应，MacMillan 课题组以 **4-107** 为催化剂，实现了肉桂醛 **4-106** 与 N-甲基吡咯的不对称催化 Friedel-Crafts 烷基化反应，以 93%的 ee 值得到手性醛 **4-108**[68]。**4-109** 可催化巴豆醛与硅氧基呋喃之间的 Mukaiyma 插烯 Michael 加成反应，以 22∶1 的 dr 值和 92%的 ee 值得到具有双手性中心的醛 **4-110**[69]。除了碳亲核试剂之外，手性胺还可以催化不饱和醛与杂原子的 Michael 加成反应。MacMillan 等以羟胺 **4-111** 为亲核试剂，在手性胺 **4-112** 催化下与巴豆醛发生氮杂 Michael 加成反应，以 92%的 ee 值到 β-氨基醛 **4-113**[70]。2006 年，Jørgensen 课题组以苯甲醛衍生的肟 **4-114** 为亲核试剂，在手性脯胺醇 **4-72** 的催化下与不饱和醛 **4-87** 发生不对称氧杂 Michael 加成反应，以 95%的 ee 值得到 β-羟基醛 **4-115**[71]。

α,β-烯酮也可与手性胺形成亚胺正离子而被活化，但受空间位阻影响，需用位阻较小的手性伯胺作催化剂（图 4-24）。2007 年，陈应春等发现，在辛可宁衍生的手性伯胺 **4-118** 与三氟甲磺酸的共同催化下，烯酮 **4-117** 与吲哚 **4-116** 发生不对称 Friedel-Crafts 烷基化反应，以 72%的产率和 65%的 ee 值得到吲哚衍生物 **4-119**[72]。同年，Melchiorre 课题组发现，以奎宁衍生的伯胺 **4-121** 为催化剂，Boc 保护的 D-苯甘氨酸为共催化剂，产物的对映选择性达到 88%[73]。这个反应展示了在亚胺活化模式下，抗衡阴离子与亚胺正离子在反应过程中形成了紧密离子对，其手性对反应的选择性也有影响。α,β-烯酮作为亲电试剂，也可在手性胺催化下发生不对称插烯 Michael 加成反应。陈应春课题组发现，奎宁衍生的伯胺 **4-121** 与三氟乙酸（TFA）能共同催化的亚甲基丙二腈衍生物与不饱和酮 **4-117** 的不对称插烯 Aldol 缩合反应，以 88% 的产率和 93% 的 ee 值得到手性酮 **4-122**[74]。

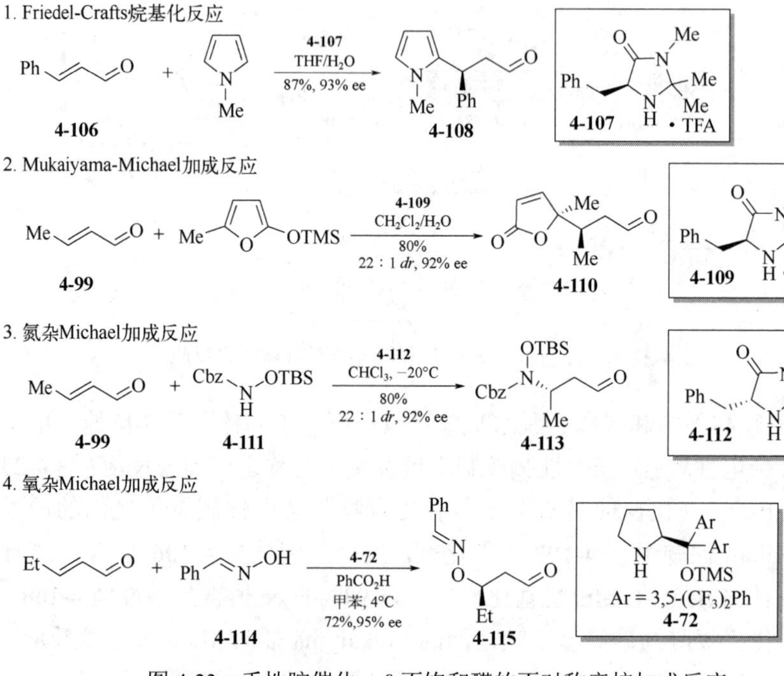

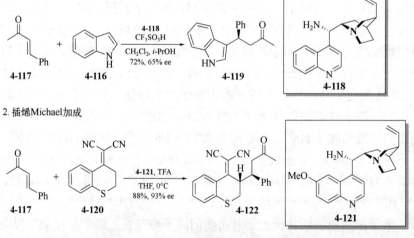

1. Friedel-Crafts烷基化反应

2. Mukaiyama-Michael加成反应

3. 氮杂Michael加成反应

4. 氧杂Michael加成反应

图 4-23　手性胺催化 *α,β*-不饱和醛的不对称亲核加成反应

1. Friedel-Crafts烷基化

2. 插烯Michael加成

图 4-24　手性胺催化烯酮的不对称亲核加成反应

在亚胺催化模式下，手性胺与不饱和醛缩合脱水形成亚胺正离子，其再发生亲核加成反应，得到烯胺中间体 **4-124**。假如体系中同时存在亲电试剂，烯胺可进一步与之反应，得到 α-与 β-双官能团化产物 **4-125**，这一催化模式被称为亚胺-烯胺串联催化（图 4-25）。需要指出的是，在串联催化模式下，参与反应的亲核试剂与亲电试剂之间不能直接发生反应，或者二者之间的反应速率要大大低于亚胺的反应速率，才能得到串联催化产物。MaMillan 教授报道了 **4-128** 催化的硅氧基呋喃、巴豆醛及六氯环己二烯酮的串联反应。在该反应中，硅氧基呋喃首先与巴豆醛发生不对称 Michael 加成反应，得到烯胺中间体；再与六氯代环己二烯酮发生氯代反应，以 > 25：1 *dr* 和 ee > 99%得到手性醛 **4-129**[75]。值得注意的是，该反应一步构建了三个连续手性中心，其中包括一个四取代手性碳原子。同年，Jørgensen 课题组报道了手性胺催化巴豆醛、苄硫醇和偶氮二甲酸二乙酯的三组分反应。在手性脯胺醇 **4-72** 催化下，苄硫醇首先与巴豆醛发生不对称硫杂 Michael 加成反应，得到的烯胺中间体再与偶氮二甲酸二乙酯发生胺化反应；产物经硼氢化钠还原、碱性条件关环，以 93：7 *dr* 和 ee > 99%得到 **4-131**[76]。

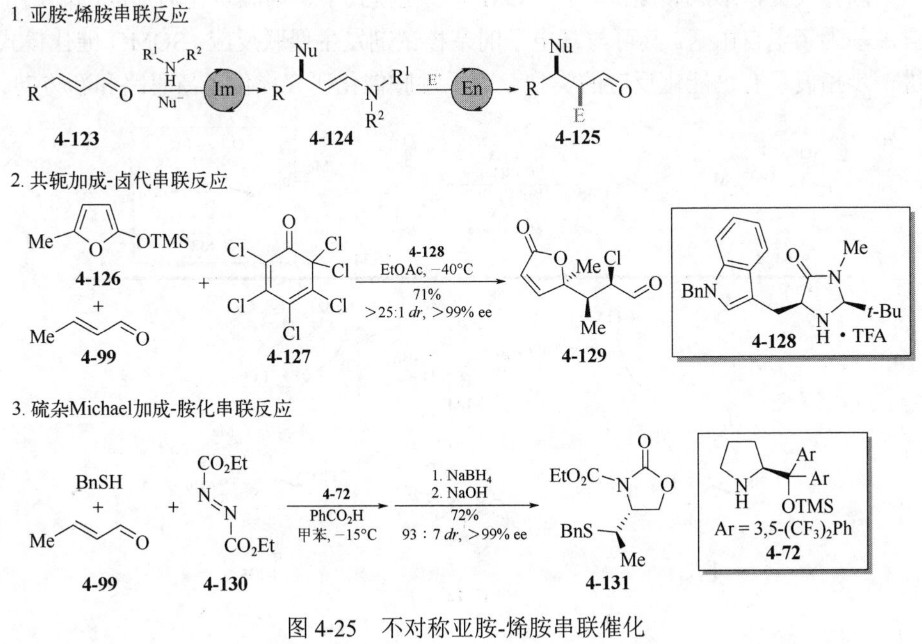

1. 亚胺-烯胺串联反应

2. 共轭加成-卤代串联反应

3. 硫杂Michael加成-胺化串联反应

图 4-25 不对称亚胺-烯胺串联催化

四、单占分子轨道催化

前面介绍了手性胺的烯胺催化和亚胺催化，在这两种催化模式中，亲电/亲核试剂反应时电子成对转移。但是，当反应体系中存在合适的单电子氧化剂时，具有更低电离势能的烯胺中间体易被氧化为阳离子自由基，后续反应中烯胺以自由基形式参与反应，这类活化模式被统称为单占分子轨道（single occupied molecular orbital，SOMO）催化。

2007 年，MacMillan 教授首次提出 SOMO 催化概念，并且采用这一催化成功实现了醛的 α-位不对称烯丙基化反应（图 4-26）。该反应以 **4-133** 为催化剂，正辛醛 **4-132** 与烯丙基硅烷在硝酸铈铵（CAN）作用下发生氧化偶联反应，以 81% 的产率和 91% 的 ee 值得到烯丙基化产物 **4-134**[77]。反应机理如图 4-26 所示：首先，**4-133** 与正庚醛缩合脱水形成亚胺，亚胺进一步异构化为烯胺 **4-135**；接着，硝酸铈铵将该烯胺中间体氧化为氮阳离子自由基 **4-136**，再通过电子共振转化为碳自由基 **4-137**；然后，碳自由基中间体进攻烯丙基硅烷，脱除硅自由基，得到亚胺正离子 **4-138**；最后，亚胺离子水解，释放产物，再生催化剂，从而完成整个催化循环。理论计算表明：E 式构型的阳离子自由基 **4-137** 更加稳定，其烯基取代基远离大位阻的叔丁基，减弱了空间排斥作用。该中间体的 re-面被催化剂的苄基所屏蔽（过渡态 **TS-12**），导致烯丙基硅基只能从 si-面与该中间体反应，形成碳碳键。在 SOMO 催化模式下，烯胺氧化后形成的阳离子自由基为亲电自由基，其可与富电子的亲核试剂发生偶联反应。SOMO 催化模式进一步拓展了有机催化反应的类型，为手性胺催化研究提供了新思路和新方向。

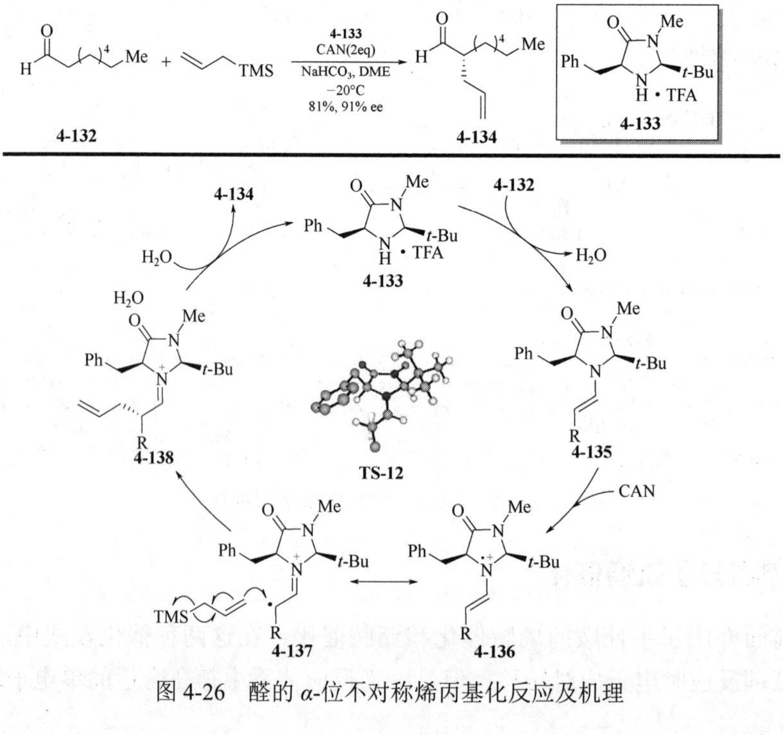

图 4-26　醛的 α-位不对称烯丙基化反应及机理

MacMillan 课题组发现 SOMO 催化模式之后，合成化学家将这一催化模式应用于醛和其他亲核试剂的不对称氧化偶联反应（图 4-27）。例如，在 **4-140** 催化下，CAN 做氧化剂，正己醛与烯醇硅醚 **4-139** 顺利发生不对称氧化偶联反应，以 85% 的产率和 90% 的 ee 值得到手性醛 **4-141**[78]。该策略不仅可用于构建 $C(sp^3)$—$C(sp^3)$ 键，还可以用于醛 α-位的烯基化及芳基化反应。例如，以烯基三氟硼酸钾为亲核试剂，以 CAN 为氧化剂，丙醛在 **4-133** 催化下发生 α-位烯基化反应，以 72% 的产率和 94% 的 ee 值得到手性醛 **4-143**[79]。芳基化反应则需要以二苯基三氟磺酸碘鎓盐 **4-144** 为芳基化试剂，在氯化亚铜与手性胺的共同催化下，以 90% 的产率和 92% 的 ee 值得到醛 α-位芳基化产物 **4-146**[80]。在该反应中，氯化亚铜先被 **4-144** 氧化为三价铜，它通过单电子转移将烯胺中间体氧化为烯胺正离子自由基及二价芳基铜中间体；接着，烯胺正离子自由基的 α-碳原子与二价芳基铜在 **4-145** 诱导下立体选择性加成，得到三价铜中间体（过渡态 **TS-12**）；最后，三价铜中间体经还原消除，得到手性 α-芳基化产物。

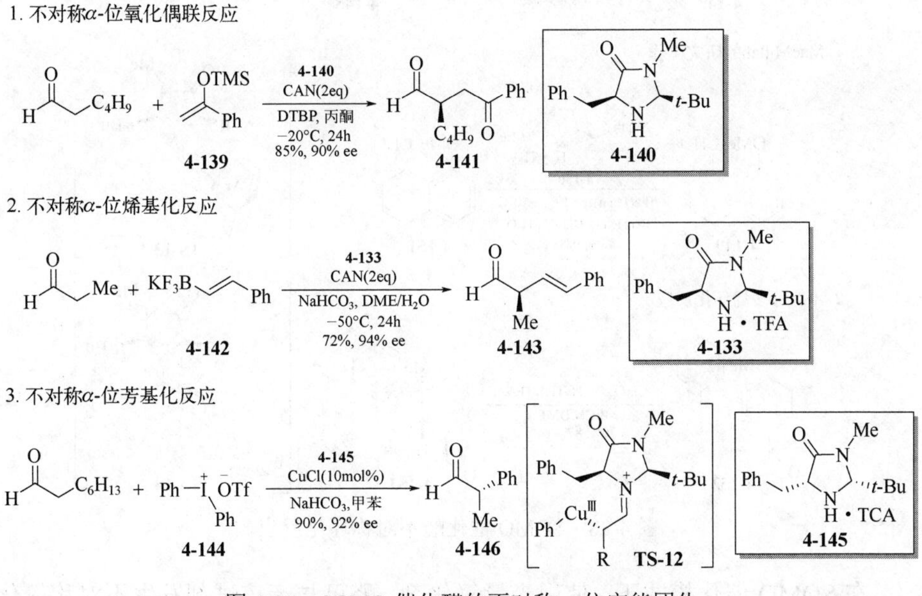

1. 不对称 α-位氧化偶联反应

2. 不对称 α-位烯基化反应

3. 不对称 α-位芳基化反应

图 4-27　SOMO 催化醛的不对称 α-位官能团化

除了发生分子间反应之外，SOMO 催化还可实现醛的不对称分子内自由基环化反应。如图 4-28 所示，Nicolaou 教授发现，在 **4-133** 催化下，以 CAN 作氧化剂，醛 **4-147** 发生环化反应，以 60% 的产率和 95% 的 ee 值得到手性四氢萘 **4-148**[81]。同年，MacMillan 课题组也报道了相同的反应，他们发现在 **4-150** 催化下，以 [Fe(phen)$_3$]·PF$_6$ 为氧化剂，醛 **4-149** 发生环化反应，以 80% 产率和 98%的 ee 值得到手性醛 **4-151**[82]。理论计算表明：中间体烯胺阳离子自由基进攻富电子芳环，发生环化反应[83]；在过渡态 **TS-13** 中，催化剂手性中心的两个取代基屏蔽了烯胺阳离子自由基的 β-面，芳环只能从平面下方接近 α-碳自由基，立体选择性得到环化产物 **4-151**。MacMillan 教授进一步将该催化环化反应模式应用于烯醛 **4-152** 的不对称催化多烯环化反应[84]。在该反应中，醛 **4-152** 与 **4-150** 形成的烯胺中间体被三氟甲磺酸铜氧化成烯胺阳离子自由基，接着经过双椅式过渡态 **TS-14** 串联关环，以 70%的产率和 87%的 ee 值得到手性三环产物 **4-153**。

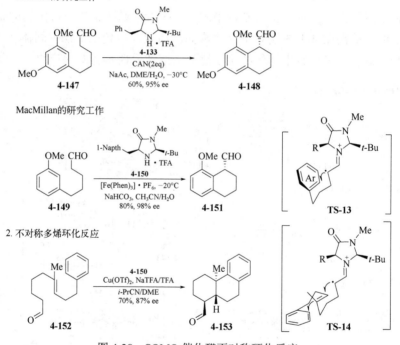

图 4-28　SOMO 催化醛不对称环化反应

在 SOMO 催化模式下，使用当量氧化剂，醛可与亲核试剂发生不对称氧化偶联反应，实现醛的 α-烷基化、烯基化、芳基化反应。但在烯胺催化模式下，醛的 α-碳原子与亲电性烷基化试剂无法直接反应得到 α-烷基化产物，这是由二者的亲核性与亲电性不匹配导致的。MacMillan 发现，将光氧化还原催化与有机小分子催化相结合，可通过开壳自由基加成机理实现正辛醛的不对称 α-烷基化反应[85]，以 93%的产率和 90%的 ee 值得到手性醛 **4-156**。该反应催化机理为：首先，正辛醛与手性胺 **4-155** 缩合脱水，异构化形成烯胺 **4-156**；与此同时，溴代丙二酸二乙酯被还原态光催化剂[Ru(bpy)₃]⁺还原（由[Ru(bpy)₃]Cl₂激化后还原产生），得到亲电自由基 **4-159**，同时形成[Ru(bpy)₃]²⁺；然后，自由基 **4-159** 亲电进攻富电子烯胺，生成碳自由基 **4-157**，在加成过程中（过渡态 **TS-15**），催化剂叔丁基的位阻较大，自由基只能从烯胺的 *si*-面进攻，立体选择性形成新的碳碳键，与此同时，体系中的可见光催化剂[Ru(bpy)₃]²⁺在光激发下形成激发态[Ru(bpy)₃]²⁺*，其氧化能力增强，激发态光催化剂经单电子转移，将碳自由基 **4-157** 氧化为亚胺正离子 **4-158**，其自身则被还原为[Ru(bpy)₃]⁺；最后，亚胺正离子水解，再生催化剂的同时释放出产物。该策略将有机催化与光氧化还原催化两者巧妙结合，不仅解决了醛的不对称烷基化这一挑战性化学难题，还为光催化反应研究提供了新思路，并为光催化反应研究复兴提供了新契机（图 4-29）。

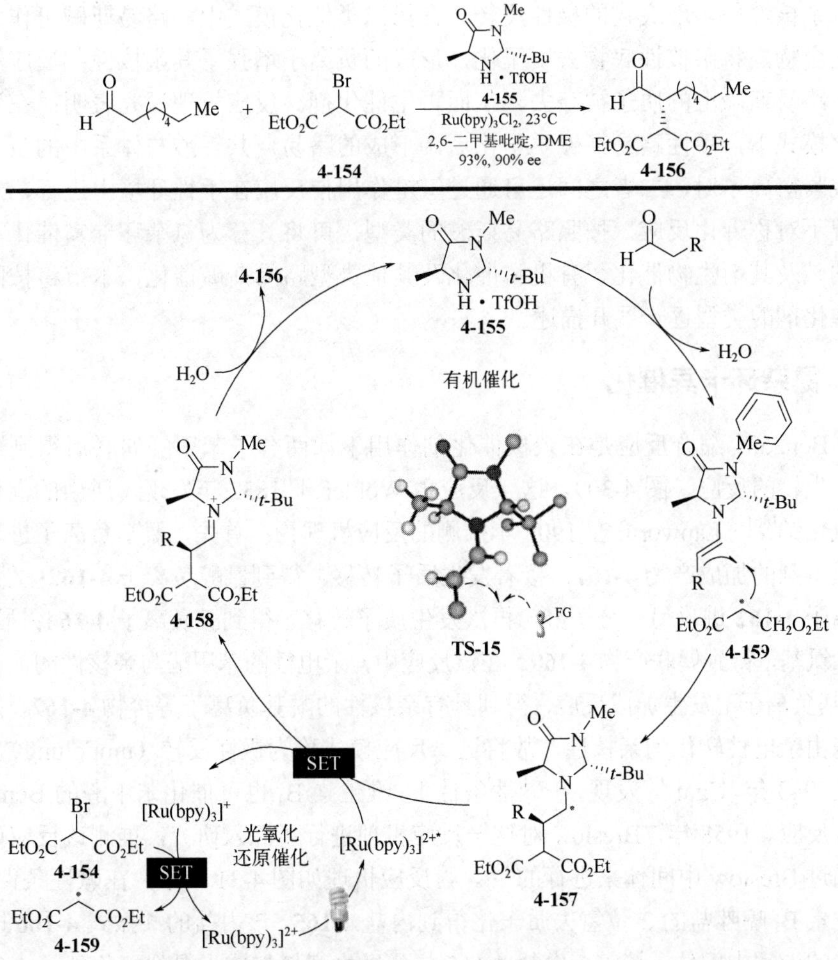

图 4-29　有机光氧化还原协同催化醛的不对称烷基化反应

第二节 不对称路易斯碱催化

根据路易斯酸碱理论，路易斯碱是指能够提供电子的物质。有机路易斯碱催化剂的中心原子（如 C、N 或 P 原子）上有一对孤对电子，在反应过程中既可与底物形成共价键催化反应，也可作为布朗斯特碱将底物去质子化而活化底物。在第一种催化模式中，路易斯碱催化剂与亲电底物发生加成反应形成共价键，从而活化底物、启动反应，反应结束后又从产物中解离出来，实现催化循环，此即路易斯碱共价催化模式。在共价催化模式中，生成的加成产物在路易斯碱的孤对电子作用下，可通过共振改变底物的反应特性，将底物从亲电性转化为亲核性，实现底物的极性反转。在第二类催化模式中，路易斯碱可作为碱性化合物，将亲核性底物去质子化，形成的负离子增强了其亲核性；反应结束后，路易斯碱上的质子被夺去，从而再生催化剂。反应机理探究表明：在这一催化模式下，手性路易斯碱质子化后，形成的路易斯共轭酸与体系中的负离子形成紧密离子对，二者之间还可通过氢键作用使反应在手性环境中进行，从而实现不对称催化反应。按照路易斯碱的类型，可将其分为氮杂环卡宾催化、金鸡纳碱及其衍生物催化、有机膦催化及其他类型路易斯碱催化，本节将按照这些催化剂的类型逐一展开描述。

一、氮杂环卡宾催化

Benzoin 缩合反应是在亲核催化剂作用下，两分子苯甲醛偶联后得到羟基酮衍生物的反应（图 4-30）。这一反应由 Wöhler 于 1832 年发现，所用的催化剂为氰化钠[86]。Lapworth 在 1903 年推测的反应机理为：首先，氰基负离子进攻苯甲醛得到的加成产物 4-161，接着发生质子转移，得到氰醇负离子 4-162；然后，负离子 4-162 进攻另一分子醛，再次发生质子转移，得到醇负离子 4-164；最后，消除氰基，得到偶联产物 4-160。在该反应中，亲电性的苯甲醛与亲核性的催化剂（氰基负离子）发生加成反应，得到具有亲核性的酰基负离子等价物 4-162，使得醛基由亲电性转化为亲核性，故将这一反应模式称为极性反转（umpolung）[87]。

1943 年，Ugai 等发现，在碱性条件下，维生素 B_1 也可催化苯甲醛的 Benzoin 缩合反应。1958 年，Breslow 对这一反应机理进行了深入研究，推测该反应可能是通过 Breslow 中间体来进行的[88]。其反应机理如图 4-31 所示。在碱性条件下，维生素 B_1 噻唑盐的 2-位氢去质子化得到内盐 4-165，该内盐的共振式 4-166 即为假设的卡宾中间体。接着，内盐 4-165 与醛发生亲核加成，得到醇负离子 4-167，

其 α-质子转移至氧原子后得到中间体 I，该中间体通过共振即可转化为中性结构 II，该结构被称为 Breslow 中间体。该中间体的烯胺结构具有亲核性，从而实现了极性反转。最后，Breslow 中间体进攻另外一分子醛，得到加成产物 **4-168**，再次发生分子内质子转移、电子转移消除噻唑催化剂，即可得到目标产物。

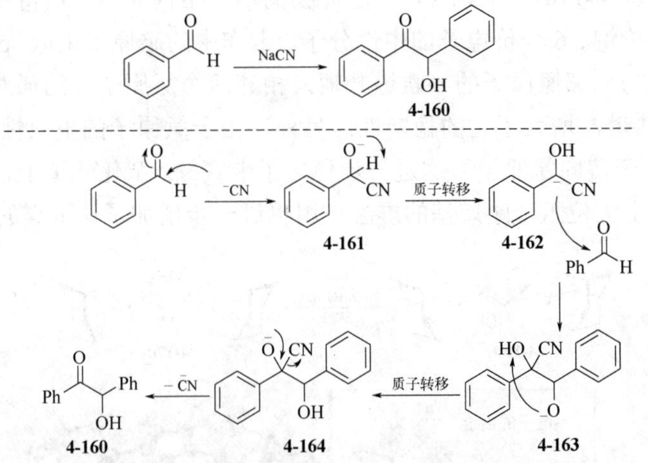

图 4-30　氰化钠催化的 Benzoin 缩合反应

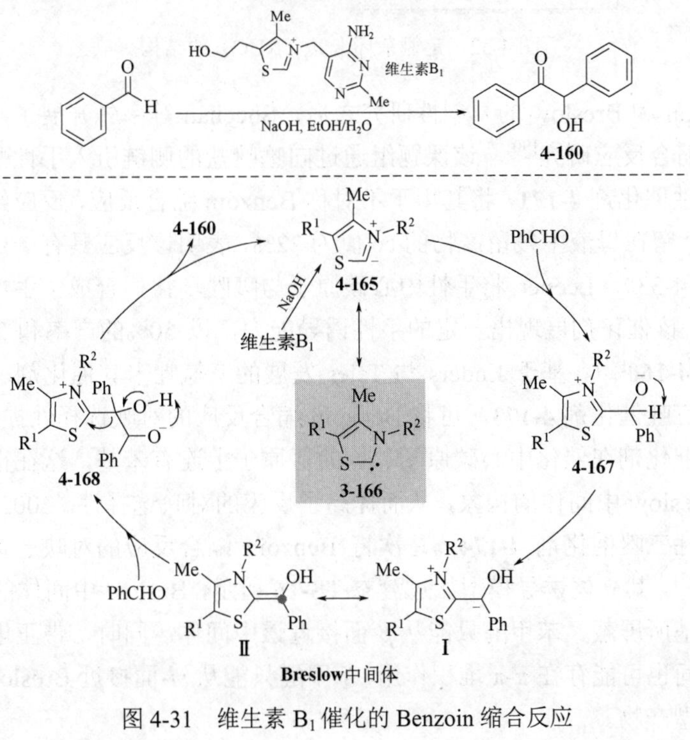

图 4-31　维生素 B₁ 催化的 Benzoin 缩合反应

在维生素 B₁ 催化的 Benzoin 缩合反应中,催化剂去质子化得到的内盐 **4-165** 是否存在卡宾形态 **4-166** 一直存在很大的争议。虽然通过与金属络合间接确定了该中间体应该为卡宾,但一直缺乏直接证据来确定其结构。直到 1991 年,Arduengo 发现用叔丁醇钠处理咪唑盐 **4-169**,以 96%的产率得到具有稳定结构的氮杂环卡宾 **4-170**(图 4-32)[89]。产物的单晶结构显示,所得单线态卡宾为具有两个共价键、6 个价电子的中性分子。卡宾中的碳原子采取 sp² 杂化,其中的空 p 轨道与相邻氮原子的 p 轨道共轭,相邻两个氮原子上的孤对电子可分散到此空 p 轨道,增强了它的稳定性。另外,由于氮原子的电负性较大,C—N 键的 σ 电子云偏向氮原子,这进一步稳定了卡宾 sp² 杂化轨道上孤对电子。此外,氮原子上大位阻金刚烷基的屏蔽作用也进一步增加了该卡宾的稳定性。

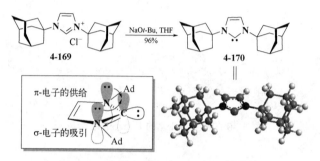

图 4-32 定氮杂环卡宾(NHC)的结构

在 Ugai 和 Breslow 的开创性研究之后,Sheehan 等率先开展了不对称催化 Benzoin 缩合反应研究[90]。该课题组通过向噻唑盐的侧链引入手性酯基片段,合成了手性催化剂 **4-171**,将其用于不对称 Benzoin 缩合反应,反应结束后析出产物结晶,留在母液中残留产物的 ee 值为 22%,表明该反应具有一定的对映选择性(图 4-33)。Leeper 将手性中心碳原子与噻唑环化,合成了手性双环催化剂 **4-172**。该催化剂展现出一定的手性诱导能力,以 50%的产率和 20.5%的 ee 值得到了 **4-160**[91]。基于 Enders 与 Teles 发展的三氮唑卡宾催化剂,Leeper 合成了双环三唑催化剂 **4-173**,可将 Benzoin 缩合反应的对映选择性提高至 80%。三唑卡宾催化剂在催化中心碳原子邻近的氮原子上连有苯基,这在很大程度上限制了 Breslow 中间体的构象,从而提高了反应的对映选择性。2002 年,Ender 合成了手性三唑催化剂 **4-174**,首次将 Benzoin 缩合反应的对映选择性提高至 90%以上[92]。其立体诱导模型如过渡态 **TS-16** 所示,Beslow 中间体的 α-面被大位阻叔丁基所屏蔽,苯甲醛只能从 β-面接近该中间体。同时,带正电的氮原子与苯环之间也可能存在 π-π 堆积作用,苯甲醛只能从 si-面接近 Breslow 中间体,得到 S-构型产物。

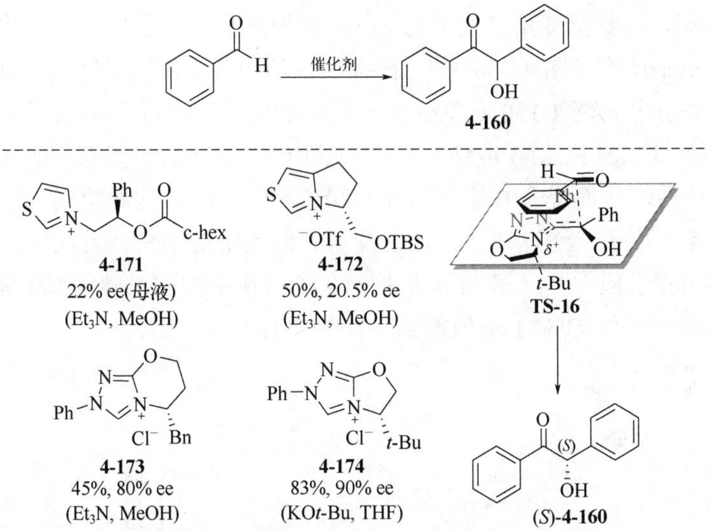

图 4-33　手性卡宾催化不对称 Benzoin 缩合反应

Stetter 陆续报道了一系列氰化钠与噻唑盐共同催化的醛与不饱和酯、不饱和酮、不饱和腈的加成反应，这些反应统称为 Stetter 反应（图 4-34）[93]。该反应的机理为：氰基与醛通过亲核加成、质子转移得到腈醇负离子 **4-162**，该中间体与丙烯酸甲酯发生 1,4-加成反应，接着质子转移得到醇负离子 **4-177**，然后消除氰基负离子即可得到加成产物 **4-175**。用噻唑盐催化反应时，醛与卡宾形成 Breslow 中间体 Ⅱ，该中间体亲核进攻丙烯酸甲酯，得到的烯醇负离子经过质子转移获得噻唑盐 **4-179**，最后消除噻唑卡宾生成加成产物的同时再生催化剂。

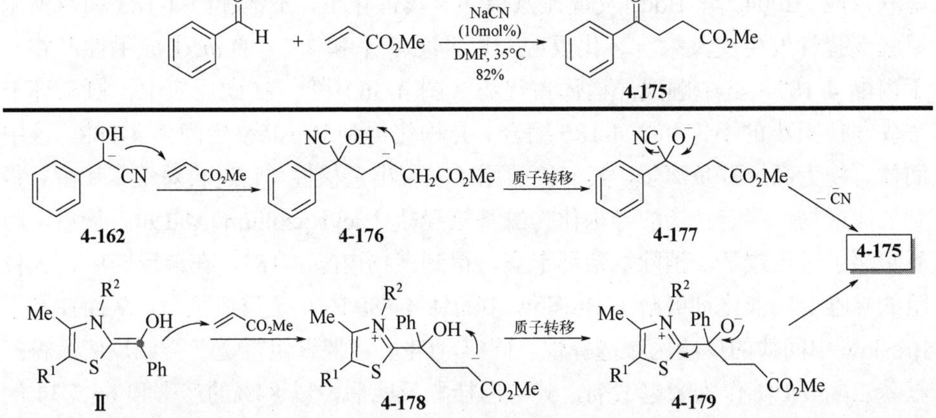

图 4-34　Stetter 反应

2002 年，科罗拉多州立大学的 Rovis 课题组报道了手性卡宾催化的分子内不对称 Stetter 反应（图 4-35）[94]。在手性氨基茚满衍生物三唑卡宾 **4-181** 催化下，水杨醛衍生的醚 **4-180** 发生分子内亲核加成反应，以 94% 的产率和 94% 的 ee 值得到手性二氢色原酮 **4-182**。与三氮唑相连苯环上的富电子取代基可增强卡宾的亲核性，从而提升其催化活性。2012 年，Rovis 课题组向手性吡咯环引入反式手性氟原子，通过修饰手性三唑卡宾催化剂的结构，首次实现了不对称分子间 Stetter 反应[95]。丁醛与 β-苯基硝基乙烯在手性三氮唑 **4-183** 催化剂下，可以 80% 的产率和 93% 的 ee 值得到手性酮 **4-184**。

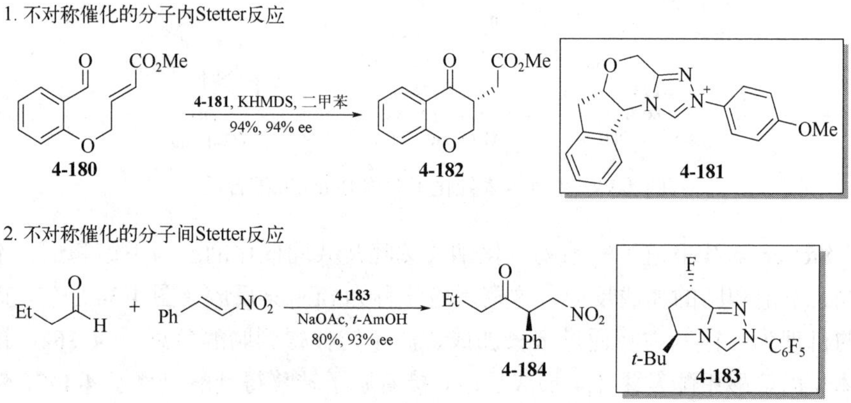

1. 不对称催化的分子内Stetter反应

2. 不对称催化的分子间Stetter反应

图 4-35　不对称 Stetter 反应

Breslow 中间体实现了醛的极性反转，将亲电性醛基转化为亲核性酰基负离子等价体。基于插烯规则，烯醛在氮杂环卡宾（NHC）的催化下，通过形成 Breslow 中间体实现极性反转，但由于该中间体具有多位点反应活性，可发生串联反应。2004 年，Bode 发现在氮杂环卡宾催化下，不饱和醛 **4-185** 和对溴苯甲醛选择性发生交叉缩合环化反应，以 84% 产率和 7∶1 的 dr 生成手性产物 γ-丁内酯 **4-187**，其中顺式异构体占优势（图 4-36）[96]。在此反应中，氮杂环卡宾先与位阻小的不饱和醛 **4-185** 缩合、异构化得到 Breslow 中间体 **4-188**，该中间体可视为高烯醇负离子，其 γ-位碳原子表现出亲核性，它进攻对溴苯甲醛，得到加成产物。接着，烯醇异构化为酰基氮唑盐（acyl azolium）**4-190**。最后，醇氧负离子进攻羰基，消除氮杂环卡宾，得到产物内酯 **4-187**。在该反应中，大位阻的咪唑卡宾催化剂屏蔽了 Breslow 中间体 **4-188** 的 α-位反应位点，从而控制了 Breslow 中间体的反应区域选择性。同年，Glorius 课题组报道了类似反应，将三氟苯乙酮 **4-191** 作为亲电试剂，其与肉桂醛反应后，以 84% 的产率和 66∶34 的 dr 得到含有四取代碳原子的内酯 **4-192**，同样是顺式构型产物占优势[97]。

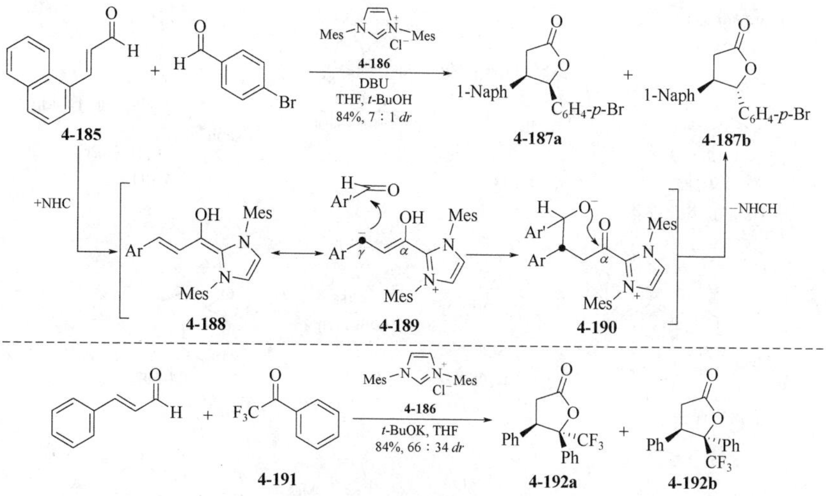

图 4-36 不饱和醛的极性反转

烯醛与氮杂环卡宾形成的高烯醇负离子中间体，可与双亲性底物发生串联环化反应，这为不同类型环系骨架的构建提供了新策略（图 4-37）。Bode 等发现，在咪唑盐 **4-186** 催化下，不饱和醛 **4-185** 与亚胺发生串联反应，可一步得到内酰胺 **4-194**，其产率为 75%[98]。在该反应中，用 4-甲氧基苯磺酰基保护的亚胺能抑制其与卡宾的加成反应，从而避免催化剂失活。Nair 课题组报道了在氮杂环卡宾催化下，对甲氧基肉桂醛 **4-195** 与环己二酮 **4-196** 的环化反应，以78%的产率得到单一构型的内酯产物 **4-197**[99]。除了构建五元杂环外，使用其他类型的双亲性底物时，烯醛在氮杂环卡宾催化下还可构建六元杂环。例如，Scheidt 等发现，在苯并咪唑盐 **4-199** 催化下，肉桂醛与偶氮甲亚胺 **4-198** 发生串联环化反应，以79%的产率和>20∶1 的 dr 得到双杂环产物 **4-200**[100]。

当具有双亲电性位点的底物与烯醛反应时，烯醛与氮杂环卡宾形成的高烯醇中间体亲核进攻亲电试剂后，生成的烯醇中间体可作为亲核试剂，再次与亲电位点发生第二次亲核加成反应，得到串联反应产物。如图 4-38 所示，Nair 等发现用查耳酮 **4-201** 做亲电试剂时，其与对甲氧基肉桂醛 **4-202** 在咪唑盐 **4-186** 催化下发生串联环化反应，得到反式多取代环戊烯 **4-203**[101]。在该反应中，Breslow 中间体的 γ-碳原子先与查耳酮发生 Michael 加成反应，得到烯醇离子 **4-206**。然后，**4-206** 发生分子内质子转移，查耳酮的烯醇负离子异构化为羰基，即可得到新的烯醇负离子 **4-207**。接下来发生分子内 Aldol 缩合得到环化产物 **4-208**，形成的醇负离子进攻酰基氮唑盐中间体，关环得 β-内酯 **4-209**。最后，受四元环的环张力影响，该内酯消除一分子二氧化碳，最终生成反式多取代环戊烯 **4-203**。

1. N-磺酰亚胺

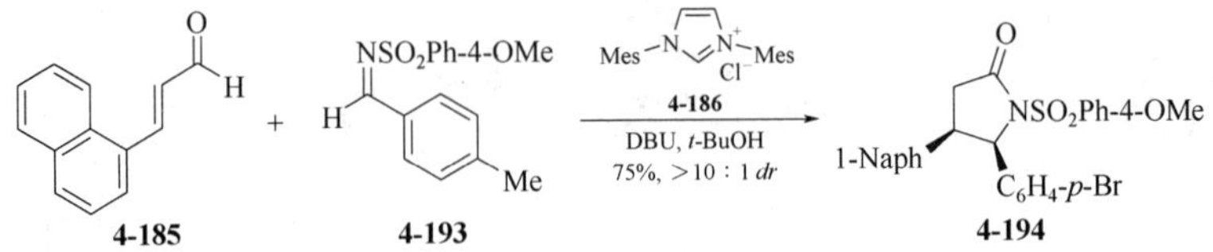

2. 1,2-二羰基化合物

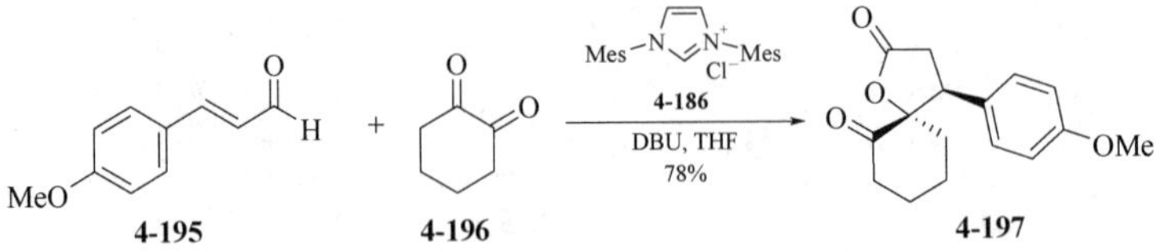

3. 偶氮甲亚胺

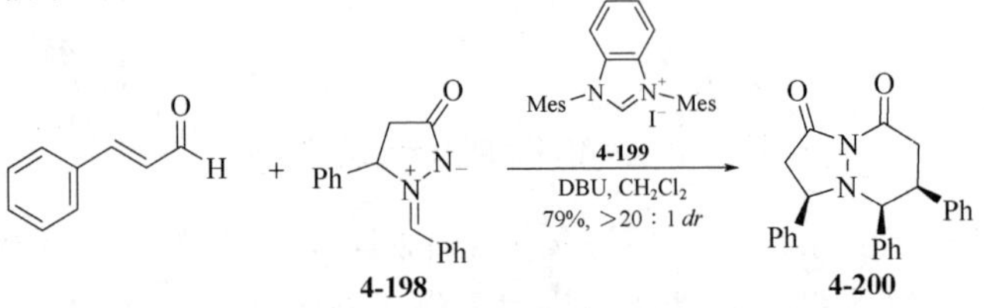

图 4-37 氮杂环卡宾催化烯醛的串联环化反应

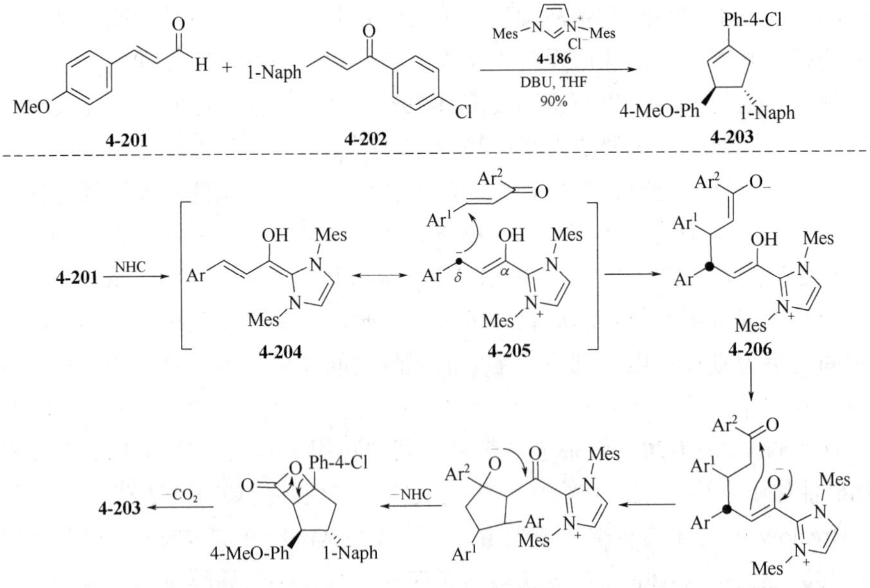

图 4-38 氮杂环卡宾催化烯醛与查耳酮的串联环化反应

烯醛与氮杂环卡宾一旦形成 Breslow 中间体，体系中如果存在质子源就会将其淬灭，形成烯醇中间体 **4-211**，该中间体可异构化为酰基氮唑盐 **4-212**。**4-212**

的羰基具有较强的亲电性，故被醇负离子进攻后再消除氮杂环卡宾，就可得到酯化产物。该反应的最终结果为碳碳双键被还原，同时醛基被氧化为羧基，在不使用还原剂或氧化剂条件下实现烯醛氧化态的转换（图 4-39）。Scheidt 课题组首次报道了卡宾催化烯醛的还原氧化酯化反应，该反应用苯并咪唑 **4-214** 做催化剂，以 DBU 为碱，肉桂醛与乙醇反应，可以 57% 的产率得到苯丙酸乙酯 **4-215**[102]。他们发现，以苯酚为质子源时，可加速 Breslow 中间体的质子化，将反应的产率提高至 72%。Bode 课题组报道了类似反应，他们发现使用较弱的有机碱 *N,N*-二异丙基乙胺（*N,N*-diisopropylethylamine，DIPEA）时，在没有其他质子源情况下，肉桂醛氧化还原酯化反应的产率可达 89%[103]。反应中，DIPEA 在催化循环过程中还起到质子梭作用。首先，DIPEA 将三唑盐 **4-216** 去质子化时被酸化，而在 Breslow 中间体质子化时 DIPEA 的共轭酸提供质子源，在亲核试剂（乙醇）进攻活化羰基时又重新得到一个质子。

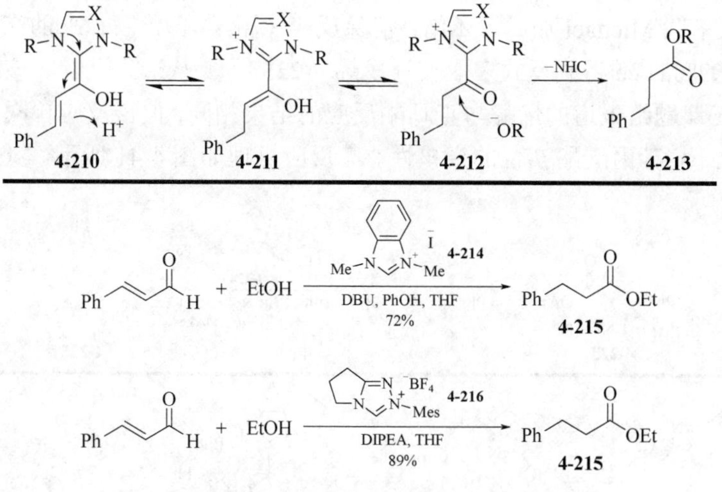

图 4-39 卡宾催化不饱和醛的氧化还原酯化反应

酰基氮唑盐是比较活泼的亲电中间体，易与醇或胺发生亲电加成-消除反应，构建酯键或酰胺键。除了烯醛可以通过质子化生成酰基氮唑盐中间体外，合成化学家还发现 α-氯代醛与卡宾反应也能生成这类中间体（图 4-40）。2004 年，Rovis 课题组报道，在三唑盐 **4-218** 催化下 α-氯代醛 **4-217** 与苄醇反应，以 80% 的产率得到苯乙酸苄酯 **4-219**[104]。在该反应中，α-氯代醛 **4-217** 先与三氮唑卡宾加成，异构化为 Breslow 中间体 **4-220**；然后，该中间体消除氯原子得到烯醇 **4-221**，烯醇再异构化为酰基三唑盐 **4-221**；最后，苄醇进攻该中间体，进而消除氮杂环卡宾，即可生成酯 **4-219**。

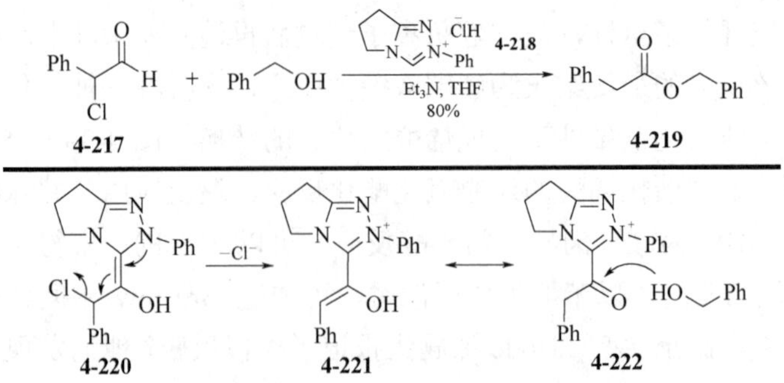

图 4-40　α-氯代醛的脱氯氧化酯化反应

　　烯醛与氮杂环卡宾形成 Breslow 中间体，经过质子化及异构化形成酰基氮唑盐的过程是可逆的。因此，理论上由其他方法得到的酰基氮唑盐中间体经相反过程同样可生成 Breslow 中间体，这类底物可展现出与烯醛类似的反应活性。池永贵等发现，在手性三唑盐 **4-224** 催化下，苯丙酸对硝基苯酚酯 **4-223** 与查耳酮发生串联 Michael 加成、环化、消除反应（图 4-41），以 66%的产率、7∶1 的 *dr* 和 92%的 ee 得到反式多取代环戊烯 **4-225**[105]。从形式上看，该反应的结果与 Nair 课题组报道的烯醛与查耳酮反应的结果相同，但该反应首次展现了在卡宾催化下，苯丙酸酯 β-位的亲核性。其反应机理如图 4-41 所示，氮杂环卡宾

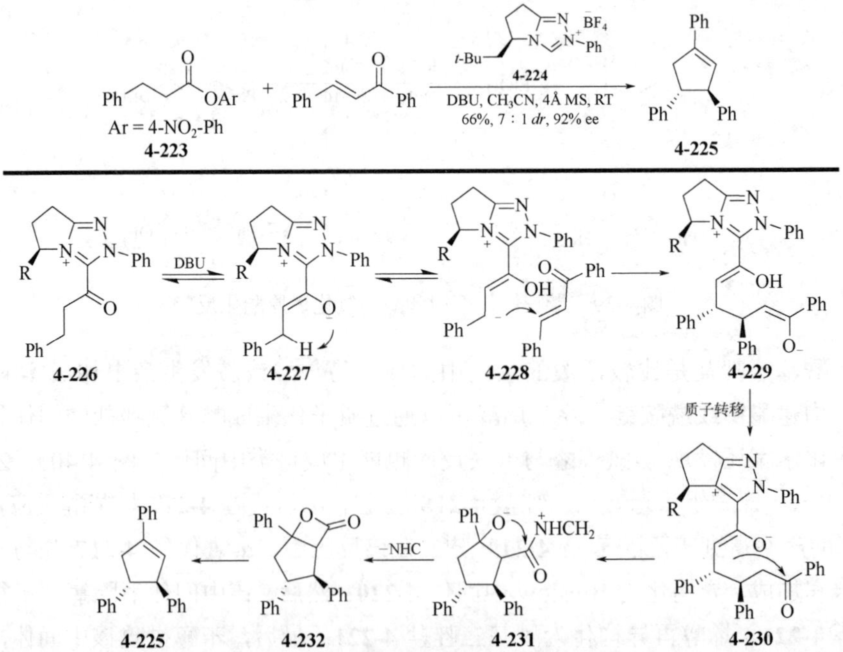

图 4-41　卡宾催化活化酯的 β-位加成/环化反应

先亲核进攻酯基，然后消除对硝基苯酚负离子，得到酰基氮唑盐 **4-226**。DBU（1,8-diazabicyclo[5.4.0]undec-7-ene）将酰基氮唑盐羰基 α-位去质子化得到烯醇负离子 **4-227**，然后分子内质子转移得到 Breslow 中间体 **4-228**。该中间体的 γ-碳亲核进攻查耳酮，得到 Michael 加成产物 **4-229**。接着，发生分子内质子转移及 Aldol 缩合，得到环化产物 **4-231**。最后，分子内酯化反应消除氮杂环卡宾，内酯脱除二氧化碳即可得到手性环戊烯 **4-225**。

二、金鸡纳碱及其衍生物催化

在人类与疾病抗争的漫长过程中，科学家从自然界发现了许多具有药理活性的天然产物，治疗疟疾的金鸡纳碱便是其中非常著名的一种。很久之前，秘鲁的印第安人就发现金鸡纳树的树皮煮水可以治疗疟疾，这一秘方在印第安人部落中流传甚广，直至 17 世纪西方殖民者将其带往欧洲之后，就一直作为治疗疟疾的强效药物被广泛使用。1817 年，法国药剂师 Caventou 和 Pelletier 首次从金鸡纳树皮中分离得到了奎宁单体，其后来被证实为金鸡纳树皮中抗疟疾的有效成分。此外，金鸡纳碱还可作为苦味剂，在食品和饮料中被广泛应用。

金鸡纳树皮中分离的金鸡纳碱包含四个生物碱，即奎宁（quinine）、奎尼丁（quinidine），辛可宁（cinchonine）及辛可尼丁（cinchonidine）（图 4-42）。金鸡纳碱分子具有独特的氮杂 [2.2.2]桥环（奎宁环）、喹啉片段和一个手性羟基。其中，奎宁和奎尼丁中喹啉环的 6 位带有甲氧基，二者的羟基与氨基的手性相反，桥环上另外两个碳原子的手性一致，它们是一对伪对映异构体。同样，辛可宁及辛可尼丁为一对伪对映异构体，而奎宁与辛可尼丁（或奎尼丁与辛可

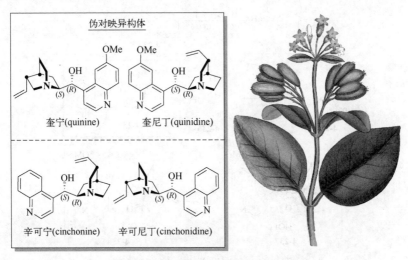

图 4-42 金鸡纳碱的结构及金鸡纳树

宁）的区别在于喹啉环上是否连有甲氧基。金鸡纳碱不仅容易大量获得、价格低廉，还具有独特的手性结构骨架，使其在不对称合成中得到了广泛应用。从结构上看，金鸡纳碱具有以下四个特点：第一，金鸡纳碱奎宁环上的氮原子有一对孤对电子，它与亲电试剂发生亲核加成，以共价键与底物连接而催化反应；第二，金鸡纳碱也可作为手性碱，将底物去质子化，从而起到催化作用；第三，金鸡纳碱的分子骨架在空间上为半封闭手性环境，这为反应的立体选择性提供了较好的手性模板；第四，金鸡纳碱的双键、羟基和喹啉环为结构改造提供了多样性官能团，可通过改变分子骨架的空间结构或引入次级非共价键作用提高反应的对映选择性。

　　金鸡纳碱廉价易得，常被用作有机合成中的手性拆分剂，但合成化学家很早就尝试将其作为手性催化剂来使用。1912 年，Bredig 和 Fiske 首次用金鸡纳碱催化氢氰酸与苯甲醛的不对称 Strecker 反应（图 4-43），虽然仅以低于 10%的 ee 值得到腈醇 **4-233**，但这一研究首次揭示了金鸡纳碱可以作为手性催化剂使用。四十多年之后，Pracejus 课题组发现，以乙酰基保护的奎宁 **4-235** 为催化剂，仅用 1mol%的催化剂就能催化烯酮 **4-234** 的不对称醇解反应，产物酯 **4-236** 的光学纯度达到 74%[106]。他们提出，该反应中奎宁环的三级胺首先与烯酮发生亲核加成，得到烯醇负离子中间体 **4-237**。接着，乙醇提供的一个质子淬灭了该中间体，得到酰基铵盐。此外，在这一过程中，奎宁的手性分子骨架诱导了质子化过程的立体选择性。最后，乙醇负离子亲核进攻酰基铵盐，得到产物酯的同时再生催化剂。虽然这两个早期报道的反应的对映选择性并不是很理想，

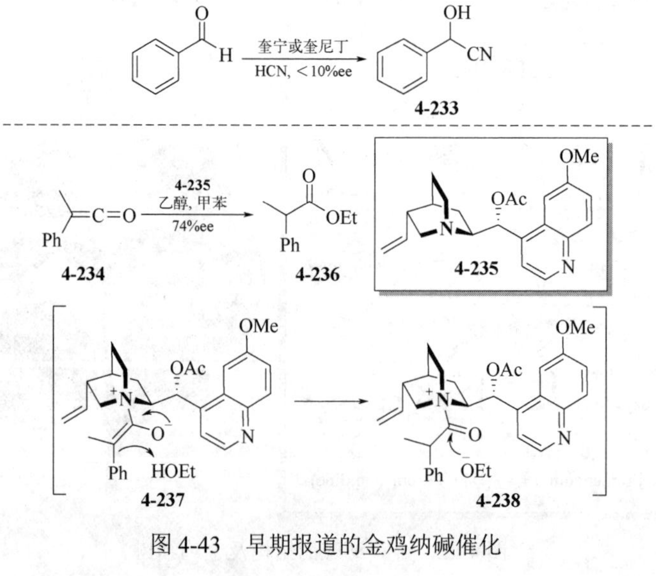

图 4-43　早期报道的金鸡纳碱催化

但它们为金鸡纳碱在不对称催化领域的应用研究提供了重要启发。特别是后一个反应，利用金鸡纳碱奎宁环的亲核性与烯酮加成，使得后续反应中心接近手性碳中心，更有利于诱导反应的立体选择性控制。

　　不对称催化领域的快速发展，促使合成化学家进一步探究金鸡纳碱的不对称催化应用，Wynberg 课题组在这方面开展了系统研究（图 4-44）。在前期金鸡纳碱催化的不对称 Michael 加成反应研究基础上，Wynberg 等发现辛可尼丁可催化对叔丁基苯硫酚 **4-240** 与烯酮 **4-239** 的不对称 Michael 加成反应，以>99%的产率和 75%的 ee 值得到手性酮 **4-241**[107]。该反应中的辛可尼丁发挥了双重活化作用：一是三级胺充当碱，将苯硫酚去质子化；二是羟基与质子化三级胺作为氢键给体，其与羰基氧原子之间的氢键作用活化了烯酮。如过渡态 **TS-17** 所示，质子化的奎宁环诱导硫醇负离子选择性地从烯酮 β-面进行亲核加成，从而得到 R-构型产物。这种双官能团活化模式后来被合成化学家利用，他们通过向金鸡纳碱催化剂中引入氢键给体，增强过渡态中的弱相互作用力，提高了反应的对映选择性。Wynberg 课题组还报道了烯酮 **4-242** 与三氯甲醛的不对称[2+2]环加成反应，以奎尼丁为催化剂，可以 95%的产率和 98%的 ee 值得到 β-内酯 **4-244**[108]。在该反应中，奎尼丁作为亲核试剂与烯酮发生加成反应，经过渡态 **TS-19** 完成串联亲核加成、环化反应，得到四元环产物。2000 年，Lectka 等报道了在 O-苯甲酰基奎宁 **4-246** 催化下，苯乙酰氯与 Ts 保护亚胺 **4-245** 的不对称

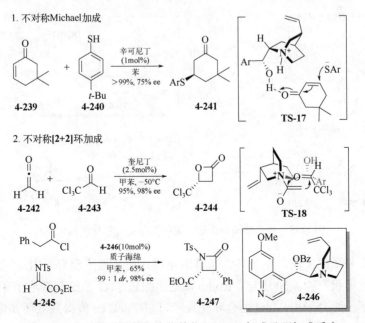

图 4-44　金鸡纳碱及其衍生物催化 Michael 加成及环加成反应

[2+2]环加成反应[109]。在该反应中，苯乙酰氯在质子海绵（proton sponge）作用下原位生成烯酮中间体。然后，*O*-苯甲酰基奎宁按照前述类似机理，催化烯酮与亚胺的串联环化反应，以 65%的产率、99∶1 的 *dr* 值和 98%的 ee 值得到 *β*-内酰胺 **4-247**。

去对称化是指具有对称性（对称面、对称中心或者对称轴）的前手性分子经立体选择性反应，失去一个或者多个对称元素，从而形成手性分子的过程。由于对称性分子容易制备，通过去对称化反应可以快速得到含有一个或多个手性中心的分子，因此，这类反应受到了合成化学家的广泛关注。1988 年，Oda 发现金鸡纳碱可用于内消旋酸酐的甲醇解去对称化反应，ee 值最高可达 70%。2000 年，邓力等将 Sharpless 双羟化配体用于内消旋酸酐 **4-248** 的甲醇解反应，发现以(DHQD)₂AQN 为催化剂，可以 93%的产率和 98%的 ee 值得到手性二羧酸单酯 **4-249**（图 4-45）[110]。在该反应中，奎宁环亲核进攻酸酐时，可选择性识别酸酐中的一个羰基，经亲核加成、消除得到酰基季铵盐中间体。接着，甲醇亲核进攻该中间体，然后消除即可得到手性单甲酯产物。邓力课题组同样用氢化奎宁二聚体(DHQD)₂AQN 实现了烷基酮的不对称氰化反应[111]。在该反应中，氰基甲酸酯 **4-251** 先与奎宁环发生加成、消除反应，形成酰基季铵盐 **4-252**。氰基负离子与季碳盐形成离子对，在催化剂的手性骨架控制下，立体选择性与羰基加成，得到的醇负离子与酰基季铵盐反应，即可得到手性腈醇产物。

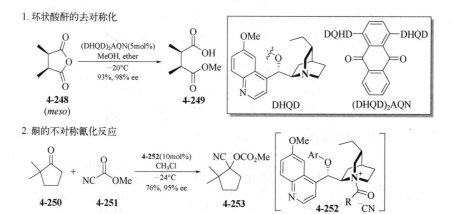

图 4-45　金鸡纳碱衍生的二聚体催化去对称化及氰化反应

除了分子间反应，奎宁环的亲核活化模式还可推广至分子内反应，对映选择性构建环状产物。2001 年，Romo 课题组报道了 *O*-乙酰基奎尼丁 **4-255** 催化的 6-羧基己酸分子内 Aldol 缩合环化反应，以 92%的 ee 值得到双环 *β*-内酯 **4-257**（图 4-46）[112]。在该反应过程中，羧基首先与 Mukaiyama 试剂 **4-256** 加成，消除氯原子后，得到吡啶鎓盐 **4-258**。O-乙酰基奎尼丁 **4-255** 与活化的酯发生亲核加成、消除反应，得到酰基季铵盐。在碱性条件下，该中间体去质子后，形成烯醇负离子 **4-259**。由于奎宁环的屏蔽作用以及喹啉环的空间位阻排斥作用，烯醇负离子立体选择性从 *si*-面进攻醛基，得到 Aldol 缩合产物 **4-260**。接下来，氧负离子进攻酰基季铵盐的羰基，然后消除 O-乙酰基奎尼丁 **4-255**，得到手性双环 *β*-内酯 **4-257**。

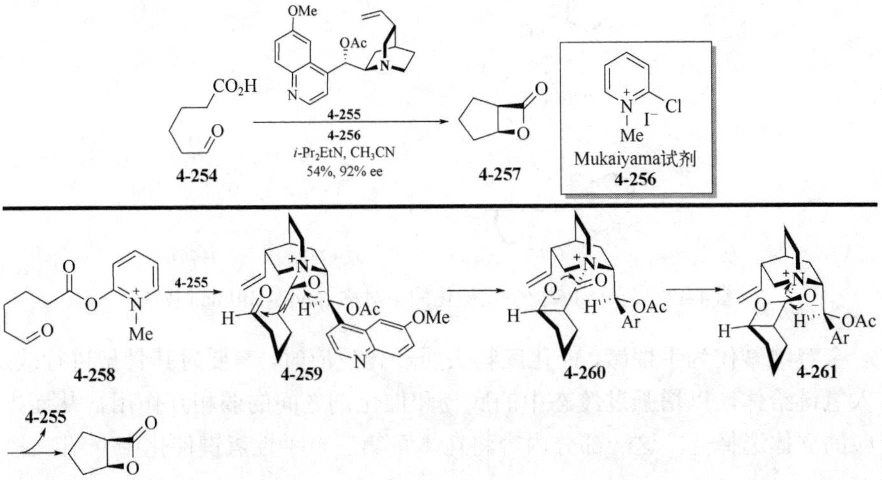

图 4-46 不对称催化 Aldol-内酯化反应

三级胺催化的活化烯烃与醛的加成反应称为 Baylis-Hillman 反应。这一反应经串联氮杂 Michael 加成、Aldol 缩合、消除过程得到活化烯烃 *α*-位加成产物。合成化学家在研究这一反应的过程中发现，当亲核性手性胺催化剂带有羟基时，反应速率与对映选择性会大大提高。1999 年，Hatakeyama 课题组以奎宁衍生物 **4-263**（*β*-ICD）为催化剂，实现了丙烯酸六氟异丙醇酯 **4-262** 与对硝基苯甲醛的不对称 Baylis-Hillman 反应，以 58%的产率和 91%的 ee 值得到加成产物 **4-264**（图 4-47）[113]。研究表明 *β*-ICD **4-263** 喹啉环上的羟基至关重要，当这一位置的取代基为甲氧基时，只能以 10%的 ee 值得到产物。

该反应的机理如下。首先，催化剂的奎宁环与丙烯酸酯发生 Michael 加成，得到烯醇负离子 **4-265**。接着，经过渡态 **4-266** 进行 Aldol 缩合时，醛的芳基远离酯基，能量较低，得到 *R*-构型产物。但假如过渡态 **4-267** 与醛发生 Aldol 缩合反应，醛的芳基与酯基靠得较近，二者之间存在空间排斥，导致这一过渡态的能量不利。在这两个过渡态中，喹啉环上羟基与醛基之间的氢键作用导向了加成反应的立体选择性，提高了反应的对映选择性。此外，Aldol 缩合之后，酚羟基可将质子分子内转移至醇负离子，加速了 Baylis-Hillman 反应的进行。

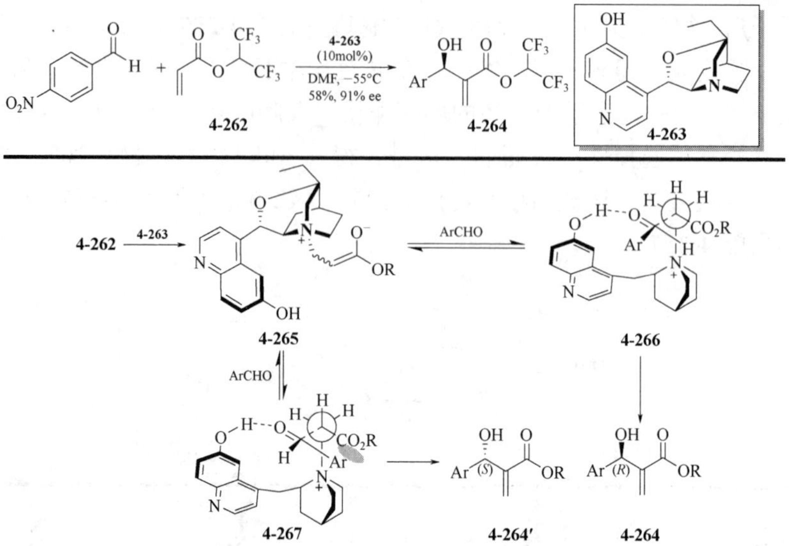

图 4-47 金鸡纳碱衍生物催化的不对称 Baylis-Hillman 反应

金鸡纳碱作为手性碱，催化底物去质子化反应时，需要对其骨架进行改造，引入氢键给体，以增强过渡态中的底物和催化剂之间的弱相互作用，从而提高反应的立体选择性，这一部分内容将在本章第三节手性氢键催化中介绍。

三、有机膦催化

有机膦作为重要的生命物质，在自然普遍存在，例如核苷酸中的磷酸、ATP中的三磷酸等。此外，很多具有重要生物活性的天然产物及常用药物分子中也含有磷原子。有机膦具有稳定的Ⅲ价与Ⅴ价形态，结构多样且具有重要应用价值，如 Wittig 反应和 Horner-Wadsworth-Emmons 反应使用的就是五价磷化合物。三价有机膦有一对孤对电子，常作为配体，在金属催化反应中被广泛使用，如钯催化偶联反应和金属催化不对称还原反应。三价有机膦孤对电子的碱性比氮弱，但亲核性更强，其与金鸡纳碱类似，也可作为亲核催化剂。有机膦催化反应在 20 世纪 60 年代就已有报道，但直到 20 世纪 90 年代有机膦催化才崭露头角，逐渐被合成化学家关注并迅速发展[114-116]。

1963 年，Rauhut 与 Currier 首次报道了膦催化缺电子烯烃分子间的二聚反应，得到头-尾连接产物 4-268（图 4-48）。该反应首先是有机膦亲核进攻缺电子烯烃得到两性离子 4-269，形成的碳负离子亲核进攻另外一分子活化烯烃，得到 Michael 加成产物 4-270。第二次形成的碳负离子经质子转移得到 4-271，最后发生消除反应，再生有机膦催化剂，同时生成头-尾连接的二聚产物 4-268。对于不同缺电子烯烃而言，分子间 Rauhut-Currier 反应通常得到的是同聚体和异聚体的混合物。

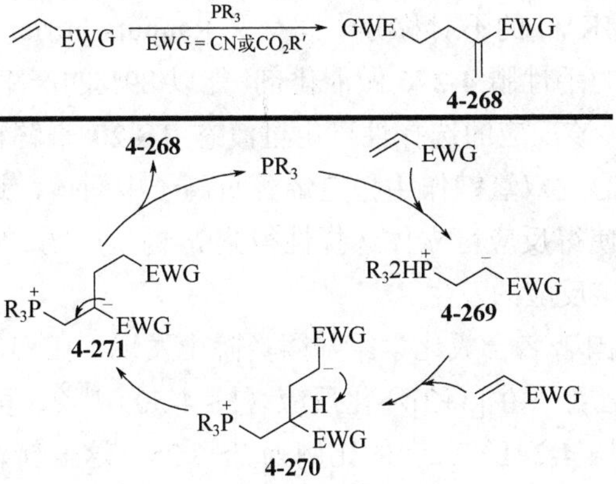

図 4-48 有机膦催化 Rauhut−Currier 反应

2012 年，Sasai 课题组首次报道了手性膦催化的不对称分子内 Rauhut-Currier 反应[117]。他们发现，以缬氨酸衍生的手性膦 **4-273** 催化环己二烯酮 **4-272** 的去对称化反应，可以 99% 的产率和 98% 的 ee 值得到烯酮 **4-274**（图 4-49）。在该反应中，手性膦 Ts 胺上的氢原子作为氢键给体，可以稳定加成反应形成的烯醇负离子（过渡态 **TS-19**）。而苯酚作为添加剂，可促进质子转移，加速反应进行。2015 年，南开大学黄有课题组首次报道了手性膦催化的不饱和酮酯 **4-275**

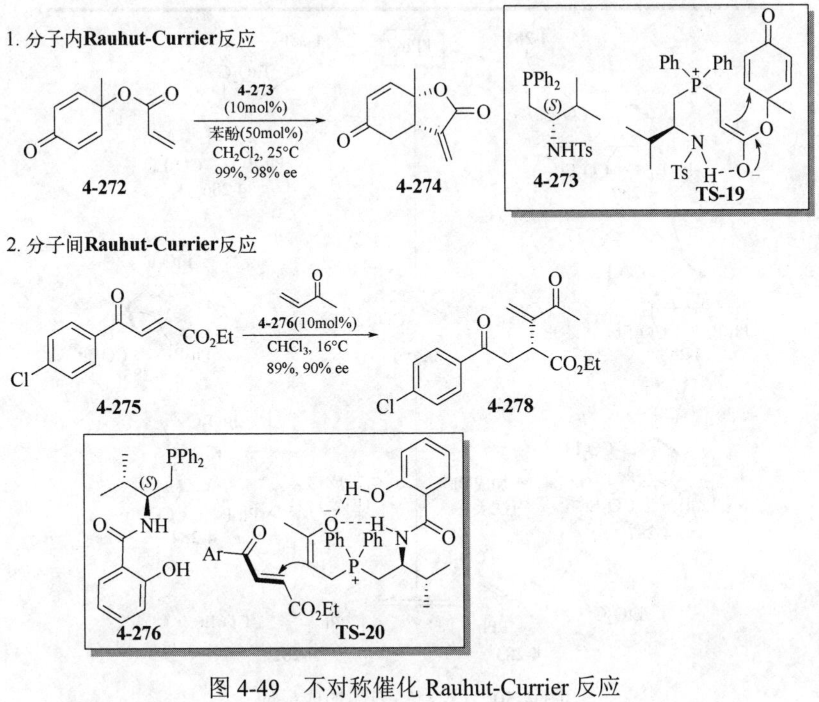

1. 分子内**Rauhut-Currier**反应

2. 分子间**Rauhut-Currier**反应

図 4-49 不对称催化 Rauhut-Currier 反应

与甲基乙烯酮（MKV）的不对称分子间交叉 Rauhut-Currier 反应[118]。他们发现，用异亮氨酸衍生的手性膦 **4-276** 做催化剂，能以 89%的产率和 90%的 ee 值得到加成产物 **4-278**。该反应的选择性可用过渡态 **TS-20** 来解释，水杨酸修饰的手性膦催化剂可以通过双氢键作用稳定烯醇负离子中间体，这一稳定构象中烯醇的 si-面被屏蔽，使得反应可立体选择性得到 R-构型产物。催化剂的酚羟基作为质子梭，加速了该反应的发生。

　　1995 年，我国著名合成化学家陆熙炎院士发现，在三苯基膦催化下，联烯酸乙酯与丙烯酸乙酯发生[3+2]环化反应（图 4-50）[119]，可以 75%的产率得到环戊烯酯 **4-280** 与 **4-281**，二者的比例为 75∶25。这一新颖的环加成反应是由三苯基膦亲核进攻联烯酸乙酯 β-碳原子得到的 1,3-偶极子（**4-282** 和 **2-283**）启动的。1,3-偶极子 **4-282** 与丙烯酸乙酯发生 1,4-加成反应，得到烯基季鏻盐 **4-284**。形成的烯醇负离子分子内亲核进攻烯基季鏻盐，关环得磷叶立德 **4-285**。该中间体经质子转移并消除三苯基膦，得到 α-加成产物 **4-280**。类似地，1,3-偶极子

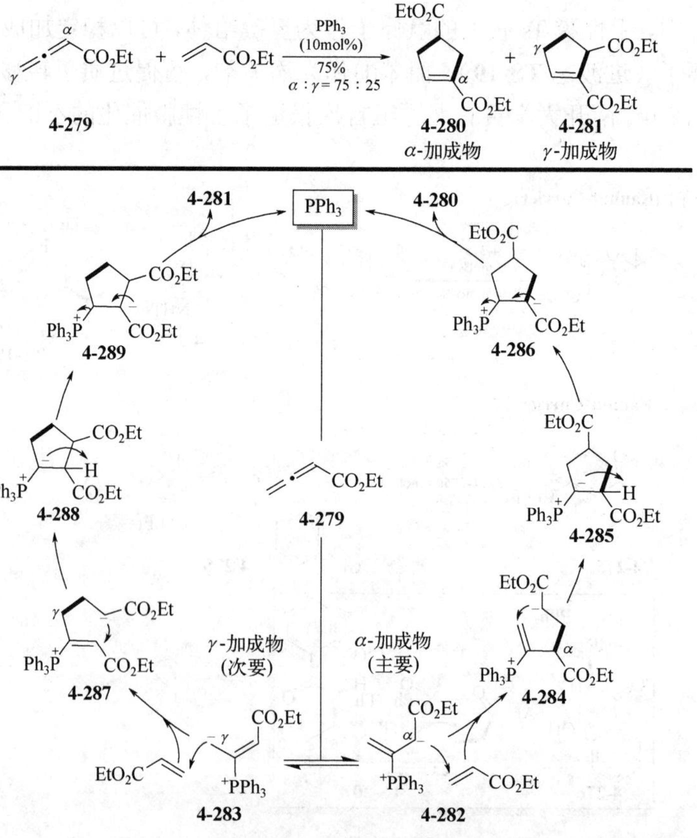

图 4-50　Lu's [3+2]环加成反应

2-283 与丙烯酸乙酯经过类似的加成、环化、消除，则得到 γ-加成产物 **4-281**，但由于该偶极子的负电荷分布在末端碳上，相对不稳定，使得这一过程的能量不利。这一[3+2]环加成反应不仅为环戊烯酯合成提供了一种温和而高效的合成方法，还为有机膦催化环化反应开创了新思路，此后有机膦催化的其他类型的环化反应也被相继报道。由于这一反应的重要性，该反应被称为 Lu's [3+2]环加成反应，为少数以中国人命名的有机反应之一。

1997 年，宾夕法尼亚州立大学的张绪穆教授首次报道了手性膦催化的不对称 Lu's[3+2]环加成反应（图 4-51）[120]。他们发现，手性桥环膦 **4-290** 可催化 **4-279** 与丙烯酸异丁酯的[3+2]环加成反应，以 88%的产率得到 α-加成产物，反应的 ee 值高达 93%。随着手性膦配体的快速发展，新型手性膦配体陆续被设计、合成出来，并在不对称催化领域得到了广泛应用。2006 年，Fu 等基于手性联萘骨架，合成了轴手性有机单膦配体 **4-293**[121]。该手性膦可催化 **4-279** 与查耳酮 **4-292** 的不对称[3+2]反应，以 64%的产率和 88%的 ee 值得到以 α-加成产物为主的环戊烯酸酯 **4-294**。张俊良教授以手性叔丁基亚磺酰胺为辅基，合成了一系列手性氨基膦，这些手性膦配体在不对称金属催化反应中表现优异，可以较高的对映选择性得到产物。这类手性膦还可催化 **4-279** 与 3-硝基吲哚 **4-295** 的不对称 Lu's [3+2]环加成反应，以 93%的产率和 95%的 ee 值得到手性并环产物 **4-297**[122]。

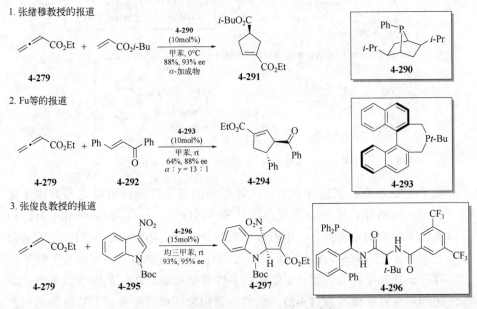

图 4-51 不对称 Lu's [3+2]环加成反应

四、其他类型路易斯碱催化

在金鸡纳碱催化的反应中，其奎宁环上的三级胺的孤对电子具有较强的亲核性，易与亲电试剂发生加成反应，形成的共价键催化了反应的进程。有机化学家发现，不仅仅是 sp^3 杂化的氮原子可以作为亲核催化剂，有些含有 sp^2 杂化氮原子的杂环化合物也可作为亲核催化剂，催化反应的发生。

在醇与酰氯或酸酐的酯化反应中，用吡啶做碱时，可加快酯化反应的速度，究其原因是吡啶亲核进攻酰氯形成吡啶鎓盐，该中间体具有更高的亲电性。Steglich 课题组发现，4-二甲氨基吡啶（4-dimethylaminopyridine，DMAP）可催化乙酸酐与大位阻醇的酯化反应，比如叔醇 **4-298** 的乙酰化反应，产率高达 86%（图 4-52）[123]。但是，如果该反应用吡啶做催化剂，反应基本不能发生。这是因为富电子的 N,N'-二甲氨基增加了吡啶环上的电子云密度，使得氮原子的亲核性增强，加速了酰基吡啶鎓盐中间体的形成。1997 年，Fu 等合成了带有二茂铁骨架的手性 DMAP 衍生物 **4-301**，仅用 2mol%催化剂就实现了外消旋伯醇 **4-300** 的动力学拆分，得到(*R*)-乙酸酯 **4-302**，同时以 92%的 ee 值回收了(*S*)-**4-300**，其拆分因子 *s* 达到 52[124]。

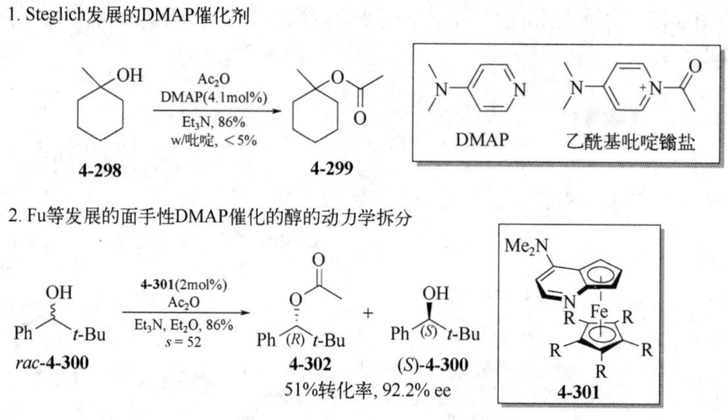

1. Steglich发展的DMAP催化剂

2. Fu等发展的面手性DMAP催化的醇的动力学拆分

图 4-52 手性 DMAP 催化伯醇的动力学拆分

除了吡啶之外，其他含有亲核性氮原子的芳杂环同样可以充当亲核催化剂。例如，2006 年，Birman 等发现手性苯并四咪唑（benzotetramisole，**BTM**）可以催化苄醇的动力学拆分，用丙酸酐做拆分试剂，当转化率为 51%时的动力学拆分因子 *s* 高达 166（图 4-53）[125]。这是由于酰基鎓离子中间体与苄醇芳环之间存在 π-正离子相互作用，受催化剂手性骨架控制，只有 *R*-构型的苄醇才能与催化剂形成紧密过渡态 **TS-21**。此外，该构象还可以避免叔丁基与催化剂之间的空间排斥作用。

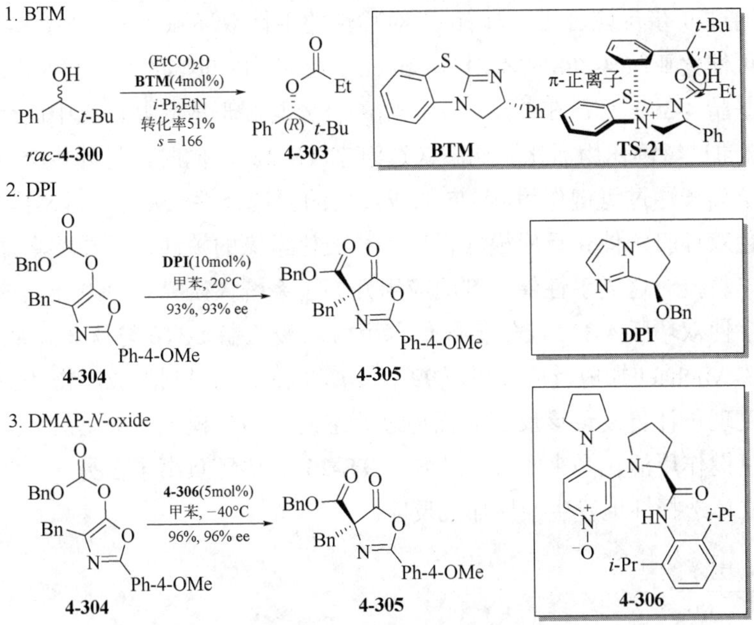

图 4-53　其他类型的亲核催化剂

2010 年，张万斌教授设计了双环咪唑催化剂（**DPI**），通过增大亲核的氮原子与邻位取代基之间的夹角提供了它的催化活性[126]。而 7-位手性中心与催化中心邻近，可更好控制反应的立体选择性。使用催化量 **DPI**，可促进 5-噁唑酮（吖内酯，azlactones）**4-304** 的不对称 Steglich 重排反应，以 93% 的产率和 93% 的 ee 值得到手性噁唑酮 **4-305**。

自从 Fu 等设计合成了具有平面手性的 DMAP 催化剂以来，合成化学家们就一直在尝试向吡啶环中引入手性骨架，发展新型手性 DMAP 催化剂。但是，很多修饰后的 DMAP 催化剂受空间位阻的影响，它们的催化活性都有不同程度的降低。河南师范大学谢明胜与郭海明教授设计出吡啶 3 位带有手性脯氨酸酰胺的 DMAP 类催化剂，但他们发现，当吡啶被氧化为氮氧化物 **4-306** 后，其催化效果更好，以 96% 的产率和 96% 的 ee 值得到噁唑酮 **4-305**，而相应的 DMAP 类催化剂只能获得 39% 的 ee 值[127]。这可能是由于氮氧化物催化中心的氧负离子距大位阻脯氨酸酰胺更远，降低了过渡态中催化剂与底物之间的空间排斥作用。

胍（[(NH$_2$)$_2$C=NH]）是一类 sp^2 杂化碳原子被 3 个氨基取代的化合物，属于有机强碱。胍基被质子化后形成的胍盐具有平面结构，而 N—H 键是较强的氢键给体，可以通过氢键作用活化底物。1999 年，Corey 教授从 (R)-苯甘氨酸出发，通过 9 步反应合成了具有 C_2 对称性的手性双环胍 **4-307**（图 4-54），该手性胍可催化亚胺 **4-308** 的不对称 Strecker 反应，以 96%的产率和 86%的 ee 值得到氨基腈 **4-309**[128]。在该反应中，腈酸首先与胍形成胍盐，该中间体的一个 N—H 键通过氢键作用活化了亚胺（过渡态 **TS-22**）。同时，另外一个 N—H 键与氰基负离子通过氢键作用，导向加成反应的面选择性，从而得到 *S*-构型产物。这类手性双环胍的催化反应模式得到了合成化学家的关注，新加坡南洋理工大学陈俊丰教授对这类手性催化剂的应用开展了系统性研究。2009 年，该课题组报道了手性双环胍 **4-312** 催化 α-氟代苯甲酰乙酸乙酯 **4-310** 与马来酰亚胺 **4-311** 的不对称 Michael 加成反应，以 > 99：1 *dr* 和 ee 96%得到加成产物 **4-313**[129]。他们通过理论计算发现该反应的优势过渡态为双活化模式，胍基的一个 N—H 键通过氢键作用活化马来酰胺（过渡态 **TS-23**），烯醇负离子在另一个 N—H 键导向下立体选择性地发生亲核加成反应。

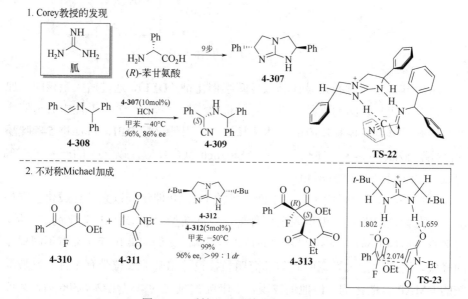

图 4-54　手性双环胍催化不对称催化

手性双环胍的独特催化机制引起了广泛关注，新的手性胍催化剂被发展并应用到不对称催化反应中。2010 年，冯小明院士课题组由手性 2-哌啶甲酸合成了手性双胍 **4-315**，它能催化查耳酮与氮杂内酯 **4-314** 发生反电子需求的杂 Diels-Alder 反应，以 73%的产率和 96%的 ee 值得到六元环内酯 **4-316**（图 4-55）[130]。该反应的选择性控制模型如过渡态 **TS-24** 所示，手性胍将氮杂内酯 **4-314** 去质子后，质子化胍基和催化剂酰胺与烯醇负离子形成双重氢键作用。与此同时，另外一个 N—H 键通过氢键作用来诱导查耳酮对烯醇负离子加成的面选择性。2014 年，王保民课题组从手性 DADDOL 出发，合成了七元环手性胍 **4-318**，利用该催化剂实现了氧化吲哚与硝基烯的不对称加成，以 99∶1 *dr* 和 94% ee 得到含有两个连续手性中心的氧化吲哚 **4-319**[131]。

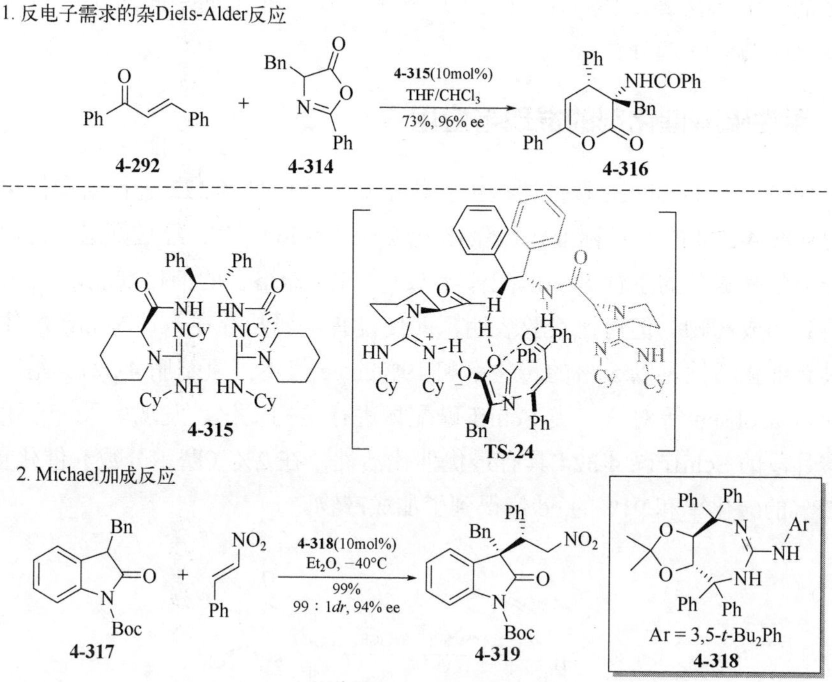

1. 反电子需求的杂Diels-Alder反应

2. Michael加成反应

图 4-55　其他类型手性胍催化反应

第三节　手性氢键催化

氢键是指氢原子与电负性较大的原子（如 N、O 和 F）之间形成的非共价键作用力，它是自然界普遍存在的一类弱相互作用，在生命过程中发挥着极其重要的作用。例如，蛋白质折叠过程中，氨基酸肽键之间的氢键作用对其三维结构的稳定起着至关重要的作用。在酶催化反应中，催化位点的酰胺键、氨基酸残基与底物之间主要通过氢键作用，实现底物的识别并调控反应的选择性（包括对映选择性）。此外，氢键作用也是超分子自组装过程中的关键驱动力，很多功能性分子的稳定都离不开氢键作用。前面章节介绍的不对称有机催化反应中，氢键作用对反应的立体选择性起到了决定作用（如脯氨酸催化、手性胍催化）。合成化学家发现，有些有机小分子可以单纯通过氢键催化反应，诱导反应的对映选择性。另外，氢键给体与其他类型有机催化剂结合后衍生了双官能团催化剂，这类新型催化剂具有独特催化能力，提升了催化剂的催化活性。因此，合成化学家在设计有机催化剂或手性配体时，通过向催化剂中引入氢键给体，增加反应过程中底物与催化剂之间的作用力，从而提高反应的对映选择性。

一、手性硫脲催化剂的发现与应用

1998 年，Jacobsen 教授通过组合化学对三齿配体 **4-322** 进行结构优化，以实现亚胺 **4-320** 的不对称催化氢氰化反应（图 4-56）[132]。经过筛选，他们发现了一类带有脲基的手性 Schiff 配体 **4-323** 与 Ru 盐络合的催化剂能以 13% 的 ee 值得到加成产物。但对比实验表明，即使没有金属盐存在，该 Schiff 配体自身也具有催化活性，以 59% 的转化率和 19% 的 ee 值得到氨基腈 **4-321**。基于这一发现，Jacobsen 等对这一类 Schiff 碱配体进行结构优化，发现引入一个手性氨基酸片段的 Schiff 碱 **4-324** 具有最优催化活性，在 2%（摩尔分数）催化量下，以 78% 的转化率和 91% 的 ee 值得到了加成产物。

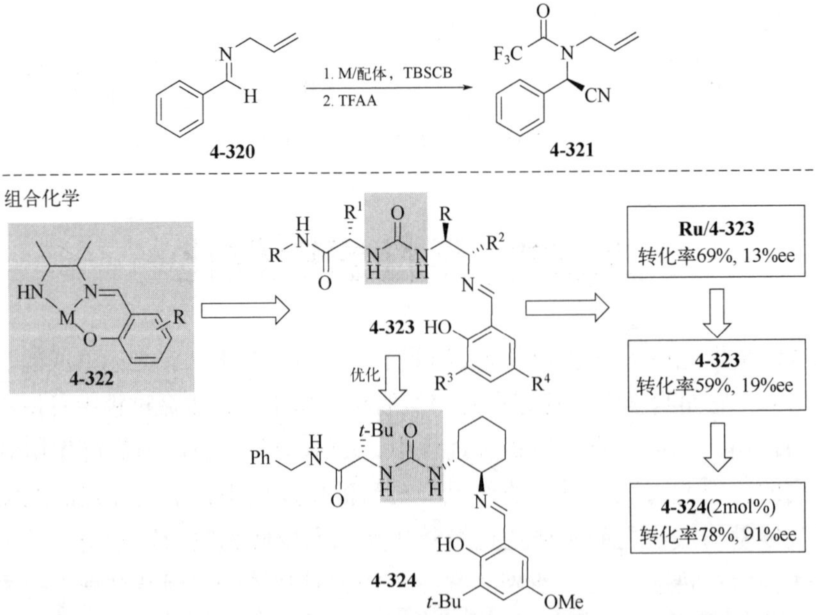

图 4-56　带有脲基的 Schiff 碱催化剂的发现

Jacobsen 课题组发现带有脲基的 Schiff 碱的催化性能之后，再次优化了这类催化剂的结构[133]。他们发现将脲基替换为更强的氢键给体硫脲后，得到的 Schiff 碱 **4-326** 具有更好的催化活性，用 1mol% 的催化剂就能实现醛亚胺及酮亚胺的不对称 Strecker 反应，产物 **4-327** 的 ee 值分别达到 99% 和 85%（图 4-57）。通过机理研究及理论计算[134]，Jacobsen 等推测，在该催化体系中氢氰酸的质子首先转移至亚胺以形成中间体 **4-238**，氰基负离子通过双氢键作用与硫脲络合，质子化的亚胺与酰胺羰基之间存在氢键作用。氰基负离子经过渡态 **TS-25** 亲核进攻亚胺正离子，得到加成产物 **4-329**。该加成产物与手性硫脲之间的氢键作用在反应发生后大大削弱，使得产物与催化剂容易解离，从而实现催化循环。

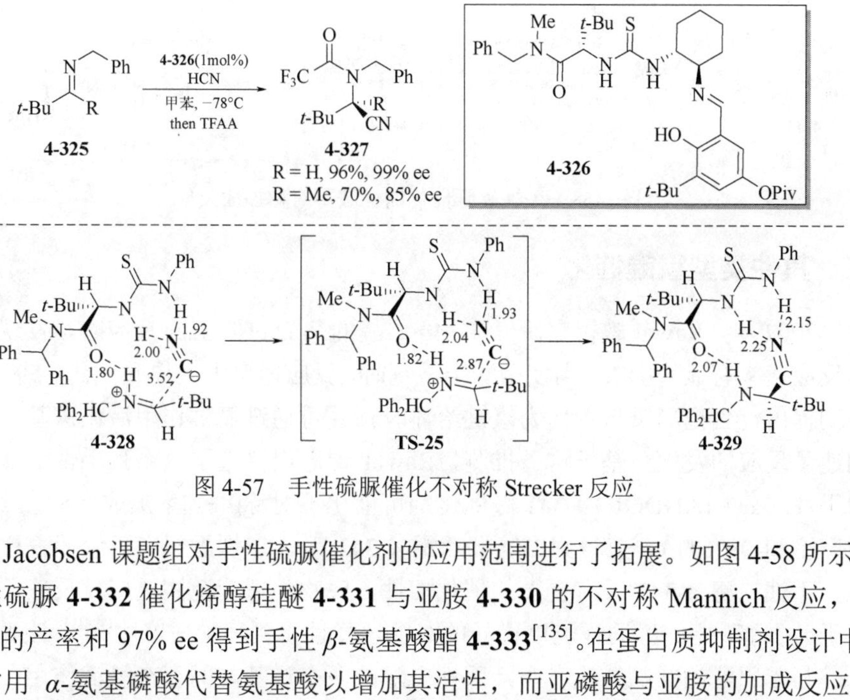

图 4-57　手性硫脲催化不对称 Strecker 反应

Jacobsen 课题组对手性硫脲催化剂的应用范围进行了拓展。如图 4-58 所示，手性硫脲 **4-332** 催化烯醇硅醚 **4-331** 与亚胺 **4-330** 的不对称 Mannich 反应，以 95% 的产率和 97% ee 得到手性 β-氨基酸酯 **4-333**[135]。在蛋白质抑制剂设计中，经常用 α-氨基磷酸代替氨基酸以增加其活性，而亚磷酸与亚胺的加成反应是合成 α-氨基磷酸酯的常用方法之一。该课题组发现，手性硫脲催化剂 **4-336** 可催化亚磷酸酯 **4-335** 与亚胺 **4-334** 的不对称加成反应，以 87% 的产率和 98% 的 ee 值得到 **4-337**[136]。硝基烷烃与亚胺的 Mannich 反应是合成邻二胺的常用方法。Jacobsen 课题组进一步对催化剂的结构进行优化后，发现以手性硫脲 **4-338** 为催化剂，用二异丙基乙胺做碱，可催化硝基乙烷与亚胺 **4-330** 的不对称 Aza-Henry 反应，以 96% 的产率和 92% 的 ee 值得到顺式为主的产物 **4-339**[137]。

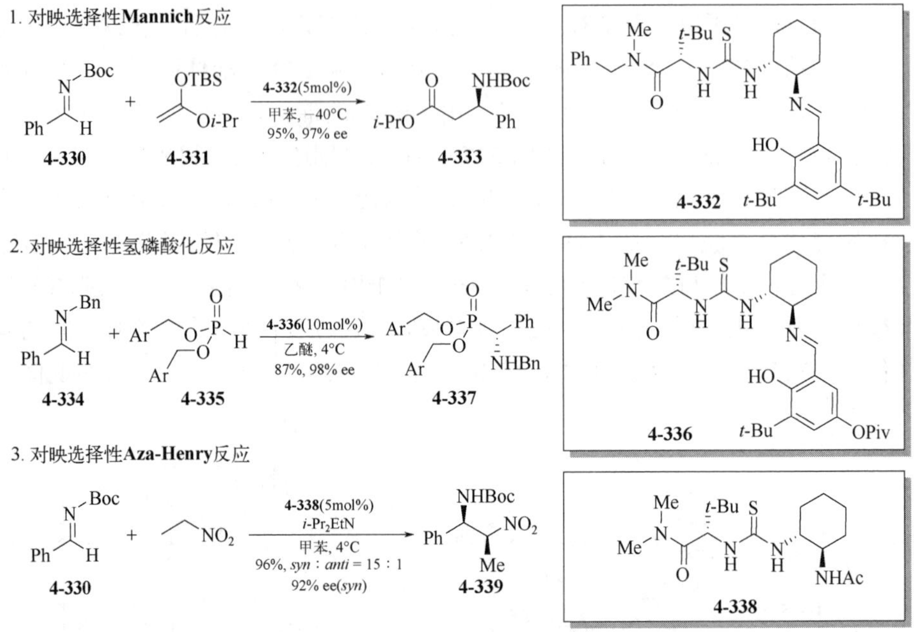

1. 对映选择性Mannich反应

2. 对映选择性氢磷酸化反应

3. 对映选择性Aza-Henry反应

图 4-58　手性硫脲催化的亚胺不对称加成反应

二、其他类型氢键催化

2002 年，Rawal 教授在研究 **4-340** 与醛的杂 Diels-Alder 反应时，发现溶剂对反应速率有显著影响，当使用醇类溶剂时，反应速率大大提升（图 4-59）[138]。他们提出，当把醇类溶剂作为氢键给体时，其可通过氢键作用活化羰基，从而加速了反应的发生。基于这一推测，Rawal 课题组筛选了一系列手性醇，发现用手性二醇（TADDOL）**4-341** 做催化剂可催化不对称[4+2]环加成反应，以 70% 的产率和 99% 的 ee 值得到二氢吡喃酮 **4-342**[139]。该课题组在后续研究中还发现，手性二醇 **4-343** 具有更高的催化活性，底物的适应范围更广，反应不只局限于芳香醛，脂肪醛同样能以优异的对映选择性得到环加成产物[140]。该类手性二醇与苯甲醛的共晶结构表明，手性二醇的两个羟基之间存在氢键作用，而一个羟基通过单氢键作用与醛结合。同时，由于两个芳基之间存在空间位阻作用，二烯只能从 re-面与醛进行环加成反应。

在前述氢键催化反应中，手性催化剂通过氢键作用与底物结合，从而诱导了反应的立体选择性。反应结束后，产物与氢键催化剂解离，实现催化循环（图 4-60）[141]。除了这一催化模式，合成化学家在超分子化学中氢键给体对阴离子识别的启发下，发展了阴离子络合催化（anion-bonding catalysis）。这一策略中，底物首先解离成带正电荷的阳离子，形成的抗衡阴离子与氢键催化剂络合，阴阳离子之间的静电引力使得二者紧密结合。当亲核试剂进攻阳离子中间体时，抗衡阴离子所络合的手性氢键催化剂可诱导反应的对映选择性。这一催化模式拓展了氢键催化剂的催化模式，为氢键催化研究注入了新的活力。

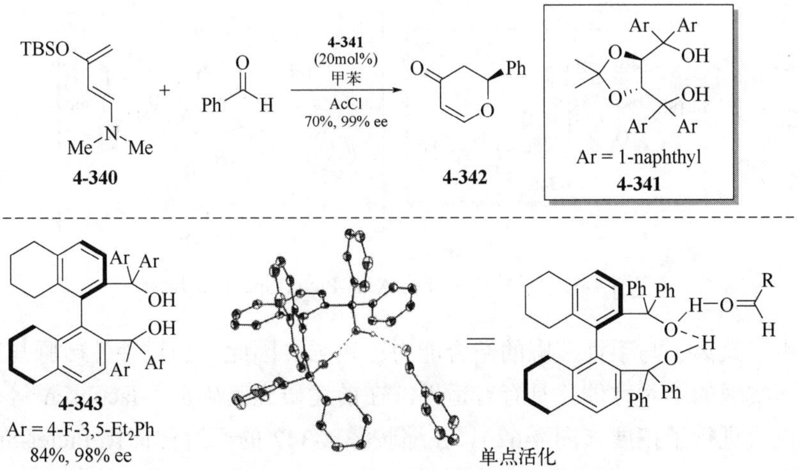

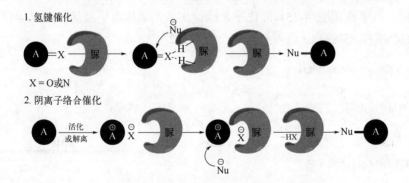

图 4-59 手性二醇催化的杂 Diels-Alder 反应

图 4-60 手性氢键催化剂的两种催化模式

β-四氢咔唑骨架在具有重要生理活性的药物分子和天然产物中广泛存在，色胺与醛的分子内 Pictet-Spengler 反应是构建这类骨架的重要方法，但文献报道的不对称催化 Pictet-Spengler 环化反应较少。Jacobsen 课题组首次采用阴离子络合催化（图 4-61），在手性氢键催化剂 **4-345** 促进下，用乙酰氯活化色胺衍生的亚胺 **4-344**，原位生成酰基亚胺正离子。生成的氯离子与催化剂硫脲通过双氢键络合（过渡态 **TS-26**），同时与酰基亚胺正离子形成紧密离子对。在进行环化反应时，手性硫脲可控制反应的面选择性，以 70%的产率和 93%的 ee 值得到 β-四氢咔唑 **4-346**[142]。

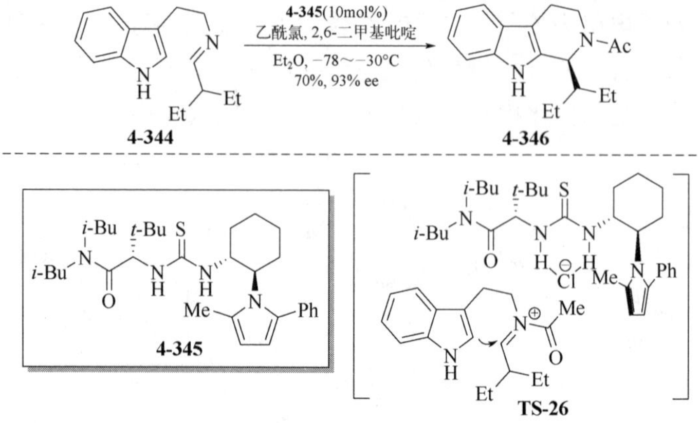

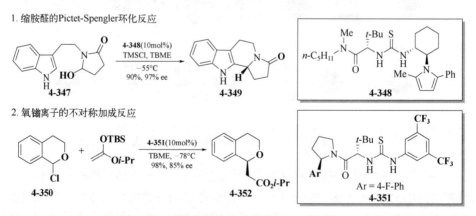

图 4-61　手性硫脲催化 Acyl-Pictet-Spengler 反应

　　由于氯离子与手性硫脲的结合能力比较强，因此，通过手性硫脲与氯离子络合而实现的不对称催化具有普适性。在前述研究基础上，Jacobsen 等对这一催化模式进行了拓展（图 4-62）。在缩胺醛 **4-347** 的不对称催化 Pictet-Spengler 反应中，以 TMSCl 为活化剂，在手性硫脲 **4-348** 作用下，以 90%的产率和 97%的 ee 值得到环化产物 **4-349**[143]。这一催化模式还可拓展至氧鎓离子的不对称加成反应，在手性硫脲 **4-351** 催化下，原位生成的氧鎓离子被烯醇硅醚捕获，以98%的产率和 85%的 ee 值得到加成产物 **4-352**[144]。

图 4-62　手性硫脲催化不对称环化及加成反应

　　在离子反应中，如果抗衡阴离子为较强的氢键受体，理论上可用手性氢键催化剂实现反应对映选择性的控制。例如，在 DMAP 催化的酰化反应中，它首先与酰基化试剂反应，形成吡啶鎓盐离子对 I。接着，被活化的酰基转移至醇或胺，形成酯键或酰胺键。假如该反应体系中存在手性硫脲催化剂，抗衡阴离子就可以通过双氢键作用与硫脲络合形成手性离子 II 。在接下来的酰基转移过程中，手性硫脲催化剂创造的手性环境会诱导反应的立体选择性（图 4-63）。Seidel 教授首次提出这一策略，成功实现了苄胺的动力学拆分。通过筛选配体，他们发现由手性环己二胺衍生的手性硫脲 **4-354** 为最佳催化剂，α-甲基苄胺 **4-353** 在手性硫脲和 DMAP 共同催化下发生苯甲酰基化反应，在 45%转化率时的动力学拆分因子为 10[145]。理论计算结果表明，不仅手性硫脲与苯甲酸负离子之间存在双氢键作用，氧负离子与配体苯环的 C—H 键之间也有弱的氢键作用，而酰基吡啶阳离子则与催化剂的芳基通过 π-π 堆积作用而被固定。酰基转移时，R-构型的胺与配体手性环境相匹配，从而立体选择性得到酰基化手性苄胺 **4-355**。采用该催化体系，Seidel 课题组还发展了内消旋二胺的去对称化反应[146]，在手性硫脲 **4-354** 与 DMAP 共同催化下，以苯甲酸酐为酰基化试剂，可以 82% 的产率和 95%的 ee 值得到 **4-357**。

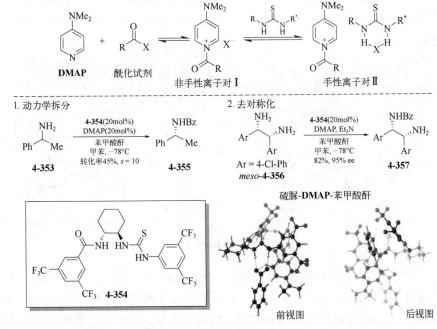

图 4-63 不对称酰基转移反应

三、手性双官能团催化剂

手性氢键催化剂的发展与应用为有机小分子催化剂的设计提供了新思路，在有机催化剂中引入硫脲或其他氢键给体，可增强底物与催化剂之间的作用力，从而提高催化剂的催化活性，同时提升反应的对映选择性。本章第一节介绍过，龚流柱教授将脯氨酸与手性氨基醇缩合，得到的手性催化剂比脯氨酸的催化活性更高,究其原因在于前者通过增加额外的氢键作用降低了反应过渡态的能量，从而提高反应的对映选择性。

Takemoto 等首次将硫脲和手性胺结合在一起，设计并合成了双官能团催化剂 **4-359**（图 4-64）[147]。其可以催化丙二酸二乙酯与 β-苯基硝基烯的不对称 Michael 加成反应，以 86%的产率和 93%的 ee 值得到加成产物 **4-358**。对比实验表明，缺少硫脲官能团的催化剂 **4-360** 催化活性明显降低，仅以 14%的产率和 35%的 ee 值得到加成产物；而不带手性氨基的硫脲催化剂 **4-361** 的催化活性也大大降低，仅以 57%的产率得到外消旋产物。由此可见，硫脲和氨基是该类催化剂必需的活性基团。为了解释这一研究结果，Takemoto 等提出在该反应的过渡态 **TS-27** 中，催化剂的硫脲部分与硝基烯通过双氢键络合，降低了硝基烯的 LUMO 轨道能量，增加了其亲电性。与此同时，二甲氨基则作为碱，将丙二酸二乙酯中活泼亚甲基去质子化。这种协同活化模式将两个反应底物拉近，同时手性骨架可控制反应的面选择性，从而以较高的立体选择性得到加成产物 **4-358**。

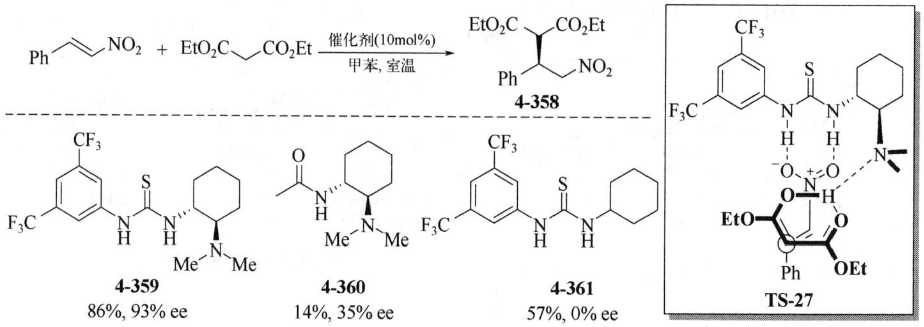

图 4-64　Takemoto 催化剂

在前文介绍的金鸡纳碱催化反应中，Wynberg 等已提出，在辛可尼丁催化的不对称 Michael 加成反应中，辛可尼丁的手性羟基通过氢键作用活化了烯酮（图 4-65）。Connon 等将金鸡纳碱的羟基转化为硫脲，旨在通过增强反应过渡态的氢键作用达到提高催化剂的催化活性的目的[148]。他们发现，以氢化奎宁衍生的双官能团 **4-362** 为催化剂，可用 2%（摩尔分数）催化量成功实现丙二酸二甲酯与 β-苯基硝基烯的不对称 Michael 加成反应，产物的 ee 值高达 99%。基于理论计算，推测在反应的有利过渡态 **TS-28** 中，硫脲与硝基烯通过双氢键作用被活化，催化剂中的喹啉环屏蔽了硝基烯的 re-面，亲核试剂只能从 si-面进攻，从而得到 R-构型的产物。

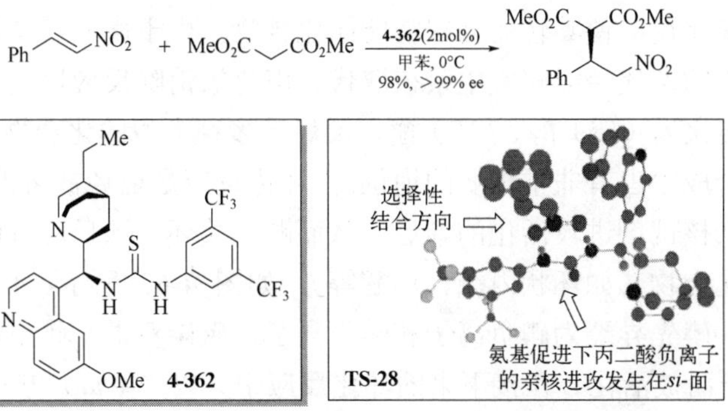

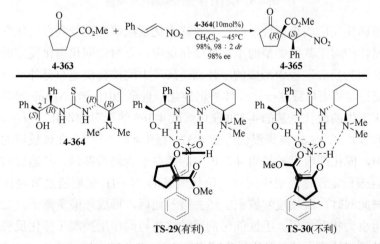

图 4-65 奎宁衍生的双官能团催化剂

双官能团催化剂中的氢键给体在催化过程中起着至关重要的作用，假如在该类催化剂中引入更多的氢键给体，催化剂可能会具有更好的催化活性。王春江课题组采用这一策略，在 Takemoto 催化剂的硫脲部分额外引入手性氨基醇，以增强其催化活性（图 4-66）[149]。通过对手性氨基醇立体异构体的筛选，发现用手性(1R,2S)-氨基醇合成的催化剂 **4-364** 可催化 2-甲氧羰基环戊酮 **4-363** 与 2-硝基苯乙烯的不对称 Michael 加成反应，以 98%的产率、98∶2 的 dr 值和 98%的 ee 值得到具有连续手性中心的产物 **4-365**。他们推测在反应过渡态中，硝基烯除了与硫脲之间存在双氢键作用，羟基同样参与了氢键的形成，多重氢键的协同作用高度活化了硝基烯。此外，三级胺与底物烯醇之间的氢键作用调控了亲核进攻的面选择性。当烯醇式进攻硝基烯时，酯基朝右侧的过渡态 **TS-29** 的能量有利于反应进行。而在另外一种过渡态 **TS-30** 中，环戊烷部分与硝基烯的苯基部分过于接近，它们之间的空间排斥作用导致过渡态能量过高，不利于反应的发生。

图 4-66 具有多重氢键给体的双官能团催化剂促进的不对称 Michael 加成反应

烯烃的卤化反应使其转化为双官能团化合物，由于卤原子是多样化的转化官能团，生产的卤代烃能够发生亲核取代、卤化氢消除反应以及分子间偶联等反应，可以转化为（硫）醇、（硫）醚、烯烃等多种类型的化合物，因此，卤化反应在有机合成中占有非常重要的地位。卤环化反应是烯烃被卤正离子活化后，通过分子内亲核试剂进攻活化的烯烃，从而顺利关环。该反应可用于构建多种类型的杂环化合物（如环状内酯、环醚等）。如图 4-67 所示，4-戊烯酸 **4-366** 与碘反应时，碘先异裂为碘负离子和碘正离子，碳碳双键与碘正离子形成三元环状碘鎓离子而被活化。在接下来的环化反应中，以 *6-endo* 方式关环得到 *δ*-碘代内酯 **4-367**；采用 5-*exo* 方式关环，得到碘代 *γ*-内酯 **4-368**。而后者在动力学上更有利，因而主要得到碘代 *γ*-内酯 **4-368**。

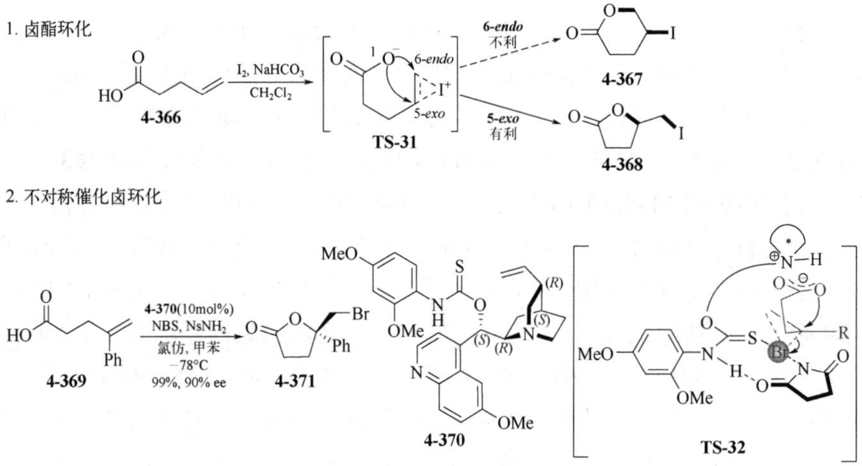

图 4-67 不对称催化卤酯环化反应

基于卤化反应的重要性，烯烃不对称卤化反应研究也受到合成化学家的青睐。但是，相对于其他类型的不对称催化反应，不对称催化卤化反应的报道较少。这是因为反应过程中形成的手性卤鎓离子中间体会快速与另外一分子烯烃络合、交换，从而导致这一中间体外消旋化。直至 2010 年，Yeung 等首次报道了奎尼丁衍生的硫代氨基酯 **4-370** 催化烯酸 **4-369** 的不对称溴环化反应，以 99% 的产率和 90% 的 ee 值得到溴代内酯 **4-371**（图 4-67）[150]。在该反应的过渡态 **TS-32** 中，催化剂硫代氨基酯 **4-370** 中的硫原子为路易斯碱，其通过与溴正离子的络合来稳定溴鎓离子中间体，硫代酰胺的 N—H 键则通过氢键作用活化 NBS。与此同时，底物羧酸被奎宁环去质子化后，形成羧酸负离子，二者之间通过静电引力相互作用。手性催化剂通过这些协同作用控制了环化反应的面选择性，从而立体选择性得到手性内酯。

第四节　手性布朗斯特酸催化

布朗斯特酸是能给出质子（H$^+$）的物质，它可将反应底物质子化，从而催化反应，有机合成中常用以催化酯化反应和缩醛反应。由于质子自身的特殊性，它不能实现不对称催化，需要通过手性抗衡阴离子将底物限制在手性空间内，方可实现手性诱导。据此，合成化学家发展了不同策略来实现不对称布朗斯特酸催化，例如，Yamamoto 课题组发展了路易斯酸促进的手性布朗斯特酸催化反应，但其应用范围较窄。2004 年，合成化学家发现，由手性 BINOL 制备出的手性磷酸（chiral phophoric acid，CPA）是一类普适性的手性布朗斯特酸催化剂。此后，不同类型的催化剂、催化模式及催化反应得到了迅速发展和广泛应用。

一、手性磷酸催化反应的发现及应用

2004 年，日本化学家 Akiyama 在研究 Mannich 反应时发现，由手性 BINOL 衍生的手性磷酸 **4-374** 能够催化烯醇硅醚 **4-373** 与亚胺 **4-372** 的加成反应，以定量产率、97 : 3 的 dr 值和 96% 的 ee 值得到顺式 β-氨基酸酯 **4-375**（图 4-68）[151]。他们发现，手性磷酸 3,3'-位的芳基对反应的对映选择性有很大影响，催化剂筛选表明：4-硝基苯基取代的手性磷酸 **4-374** 的催化活性最高。在同一年，日本化学家 Terada 也发现，手性磷酸 **4-376** 可以催化乙酰丙酮与亚胺 **4-330** 的不对称 Mannich 反应，以 99% 的产率和 95% 的 ee 值得到 β-氨基酸酯 **4-377**[152]。在该反应中，当手性磷酸 3,3'-位的取代基为 4-β-萘基苯基时，反应的立体选择性最高。

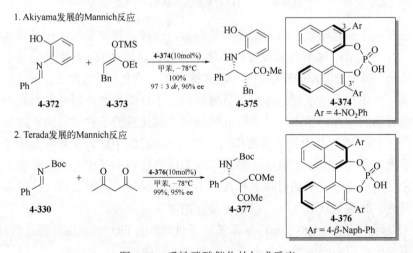

图 4-68　手性磷酸催化的加成反应

Akiyama 等基于理论计算（图 4-69）[153]，提出在反应过程中，手性磷酸提供的质子将亚胺质子化，磷酸阴离子与亚胺阳离子和酚羟基通过九元环双氢键作用，形成紧密离子对，从而将亚胺锚定在手性磷酸的手性口袋中。此外，亚胺的芳环与手性磷酸 3-位的 4-硝基苯基之间还存在 π-π 堆积作用。正是这种协同作用使得亚胺的 re-面暴露出来，易于接受亲核试剂的进攻，从而实现对反应立体选择性的控制。

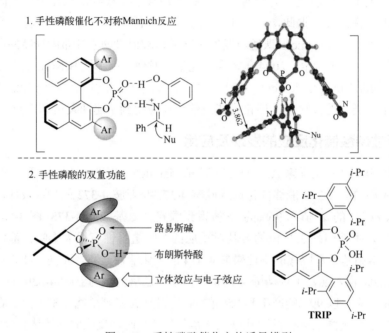

1. 手性磷酸催化不对称Mannich反应

2. 手性磷酸的双重功能

路易斯碱
布朗斯特酸
立体效应与电子效应

TRIP

图 4-69　手性磷酸催化立体诱导模型

根据理论计算结果，结合验证实验内容，合成化学家提出：在手性磷酸催化中[154]，一方面，磷酸具有较强的布朗斯特酸官能团—OH，其能够提供活化底物的质子；另一方面，磷酸根中 P=O 双键的氧原子上有孤对电子，其可作为路易斯碱，与底物中的氢键给体形成氢键作用。手性磷酸通过氢键和库仑力与底物形成较强的相互作用力，从而将底物锚定于催化剂的手性口袋中。此外，手性磷酸 3,3′-位的芳基也起了重要作用，它与 BINOL 手性骨架共同形成了一个锥形手性口袋。3,3′-位芳基与底物还可以直接通过弱相互作用进一步固定底物的构象，从而诱导反应的对映选择性。不同类型的反应，需要对 3,3′-位取代基进行筛选，找到最优取代基，以获得最佳的立体选择性。在后续研究中，合成化学家发现，连有 2,4,6-三异丙基苯基的手性磷酸（TRIP）适用范围比较广泛，在很多催化反应中都取得了令人满意的对映选择性。

亚胺的不对称还原是制备手性胺的高效方法之一，Rueping 等首次报道了手性磷酸催化的酮亚胺的不对称氢原子转移还原反应。他们发现，用手性磷酸 **4-380a** 可以催化汉斯酯 **HEH** 对亚胺 **4-378** 的还原反应，能以 76%的产率和 74%的 ee 值得到手性胺 **4-379**（图 4-70）[155]。随后，List 课题组发现，手性磷酸 **4-380b**（TRIP）可将反应的 ee 值提高至 88%[156]。MacMillan 课题组发现，用手性磷酸 **4-380c** 做催化剂，能以 94%的 ee 值得到还原产物[157]。对比这三个催化剂的结构，不难看出手性磷酸的 3,3′-位芳基对反应的对映选择性的影响比较显著。该反应的对映选择性可通过其过渡态 **TS-33** 来解释，手性磷酸先将亚胺质子化，二者直接通过氢键和静电引力将亚胺固定在手性口袋中，这使得亚胺离子的 si-面被手性磷酸的 3-位芳基屏蔽，而 re-面则可以接受亲核试剂的进攻。与此同时，磷酸 P＝O 双键的氧原子通过氢键作用将汉斯酯锚定在反应中心。最后，通过氢原子转移将亚胺离子还原，得到 S-构型产物。

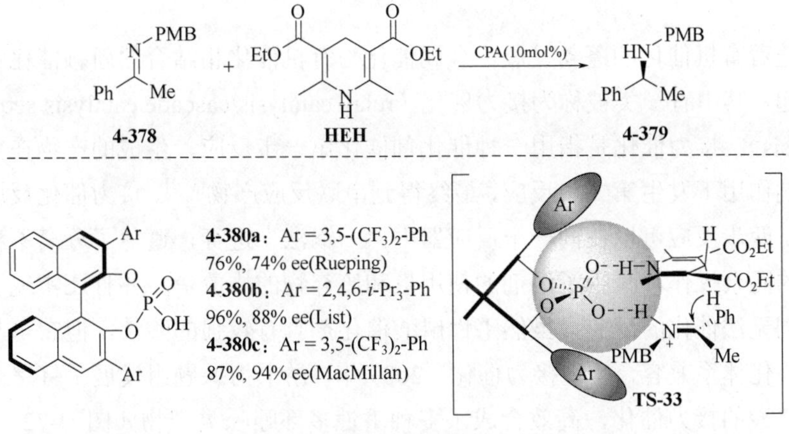

图 4-70 亚胺的不对称催化还原

芳香杂环的还原是构筑富含 sp^3 杂化碳原子环状结构的高效方法，以前报道的方法主要依赖于过渡金属催化的不对称氢化反应。2006 年，Rueping 等发现手性磷酸 **4-382** 可催化汉斯酯对 2-苯基喹啉 **4-381** 的不对称还原反应（图 4-71），以 92%的产率和 97%的 ee 值得到(S)-四氢喹啉 **4-383**[158]。该反应经历了逐步还原过程，首先是手性磷酸将喹啉质子化，活化氮杂环芳烃。接着，汉斯酯的氢原子转移至喹啉 4-位，发生 1,4-还原，得到二氢喹啉 **4-384**。然后，在手性磷酸促进下，二氢喹啉 **4-384** 异构化得到亚胺正离子。最后，汉斯酯再次发生氢原子转移（过渡态 **TS-34**），将亚胺还原，得到产物手性 2-苯基四氢喹啉 **4-383**。

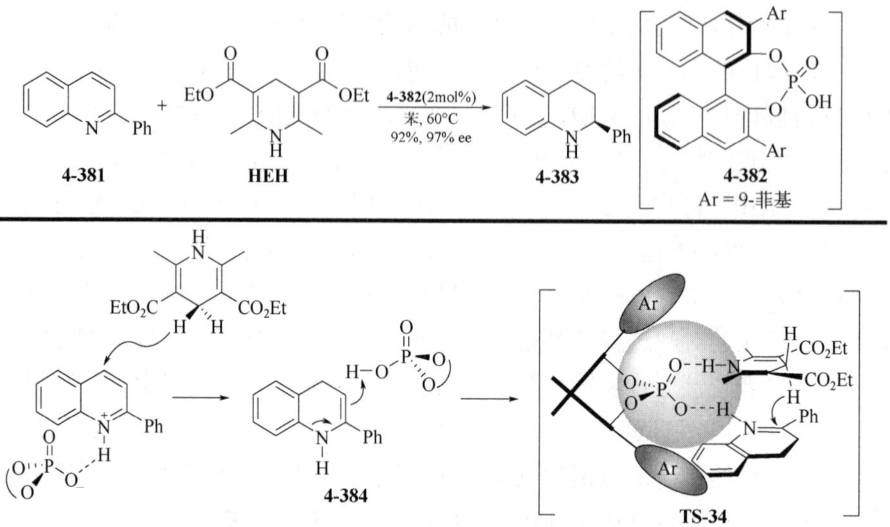

图 4-71　喹啉的不对称催化还原

随着有机催化的蓬勃发展，金属催化与有机催化相结合的新颖催化策略随之兴起，其中有一类被称为接力催化（relay catalysis/cascade catalysis/sequential catalysis）。接力催化是指用一种催化剂催化第一步反应，生成的产物在第二种催化剂作用下发生第二步反应，最终得到串联反应产物[159]。接力催化反应的优点是，两步反应可以在同一个反应器中"一锅法"进行，避免了分离不稳定中间体的冗余操作，减少了溶剂的使用量和废弃物的排放量，并且还实现了单一催化剂无法催化的反应。虽然手性磷酸催化剂具有较强的酸性，但它可与多种金属催化体系兼容，实现接力催化。2009 年，游书力课题组发展了钌络合物与手性磷酸的接力催化，高效合成了多种手性多环吲哚类产物（图 4-72）[160]。该反应首先是在钌催化剂 **4-386** 的作用下，2-取代吲哚 **4-385** 与苯基乙烯酮发生分子间金属复分解反应，得到烯酮中间体 **4-388**。接着，手性磷酸 **4-382** 接力催化烯酮 **4-388** 的分子内傅-克烷基化反应，烯酮被手性磷酸质子化活化后（过渡态 **TS-35**），吲哚 3-位亲核进攻烯酮，以 85%的产率和 94%的 ee 值得到多环吲哚产物 **4-387**。

季碳中心是指连有四个不同碳原子取代基的碳原子，由于这些取代基之间存在空间排斥作用，因此，立体选择性构建全碳季碳中心成为有机合成中最具挑战性的难题。龚流柱课题组发现，在手性磷酸 **4-376** 催化下，烯胺 **4-390** 与 3-羟基氧化吲哚 **4-389** 发生不对称加成反应，以 92%的产率和 94%的 ee 值得到带有季碳原子的氧化吲哚 **4-391**（图 4-73）[161]。在该反应中，手性磷酸首先催化羟基吲哚的脱水反应，形成烯基亚胺中间体。在手性磷酸作用下，吲哚啉的亚胺被质子化，同时烯胺 **4-390** 的 N—H 与 P=O 通过氢键作用结合并被活化，烯胺立体选择性进攻烯基亚胺正离子，经过过渡态 **TS-36** 得到 *S*-构型产物。基于这一反应，该课题组通过 12 步反应，完成了二聚环色胺吲哚生物碱 (−)-folicanthine 的不对称合成。

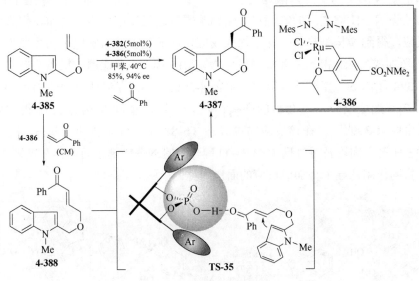

图 4-72　钌络合物与手性磷酸的接力催化反应

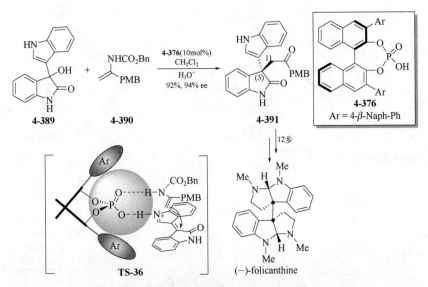

图 4-73　3-羟基氧化吲哚不对称加成反应构建手性季碳中心

在酸性条件下，邻羟基苯甲醇可脱水生成中间体邻苯醌（*o*-QM），该活泼中间体能接受亲核试剂的进攻，得到苄位取代的苯酚衍生物。孙建伟课题组以吲哚为亲核试剂，在手性螺环磷酸（SPA）4-392 催化下，吲哚与邻羟基苯甲醇衍生物 4-392 发生加成反应，以 98%的产率和 91%的 ee 值得到连有三个芳基取代基的季碳中心产物 4-394（图 4-74）[162]。在该反应的过渡态 **TS-37** 中，中间体邻苯醌 **4-395** 与手性磷酸通过氢键作用结合并被活化。而手性磷酸的 P=O 键与吲哚 N—H 键之间的氢键将活化邻苯醌拉近至反应位点，进而发生亲核加成反应，得到 *S*-构型产物。除了加成反应，邻苯醌也可与富电子烯烃发生氧杂[4+2]环加成反应，得到苯并吡喃衍生物。2015 年，石枫课题组报道了在手性磷酸 4-398 催化下，邻羟基苯甲醇衍生物 4-396 与 2-烯基吲哚 4-397 的不对称氧杂[4+2]环加成反应，以 88%的产率、95∶5 的 *dr* 值和 92%的 ee 值得到取代苯并吡喃 4-399[163]。在该反应的过渡态 **TS-38** 中，邻苯醌的羰基与手性磷酸的 O—H 键之间以及手性磷酸的 P=O 键与吲哚 N—H 键之间均存在氢键作用，这些协同作用诱导了环加成反应的面选择性。

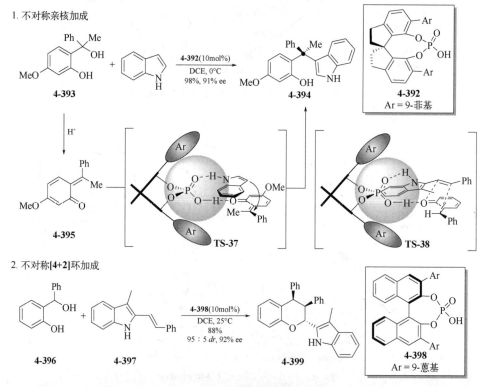

图 4-74　手性磷酸催化邻苯醌的反应

当一根化学键上的取代基因受到空间位阻限制，而无法围绕这根化学键自由旋转时就会产生手性，这种手性被称为轴手性。轴手性分子在手性配体及其催化剂中具有重要的应用价值。例如，Noyori 教授发展的具有轴手性的 BINAP 双膦配体，以及用于制备手性磷酸的手性联萘二酚（BINOL），都是具有轴手性的分子。随着不对称催化反应的快速发展，采用不对称催化法构建轴手性的研究也相继被报道。2017 年，石枫课题组发展了手性磷酸 **4-401** 催化的 β-萘酚与吲哚-2-甲醇 **4-400** 的不对称加成反应，能以 99%的产率和 90%的 ee 值得到具有萘-吲哚轴手性中心产物 **4-402**（图 4-75）[164]。在该反应中，手性磷酸促进吲哚甲醇衍生物 **4-400** 脱水形成碳正离子，通过共振将亲核性的 C3 位翻转为亲电性位点。亲核试剂 β-萘酚进攻具有较小位阻的吲哚 C3 位，然后双键发生异构化，将中心手性转化为轴手性。2018 年，谭斌教授课题组则利用吲哚 C3 位的亲核性，用手性磷酸 **4-405** 催化 2-叔丁基吲哚 **4-403** 与偶氮苯 **4-404** 的亲核加成反应，以 94%的产率和 97%的 ee 值得到具有萘-吲哚轴手性的产物 **4-406**[165]。

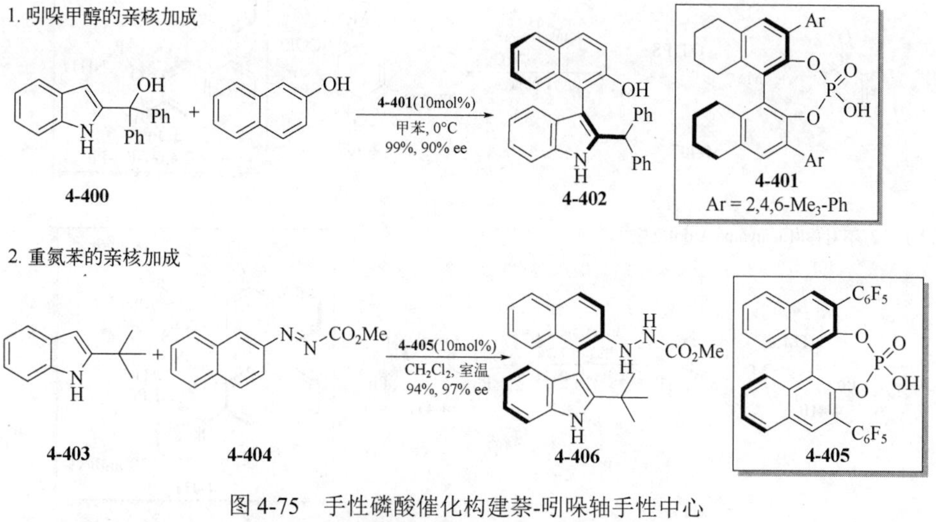

1. 吲哚甲醇的亲核加成

2. 重氮苯的亲核加成

图 4-75 手性磷酸催化构建萘-吲哚轴手性中心

二、其他类型手性布朗斯特酸催化剂的发展与应用

合成化学家受手性磷酸的结构及其催化机制的启发，从手性 BINOL 出发，设计了不同类型的手性布朗斯特酸催化剂，包括手性磷酰胺、手性亚氨二磷酸等。通过优化催化剂的结构，调节其 pK_a 值和手性口袋的大小，实现不同类型的不对称催化反应，特别是一些用手性磷酸无法催化的不对称反应。

手性磷酸的催化活性应用受到其酸性（pK_a 约 3.15，DMSO）的限制，对于一些需要更强的酸才能催化的反应，手性磷酸则无法催化这些反应。Yama-moto 课题组将手性磷酸的—OH 置换为具有强吸电子能力的磺酰胺 TfNH，以增加其酸性（pK_a约-3.40, DMSO），从而利用该类催化剂顺利实现了一些手性磷酸无法催化的反应。如图 4-76 所示，乙基乙烯基酮与烯醇硅醚 4-407 的[4+2]环加成反应，利用手性磷酸(R)-TRIP 无法催化该反应；而用手性磷酰胺 4-408 做催化剂，则可以 99%的产率和 90%的 ee 值得到环己烯产物 4-409[166]。反应机理研究表明，该反应是通过布朗斯特酸活化羰基的，通过降低烯酮 LUMO 轨道的能量，促进了环加成反应的发生。此外，还借助手性磷酰胺手性口袋的诱导作用，调控了反应的立体选择性。Mukaiyama Aldol 缩合反应是在路易斯酸或布朗斯特碱催化下，烯醇硅醚与羰基化合物发生的 Aldol 缩合反应。由于该反应条件温和，在有机合成中的应用广泛。Yamamoto 等发现，以手性硫代磷酰胺 4-411 为催化剂，4-410 可与苯甲醛发生不对称 Mukaiyama Aldol 缩合反应，以 96%的产率和 84%的 ee 值得到手性 β-羟基酮[167]。

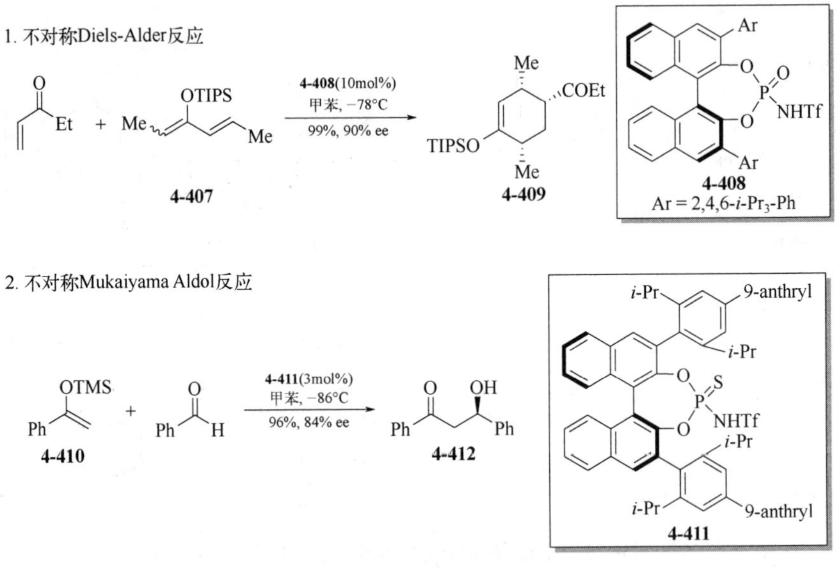

图 4-76　手性磷酰胺催化反应

在手性磷酸催化的不对称催化反应中，手性口袋大小是由 BINOL 骨架 3,3'-位的二芳基所限定的，其空间结构为开放的三角锥形状，口袋的最宽处为 9～13Å❶（图 4-77）。对于烷基取代柔性底物而言，它们与手性磷酸催化剂之间缺乏次级作用，反应时构象的自由度比较大，导致反应的对映选择性较差。

---

❶ 1Å=0.1nm。

2012 年，List 等在碱性条件下，将磷酰氯 **4-413** 与磷酰胺 **4-414** 缩合，得到手性亚氨二磷酸（IDP）**4-415**[168]。**4-415** 的单晶衍射实验表明，这类二聚体的 BINOL 骨架 3,3'-位的四个芳基紧密排列成一个较小的催化口袋，这个口袋的直径仅有 7~8Å。亚氨二磷酸同样具有布朗斯特酸（O—H）和路易斯碱（P=O）的双催化中心，但二者处于不同的磷原子上且更加深埋于手性口袋中。相对于手性磷酸（pK_a = 13.6，CH$_3$CN），其酸性进一步增强（pK_a ≈ 11，CH$_3$CN）。由于亚氨二磷酸具有更窄的手性口袋，催化柔性底物的相关反应时，它能诱导出更高的对映选择性。例如，在二氢吡喃 **4-416** 的不对称螺缩酮化反应中，以 (*R*)-TRIP 为催化剂时，只能以 40%的 ee 值得到产物；而以手性亚氨二磷酸（IDP）**4-415** 为催化剂，反应的 ee 值则高达 92%。

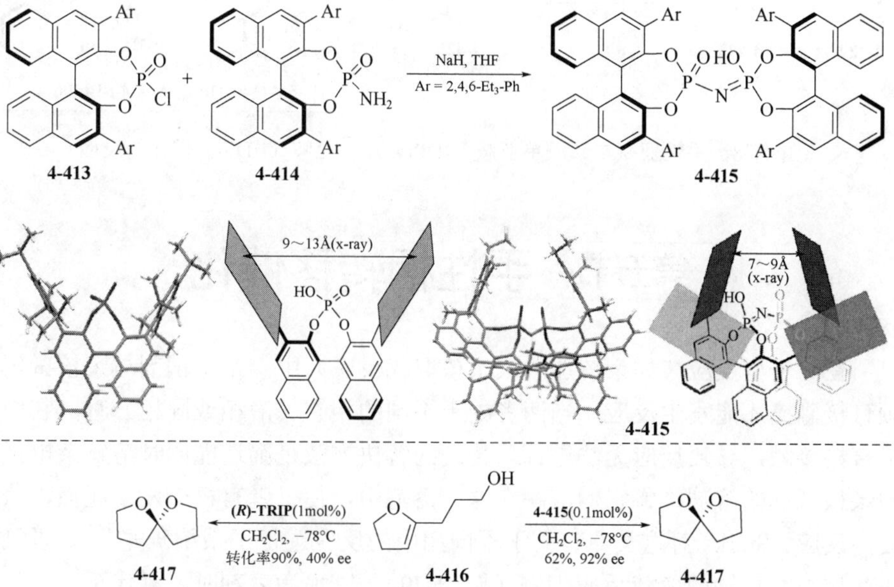

图 4-77 手性亚氨二磷酸（IDP）立体选择性催化螺缩酮反应

List 教授进一步用强酸性 NTf 官能团替代手性亚氨二磷酸（IDP）中一个磷原子上的 OH，以提高其酸性（图 4-78），合成了手性亚氨二磷酰单亚胺（IDPi）类催化剂，其酸性可提升至 pK_a≈9（乙腈作溶剂）[169]。用 DIPi **4-420** 催化 γ-烯基醇 **4-418** 与异戊醛 **4-419** 的不对称 Prins 环化反应，以 81%的产率和 91%的 ee 值得到手性四氢吡喃 **4-421**。而当同一反应选用手性亚氨二磷酸作催化剂时，因其酸性较低而无法得到环化产物。假如用 NTf 替代手性亚氨二磷酸中的两个氧原子，可得到新型催化剂——亚氨二磷酰二亚胺（iIDPi），它的酸性进一步增强（pK_a = 4.5~2.0，乙腈），而其催化活性也同步提高。以 iIDPi **4-424** 为催化剂，可促使环缩醛酯 **4-422** 脱除乙酸，形成环状氧鎓中间体，该中间体被烯醇硅醚 **4-423** 所捕获，以 88% 的产率和 96% 的 ee 值得到加成产物 **4-425**[170]。

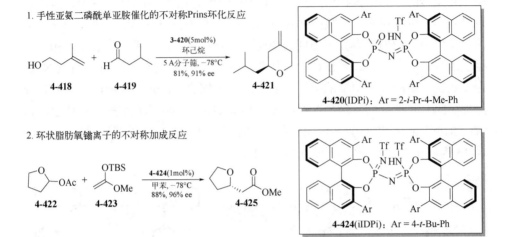

图 4-78　手性亚氨二磷酰单亚胺（IDPi）及二亚胺（iIDPi）催化的反应

第五节　手性相转移催化

　　在离子型反应（如亲核加成或亲核取代反应）中，亲电试剂与亲核试剂必须直接碰撞才能发生反应。当两者处于不同的相态（液相或固相）时，它们不能直接接触，导致反应无法进行。传统的解决方法是筛选能同时溶解亲电试剂与亲核试剂的溶剂，将它们溶解在这一溶剂中，使二者有机会发生碰撞，从而发生反应。Starks 对这类原料处于不同相中的反应进行了系统研究[171]。以氯代正辛烷与氰化钠的取代反应为例（图 4-79），以水为溶剂时，氯代正辛烷与氰化钠分别分散在有机相和水相中，二者无法接触，导致反应无法正常进行。以季鏻盐 **4-426** 为催化剂时，因其具有两亲性，故能分散于有机相和水相之间。鏻正离子带有正电荷，它可进入水相与氰化钠进行阴离子交换，得到氰基季鏻盐；该季鏻盐上的长链烷基使其可进入有机相，在有机相中与氯代正辛烷发生反应，得到壬腈，产率提高至 94%。

　　Starks 据此提出，在这一类催化反应中，可溶于有机相的阳离子催化剂（季鏻盐或者季铵盐）将溶于水相的阴离子重复"搬运"至有机相，避免了阴离子在水中因溶剂化导致的亲核性降低的问题。与此同时，有机相中离子对的电荷分散程度提高，致使阴离子的亲核性增强，从而加速了取代反应的进行。

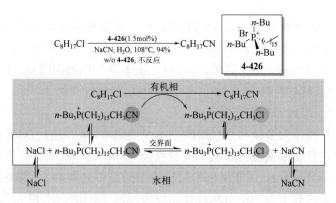

图 4-79 相转移催化的催化机制

基于该催化模式的特性，Starks 将这类催化命名为相转移催化（phase transfer catalysis）。根据所使用的相转移催化剂中起转移作用的离子类型不同，可将其分为两类：一类是通过正离子（如季鏻盐或季铵盐）将带负电荷的亲核试剂转移到有机相中，称为阳离子催化；相应地，负离子催化剂可将带正电荷的亲电试剂转移至有机相中，则称为阴离子催化。在相转移催化反应中，当催化剂将反应离子从其他相转移至有机相后，二者通过库仑力形成离子对。因此，使用手性相转移催化剂时，其手性环境可诱导后续反应发生，并产生对映选择性[172]。

一、手性阳离子相转移催化

1984 年，美国默克公司在合成利尿剂茚达立酮（indacrinone）时，首次发展了高对映选择性的相转移催化的不对称甲基化反应[173]。如图 4-80 所示，在金鸡纳碱衍生的季铵盐 **4-428** 催化下，以氯甲烷为甲基化试剂，在 50% 的氢氧化钠水溶液和甲苯两相反应体系中，取代茚酮 **4-427** 发生甲基化反应，以 95% 的产率和 92% 的 ee 值得到手性酮 **4-429**。

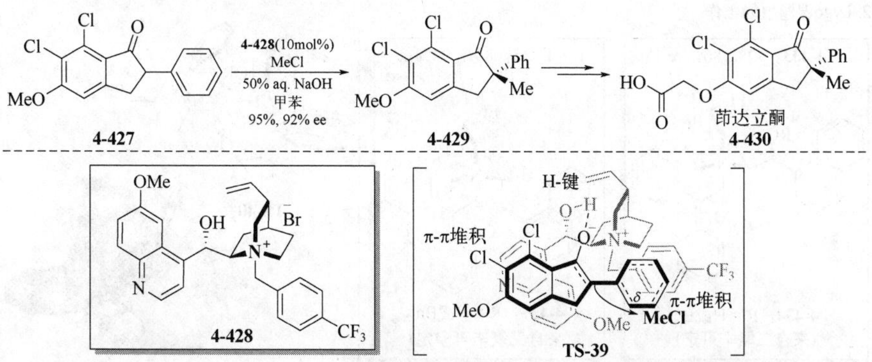

图 4-80 相转移催化的不对称甲基化反应

他们指出，在反应过渡态 **TS-39** 中，奎宁丁苄基季铵盐与烯醇负离子之间不仅存在库仑力，在其羟基与烯醇负离子之间还存在氢键作用。此外，催化剂的喹啉环与 4-甲氧基-2,3-二氯苯之间、对三氟苯基与底物的苯基之间都存在 π-π 堆积作用。由该模型可知，烯醇负离子的 *si*-面完全被催化剂屏蔽，氯甲烷只能从 *re*-面进攻，得到 *R*-构型产物。

手性氨基酸作为多肽与蛋白质的基本合成砌块，它们的不对称合成方法的发展与应用具有非常重要的意义。在默克公司开创的手性相转移催化甲基化反应的启发下，O'Donnell 课题组以辛可宁衍生的季铵盐 **4-432** 为催化剂，成功实现了甘氨酸亚胺叔丁酯的不对称烷基化反应，以 75% 的产率和 66% 的 ee 值得到手性氨基酸 **4-433**（图 4-81）[174]。Lygo 课题组对金鸡纳碱催化剂进行了结构优化，发现二氢辛可宁的 9-蒽甲基季铵盐 **4-434** 为最佳催化剂，可将反应的 ee 值提高至 86%。而使用二氢辛可宁衍生的季铵盐 **4-435**，则可以 94% 的 ee 值得到其对映异构体。二者 ee 值不同的原因是这两个催化剂为非对映异构体，这说明其他手性中心对反应的立体选择性也具有不同程度的影响[175]。此外，Lygo 课题组还发现，在最佳反应条件下，催化剂的羟基也会发生烷基化反应，因而采用 O-烷基化的催化剂也可得到相同的结果。在该反应过渡态 **TS-40** 中，底物中大位阻的二甲苯基远离催化剂的蒽环，以避免空间排斥作用，使得烯醇负离子的 *si*-面被屏蔽，从而得到 *R*-构型产物。Corey 课题组报道了类似结构的催化剂，以 84% 的产率和 94% 的 ee 值得到烷基化产物[176]。

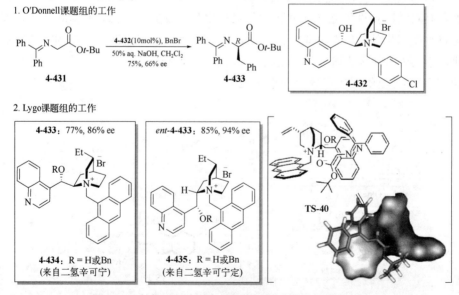

1. O'Donnell课题组的工作

4-431　**4-432**(10mol%), BnBr　50% aq. NaOH, CH₂Cl₂　75%, 66% ee　**4-433**　**4-432**

2. Lygo课题组的工作

4-433：77%, 86% ee

ent-4-433：85%, 94% ee

TS-40

4-434：R = H或Bn（来自二氢辛可宁）

4-435：R = H或Bn（来自二氢辛可宁定）

图 4-81　甘氨酸衍生的叔丁酯的不对称催化烷基化反应

由于金鸡纳碱廉价易得且易于进行结构修饰，由其衍生的手性相转移催化剂得到了广泛应用，相关的报道也非常多，在此仅选取一些代表性例子进行介绍（图 4-82）。Corey 课题组利用手性季铵盐 **4-436**，实现了甘氨酸亚胺叔丁酯 **4-431** 与丙烯酸甲酯的不对称 Michael 加成反应，以 85%的产率和 95%的 ee 值得到手性氨基酸 **4-437**[177]。在这一反应中，他们以固体 CsOH·H$_2$O 为碱，使反应在固-液两相中发生。Palomo 课题组用奎宁衍生的季铵盐 **4-439** 作催化剂[178]，成功实现了硝基甲烷与从 α-酰胺基砜 **4-438** 原位生成亚胺的 Aza-Henry 加成反应，以 83%的产率和 96%的 ee 值得到了手性 β-硝基胺 **4-440**。Ricci 课题组报道了手性季铵盐 **4-443** 催化丙二酸酯 **4-442** 与 α-酰氨基砜 **4-441** 的不对称 Mannich 反应。值得注意的是，该反应仅用了 1%（摩尔分数）的催化剂，就以 92%的产率和 90%的 ee 值得到手性 β-氨基酯 **4-444**[179]。

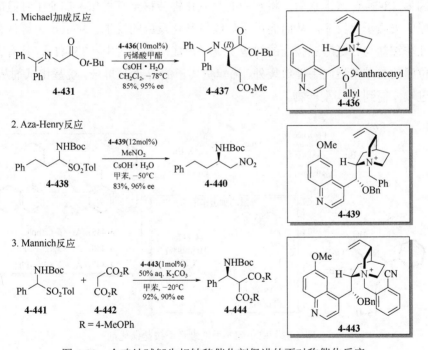

图 4-82　金鸡纳碱衍生相转移催化剂促进的不对称催化反应

鉴于金鸡纳碱衍生的相转移催化剂优异的催化活性，有机合成化学家将其拓展至其他类型的反应，例如 Aldol 缩合反应、环丙烷化反应、氧化反应等，但这些反应只取得了中等程度的对映选择性[172]。为了进一步拓展不对称相转移催化的应用范围，合成化学家设计并合成了多种类型的新型催化剂，这为建立高效反应体系提供了不同的解决方案。

1999 年，Maruoka 课题组由手性 BINOL（1,1'-bi-2,2'-naphthol）合成了 C_2-对称的手性螺环季铵盐催化剂 **4-445**～**4-447**（图 4-83），只用 1mol% 的 **4-445**，就能以 96% 的 ee 值得到甘氨酸亚胺酯的苄基化产物 **4-433**[180]。该课题组进一步对该催化剂进行结构修饰，发现催化剂 **4-446** 具有更高的催化活性，能以 91% 的产率和 98% 的 ee 值得到目标产物[181]。有机催化虽然具有对空气及水稳定的优势，但催化剂用量一般都较高 [1%～10%（摩尔分数）]，这限制了它们在工业生产中的应用，因此，降低催化剂的用量就尤为重要。Maruoka 教授发现，在甘氨酸亚胺酯的烷基化反应中，以非手性相转移催化剂 18-冠-6 为协同催化剂，可将手性螺环季铵盐 **4-447** 的使用量降低至 0.05mol%，在 0℃ 反应 3h，即可以 90% 的产率和 98% 的 ee 值得到手性氨基酸 **4-433**[182]。作者推测，这可能是因为 18-冠-6 溶于水后，将水中的氢氧化钾转移至有机相，加速了甘氨酸亚胺酯的去质子化反应，从而促进了后续烷基化反应的发生。Maruoka 等认为在手性季铵盐与甘氨酸亚胺酯的烯醇负离子形成的离子对中（**TS-41**），具有大空间位阻的二苯基指向手性口袋外，烯醇负离子的 si-面被屏蔽，烷基化试剂从 re-面进攻，得到 R-构型产物。

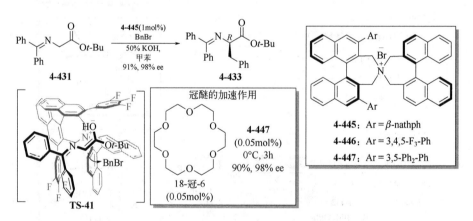

图 4-83　Maruoka 手性螺环季铵盐催化剂

Maruoka 课题组对 C_2-对称的手性螺环季铵盐——Maruoka 催化剂的应用范围进行了拓展。相对于金鸡纳碱衍生的相转移催化剂，这类催化剂在很多反应中都有优异的催化活性。如图 4-84 所示，以 **4-446** 为催化剂，可实现丙氨酸衍生的亚胺酯的不对称烷基化反应，以 85% 的收率和 98% 的 ee 值得到(R)-1,1-双烷基氨基酸 **4-449**[183]。以 **4-451** 为催化剂，可催化硝基丙烷与苯基亚甲基丙二

酸酯 **4-450** 的不对称 Michael 加成反应[184]，以 99%的产率、86：14 的 *dr* 值和 97%的 ee 值得到反式构型为主的产物 **4-452**。**4-451** 还可催化甘氨酸亚胺酯 **4-431** 与苯丙醛的不对称 Aldol 缩合反应，以 82%的产率、96：4 的 *dr* 值和 98%的 ee 值得到反式氨基醇 **4-453**[185]。

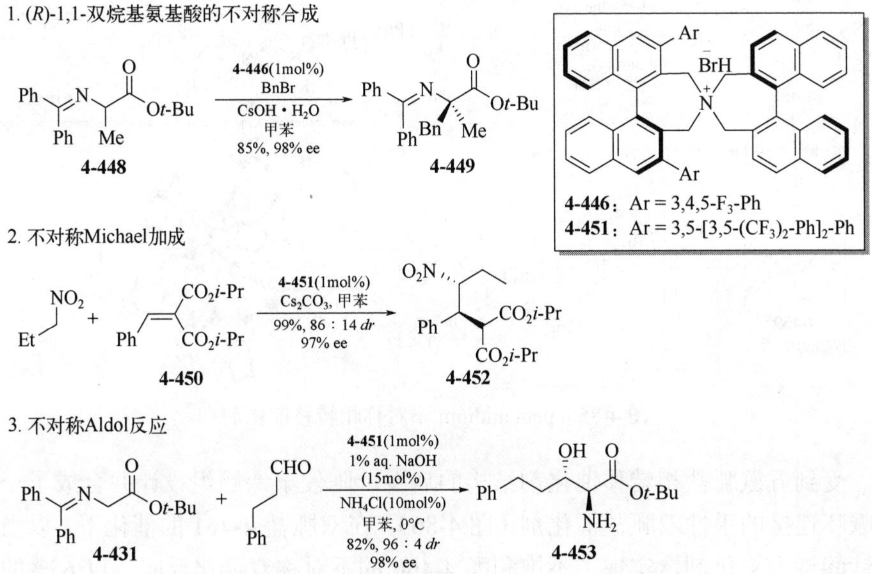

图 4-84　Maruoka 催化剂在不对称合成中的应用

上述两类手性季铵盐相转移催化剂的中心氮原子均为 sp^3 杂化，其四面体空间结构的空位容易被取代基屏蔽，易于通过结构优化提高反应的对映选择性。相对而言，含有 sp^2 杂化氮原子的铵盐为平面结构，很难将底物固定在特定构象以诱导反应的立体选择性。陈俊丰教授在研究手性胍催化剂时，发现由五氮胍衍生的五氮胍盐（pentanidium）相转移催化剂，在不对称相转移催化中展现出优异的立体选择性（图 4-85）。手性二胺衍生的五氮胍盐 **4-454** 可催化甘氨酸亚胺叔丁酯 **4-431** 与查耳酮的不对称共轭加成，以 98%的产率和 92%的 ee 值得到了单一构型的加成产物 **4-455**[186]。2014 年，该课题组用 pentanidium 类相转移催化剂实现了亚磺酸阴离子的不对称烷基化反应。在碱性条件下，亚砜 **456** 发生逆 Michael 加成反应，生成亚磺酸阴离子 **4-459**，该阴离子与催化剂 **4-457** 的阳离子形成离子对。此外，烷基化试剂与催化剂的芳基碘之间还存在卤键作用，其成功调控了烷基化反应的面选择性，从而以 87%的产率和 92%的 ee 值得到手性亚砜 **4-458**[187]。

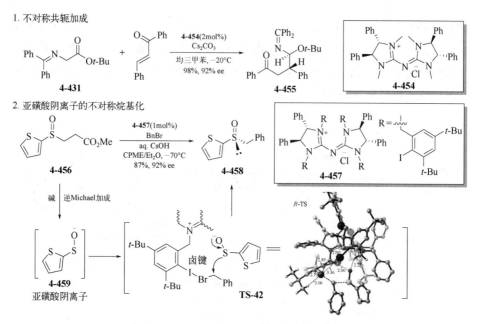

图 4-85 pentanidium 不对称相转移催化剂

受到五氮脒盐相转移催化剂结构的启发，陈俊丰课题组设计并合成了一类由哌嗪连接的手性双脒盐催化剂（图 4-86）。在双脒盐 **4-461** 的催化下，以当量高锰酸钾为氧化剂，实现了不饱和酯 **4-460** 的不对称双羟化反应，以 65%的产率和 92%的 ee 值得到手性二醇 **4-462**[188]。但是，该反应需要使用当量重金属盐作为氧化剂，后处理产生的当量金属废弃物会对环境造成污染。为了解决这个问题，该课题组发现以催化量钼酸钠为催化剂，双氧水的水溶液为氧化剂，在手性双脒 **4-464** 催化下，实现了硫醚 **4-463** 的不对称氧化反应，以 99%的产率和 94%的 ee 值得到手性亚砜 **4-465**[189]。在该反应中，手性相转移催化剂 **4-464** 与钼酸钠经过阳离子交换，原位生成的过氧桥连二聚体阴离子 $[(\mu_2\text{-}SO_4) \{Mo_2O_2(\mu_2\text{-}O_2)_2(O_2)_2\}]^{2-}$ 形成了紧密离子对，该阴离子处于手性阳离子的手性口袋中。分子模拟图显示：阴离子的四个过氧键中只有 $O\text{-}14$ 在空间未被屏蔽，故被立体选择性转移至硫醚，从而得到 S-构型产物。

在手性催化剂的设计和发展过程中，新型手性骨架的发现与应用是不对称催化领域合成化学家关注的焦点。目前，已发展了多种具有重要应用价值的优势骨架并被应用于不对称催化领域，其中代表性的有手性联萘酚（BINOL）、席夫碱 Salen 骨架、双噁唑啉 BOX 配体等。与此同时，在手性相转移催化剂的设计中，基于新型骨架的手性催化剂也不断被设计、合成出来，并在不对称相转移催化中表现优异。

1. 烯烃的不对称双羟化反应

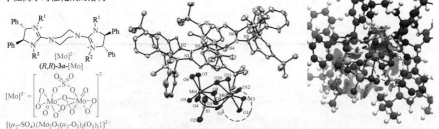

2. 硫醚的不对称氧化反应

3. 手性离子对催化剂的结构

图 4-86　手性双胍盐的不对称相转移催化氧化反应

在具有抗癌活性的天然产物——三尖杉碱（cephalotaxine）氮杂螺环核心骨架的启发下，涂永强院士课题组发展了螺四氢吡咯有机小分子催化剂（图 4-87），并将其应用于不对称 Michael 加成反应[190]。此外，他们基于该骨架设计了另一类新型手性配体——手性螺酰胺噁唑啉，其在萘酚的不对称催化交叉氧化偶联反应[191]、Ni—H 促进的不对称催化烷基化反应中表现出优异的催化性能[192]。2018 年，该小组设计并合成了手性螺酰胺三氮唑盐相转移催化剂 4-467，在它的催化下，实现了双氧化吲哚的不对称双烷基化反应，以 74% 的产率、12.6∶1 的 dr 值和 93% 的 ee 值得到手性双氧化吲哚 4-468[193]。在该反应中，催化剂的酰胺键 N—H 与氧化吲哚烯醇负离子之间形成的氢键起到了关键作用，它锚定了吲哚烯醇负离子的构象，使得亲电试剂只能从 si-面进行，从而得到 S-构型产物。

与手性季铵盐相转移催化反应的研究现状相比，关于手性季鏻盐的催化活性的报道相对较少。这是因为在强碱性条件下，季鏻盐容易去质子转化为磷叶立德，导致催化剂失去活性。2008 年，Maruoka 课题组基于手性联萘骨架衍生的季铵盐相转移催化剂，设计并合成了结构类似的手性季鏻盐催化剂 4-470（图 4-88），并用它成功催化了 β-酮酸酯的不对称胺化反应，以 99% 的产率和 91% 的 ee 值得到手性氨基酮酸酯 4-471[194]。2009 年，Maruoka 课题组进一步拓展了该催化剂的应用范围，在它的催化下，高效实现了氧化吲哚 **4-472** 与甲基乙烯基酮（methyl vinyl ketone，MVK）的不对称 Michael 加成反应，以 97%的产率和 99%的 ee 值得到手性 3,3′-二取代氧化吲哚 **4-473**[195]。近年来，由氨基酸衍生的手性膦制备的双官能团季鏻盐相转移催化剂，在不对称相转移催化反应中的应用逐渐受到了合成化学家的关注。通过向催化剂中引入氨基酸或脲，在底物与催化剂之间引入更多氢键作用，增强了反应过渡态中底物与催化剂的相互作用，可诱导出较高的对映选择性[196]。因篇幅有限，本节不再赘述。

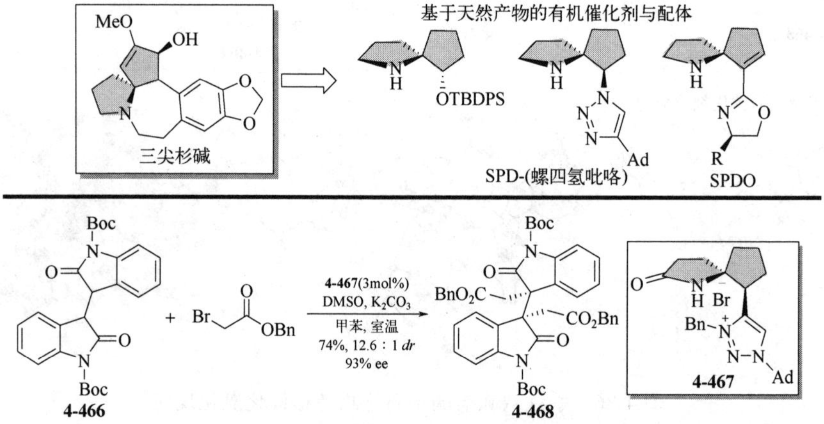

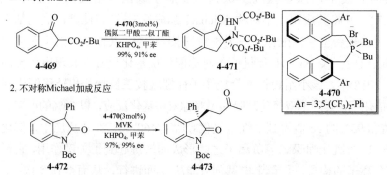

图 4-87 手性螺酰胺三氮唑盐相转移催化

图 4-88 手性季鏻盐相转移催化

二、手性阴离子相转移催化

前文介绍的不对称相转移催化反应中，所使用催化剂为带正电的手性季铵盐或季鏻盐，它们在反应过程中与亲核试剂的阴离子形成离子对，为后续反应提供了手性环境，故该类反应被称为手性阳离子导向的催化反应（图 4-89）。

相应地，假如相转移催化反应中使用的是手性阴离子催化剂，它可与亲电试剂的正离子形成手性离子对，从而控制亲电试剂在后续反应中的立体选择性，这类反应被称为手性阴离子导向的催化反应，其中所使用的手性催化剂即为手性阴离子相转移催化剂。

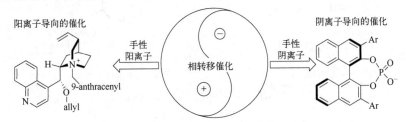

图 4-89 手性相转移催化反应的两种催化模式

前面介绍的手性磷酸催化的不对称反应中，手性磷酸将底物质子化后，活化的底物与手性磷酸阴离子形成离子对，从而诱导后续反应的立体选择性，这类反应也可以归属为手性阴离子导向的不对称催化。2011 年，Toste 课题组首次提出手性磷酸可作为阴离子相转移催化剂，该催化剂将带正电的氟化试剂转移至有机相，实现了烯丙胺的不对称氟环化反应。这一反应的优点在于活泼的卤化试剂与底物分别为固相与液相状态，使得活泼的卤化试剂与底物被分隔开来，从而抑制了非催化背景反应导致的立体选择性降低（图 4-90）[197]。他们发现，在手性磷酸 C_8-R-TRIP 催化下，**4-374** 与 SelectFluor 发生分子内不对称氟环醚化反应，以 87%的产率、>20∶1 的 dr 值及 93%的 ee 值得到手性噁唑啉酮产物 **4-375**。

该反应的催化机理如图 4-90 所示，手性磷酸与碳酸钠反应生成磷酸钠盐，它与处于固相的 SelectFluor 盐进行阴离子交换，得到手性离子对化合物 **4-476**。该离子对化合物进入有机相，与底物发生氟环醚化反应。在该反应的过渡态 **TS-43** 中，手性磷酸阴离子与酰胺 N—H 之间的氢键作用将底物固定在手性口袋中。此外，磷酸阴离子与 DABCO 季铵盐之间的库仑力诱导了氟与双键反应的面选择性。

环色胺吲哚生物碱（如 chimonanthine）是一类由四氢吡咯并吲哚啉片段偶联的多聚天然产物，将手性 3-溴代吡咯并吲哚啉 **4-479** 还原二聚是合成二聚环色胺吲哚生物碱的最有效策略之一。色胺 **4-477** 的不对称催化溴环化反应具有极大的挑战性，关键原因在于吲哚为富电子芳香环，能与卤化试剂快速发生背景反应，导致均相催化剂难以控制反应的对映选择性。谢卫青课题组采用手性阴离子相转移策略，以容易制备的溴化 DABCO 季铵盐络合物 **4-478** 为溴化试剂，实现了色胺 **4-477** 的不对称溴环化反应，以定量产率和 96%的 ee 值得到 3-溴代吡咯并吲哚啉 **4-479**（图 4-91）[198]。在该反应的过渡态 **TS-44** 中，手性

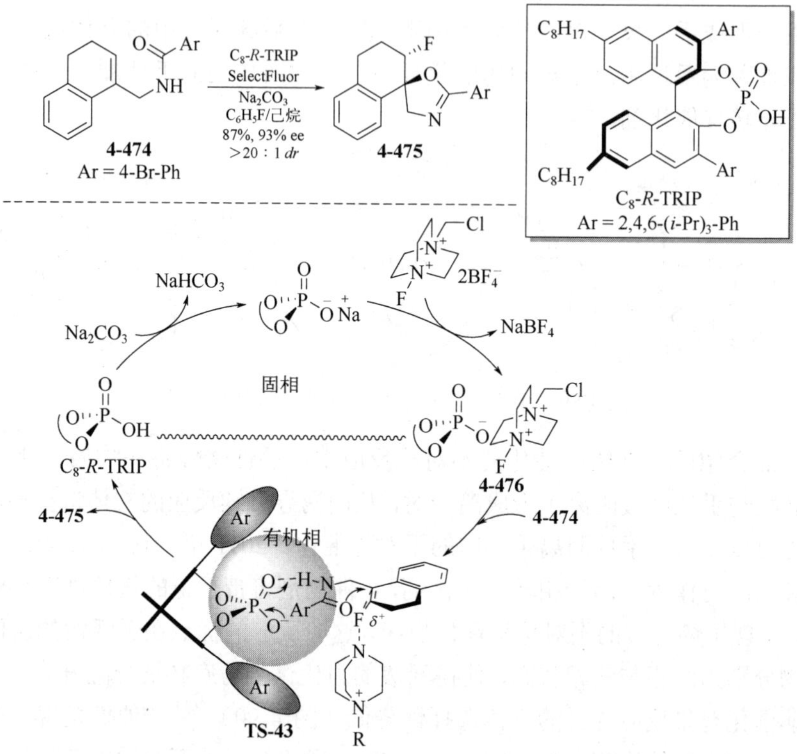

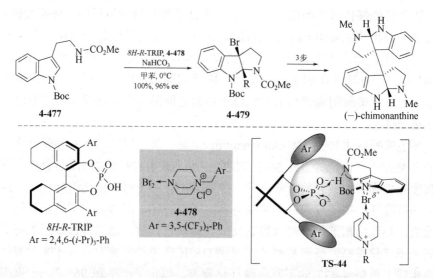

图 4-90　手性磷酸催化的不对称氟环醚化反应

图 4-91　手性磷酸催化的色胺不对称溴环化反应

磷酸阴离子与色胺直链 N—H 之间的氢键作用固定了色胺的构象。与此同时，磷酸阴离子与 DABCO 季铵盐之间的库仑力导向溴鎓离子与吲哚加成的面选择性。基于这一反应合成的手性砌块 **4-479** 经过还原、二聚、保护基脱除等 3 步反应，成功实现二聚环色胺 chimonanthine 的不对称合成。

　　不对称有机催化在过去二十多年来发展最为迅速，以其独特的催化模式在有机合成研究领域占有一席之地。但不可否认，有机催化还存在催化模式单一的缺陷，这也大大限制了其应用范围。但有机合成化学家一直在尝试突破其催化边界，比如与光催化、电催化结合，拓展不对称有机催化的类型，为该领域研究注入新的动力。此外，有机合成化学家还专注于发现更多的催化模式，比如受阻路易斯酸碱对催化是最近十多年发现的新型有机催化剂，它为有机小分子活化提供了新的反应模式，愈来愈受到合成化学家的关注。总而言之，不对称有机催化的发展虽然已经进入了成熟期，但仍存在诸多挑战，需要进一步发展才能在有机合成上发挥更重要作用。

参考文献

[1] Van Beurden K, De Koning S, Molendijk D, et al. The Knoevenagel reaction: a Review of the Unfinished Treasure Map to forming Carbon-Carbon Bonds. Green Chem Lett Rev, 2020, 13(4): 349-364.

[2] Dalessandro E V, Collin H P, Guimarães L G L, et al. Mechanism of the Piperidine-Catalyzed Knoevenagel Condensation Reaction in Methanol: The Role of Iminium and Enolate Ions. J Phys Chem B, 2017, 121(20): 5300-5307.

[3] Wieland P, Miescher K. Über die Herstellung mehrkerniger Ketone. Helv Chim Acta, 1950, 33(7): 2215-2228.

[4] Eder U, Sauer G, Wiechert R. New Type of Asymmetric Cyclization to Optically Active Steroid CD Partial Structures. Angew Chem Int Ed, 1971, 10(7): 496-497.

[5] Hajos Z G, Parrish D R. The Stereocontrolled Synthesis of Trans-Hydrindan Steroidal Intermediates. J Org Chem, 1973, 38(19): 3239-3243.

[6] Guo Y L, Quan T F, Lu Y D, et al. Enantioselective Total Synthesis of (+)-Wortmannin. J Am Chem Soc, 2017, 139(20): 6815-6818.

[7] He C, Hu J L, Wu Y B, et al. Total Syntheses of Highly Oxidized ent-Kaurenoids Pharicin A, Pharicinin B, 7-O-Acetylpseurata C, and Pseurata C: A [5+2] Cascade Approach. J Am Chem Soc, 2017, 139(17): 6098-6101.

[8] Chen Y Y, Hu J P, Guo L D, et al. A Concise Total Synthesis of (−)-Himalensine A. Angew Chem Int Ed, 2019, 58(22): 7390-7394.

[9] Bahmanyar S, Houk K N. The Origin of Stereoselectivity in Proline-Catalyzed Intramolecular Aldol Reactions. J Am Chem Soc, 2001, 123(51): 12911-12912.

[10] List B, Lerner R A, Barbas C F. Proline-Catalyzed Direct Asymmetric Aldol Reactions. J Am Chem Soc, 2000, 122(10): 2395-2396.

[11] Bahmanyar S, Houk K N. Transition States of Amine-Catalyzed Aldol Reactions Involving Enamine Intermediates: Theoretical Studies of Mechanism, Reactivity, and Stereoselectivity. J Am Chem Soc, 2001, 123(45): 11273-11283.

[12] Bahmanyar S, Houk K N, Martin H J, et al. Quantum Mechanical Predictions of the Stereoselectivities of Proline-Catalyzed Asymmetric Intermolecular Aldol Reactions. J Am Chem Soc, 2003, 125(9): 2475–2479.

[13] Ahrendt K A, Borths C J, MacMillan D W C. New Strategies for Organic Catalysis: The First Highly Enantio-selective Organocatalytic Diels–Alder Reaction. J Am Chem Soc, 2000, 122(17): 4243–4244.

[14] Notz W, List B. Catalytic Asymmetric Synthesis of *anti*-1,2-Diols. J Am Chem Soc, 2000, 122(30): 7386–7387.

[15] List B, Pojarliev P, Castello C. Proline-Catalyzed Asymmetric Aldol Reactions between Ketones and α-Unsubs-tituted Aldehydes. Org Lett, 2001, 3(4): 573–575.

[16] Enders D, Grondal C. Direct Organocatalytic De Novo Synthesis of Carbohydrates. Angew Chem Int Ed, 2005, 44(8): 1210–1212.

[17] Northrup A B, MacMillan D W C. The First Direct and Enantioselective Cross-Aldol Reaction of Aldehydes. J Am Chem Soc, 2002, 124(24): 6798–6799.

[18] Northrup A B, MacMillan D W C. Two-Step Synthesis of Carbohydrates by Selective Aldol Reactions. Science, 2004, 35(52): 1752–1755.

[19] Tang Z, Jiang F, Yu L T, et al. Novel Small Organic Molecules for a Highly Enantioselective Direct Aldol Reaction. J Am Chem Soc, 2003, 125(18): 5262–5263.

[20] Berkessel A, Koch B, Lex J. Proline-Derived *N*-Sulfonylcarboxamides: Readily Available, Highly Enantiose-lective and Versatile Catalysts for Direct Aldol Reactions. Adv Synth Catal, 2004, 346(9/10): 1141–1146.

[21] Tang Z, Yang Z H, Chen X H, et al. A Highly Efficient Organocatalyst for Direct Aldol Reactions of Ketones with Aldedydes. J Am Chem Soc, 2005, 36(45): 9285–9289.

[22] Samanta S, Liu J Y, Dodda R, et al. C_2-Symmetric Bisprolinamide as a Highly Efficient Catalyst for Direct Aldol Reaction. Org Lett, 2005, 7(23): 5321–5323.

[23] Raj M, Vishnumaya V, Ginotra S K, et al. Highly Enantioselective Direct Aldol Reaction Catalyzed by Organic Molecules. Org Lett, 2006, 8(18): 4097–4099.

[24] Saito S, Nakadai M, Yamamoto H. Diamine-Protonic Acid Catalysts for Catalytic Asymmetric Aldol Reaction. Synlett, 2001, 2001(8): 1245–1248.

[25] Hartikka A, Arvidsson P I. Rational Design of Asymmetric Organocatalysts—Increased Reactivity and Solvent Scope with a Tetrazolic Acid. Tetrahedron: Asymmetry, 2004, 15(12): 1831–1834.

[26] Lacoste E, Landais Y, Schenk K, et al. Benzoimidazole-Pyrrolidine (BIP), a Highly Reactive Chiral Organo-catalyst for Aldol Process. Tetrahedron Lett, 2004, 45(43): 8035–8038.

[27] Sakthivel K, Notz W, Bui T, et al. Amino Acid Catalyzed Direct Asymmetric Aldol Reactions: A Bioorganic Approach to Catalytic Asymmetric Carbon-Carbon Bond-Forming Reactions. J Am Chem Soc, 2001, 123(22): 5260–5267.

[28] Kano T, Takai J, Tokuda O, et al. Design of an Axially Chiral Amino Acid with a Binaphthyl Backbone as an Organocatalyst for a Direct Asymmetric Aldol Reaction. Angew Chem Int Ed, 2005, 44(20): 3055–3057.

[29] Amedjkouh M. Primary Amine Catalyzed Direct Asymmetric Aldol Reaction Assisted by Water. Tetrahedron: Asymmetry, 2005, 16(8): 1411–1414.

[30] Zou W B, Ibrahem I, Dziedzic P, et al. Small Peptides as Modular Catalysts for the Direct Asymmetric Aldol Reaction: Ancient Peptides with Aldolase Enzyme Activity. Chem Commun, 2005(39), 4946–4948.

[31] Luo S Z, Xu H, Li J Y, et al. A Simple Primary-Tertiary Diamine-Brønsted Acid Catalyst for Asymmetric Direct Aldol Reactions of Linear Aliphatic Ketones. J Am Chem Soc, 2007, 129(11): 3074–3075.

[32] List B. The Direct Catalytic Asymmetric Three-Component Mannich Reaction. J Am Chem Soc, 2000, 122(38):

9336-9337.

[33] List B, Pojarliev P, Biller W T, et al. The Proline-Catalyzed Direct Asymmetric Three-Component Mannich Reaction: Scope, Optimization, and Application to the Highly Enantioselective Synthesis of 1,2-Amino Alcohols. J Am Chem Soc, 2002, 124(5): 827-833.

[34] Ibrahem I, Zou W B, Engqvist M, et al. Acyclic Chiral Amines and Amino Acids as Inexpensive and Readily Tunable Catalysts for the Direct Asymmetric Three-Component Mannich Reaction. Chem Eur J, 2005, 11(23): 7024-7029.

[35] Córdova A, Watanabe S i, Tanaka F, et al. A Highly Enantioselective Route to Either Enantiomer of Both α- and β-Amino Acid Derivatives. J Am Chem Soc, 2002, 124(9): 1866-1867.

[36] Hayashi Y, Tsuboi W, Ashimine I, et al. The Direct and Enantioselective, One-Pot, Three-Component, Cross-Mannich Reaction of Aldehydes. Angew Chem Int Ed, 2003, 42(31): 3677-3680.

[37] List B, Pojarliev P, Martin H J. Efficient Proline-Catalyzed Michael Additions of Unmodified Ketones to Nitro Olefins. Org Lett, 2001, 3(16): 2423-2425.

[38] Enders D, Seki A. Proline-Catalyzed Enantioselective Michael Additions of Ketones to Nitrostyrene. Synlett, 2002, 2002(1): 26-28.

[39] Ishii T, Fujioka S, Sekiguchi Y, et al. A New Class of Chiral Pyrrolidine-Pyridine Conjugate Base Catalysts for Use in Asymmetric Michael Addition Reactions. J Am Chem Soc, 2004, 126(31): 9558-9559.

[40] Mitchell C E T, Cobb A J A, Ley S V. A Homo-Proline Tetrazole as an Improved Organocatalyst for the Asymmetric Michael Addition of Carbonyl Compounds to Nitro-Olefins. Synlett, 2005, 2005(4): 611-614.

[41] Mase N, Watanabe K, Yoda H, et al. Organocatalytic Direct Michael Reaction of Ketones and Aldehydes with β-Nitrostyrene in Brine. J Am Chem Soc, 2006, 128(15): 4966-4967.

[42] Wang J, Li H, Lou B, et al. Enantio- and Diastereoselective Michael Addition Reactions of Unmodified Aldehydes and Ketones with Nitroolefins Catalyzed by a Pyrrolidine Sulfonamide. Chem Eur J, 2006, 12(16): 4321-4332.

[43] Pansare S V, Pandya K. Simple Diamine- and Triamine-Protonic Acid Catalysts for the Enantioselective Michael Addition of Cyclic Ketones to Nitroalkenes. J Am Chem Soc, 2006, 128(30): 9624-9625.

[44] Betancort J M, Barbas C F. Catalytic Direct Asymmetric Michael Reactions: Taming Naked Aldehyde Donors. Org Lett, 2001, 3(23): 3737-3740.

[45] Hayashi Y, Gotoh H, Hayashi T, et al. Diphenylprolinol Silyl Ethers as Efficient Organocatalysts for the Asymmetric Michael Reaction of Aldehydes and Nitroalkenes. Angew Chem Int Ed, 2005, 44(27): 4212-4215.

[46] Tsogoeva S B, Wei S W. Highly Enantioselective Addition of Ketones to Nitroolefins Catalyzed by New Thiourea-Amine Bifunctional Organocatalysts. Chem Commun, 2006(13): 1451-1453.

[47] Yalalov D A, Tsogoeva S B, Schmatz S. Chiral Thiourea-Based Bifunctional Organocatalysts in the Asymmetric Nitro-Michael Addition: A Joint Experimental-Theoretical Study. Adv Synth Catal, 2006, 348(7/8): 826-832.

[48] Huang H B, Jacobsen E N. Highly Enantioselective Direct Conjugate Addition of Ketones to Nitroalkenes Promoted by A Chiral Primary Amine—Thiourea Catalyst. J Am Chem Soc, 2006, 128(22): 7170-7171.

[49] Melchiorre P, Jørgensen K A. Direct Enantioselective Michael Addition of Aldehydes to Vinyl Ketones Catalyzed by Chiral Amines. J Org Chem, 2003, 68(11): 4151-4157.

[50] Peelen T J, Chi Y G, Gellman S H. Enantioselective Organocatalytic Michael Additions of Aldehydes to Enones with Imidazolidinones: Cocatalyst Effects and Evidence for an Enamine Intermediate. J Am Chem Soc, 2005, 127(33): 11598-11599.

[51] Chi Y G, Gellman S H. Diphenylprolinol Methyl Ether: A Highly Enantioselective Catalyst for Michael Addi-
tion of Aldehydes to Simple Enones. Org Lett, 2005, 7(19): 4253-4256.

[52] Wang J, Li H, Zu L S, et al. Highly Enantioselective Organocatalytic Michael Addition Reactions of Ketones
with Chalcones. Adv Synth Catal, 2006, 348(4/5): 425-428.

[53] Wang J, Ma A Q, Ma D W. Organocatalytic Michael Addition of Aldehydes to γ-Keto-α,β-Unsaturated Esters.
An Efficient Entry to Versatile Chiral Building Blocks. Org Lett, 2008, 10(23): 5425-5428.

[54] Zhong G F. A Facile and Rapid Route to Highly Enantiopure 1,2-Diols by Novel Catalytic Asymmetric α-
Aminoxylation of Aldehydes. Angew Chem Int Ed, 2003, 42(35): 4247-4250.

[55] Marigo M, Wabnitz T C, Fielenbach D, et al. Enantioselective Organocatalyzed α Sulfenylation of Aldehydes.
Angew Chem Int Ed, 2005, 44(5): 794-797.

[56] Halland N, Braunton A, Bachmann S, et al. Direct Organocatalytic Asymmetric α-Chlorination of Aldehydes. J
Am Chem Soc, 2004, 126(15): 4790-4791.

[57] Beeson T D, MacMillan D W C. Enantioselective Organocatalytic α-Fluorination of Aldehydes. J Am Chem Soc,
2005, 127(24): 8826-8828.

[58] List B. Direct Catalytic Asymmetric α-Amination of Aldehydes. J Am Chem Soc, 2002, 124(20): 5656-5657.

[59] Bertelsen S, Marigo M, Brandes S, et al. Dienamine Catalysis: Organocatalytic Asymmetric γ-Amination of
α,β-Unsaturated Aldehydes. J Am Chem Soc, 2006, 128(39): 12973-12980.

[60] Li J L, Kang T R, Zhou S L, et al. Organocatalytic Asymmetric Inverse-Electron-Demand Diels-Alder Reaction
of Electron-Deficient Dienes and Crotonaldehyde. Angew Chem Int Ed, 2010, 49(36): 6418-6420.

[61] Cassani C, Melchiorre P. Direct Catalytic Enantioselective Vinylogous Aldol Reaction of α-Branched Enals with
Isatins. Org Lett, 2012, 14(21): 5590-5593.

[62] Bencivenni G, Galzerano P, Mazzanti A, et al. Direct Asymmetric Vinylogous Michael Addition of Cyclic
Enones to Nitroalkenes via Dienamine Catalysis. P Natl Acad Sci, USA 2010, 107(48): 20642-20647.

[63] Bastida D, Liu Y K, Tian X, et al. Asymmetric Vinylogous Aldol Reaction via H-Bond-Directing Dienamine
Catalysis. Org Lett, 2013, 15(1): 220-223.

[64] Jia Z J, Jiang H, Li J L, et al. Trienamines in Asymmetric Organocatalysis: Diels-Alder and Tandem Reactions. J
Am Chem Soc, 2011, 133(13): 5053-5061.

[65] Jen W S, Wiener J J M, MacMillan D W C. New Strategies for Organic Catalysis: The First Enantioselective
Organocatalytic 1,3-Dipolar Cycloaddition. J Am Chem Soc, 2000, 122(40): 9874-9875.

[66] Kunz R K, MacMillan D W C. Enantioselective Organocatalytic Cyclopropanations. The Identification of a
New Class of Iminium Catalyst Based upon Directed Electrostatic Activation. J Am Chem Soc, 2005, 127(10):
3240-3241.

[67] Marigo M, Franzén J, Poulsen T B, et al. Asymmetric Organocatalytic Epoxidation of α,β-Unsaturated Al-
dehydes with Hydrogen Peroxide. J Am Chem Soc, 2005, 127(19): 6964-6965.

[68] Paras N A, MacMillan D W C. New Strategies in Organic Catalysis: The First Enantioselective Organocatalytic
Friedel-Crafts Alkylation. J Am Chem Soc, 2001, 123(18): 4370-4371.

[69] Brown S P, Goodwin N C, MacMillan D W C. The First Enantioselective Organocatalytic Mukaiyama-Michael
Reaction: A Direct Method for the Synthesis of Enantioenriched γ-Butenolide Architecture. J Am Chem Soc,
2003, 125(5): 1192-1194.

[70] Chen Y K, Yoshida M, MacMillan D W C. Enantioselective Organocatalytic Amine Conjugate Addition. J Am
Chem Soc, 2006, 128(29): 9328-9329.

[71] Bertelsen S, Dinér P, Johansen R L, et al. Asymmetric Organocatalytic β-Hydroxylation of α,β-Unsaturated Aldehydes. J Am Chem Soc, 2007, 129(6): 1536−1537.

[72] Chen W, Du W, Yue L, et al. Organocatalytic Enantioselective Indole Alkylations of α,β-Unsaturated Ketones. Org Biomol Chem, 2007, 5(5): 816−821.

[73] Bartoli G, Bosco M, Carlone A, et al. Organocatalytic Asymmetric Friedel−Crafts Alkylation of Indoles with Simple α,β-Unsaturated Ketones. Org Lett, 2007, 9(7): 1403−1405.

[74] Xie J W, Chen W, Li R, et al. Highly Asymmetric Michael Addition to α,β-Unsaturated Ketones Catalyzed by 9-Amino-9-deoxyepiquinine. Angew Chem Int Ed, 2007, 46(3): 389−392.

[75] Huang Y, Walji A M, Larsen C H, et al. Enantioselective Organo-Cascade Catalysis. J Am Chem Soc, 2005, 127(43): 15051−15053.

[76] Marigo M, Schulte T, Franzén J, et al. Asymmetric Multicomponent Domino Reactions and Highly Enantiose-lective Conjugated Addition of Thiols to α,β-Unsaturated Aldehydes. J Am Chem Soc, 2005, 127(45): 15710−15711.

[77] Beeson T D, Mastracchio A, Hong J B, et al. Enantioselective Organocatalysis Using SOMO Activation. Science, 2007, 316(5824): 582−585.

[78] Jang H Y, Hong J B, MacMillan D W C. Enantioselective Organocatalytic Singly Occupied Molecular Orbital Activation: The Enantioselective α-Enolation of Aldehydes. J Am Chem Soc, 2007, 129(22): 7004−7005.

[79] Kim H, MacMillan D W C. Enantioselective Organo-SOMO Catalysis: The α-Vinylation of Aldehydes. J Am Chem Soc, 2008, 130(2): 398−399.

[80] Allen A E, MacMillan D W C. Enantioselective α-Arylation of Aldehydes via the Productive Merger of Iodonium Salts and Organocatalysis. J Am Chem Soc, 2011, 133(12): 4260−4263.

[81] Nicolaou K C, Reingruber R, Sarlah D, et al. Enantioselective Intramolecular Friedel-Crafts-Type α-Arylation of Aldehydes. J Am Chem Soc, 2009, 131(6): 2086−2087.

[82] Conrad J C, Kong J, Laforteza B N, et al. Enantioselective α-Arylation of Aldehydes via Organo-SOMO Catalysis. An Ortho-Selective Arylation Reaction Based on an Open-Shell Pathway. J Am Chem Soc, 2009, 131(33): 11640−11641.

[83] Um J M, Gutierrez O, Schoenebeck F, et al. Nature of Intermediates in Organo-SOMO Catalysis of α-Arylation of Aldehydes. J Am Chem Soc, 2010, 132(17): 6001−6005.

[84] Rendler S, MacMillan D W C. Enantioselective Polyene Cyclization via Organo-SOMO Catalysis. J Am Chem Soc, 2010, 132(14): 5027−5029.

[85] Nicewicz D A, MacMillan D W C. Merging Photoredox Catalysis with Organocatalysis: The Direct Asymmetric Alkylation of Aldehydes. Science, 2008, 322(5898): 77−80.

[86] Wöhler, Liebig. Untersuchungen über das Radikal der Benzoesäure. Ann Pharm, 1832, 3(3): 249−282.

[87] Lapworth A. XCVI. —Reactions Involving the Addition of Hydrogen Cyanide to Carbon Compounds. J Chem Soc Trans, 1903, 83: 995−1005.

[88] Breslow R. On the Mechanism of Thiamine Action. Ⅳ. Evidence from Studies on Model Systems. J Am Chem Soc, 1958, 80(14): 3719−3726.

[89] Arduengo A J Ⅲ, Harlow R L, Kline M. A Stable Crystalline Carbene. J Am Chem Soc, 1991, 113(1): 361−363.

[90] Sheehan J C, Hunneman D H. Homogeneous Asymmetric Catalysis. J Am Chem Soc, 1966, 88(15): 3666−3667.

[91] Knight R L, Leeper F J. Comparison of Chiral Thiazolium and Triazolium Salts as Asymmetric Catalysts for the

Benzoin Condensation. J Chem Soc Perk T 1, 1998(12), 1891−1894.

[92] Enders D, Kallfass U. An Efficient Nucleophilic Carbene Catalyst for the Asymmetric Benzoin Condensation. Angew Chem Int Ed, 2002, 33(39): 1743−1745.

[93] Stetter H. Catalyzed Addition of Aldehydes to Activated Double Bonds-A New Synthetic Approach. Angew Chem Int Ed, 1976, 15(11): 639−647.

[94] Kerr M S, Read de Alaniz J, Rovis T. A Highly Enantioselective Catalytic Intramolecular Stetter Reaction. J Am Chem Soc, 2002, 34(1): 10298−10299.

[95] DiRocco D A, Noey E L, Houk K N, et al. Catalytic Asymmetric Intermolecular Stetter Reactions of Enolizable Aldehydes with Nitrostyrenes: Computational Study Provides Insight into the Success of the Catalyst. Angew Chem Int Ed, 2012, 51(10): 2391−2394.

[96] Sohn S S, Rosen E L, Bode J W. *N*-Heterocyclic Carbene-Catalyzed Generation of Homoenolates: γ-Butyro-lactones by Direct Annulations of Enals and Aldehydes. J Am Chem Soc, 2004, 126(44): 14370−14371.

[97] Burstein C, Glorius F. Organocatalyzed Conjugate Umpolung of α,β-Unsaturated Aldehydes for the Synthesis of γ-Butyrolactones. Angew Chem Int Ed, 2004, 43(45): 6205−6208.

[98] He M, Bode J W. Catalytic Synthesis of γ-Lactams via Direct Annulations of Enals and *N*-Sulfonylimines. Org Lett, 2005, 7(14): 3131−3134.

[99] Nair V, Vellalath S, Poonoth M, et al. *N*-Heterocyclic Carbene Catalyzed Reaction of Enals and 1,2-Dicarbonyl Compounds: Stereoselective Synthesis of Spiro γ-Butyrolactones. Org Lett, 2006, 8(3): 507−509.

[100] Chan A, Scheidt K A. Highly Stereoselective Formal [3+3] Cycloaddition of Enals and Azomethine Imines Catalyzed by N-Heterocyclic Carbenes. J Am Chem Soc, 2007, 129(17): 5334−5335.

[101] Nair V, Vellalath S, Poonoth M, et al. *N*-Heterocyclic Carbene-Catalyzed Reaction of Chalcones and Enals via Homoenolate: an Efficient Synthesis of 1,3,4-Trisubstituted Cyclopentenes. J Am Chem Soc, 2006, 128(27): 8736−8737.

[102] Chan A, Scheidt K A. Conversion of α,β-Unsaturated Aldehydes into Saturated Esters: An Umpolung Reaction Catalyzed by Nucleophilic Carbenes. Org Lett, 2005, 7(5): 905−908.

[103] Sohn S S, Bode J W. Catalytic Generation of Activated Carboxylates from Enals: A Product-Determining Role for the Base. Org Lett, 2005, 7(18): 3873−3876.

[104] Reynolds N T, Read de Alaniz J, Rovis T. Conversion of α-Haloaldehydes into Acylating Agents by an Internal Redox Reaction Catalyzed by Nucleophilic Carbenes. J Am Chem Soc, 2004, 126(31): 9518−9519.

[105] Fu Z Q, Xu J F, Zhu T S, et al. β-Carbon Activation of Saturated Carboxylic Esters through *N*-Heterocyclic Carbene Organocatalysis. Nat Chem, 2013, 5(10): 835−839.

[106] Pracejus H. Organische Katalysatoren LXI. Asymmetrische Synthesen mit Ketenen I. Alkaloid-katalysierte asymmetrische Synthesen von α-Phenyl-propionsäureestern. Justus Liebigs Ann Chem, 1960, 634(1): 9−22.

[107] Hiemstra H, Wynberg H. Addition of Aromatic Thiols to Conjugated Cycloalkenones, Catalyzed by Chiral β-Hydroxy Amines. A Mechanistic Study of Homogeneous Catalytic Asymmetric Synthesis. J Am Chem Soc, 1981, 103(2): 417−430.

[108] Wynberg H, Staring E G J. Asymmetric Synthesis of (*S*)- and (*R*)-Malic Acid from Ketene and Chloral. J Am Chem Soc, 1982, 104(1): 166−168.

[109] Taggi A E, Hafez A M, Wack H, et al. Catalytic, Asymmetric Synthesis of β-Lactams. J Am Chem Soc, 2000, 122(32): 7831−7832.

[110] Chen Y G, Tian S K, Deng L. A Highly Enantioselective Catalytic Desymmetrization of Cyclic Anhydrides

with Modified Cinchona Alkaloids. J Am Chem Soc, 2000, 122(39): 9542−9543.

[111] Tian S K, Deng L. A Highly Enantioselective Chiral Lewis Base-Catalyzed Asymmetric Cyanation of Ketones. J Am Chem Soc, 2001, 123(25): 6195−6196.

[112] Cortez G S, Tennyson R L, Romo D. Intramolecular Nucleophile-Catalyzed Aldol-Lactonization (NCAL) Reactions: Catalytic, Asymmetric Synthesis of Bicyclic β-Lactones. J Am Chem Soc, 2001, 123(32): 7945−7946.

[113] Iwabuchi Y, Nakatani M, Yokoyama N, et al. Chiral Amine-Catalyzed Asymmetric Baylis−Hillman Reaction: A Reliable Route to Highly Enantiomerically Enriched (α-Methylene-β-Hydroxy) Esters. J Am Chem Soc, 1999, 121(43): 10219−10220.

[114] Methot J L, Roush W R. Nucleophilic Phosphine Organocatalysis. Adv Synth Catal, 2004, 346(9/10): 1035−1050.

[115] Wei Y, Shi M. Multifunctional Chiral Phosphine Organocatalysts in Catalytic Asymmetric Morita-Baylis-Hillman and Related Reactions. Acc Chem Res, 2010, 43(7): 1005−1018.

[116] Ye L W, Zhou J, Tang Y. Phosphine-triggered Synthesis of Functionalized Cyclic Compounds. Chem Soc Rev, 2008, 37(6): 1140−1152.

[117] Takizawa S, Tue M N N, Grossmann A, et al. Enantioselective Synthesis of α-Alkylidene-γ-Butyrolactones: Intramolecular Rauhut-Currier Reaction Promoted by Acid/Base Organocatalysts. Angew Chem Int Ed, 2012, 51(22): 5423−5426.

[118] Dong X L, Liang L, Li E Q, et al. Highly Enantioselective Intermolecular Cross Rauhut-Currier Reaction Catalyzed by a Multifunctional Lewis Base Catalyst. Angew Chem Int Ed, 2015, 54(5): 1621−1624.

[119] Zhang C M, Lu X Y. Phosphine-Catalyzed Cycloaddition of 2,3-Butadienoates or 2-Butynoates with Electron-Deficient Olefins. A Novel [3+2] Annulation Approach to Cyclopentenes. J Org Chem, 1995, 60(9): 2906−2908.

[120] Zhu G X, Chen Z G, Jiang Q Z, et al. Asymmetric [3+2] Cycloaddition of 2,3-Butadienoates with Electron-Deficient Olefins Catalyzed by Novel Chiral 2,5-Dialkyl-7-Phenyl-7- Phosphabicyclo[2.2.1]heptanes. J Am Chem Soc, 1997, 119(16): 3836−3837.

[121] Wilson J E, Fu G C. Synthesis of Functionalized Cyclopentenes through Catalytic Asymmetric [3+2] Cycload-ditions of Allenes with Enones. Angew Chem Int Ed, 2006, 45(9): 1426−1429.

[122] Wang H M, Zhang J Y, Tu Y S, et al. Phosphine-Catalyzed Enantioselective Dearomative [3+2]-Cycloaddition of 3-Nitroindoles and 2-Nitrobenzofurans. Angew Chem Int Ed, 2019, 58(16): 5422−5426.

[123] Steglich W, Höfle G. N,N-Dimethyl-4-pyridinamine, a Very Effective Acylation Catalyst. Angew Chem Int Ed, 1969, 8(12): 981−981.

[124] Ruble J C, Latham H A, Fu G C. Effective Kinetic Resolution of Secondary Alcohols with a Planar−Chiral Analogue of 4-(Dimethylamino)pyridine. Use of the Fe(C₅Ph₅) Group in Asymmetric Catalysis. J Am Chem Soc, 1997, 119(6): 1492−1493.

[125] Birman V B, Li X M. Benzotetramisole: A Remarkably Enantioselective Acyl Transfer Catalyst. Org Lett, 2006, 8(7): 1351−1354.

[126] Zhang Z F, Xie F, Jia J, et al. Chiral Bicycle Imidazole Nucleophilic Catalysts: Rational Design, Facile Synthesis, and Successful Application in Asymmetric Steglich Rearrangement. J Am Chem Soc, 2010, 132(45): 15939−15941.

[127] Xie M S, Zhang Y F, Shan M, et al. Chiral DMAP-N-oxides as Acyl Transfer Catalysts: Design, Synthesis, and

Application in Asymmetric Steglich Rearrangement. Angew Chem Int Ed, 2019, 58(9): 2839–2843.

[128] Corey E J, Grogan M J. Enantioselective Synthesis of α-Amino Nitriles from N-Benzhydryl Imines and HCN with a Chiral Bicyclic Guanidine as Catalyst. Org Lett, 1999, 1(1): 157–160.

[129] Jiang Z Y, Pan Y H, Zhao Y J, et al. Synthesis of a Chiral Quaternary Carbon Center Bearing a Fluorine Atom: Enantio- and Diastereoselective Guanidine-Catalyzed Addition of Fluorocarbon Nucleophiles. Angew Chem Int Ed, 2009, 48(20): 3627–3631.

[130] Dong S X, Liu X H, Chen X H, et al. Chiral Bisguanidine-Catalyzed Inverse-Electron-Demand Hetero-Diels-Alder Reaction of Chalcones with Azlactones. J Am Chem Soc, 2010, 132(31): 10650–10651.

[131] Zou L W, Bao X Z, Ma Y Y, et al. Novel Tartrate-Derived Guanidine-Catalyzed Highly Enantio- and Diastereoselective Michael Addition of 3-Substituted Oxindoles to Nitroolefins. Chem Commun, 2014, 50(43): 5760–5762.

[132] Sigman M S, Jacobsen E N. Schiff Base Catalysts for the Asymmetric Strecker Reaction Identified and Optimized from Parallel Synthetic Libraries. J Am Chem Soc, 1998, 120(19): 4901–4902.

[133] Vachal P, Jacobsen E N. Structure-Based Analysis and Optimization of a Highly Enantioselective Catalyst for the Strecker Reaction. J Am Chem Soc, 2002, 124(34): 10012–10014.

[134] Zuend S J, Jacobsen E N. Mechanism of Amido-Thiourea Catalyzed Enantioselective Imine Hydrocyanation: Transition State Stabilization via Multiple Non-Covalent Interactions. J Am Chem Soc, 2009, 131(42): 15358–15374.

[135] Wenzel A G, Jacobsen E N. Asymmetric Catalytic Mannich Reactions Catalyzed by Urea Derivatives: Enantioselective Synthesis of β-Aryl-β-Amino Acids. J Am Chem Soc, 2002, 124(44): 12964–12965.

[136] Joly G D, Jacobsen E N. Thiourea-Catalyzed Enantioselective Hydrophosphonylation of Imines: Practical Access to Enantiomerically Enriched α-Amino Phosphonic Acids. J Am Chem Soc, 2004, 126(13): 4102–4103.

[137] Yoon T P, Jacobsen E N. Highly Enantioselective Thiourea-Catalyzed Nitro-Mannich Reactions. Angew Chem Int Ed, 2005, 44(3): 466–468.

[138] Huang Y, Rawal V H. Hydrogen-Bond-Promoted Hetero-Diels–Alder Reactions of Unactivated Ketones. J Am Chem Soc, 2002, 124(33): 9662–9663.

[139] Huang Y, Unni A K, Thadani A N, et al. Single Enantiomers from a Chiral-Alcohol Catalyst. Nature, 2003, 424(6945): 146–146.

[140] Unni A K, Takenaka N, Yamamoto H, et al. Axially Chiral Biaryl Diols Catalyze Highly Enantioselective Hetero-Diels–Alder Reactions through Hydrogen Bonding. J Am Chem Soc, 2005, 127(5): 1336–1337.

[141] Doyle A G, Jacobsen E N. Small-Molecule H-Bond Donors in Asymmetric Catalysis. Chem Rev, 2007, 107(12): 5713–5743.

[142] Taylor M S, Jacobsen E N. Highly Enantioselective Catalytic Acyl-Pictet-Spengler reactions. J Am Chem Soc, 2004, 126(34): 10558–10559.

[143] Raheem I T, Thiara P S, Peterson E A, et al. Enantioselective Pictet–Spengler-Type Cyclizations of Hydroxylactams: H-Bond Donor Catalysis by Anion Binding. J Am Chem Soc, 2007, 129(44): 13404–13405.

[144] Reisman S E, Doyle A G, Jacobsen E N. Enantioselective Thiourea-Catalyzed Additions to Oxocarbenium Ions. J Am Chem Soc, 2008, 130(23): 7198–7199.

[145] De C K, Klauber E G, Seidel D. Merging Nucleophilic and Hydrogen Bonding Catalysis: An Anion Binding Approach to the Kinetic Resolution of Amines. J Am Chem Soc, 2009, 131(47): 17060–17061.

[146] De C K, Seidel D. Catalytic Enantioselective Desymmetrization of meso-Diamines: A Dual Small-Molecule Catalysis Approach. J Am Chem Soc, 2011, 133(37): 14538−14541.

[147] Okino T, Hoashi Y, Takemoto Y. Enantioselective Michael Reaction of Malonates to Nitroolefins Catalyzed by Bifunctional Organocatalysts. J Am Chem Soc, 2003, 125(42): 12672−12673.

[148] McCooey S H, Connon S J. Urea- and Thiourea-Substituted Cinchona Alkaloid Derivatives as Highly Efficient Bifunctional Organocatalysts for the Asymmetric Addition of Malonate to Nitroalkenes: Inversion of Configuration at C9 Dramatically Improves Catalyst Performance. Angew Chem Int Ed, 2005, 44(39): 6367−6370.

[149] Wang C J, Dong X Q, Zhang Z H, et al. Highly Anti-Selective Asymmetric Nitro-Mannich Reactions Catalyzed by Bifunctional Amine-Thiourea-Bearing Multiple Hydrogen-Bonding Donors. J Am Chem Soc, 2008, 130(27): 8606−8607.

[150] Zhou L, Tan C K, Jiang X J, et al. Asymmetric Bromolactonization Using Amino-Thiocarbamate Catalyst. J Am Chem Soc, 2010, 132(44): 15474−15476.

[151] Akiyama T, Itoh J, Yokota K, et al. Enantioselective Mannich-Type Reaction Catalyzed by a Chiral Brønsted Acid. Angew Chem Int Ed, 2004, 43(12): 1566−1568.

[152] Uraguchi D, Terada M. Chiral Brønsted Acid-Catalyzed Direct Mannich Reactions via Electrophilic Activation. J Am Chem Soc, 2004, 126(17): 5356−5357.

[153] Yamanaka M, Itoh J, Fuchibe K, et al. Chiral Brønsted Acid Catalyzed Enantioselective Mannich-Type Reaction. J Am Chem Soc, 2007, 129(21): 6756−6764.

[154] Atodiresei I, Uria U, Rueping M. Asymmetric Brønsted Acid Catalysis, Asymmetric Synthesis Ⅱ: More Methods and Applications, John Wiley & Sons, 2012: 1−4.

[155] Rueping M, Sugiono E, Azap C, et al. Enantioselective Brønsted Acid Catalyzed Transfer Hydrogenation: Organocatalytic Reduction of Imines. Org Lett, 2005, 7(17): 3781−3783.

[156] Hoffmann S, Seayad A M, List B. A Powerful Brønsted Acid Catalyst for the Organocatalytic Asymmetric Transfer Hydrogenation of Imines. Angew Chem Int Ed, 2005, 44(45): 7424−7427.

[157] Storer R I, Carrera D E, Ni Y K, et al. Enantioselective Organocatalytic Reductive Amination. J Am Chem Soc, 2006, 128(1): 84−86.

[158] Rueping M, Antonchick A P, Theissmann T. A Highly Enantioselective Brønsted Acid Catalyzed Cascade Reaction: Organocatalytic Transfer Hydrogenation of Quinolines and their Application in the Synthesis of Alkaloids. Angew Chem Int Ed, 2006, 45(22): 3683−3686.

[159] 吴祥, 李明丽, 龚流柱. 金属配合物/手性磷酸参与的不对称接力催化反应. 化学学报, 2013, 71(8): 1091−1100.

[160] Cai Q, Zhao Z A, You S L. Asymmetric Construction of Polycyclic Indoles through Olefin Cross-Metathesis/Intramolecular Friedel-Crafts Alkylation under Sequential Catalysis. Angew Chem Int Ed, 2009, 48(40): 7428−7431.

[161] Guo C, Song J, Huang J Z, et al. Core-Structure-Oriented Asymmetric Organocatalytic Substitution of 3-Hydroxyoxindoles: Application in the Enantioselective Total Synthesis of (+)-Folicanthine. Angew Chem Int Ed, 2012, 51(4): 1046−1050.

[162] Zhao W X, Wang Z B, Chu B Y, et al. Enantioselective Formation of All-Carbon Quaternary Stereocenters from Indoles and Tertiary Alcohols Bearing A Directing Group. Angew Chem Int Ed, 2015, 127(6): 1930−1933.

[163] Zhao J J, Sun S B, He S H, et al. Catalytic Asymmetric Inverse-Electron-Demand Oxa-Diels−Alder Reaction

of In Situ Generated ortho-Quinone Methides with 3-Methyl-2-Vinylindoles. Angew Chem Int Ed, 2015, 54(18): 55500−5554.

[164] Zhang H H, Wang C S, Li C, et al. Design and Enantioselective Construction of Axially Chiral Naphthyl-Indole Skeletons. Angew Chem Int Ed, 2017, 56(1): 116−121.

[165] Qi L W, Mao J H, Zhang J, et al. Organocatalytic Asymmetric Arylation of IndolesEnabled by Azo Groups. Nat Chem, 2018, 10(1): 58−64.

[166] Nakashima D, Yamamoto H. Design of Chiral N-Triflyl Phosphoramide as a Strong Chiral Brønsted Acid and Its Application to Asymmetric Diels−Alder Reaction. J Am Chem Soc, 2006, 128(30): 9626−9627.

[167] Cheon C H, Yamamoto H. N-Triflylthiophosphoramide Catalyzed Enantioselective Mukaiyama Aldol Reaction of Aldehydes with Silyl Enol Ethers of Ketones. Org Lett, 2010, 12(11): 2476−2479.

[168] Čorić I, List B. Asymmetric Spiroacetalization Catalysed by Confined Brønsted Acids. Nature, 2012, 483 (7389): 315−319.

[169] Liu L P, Kaib P S J, Tap A, et al. A General Catalytic Asymmetric Prins Cyclization. J Am Chem Soc, 2016, 138(34): 10822−10825.

[170] Lee S, Kaib P S J, List B. Asymmetric Catalysis via Cyclic, Aliphatic Oxocarbenium Ions. J Am Chem Soc, 2017, 139(6): 2156−2159.

[171] Starks C M. Phase-Transfer Catalysis. I. Heterogeneous Reactions Involving Anion Transfer by Quaternary Ammonium and Phosphonium Salts. J Am Chem Soc, 1971, 93(1): 195−199.

[172] Hashimoto T, Maruoka K. The Basic Principle of Phase-Transfer Catalysis and Some Mechanistic Aspects. Asymmetric Phase Transfer Catalysis, John Wiley & Sons, 2008: 1−8.

[173] Dolling U H, Davis P, Grabowski E J J. Efficient Catalytic Asymmetric Alkylations. 1. Enantioselective Synthesis of (+)-Indacrinone via Chiral Phase-Transfer Catalysis. J Am Chem Soc, 1984, 106(2): 446−447.

[174] O'Donnell M J, Bennett W D, Wu S. The Stereoselective Synthesis of α-Amino Acids by Phase-Transfer Catalysis. J Am Chem Soc, 1989, 111(6): 2353−2355.

[175] Lygo B, Crosby J, Lowdon T R, et al. Studies on the Enantioselective Synthesis of α-Amino Acids via Asymmetric Phase-Transfer Catalysis. Tetrahedron, 2001, 57(12): 2403−2409.

[176] Corey E J, Xu F, Noe M C. A Rational Approach to Catalytic Enantioselective Enolate Alkylation Using a Structurally Rigidified and Defined Chiral Quaternary Ammonium Salt under Phase Transfer Conditions. J Am Chem Soc, 1997, 119(50): 12414−12415.

[177] Corey E J, Noe M C, Xu F. Highly Enantioselective Synthesis of Cyclic and Functionalized α-Amino Acids by Means of a Chiral Phase Transfer Catalyst. Tetrahedron Lett, 1998, 39(30): 5347−5350.

[178] Palomo C, Oiarbide M, Laso A, et al. Catalytic Enantioselective Aza-Henry Reaction with Broad Substrate Scope. J Am Chem Soc, 2005, 127(50): 17622−17623.

[179] Fini F, Sgarzani V, Pettersen D, et al. Phase-Transfer-Catalyzed Asymmetric Aza-Henry Reaction Using N-Carbamoyl Imines Generated In Situ from α-Amido Sulfones. Angew Chem Int Ed, 2005, 44(48): 7975−7978.

[180] Ooi T, Kameda M, Maruoka K. Molecular Design of a C_2-Symmetric Chiral Phase-Transfer Catalyst for Practical Asymmetric Synthesis of α-Amino Acids. J Am Chem Soc, 1999, 121(27): 6519−6520.

[181] Ooi T, Kameda M, Maruoka K. Design of N-Spiro C_2-Symmetric Chiral Quaternary Ammonium Bromides as Novel Chiral Phase-Transfer Catalysts: Synthesis and Application to Practical Asymmetric Synthesis of α-Amino Acids. J Am Chem Soc, 2003, 125(17): 5139−5151.

[182] Shirakawa S, Yamamoto K, Kitamura M, et al. Dramatic Rate Enhancement of Asymmetric Phase-Transfer-

Catalyzed Alkylations. Angew Chem Int Ed, 2005, 44(4): 625−628.

[183] Ooi T, Takeuchi M, Kameda M, et al. Practical Catalytic Enantioselective Synthesis of α,α-Dialkyl-α-Amino Acids by Chiral Phase-Transfer Catalysis. J Am Chem Soc, 2000, 122(21): 5228−5229.

[184] Ooi T, Fujioka S, Maruoka K. Highly Enantioselective Conjugate Addition of Nitroalkanes to Alkylidenemalonates Using Efficient Phase-Transfer Catalysis of N-Spiro Chiral Ammonium Bromides. J Am Chem Soc, 2004, 126(38): 11790−11791.

[185] Ooi T, Kameda M, Taniguchi M, et al. Development of Highly Diastereo- and Enantioselective Direct Asymmetric Aldol Reaction of a Glycinate Schiff Base with Aldehydes Catalyzed by Chiral Quaternary Ammonium Salts. J Am Chem Soc, 2004, 126(31): 9685−9694.

[186] Ma T, Fu X, Kee C W, et al. Pentanidium-Catalyzed Enantioselective Phase-Transfer Conjugate Addition Reactions. J Am Chem Soc, 2011, 133(9): 2828−2831.

[187] Zong L, Ban X, Kee C W, et al. Catalytic Enantioselective Alkylation of Sulfenate Anions to Chiral Heterocyclic Sulfoxides Using Halogenated Pentanidium Salts. Angew Chem Int Ed, 2014, 53(44): 11849−11853.

[188] Wang C, Zong L, Tan C H. Enantioselective Oxidation of Alkenes with Potassium Permanganate Catalyzed by Chiral Dicationic Bisguanidinium. J Am Chem Soc, 2015, 137(33): 10677−10682.

[189] Zong L L, Wang C, Moeljadi A M P, et al. Bisguanidinium Dinuclear Oxodiperoxomolybdosulfate Ion Pair-Catalyzed Enantioselective Sulfoxidation. Nat Commun, 2016, 7: 13455.

[190] Tian J M, Yuan Y H, Tu Y Q, et al. The Design of a Spiro-Pyrrolidine Organocatalyst and Its Application to Catalytic Asymmetric Michael Addition for the Construction of All-Carbon Quaternary Centers. Chem Commun, 2015, 51(49): 9979−9982.

[191] Tian J M, Wang A F, Yang J S, et al. Copper-Complex-Catalyzed Asymmetric Aerobic Oxidative Cross-Coupling of 2-Naphthols: Enantioselective Synthesis of 3,3′-Substituted -Symmetric BINOLs. Angew Chem Int Ed, 2019, 58: 11023−11027.

[192] Yang J S, Lu K, Li C X, et al. NiH-Catalyzed Regio- and Enantioselective Hydroalkylation for the Synthesis of β- or γ-Branched Chiral Aromatic N-Heterocycles. J Am Chem Soc, 2023, 145(40): 22122−22134.

[193] Chen S K, Ma W Q, Yan Z B, et al. Organo-Cation Catalyzed Asymmetric Homo/Heterodialkylation of Bisoxindoles: Construction of Vicinal All-Carbon Quaternary Stereocenters and Total Synthesis of (−)-Chimonanthidine. J Am Chem Soc, 2018, 140(32): 10099−10103.

[194] He R J, Wang X S, Hashimoto T, et al. Binaphthyl-Modified Quaternary Phosphonium Salts as Chiral Phase-Transfer Catalysts: Asymmetric Amination of β-Keto Esters. Angew Chem Int Ed, 2008, 47(49): 9466−9468.

[195] He R J, Ding C H, Maruoka K. Phosphonium Salts as Chiral Phase-Transfer Catalysts: Asymmetric Michael and Mannich Reactions of 3-Aryloxindoles. Angew Chem Int Ed, 2009, 48(25): 4559−4561.

[196] Fang S Q, Liu Z J, Wang T L. Design and Application of Peptide-Mimic Phosphonium Salt Catalysts in Asymmetric Synthesis. Angew Chem Int Ed, 2023, 62(47): e202307258.

[197] Rauniyar V, Lackner A D, Hamilton G L, et al. Asymmetric Electrophilic Fluorination Using an Anionic Chiral Phase-Transfer Catalyst. Science, 2011, 334(6063): 1681−1684.

[198] Xie W Q, Jiang G D, Liu H, et al. Highly Enantioselective Bromocyclization of Tryptamines and Its Application in the Synthesis of (−)-Chimonanthine. Angew Chem Int Ed, 2013, 52(49): 12924−12927.

第五章
天然产物全合成

天然产物是由动物、植物和微生物等生物体产生的具有生理或生物活性的有机化合物的统称，主要是指由它们产生的次生代谢产物。这些有机化合物在人类健康、生物进化、食品安全等方面扮演着极其重要的角色。

天然产物的独特骨架与结构赋予了它们特定的三维结构，使得它们能与特定的蛋白质结合，从而发挥其生物功能。正是基于这种精准识别靶标的能力，天然产物可以作为治病救人的良药。人类利用天然产物治疗疾病有着悠久的历史。在我国古代，神农通过品尝百草发现了治疗疾病的草药，这些草药中的天然产物是治疗疾病的物质基础。而秘鲁的印第安人则发现服用金鸡纳树皮煮的水可以治疗疟疾，后来西方化学家从中分离出金鸡纳碱，发现它是治疗疟疾的有效化学成分。从天然产物中发现并获得的药物分子，不仅挽救了无数人的生命，也极大地提高了人类的生命质量。据统计，在美国 FDA 批准的药物中，超过 45%是由天然产物及其衍生物或简化类似物开发而来的。例如，1928 年，英国细菌学家亚历山大·弗莱明（Alexander Fleming）偶然发现了青霉素，这一天然产物被证明是一种广谱抗生素,在第二次世界大战中挽救了无数士兵的生命。迄今为止，基于青霉素开发的抗生素依然是应用最广泛的药物之一。1971 年，屠呦呦受到中医古籍——东晋葛洪《肘后备急方》的启发，用低沸点乙醚成功从黄花蒿中提取出青蒿素，发现它对疟疾具有很好的疗效。但在治疗过程中，发现青蒿素存在溶解度小、生物利用率低、容易复发等缺点。为了解决这些问题，中国科学家又从青蒿素出发，合成了蒿甲醚和青蒿琥酯，不仅改善了它的溶解性，还提高了其抗疟活性。目前，这两个分子已经成为治疗疟疾的重要药物，挽救了不计其数患者的生命。

天然产物还可以充当生物信息传递的介质或者抵御外来侵袭的化学防御武器，对生物的生存乃至繁衍起着至关重要的作用。例如，雌性飞蛾通过释放一种小分子天然产物——昆虫信息素来传递交配信息，雄性飞蛾则能通过触角感知这种化学物质，然后精确找到雌性飞蛾，从而实现种族的繁衍生息。又如，河鲀体内的河鲀毒素是其防御敌人的武器，它的毒性是氰化物的 1200 倍，一只河鲀所含的毒素足以杀死 30 个成年人。

　　此外，人们的生活也离不开天然产物。例如，烹调的食物之所以有酸、甜、苦和辣等丰富多样的味道，归因于它们的物质基础——乙酸、蔗糖、苦瓜苷和辣椒素等天然产物。人们的情绪也是由体内分泌的天然产物来调控的，例如，大脑中的多巴胺会让人感到愉悦幸福，5-羟色胺会让人心情愉悦。

　　然而，生物体内的天然产物含量通常比较低，一般很难大量获取，无法满足药物原料与药物研发的需求，化学合成特别是全合成无疑是解决这类需求困境的有效方法之一。天然产物全合成是指从廉价易购的化学试剂出发，按照预先设计好的合成路线，巧妙利用各类有机化学反应合成天然产物的过程。这一研究在天然产物结构鉴定、生物活性研究、大规模制备等方面具有举足轻重的作用。一方面，天然产物结构主要是通过质谱、核磁共振波谱、二维谱等分析方法来表征，但这种方式推导的结构有时候可能是错误的；而全合成是从已知结构的原料出发，每一步产物的结构都经过波谱分析手段的准确表征；因此，通过对比合成所得天然产物与提取所得天然产物的波谱数据，就能验证天然产物的结构是否正确。如果结构错误，则需要进一步对合成与分离的天然产物波谱数据进行分析，推测可能的结构，再通过全合成来验证新结构，实现对天然产物结构的修正。另一方面，有些天然产物作为药物上市后，需要大量的天然产物作为它们的原料，但我们经常遇到的情况是从自然界分离的少量天然产物无法满足这种需求，此时通过设计的全合成路线规模化生产所需的天然产物，也是解决这一供需矛盾的有效方法。例如，从加勒比海被囊动物红树海蛸（*Ecteinascidia turbinata*）中分离的四氢异喹啉生物碱——曲贝替定（trabectedin），2007 年经欧洲药品管理局（European Medicines Agency，MEA）批准后在欧洲首次上市，2015 年经美国 FDA 批准后开始在临床使用，主要用于治疗软组织肉瘤。虽然曲贝替定是对多种恶性肿瘤有效的新型抗肿瘤药物，但是 1t 海鞘只能提取出不到 1g 产品，因此，国内外诸多合成化学家开展了它的化学合成研究，目前已有多条合成路线被先后报道。其中，西班牙 Pharma Mar 公司以 Corey 教授设计的合成路线为基础，研发了一条半合成工艺路线，解决了药物研发中原料药的供应问题。2017 年，我国著名合成化学家马大为院士则开发了曲贝替定的全合成新路线，且已经进入了公斤级规模化生产，并且在市场上销售，切实解决了广大患者用药难的问题。

　　天然产物全合成也为新药研发提供了新机遇。如软海绵素（halichondrin）是从日本太平洋海岸的冈田软海绵中分离出来且具有优异抗癌活性的一系列聚酮类天然化合物。但是，化学家从 600kg 的软海绵中仅能提取出 12.5mg 的软海绵素 B，如此低的含量难以满足临床用药的需要。鉴于其优异的抗癌活性，这一复杂天然产物吸引了众多合成化学家的关注，美国知名合成化学家 Yoshito Kishi 教授于 1992 年首次完成了软海绵素 B 的全合成工作。此后二十年，Kishi 教授与日本卫材药业有限公司（Eisai）合作，按照这条合成路线，开展了软海绵素 B 的药物研发，通过分析合成的一系列化合物的构效关系，发现了结构更加简单的抗癌药——艾日布林（eribulin），这一药物于 2010 年被美国 FDA 批准后上市，主要用于治疗转移性乳腺癌等疾病。

天然产物是合成化学家展示其创造力的广阔舞台。在设计天然产物合成路线的过程中，合成化学家经过科学分析，将已有的合成方法进行策略性组合，从而设计出合理的合成路线，这一过程充分体现了合成化学家的创造性。另外，天然产物合成路线的设计还依赖于合成化学家的经验与直觉，体现了设计者对合成化学的深刻理解，因而具有较高的艺术性。迄今为止，天然产物全合成已经有近两百年的发展历史，在这个漫长而坎坷的发展过程中，合成化学家已经完成了许多复杂天然产物的全合成，从结构简单的尿素到异常复杂的岩沙海葵毒素，前辈们征服了一个又一个极具挑战性的复杂天然产物，解决了一个又一个药物合成难题。在化学蓬勃发展的今天，天然产物全合成更关注合成的效率和实用性，设计的合成路线要能实现天然产物的大规模制备和多样性合成，以满足后续的构效关系研究需求，并为天然药物研发提供物质基础。

第一节 天然产物全合成的研究历史及发展趋势

最初解析天然产物结构的手段非常匮乏，主要是根据化学降解获得的结构片段信息对其化学结构进行推导，整个过程比较漫长，经常还伴随着结构的反复修正。而利用有机合成手段开展的天然产物合成，每一步产物的分子结构都比较明确，因此，天然产物全合成是早期解析天然产物结构的重要手段。

一、天然产物全合成研究历史

1828 年，德国科学家维勒在实验室合成了尿素，这标志着有机化学的诞生，而天然产物全合成一直伴随并不断推动着有机化学发展，现已取得了令人惊叹的进步[1,2]。早在 19 世纪，科学家就采用有机合成手段完成了诸如尿素、乙酸等有机分子的合成，推翻了当时盛行的"生命力"学说（图 5-1）。1845 年，Koble 在报道乙酸合成工作中，首次将"合成"这个术语用于描述从其他物质制备一个新有机化合物的过程。这一时期，天然产物全合成的标志性工作是德国化学家 Emil Fischer 完成的葡萄糖全合成，他在这一合成中首次采用手性控制策略实现了葡萄糖的不对称合成，并确定了葡萄糖的绝对构型。Emil Fischer 因在糖和嘌呤等天然产物研究方面取得的杰出贡献而获得了 1902 年诺贝尔化学奖。

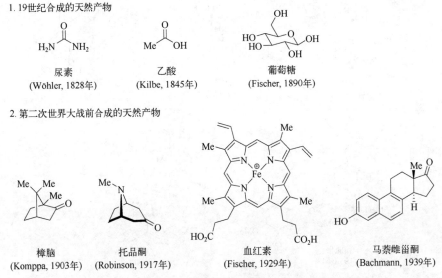

图 5-1　19 世纪和 20 世纪初合成的代表性天然产物

　　进入 20 世纪以后，有机合成化学的快速发展促使众多结构复杂的天然产物也相继被合成。第二次世界大战之前，完成的天然产物全合成的典型例子有：1903 年，Komppa 合成了樟脑（camphor）；1917 年，Robinson 合成了托品酮（tropinone）；1929 年，Hans Fischer 合成了血红素（hemoglobin）；1939 年，Bachmann 合成了马萘雌甾酮（equilenin）。其中，Robinson 采用仿生合成策略一步制得托品酮是这一时期最辉煌的合成工作，他本人也因在生物碱研究方面的突出贡献获得了 1947 年诺贝尔化学奖。这一时期的另一位著名合成化学家——德国的 Hans Fischer 因在卟啉化合物研究做出的突出贡献，获得了 1930 年诺贝尔化学奖。

　　第二次世界大战之后，美国有机化学家 Woodward 教授将有机合成带入一个新的发展阶段。以 1944 年首次完成的奎宁合成为开端，他先后完成了可的松、士的宁、利血平、叶绿素 A 等多个复杂天然产物的全合成（图 5-2）。1972 年，他与瑞士的 Eschenmoser 课题组合作，顺利完成了维生素 B_{12} 的全合成，这也是有机合成领域的里程碑式工作。在这一工作中，他发现了多 π 体系开环与关

环的规律，还与 Hoffmann 教授共同提出了轨道对称守恒原理。因此，Woodward
被誉为"现代有机合成之父"，他有令人惊叹的直觉，往往能从常人难以发现的
角度建立原料与产物的直接联系，并最终实现复杂天然产物的全合成。
Woodward 教授因在有机合成领域的杰出贡献而获得了 1965 年诺贝尔化学奖。

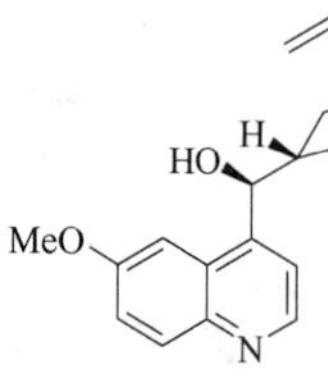

奎宁
(1944年)

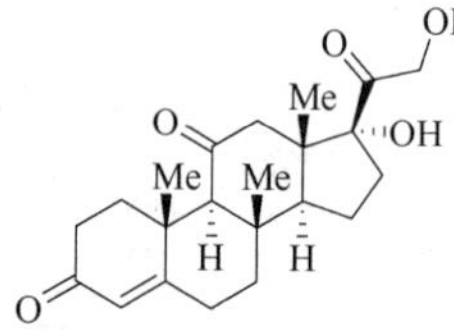

可的松
(1951年)

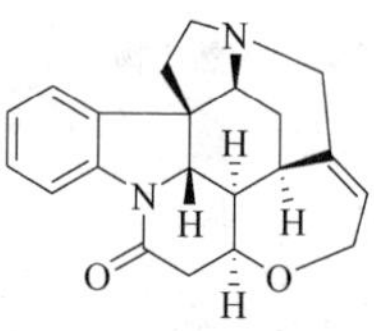

士的宁
(1954年)

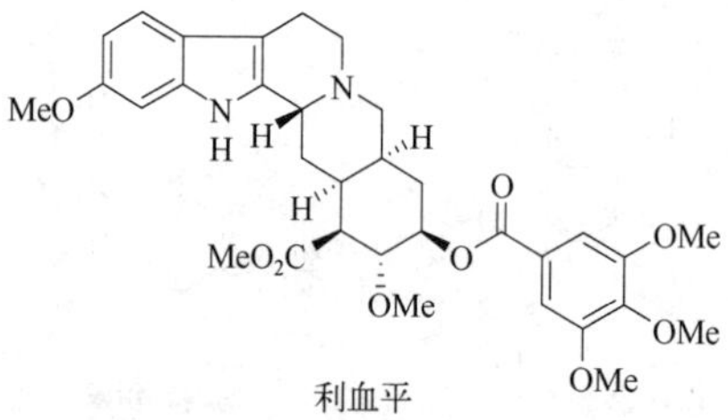

利血平
(1958年)

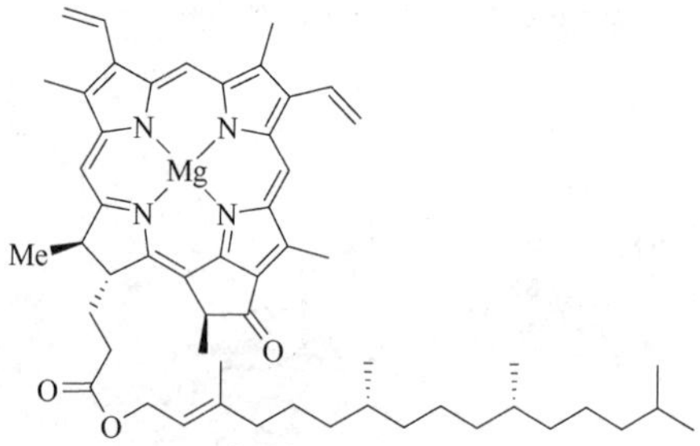

叶绿素A
(1960年)

图 5-2　Woodward 教授合成的代表性复杂天然产物

　　继 Woodward 教授在全合成领域的开创性工作之后，哈佛大学的 Corey 教
授是又一位承前启后式的合成大师，他首次提出了"逆合成分析"理论[3]。该
理论从目标分子的结构入手，采用"切断化学键"的方法，将分子中的一个或
多个键切断，通过多次切断化学键的方式，使产物转变为易于获得的原料。在
该理论指导下，合成化学家对天然产物的结构进行科学分析，推导出合理的合
成路线，这使得天然产物全合成不只是一门艺术，还可以通过科学分析开展相
关合成研究。Corey 课题组同样完成了众多复杂天然产物的全合成，如长叶烯
（longifolene）、赤霉酸（gibberellic acid）、前列腺素 F2α（prostaglandin F2α）、
红霉内酯 B（erythronolide B）、银杏内酯 B（ginkgolide B）、ET-743 等（图 5-3）。
此外，该课题组非常关注天然产物的生物活性，如在前列腺素的系统研究中，
其所合成的天然产物样品不仅推动了前列腺素类化合物结构确证和生理功能研
究，所合成的 Corey 内酯也成为该类药物工业生产的重要中间体。在合成 ET-743
过程中，Corey 教授发展了"氧化去芳构化/硫杂 Michael 加成"法搭建含硫的
十元桥环，这正是该天然产物商业化合成路线中所采用的策略。Corey 教授的

研究不仅仅局限于合成策略的设计，他更加注重新的合成方法学的开发和利用，旨在提高合成效率。他发展的人名反应有 Corey-Bakshi-Shibata 还原（CBS 还原）、Corey-Chaykovsky 环氧化和环丙烷化反应、Corey-Fuchs 炔合成和 Corey-Kim 氧化等。因其在有机合成领域的多项开创性研究成果，Corey 教授获得了 1990 年诺贝尔化学奖。

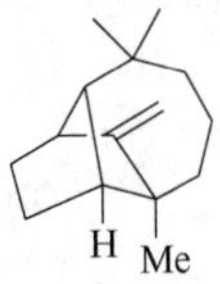

长叶烯
(1961年)

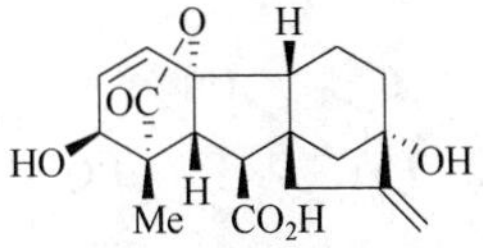

赤霉酸
(1978年)

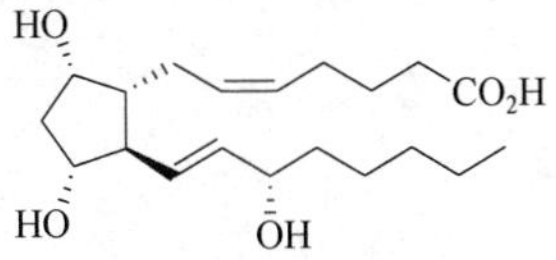

前列腺素F2α
(1969年)

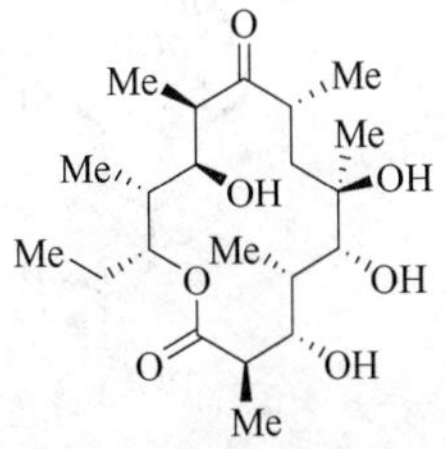

红霉内酯B
(1975年)

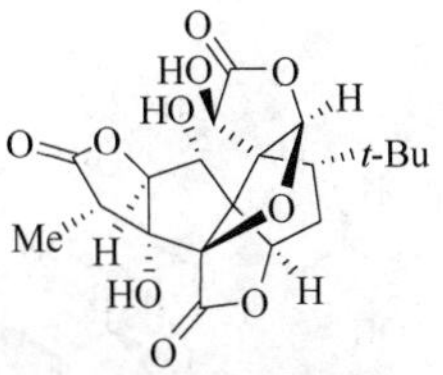

银杏内酯B
(1988年)

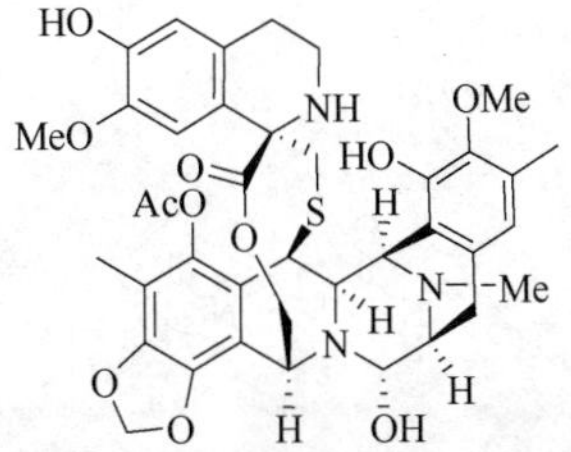

ecteinascidin 743(ET-743)
(1996年)

图 5-3　Corey 教授合成的代表性复杂天然产物

值得一提的是，在此期间，众多有机合成化学家纷纷投入到天然产物合成研究之中，完成了一系列复杂天然产物的全合成。例如，Stork 教授、Eschenmoser 教授、Evans 教授、Kishi 教授、Danishefsky 教授、Overman 教授和 Nicolaou 教授等，他们均在天然产物全合成领域做出了杰出贡献。其中，Kishi 教授于 1994 年完成了岩沙海葵毒素的全合成（图 5-4），岩沙海葵毒素是已完成的化学全合成中分子量最大、手性碳原子最多的天然产物之一。Danishefsky 教授经过多年探索，完成了内源性物质——促红细胞生成素（erythropoietin，EPO）的全合成，该分子是由 166 个氨基酸和 4 个多糖组成的糖蛋白，这是迄今为止人类所能合成出来的最大的生物分子之一，这一研究工作具有里程碑意义。

从 20 世纪 90 年代开始，基于逆合成分析理论，众多结构更为复杂的天然产物被有机化学家合成出来。在此基础上，以天然产物为小分子探针，开展作用靶点筛选和发现等工作，极大地促进了化学生物学和医药研发等交叉领域的快速发展。例如，Schreiber 教授在完成具有免疫抑制活性天然产物 FK506 全合成的基础上，通过天然产物衍生的探针分子确定了其作用靶点，从作用机制的角度阐明了其药理活性[4]。在此期间，基于有机化学的快速发展，美国著名有机化学家 Trost 教授提出了"原子经济性"概念[5]。他认为，合成效率不仅要考虑反应过程和反应产物所涉及的选择性，即化学选择性、区域选择性、非对映体选择性和对映体选择性，还应该考虑整个反应的原子经济性，即原料分子中究竟有百分之几的原子转化为目标产物。通过精准量化整个反应过程，再结合传统的产率计算，使得"原子经济性"这一概念能够更加准确地对全合成过程进行科学评价，也体现了有机合成研究过程中一次重要的思想革新。

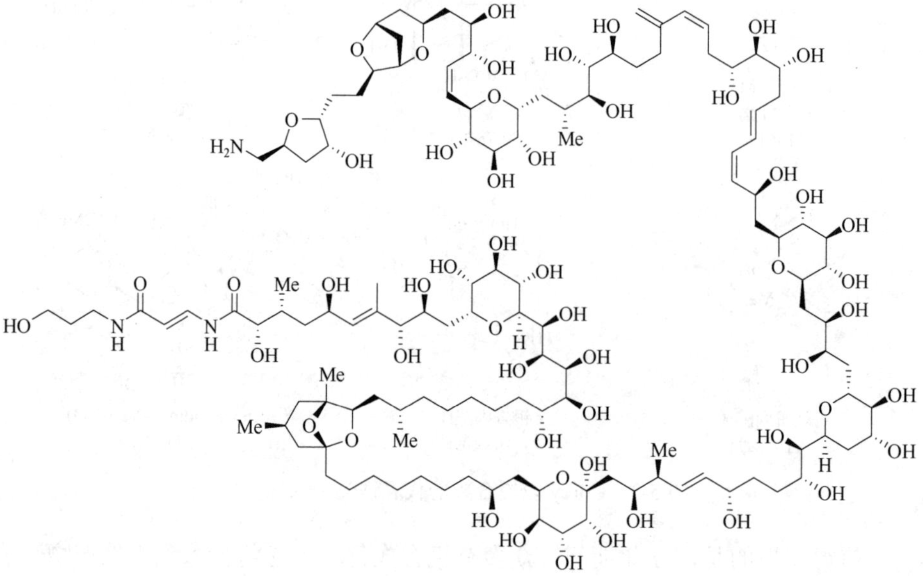

图 5-4　岩沙海葵毒素的结构

二、天然产物全合成的发展趋势

进入 21 世纪后，天然产物合成的研究方法更为多样化，有机化学家提出了步骤经济性、规模化合成、氧化还原经济性和无保护基合成等合成理念[6,7]，在此期间发展的合成策略也更为高效。其中，美国的 Wender 教授基于方法学导向的有机合成，提出"步骤经济性"合成理念，该课题组通过发展高效的化学转化，不仅扩充了有机合成的"工具箱"，也为天然产物高效合成提供了强有力的工具。Maimone 和 Shenvi 等课题组进一步发展了这一概念，通过创新合成策略，完成了多个复杂天然产物的高效合成。而美国的 Baran 教授，作为新一代有机合成的领军人物，他针对天然产物"理想合成"[8]这一目标，从不同角度出发，创造性提出并科学总结了"规模化合成、氧化还原经济性、无保护基合成"等理念。其中，通过规模化合成（scalable synthesis）所获得的天然产物样品，为天然产物构效关系研究以及商品化提供了物质基础。规模化合成也对合成策略和化学反应提出了更高的要求，需要考虑合成路线中每一步操作的经济性和便利性，通过工业化全合成所获得的抗肿瘤药物——曲贝替定和艾日布林就是现代天然产物规模化合成工作的重要代表。"氧化还原经济性"则是从合成过程所涉及的氧化还原反应出发，期望通过发展新颖的合成方法与合成策略，使中间体的氧化态逐渐升高到与天然产物一致，而不是通过还原-氧化过程进行反复调整。"无保护基合成"则提出了更高要求，通过发展新颖的试剂和反应过程，实现反应位点的化学选择性，从而避免了使用保护基所导致的步骤较长和原子经济性较低等问题。

综上可知，天然产物全合成是推动有机合成发展的原动力，它为合成方法学的发展和合成策略的创新提供了灵感与智慧。天然产物的高效合成既是合成化学家追求的永恒目标，也是展示合成化学家创新能力和科研水平的平台。天然产物全合成也是很多学科赖以发展的基础，为交叉学科研究提供了物质保障。对天然产物及其衍生物或简化物的制备、活性评价以及靶点确证等的深入研究，拓展了其在化学生物学和药物化学领域的应用。

第二节　重要天然产物士的宁的全合成研究

目前，天然产物全合成已经取得了长足发展，经过一代代合成化学家的不懈努力，重要天然产物的全合成相继被报道，相关文献卷帙浩繁，成果斐然。Nicolaou 教授编撰的 *Classics in Total Synthesis* 及其发表的有关天然产物合成的综述文献，对大多数天然产物的经典全合成进行了详细介绍，本节选取经典天然药物士的宁，解析其合成过程中的巧妙设计思路，以飨读者。选择这一药物的原因是自从 1954 年 Woodward 首次完成士的宁的全合成以来，它至今依然吸引着众多合成化学家的目光，激励着他们在有机合成领域勇于探索、不断创新、锐意进取。不同发展阶段建立的合成策略，都离不开新的合成方法的应用，使其具有鲜明的时代特征。

一、士的宁的合成策略

士的宁（strychnine），又名番木鳖碱（图 5-5），最早是由法国化学家 Pelletier 和 Caventou 于 1818 年从马钱子的果实和枝叶中分离得到的一种生物碱。士的宁不仅具有神经毒性，还有兴奋骨髓和增强骨骼肌紧张度的作用，主要用于治疗轻瘫或弱视。这一天然产物分子中不仅含有七环骨架，包括吡咯、吲哚啉和哌啶等环系；还含有六个连续手性中心，其中一个为全碳季碳手性中心。由于其结构高度复杂，故其结构推断过程充满了挑战，经过合成化学家的不懈努力，Robinson 和 Woodward 分别于 1946 年和 1948 年报道了士的宁的正确结构，后来这一结构得到了单晶衍射实验的证实。与其结构相近的另一种生物碱为马钱子碱（brucine），两者的区别在于，后者的苯环上连有两个甲氧基。早期通过化学降解解析士的宁分子结构的过程中，获得了两个重要的中间体——Wieland-Gumlich 醛和异士的宁（isostrychnine），两者均可经过简单化学反应重新转化为士的宁；因此，在后续的士的宁全合成研究中，基本上是以上述两种降解产物为具体合成目标，进而完成士的宁的全合成。

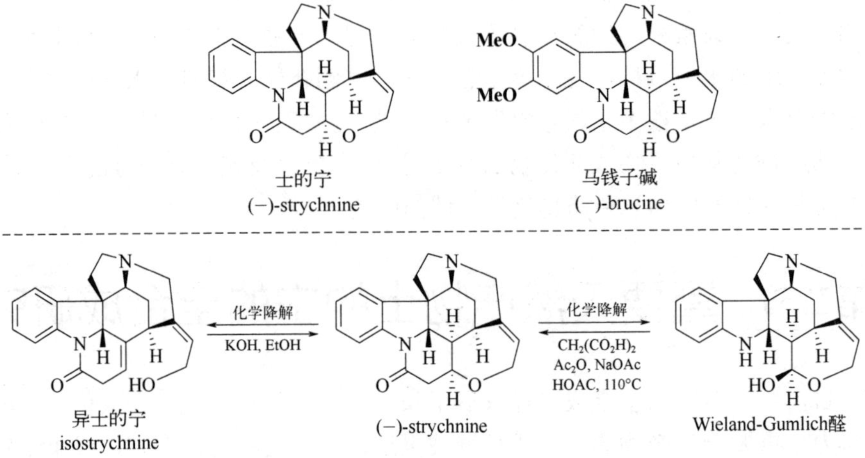

士的宁
(−)-strychnine

马钱子碱
(−)-brucine

异士的宁
isostrychnine

(−)-strychnine

Wieland-Gumlich醛

图 5-5　士的宁的结构与降解反应

　　1954 年，Woodward 课题组完成了士的宁的首次全合成[9]，该工作是复杂天然产物全合成历史上的重要里程碑。随后近 40 年都未见其全合成报道，直到 20 世纪 90 年代初，才有少数课题组相继报道了其全合成路线，他们采用新颖的合成策略和合成方法获得了这一天然产物，这些合成路线的合成效率较 Woodward 的有显著提升，充分凸显了有机合成的快速发展[10]。作为一个经典的天然药物分子，士的宁已成为检验合成方法与合成策略效率的标准。特别是近年来，基于新合成方法建立的合成路线陆续被报道，已从 Woodward 初次发展的 29 步缩短至 Vanderwall 的 6 步，就可以合成外消旋 Wieland-Gumlich 醛。目前，异士的宁最短的不对称合成路线是西北农林科技大学的谢卫青教授课题组报道的，仅需 9 步即可完成。由于篇幅有限，本节只摘取一些具有代表性的合成工作进行介绍，其他合成路线的介绍请参阅 Overman 教授撰写的综述[10]。

二、Overman 发展的合成策略

Overman 课题组利用其发展的 Aza-Cope-Mannich 串联反应,完成了士的宁的首次不对称全合成(图 5-6)[11]。该路线以 **5-1** 为起始原料,利用 Tsuji-Trost 烯丙基化反应,立体选择性地引入 β-羰基酯这一结构单元,得到取代环戊烯 **5-2**。随后,通过 7 步官能团转化,得到烯基锡化合物 **5-3**。接着,在钯催化下,在 CO 参与下,**5-3** 与碘代物 **5-4** 发生插羰基的 Stille 偶联反应,得到了烯酮化合物 **5-5**。然后,该中间体经过官能团转化和分子内氨基对环氧开环等反应,构建出关键反应的前体烯丙醇 **5-6**,随后发生的 Aza-Cope-Mannich 串联反应(图 5-7),巧妙构建了天然产物中 C/D/E 三环骨架 **5-7**。在这一过程中,哌啶先与甲醛缩合脱水生成亚胺正离子 **5-8**,接着通过[3,3]重排得到烯醇 **5-9**,再通过分子内 Mannich 反应关环,得到三环产物 **5-7**。

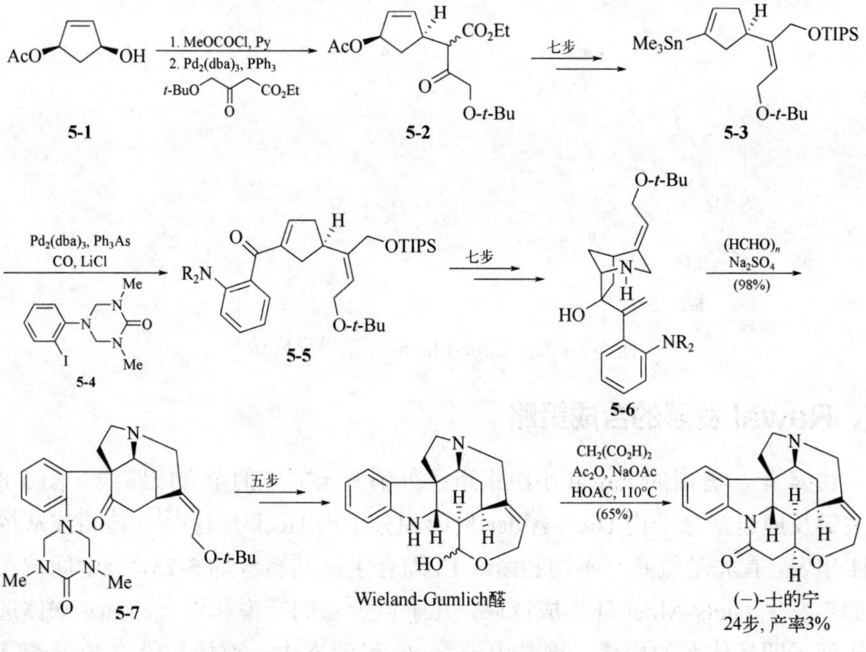

图 5-6　Overman 课题组的全合成路线

从关键中间体 **5-7** 出发,经过五步转化完成 Wieland-Gumlich 醛的制备,进而实现了士的宁的首次不对称全合成。在此路线中,Overman 课题组通过他们发展的 Aza-Cope-Mannich 串联反应巧妙地构建了士的宁骨架,总产率为 3%;与 Woodward 合成路线获得的 0.0002% 的产率相比,该路线的产率提高了 15000 倍,充分说明发展原创合成策略能够极大地提高合成效率。该合成路线两次用

到钯催化的偶联反应，既体现了金属参与的有机合成方法学在碳碳键构筑方面的高效性，又彰显了其在天然产物全合成中的重要价值。

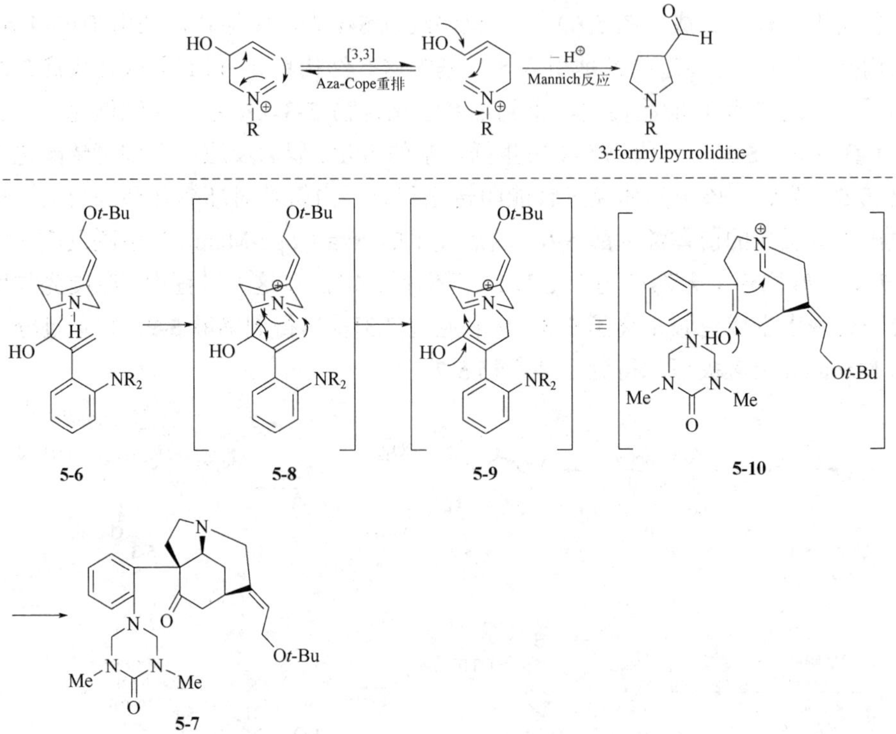

图 5-7　Aza-Cope-Mannich 重排反应途径

三、Rawal 发展的合成策略

1994 年，美国的 Rawal 小组报道了外消旋士的宁的全合成路线（图 5-8），其关键反应包括分子内 Diels-Alder 反应和分子内 Heck 反应[12]。该路线从烯胺 **5-11** 出发，首先是氨基与不饱和醛 **5-12** 缩合生成共轭双烯 **5-13**，该中间体在苯中加热发生 Diels-Alder 环加成反应，几乎以定量的产率和单一的 *exo* 立体选择性实现了四环体系的构建。这是由于 *endo* 过渡态中，双烯片段 2-位的酯基侧链与烯胺的甲氧羰基保护基之间存在空间排斥作用，导致这一过渡态能量升高，不利于反应进行。随后，用 TMSI 脱除两个甲氧羰基保护基并构建内酰胺，然后吡咯的氮原子与烯丙基溴化物 **5-16** 发生烷基化，进而采用钯催化的分子内 Heck 反应完成哌啶环的构建，从而实现了异士的宁的合成。值得一提的是，该路线所发展的分子内 Heck 反应后续被很多课题组所采用，成为构建马钱子属生物碱桥连哌啶环的普适方法。

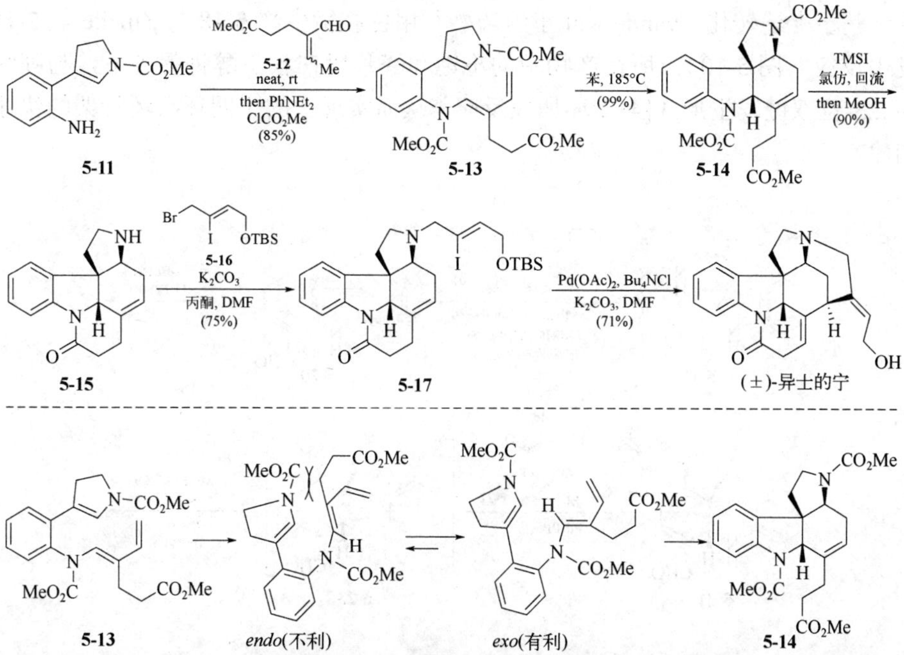

图 5-8 Rawal 课题组的全合成路线

四、Vanderwal 发展的合成策略

吡啶是常见的六元芳香杂环，其中氮原子的孤对电子向外，不参与共轭；此外，氮原子的吸电子效应使其成为较苯环缺电子的芳环体系。但是，当该孤对电子与亲电试剂成键后，此时氮原子带有正电荷，使吡啶环被活化。其中，吡啶与 2,4-二硝基氯苯反应生成了 N-(2,4-二硝基苯基)吡啶盐（Zincke 盐），其与胺类化合物发生加成反应后，通过电环化反应打开吡啶环，就生成不饱和的 Zincke 醛（Zincke aldehyde）（图 5-9）[13]。

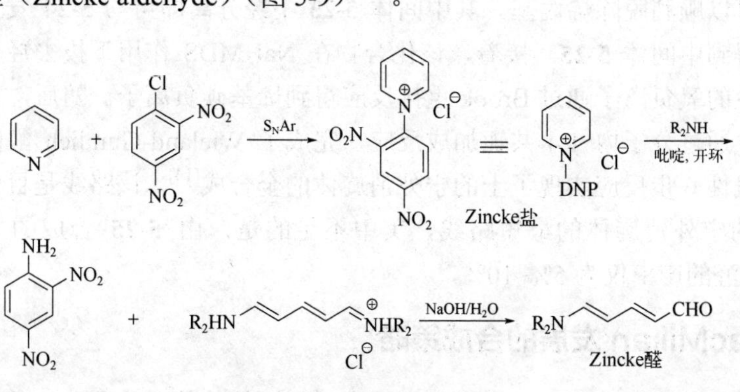

图 5-9 Zincke 盐的开环反应

基于上述转化，Vanderwal 小组巧妙利用色胺衍生物 **5-18** 与 Zincke 盐 **5-19** 发生反应（图 5-10），所得产物中的不饱和醛片段在叔丁醇钾促进下，与吲哚的 2,3-位双键发生形式[4+2]环加成反应，从而实现士的宁四环碳环骨架的快速构建。

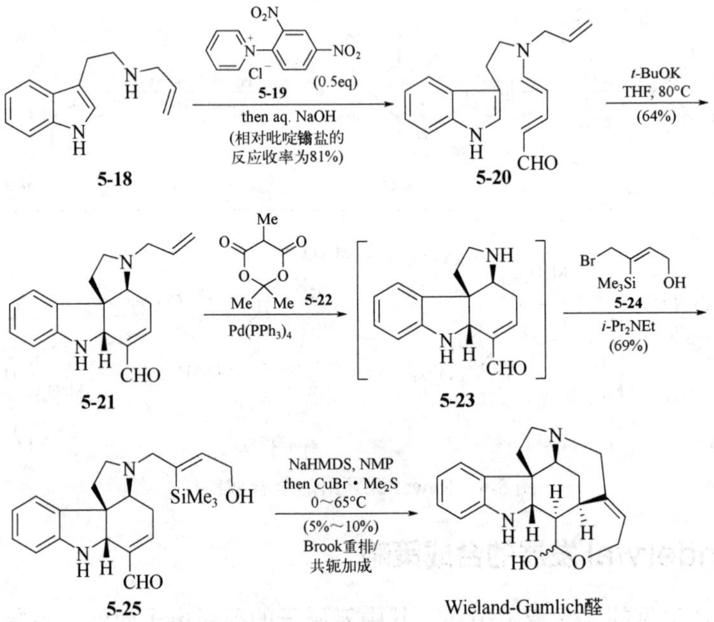

图 5-10　Vanderwal 课题组的全合成路线

但是，Vanderwal 教授发现，产物 **5-21** 中的不饱和醛反应活性较高，难以找到温和条件来脱除吡咯中氮原子上的保护基。通过保护基的筛选，发现当把烯丙基作为保护基时，在零价钯催化下，以 Meldrum 酸衍生物 **5-22** 为质子捕获剂，可以顺利脱除烯丙基。其中间体 **5-23** 不经分离即可与 **5-24** 发生烷基化反应，得到中间体 **5-25**。接着，该化合物在 NaHMDS 作用下拔去羟基上的质子，产生的氧负离子通过 Brook 重排反应得到烯基碳负离子。随后，在一价铜参与下，通过分子内 1,4-共轭加成反应，完成了 Wieland-Gumlich 醛的构建，以最长线性 6 步反应实现了士的宁外消旋体的全合成[14]。该路线是目前报道的合成士的宁外消旋体的最短路线，美中不足的是，由 **5-25** 合成的 Wieland-Gumlich 醛的产率仅为 5%~10%。

五、MacMillan 发展的合成策略

普林斯顿大学的 MacMillan 长期致力于新颖催化体系的开发，其在不对称

有机催化领域做出了杰出贡献。作为该研究领域的开创者，他与 Benjamin List 教授共同获得了 2021 年诺贝尔化学奖。

2011 年，MacMillan 课题组利用有机串联催化反应实现了士的宁的不对称全合成（图 5-11）[15]。首先，从化合物 **5-26** 出发，制备硒醚化合物 **5-27**，该化合物中的烯基硒醚与吲哚中的烯胺形成共轭二烯。随后，炔丙醛与咪唑烷酮催化剂 **5-28** 反应，生成的亚胺正离子降低了 LUMO 轨道的能量，使炔丙醛能与 **5-27** 发生分子间 Diels-Alder 反应，生成的产物 **5-30** 发生串联的分子内氮杂 Michael 加成、异构化和水解后，实现了关键中间体 **5-29** 的制备（图 5-12）。

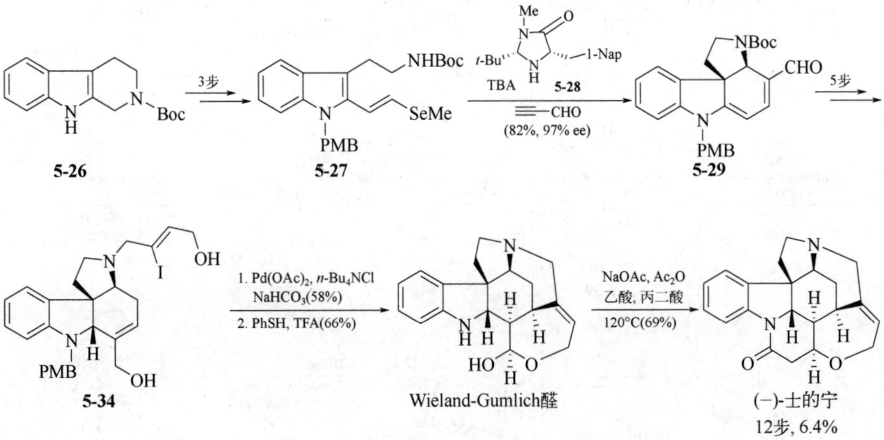

图 5-11 MacMillan 课题组的全合成路线

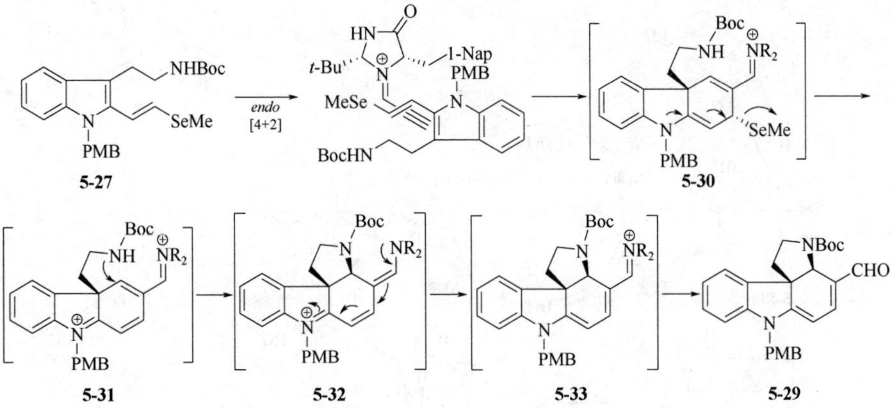

图 5-12 串联反应的机理

从 **5-29** 出发，通过官能团转化得到具有烯基碘的中间体，再采用 Rawal 报道的 Pd 催化 Heck 反应关环法[12]，通过分子内 Heck 反应、脱除保护基后得到

Wieland-Gumlich 醛，最终以最长线性 12 步反应完成了士的宁的不对称全合成。

六、秦勇发展的合成策略

2019 年，秦勇教授课题组报道了天然士的宁的对映异构体——(+)-士的宁的全合成 [图 5-13 (a)]^[16]。从化合物 **5-35** 出发，其醛羰基与炔丙基胺 **5-36** 缩合，生成烯胺化合物 **5-37**。接着，锌粉还原 **5-37** 的硝基、脱除 TBS 保护基

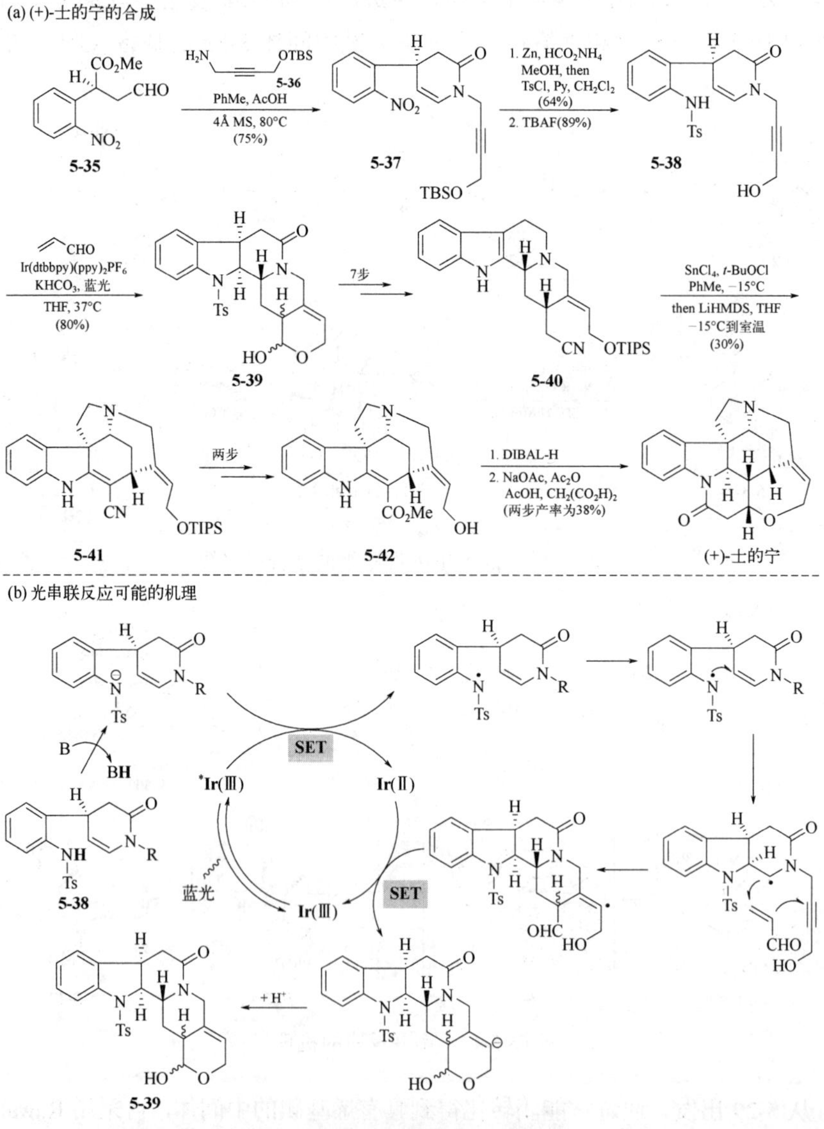

图 5-13 秦勇课题组的全合成路线

后，得到光照反应的前体 **5-38**。该课题组利用前期发展的光催化自由基串联环化反应，以铱配合物为催化剂，在蓝光照射下，**5-38** 先通过去质子化和氧化反应，将苯胺的氨基转化为氮自由基，这一缺电子氮自由基通过分子内加成连接到富电性的烯胺 *β*-碳原子上，其生成的自由基进一步通过分子间反应捕获丙烯醛，从而使产生的自由基进一步进攻分子中的炔丙醇结构单元[17]。通过这一自由基串联反应，一锅多步地高效合成了具有柯楠因型生物碱骨架的中间体 **5-39**［图 5-13（b）］。接着，利用 Martin 课题组所报道的仿生氧化重排反应，通过吲哚 3-位氯代，碱性条件下氰基 *α*-位去质子化、环化重排实现了马钱属生物碱骨架 **5-41** 的构筑。最后，将 **5-41** 结构中的氰基还原为醛基后，在醋酸酐促进下与丙二酸缩合环化，完成了(+)-士的宁的不对称全合成。

七、谢卫青发展的合成策略

谢卫青教授课题组一直致力于吲哚生物碱的全合成研究，他们以冯小明院士课题组开发的手性双氮氧化合物为配体，以氧化吲哚 **5-43** 和炔酮 **5-44** 为起始原料，通过自己发展的不对称催化串联双 Michael 加成反应完成了多个马钱属生物碱的全合成[18]。

2021 年，该课题组利用串联 Michael 反应，合成了高达十克级规模的光学活性四氢吡咯螺氧化吲哚 **5-45**。随后，通过分子内环化反应构建 E/G 环；再经过烯丙位迁移还原，并利用 Rawal 课题组开发的钯催化分子内 Heck 环化反应构筑了 D 环，最终以 9 步、16% 的总产率完成了士的宁合成前体——异士的宁（isostrychnine）的不对称全合成（图 5-14）[19]，该路线是目前已报道的士的宁合成中最高效的不对称合成路线。

士的宁的复杂结构吸引了一代又一代合成化学家们的研究兴趣，在 Woodward 首次完成它的合成之后，过了近 38 年才出现了第 2 个全合成报道，期间也有很多合成化学家开展了它的合成研究，但遗憾的是都没有完成这一天然产物的全合成，由此可见，这一天然产物在合成上具有很大的挑战性。在过去三十年完成的全合成路线中，现代有机合成方法的发展和应用起到了关键作用，其中包括钯催化、有机催化、光催化串联环化反应以及不对称串联环化反应。另外，Rawal 教授发展的钯催化分子内 Heck 反应构建桥连哌啶环的策略，在后续很多合成路线中都被采用，体现了这一方法在构建高张力环中的高效性。此外，Martin 及秦勇课题组利用柯楠因骨架氧化重排为马钱子生物碱骨架的仿生策略，也说明了生物合成途径对天然产物全合成策略设计具有重要的启发。综上可知，士的宁的全合成已经成为检验新的合成方法与合成策略的一个分子平台，因此，可以预见这一物质的合成将来仍是合成化学家挑战的目标，新的合成路线仍将不断涌现。

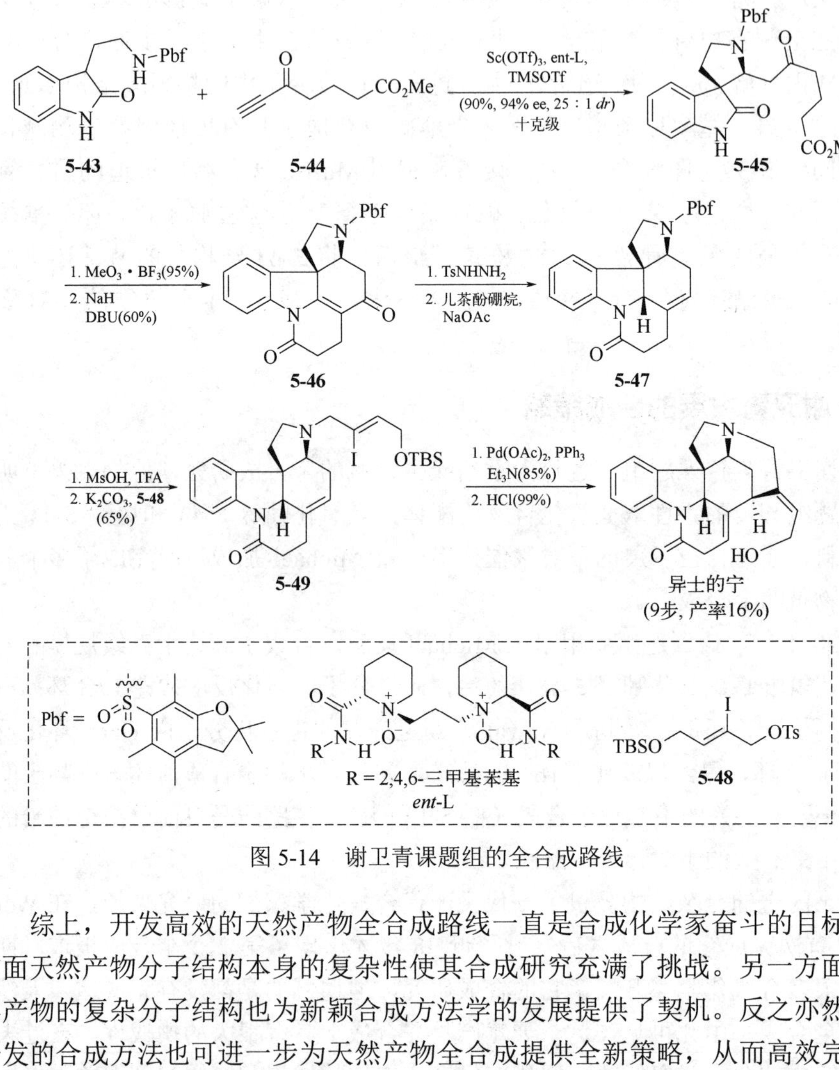

图 5-14　谢卫青课题组的全合成路线

综上，开发高效的天然产物全合成路线一直是合成化学家奋斗的目标。一方面天然产物分子结构本身的复杂性使其合成研究充满了挑战。另一方面，天然产物的复杂分子结构也为新颖合成方法学的发展提供了契机。反之亦然，新开发的合成方法也可进一步为天然产物全合成提供全新策略，从而高效完成复杂天然产物的全合成。

第三节　仿生启发的全合成

天然产物在生物体内是通过一系列的化学反应合成的，其中许多反应是在酶催化的温和条件下进行的，但也有一些关键反应不需要酶催化，而是自发发生的。天然产物的生物合成途径是经过自然界的长期进化形成的，生物体为了高效合成复杂天然产物通常会采用串联反应高效构建它们的复杂骨架与结构，这些关键的串联反应为合成化学家设计复杂天然产物的合成路线提供了重要启示。

天然产物仿生合成（biomimetic synthesis）是以天然产物的生物合成过程或其生源假说为指导，在体外通过有机化学反应来模拟或模仿其生物合成过程来完成化学合成的研究。由于我们经常采用的关键反应只是模拟生物合成途径，而且反应底物并不是天然存在的，因此，将这些合成策略命名为"仿生启发（bio-inspired）合成"似乎更为恰当。早期对天然产物生物合成过程的研究相对较少，主要是基于已经提出的生源假说来指导目标天然产物的合成设计。而近年来，天然产物仿生合成不仅被用来验证和修正生源假说，其中采用的化学反应也为发展新的合成方法提供了新思路。本节将介绍天然产物仿生全合成领域具有代表性的研究工作。

一、托品酮的仿生全合成

托品酮（tropinone）是由吡咯环和哌啶环骈合而成的具有[3.2.1]桥环骨架的生物碱（图 5-15）。早在 1901 年，德国的 Willstätter 课题组就从环庚酮出发，用 22 步反应完成了托品酮首次全合成[20]。该研究工作是早期天然产物全合成的代表性工作之一，但这一合成路线的步骤较长，合成效率也较低。

1917 年，英国的 Robinson 课题组报道了托品酮的仿生全合成[21]。Robinson 通过对天然产物的结构分析，推测托品酮结构中的[3.2.1]桥环骨架可以通过两次 Mannich 反应来实现，随后对这一设想进行了实验验证（图 5-15）。该实验以 1,4-丁二醛、甲胺盐酸盐和 1,3-丙酮二羧酸为反应组分，以碳酸钙为脱水剂，经过两次 Mannich 反应和脱羧反应，即可得到中间体 **5-50**。接着，经过再次脱羧就完成了托品酮的全合成。值得一提的是，通过调节三组分的反应顺序，高效实现了两根碳碳键和两根碳氮键的构建。尽管 Robinson 当时并没有提出"仿生合成"的概念，但合成化学家认为，该合成所涉及到的反应途径与实际的生物合成非常相似，因此，这一全合成工作通常被认为是仿生合成的开端[22]。值得注意的是，黄胜雄课题组与张余课题组最近开展的合作研究表明：莨菪烷生物碱的生物合成途径确实是通过 Mannich 反应来构建[3.2.1]桥环骨架的，只不过这一过程是依靠酶催化分步进行的，这为"Robinson 的化学合成是仿生合成"提供了直接证据[23]。

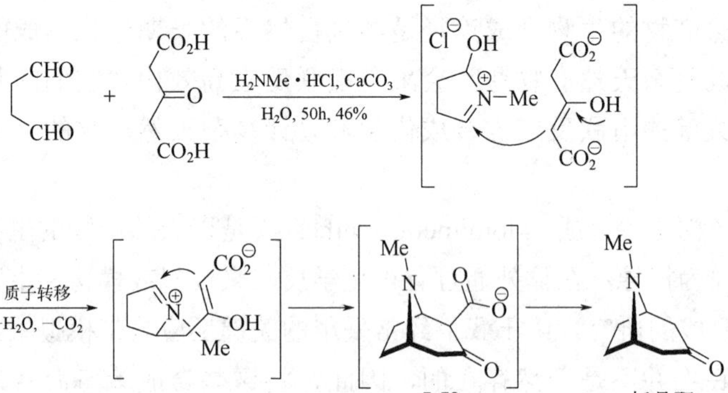

图 5-15　托品酮的仿生启发合成

二、甾体——黄体酮的仿生启发合成

　　甾体是一类具有环戊烷并多氢菲母核的萜类天然产物，自被发现以来，围绕甾体的化学结构和生理功能的研究多次获得了诺贝尔化学奖及诺贝尔生理学或医学奖。由于甾体类化合物的结构比较复杂，最初针对甾体的合成主要是从已有的甾体原料出发通过半合成来完成的。1951 年，Woodward 课题组率先完成了胆固醇（cholesterol）和可的松（cortisone）的全合成[24,25]，这一研究开启了甾体天然产物与甾体药物合成的新时代。

　　20 世纪 50 年代，美国的 Stork 教授和瑞士的 Eschenmoser 教授基于甾体分子结构，分别独立提出了甾体的生物合成假说，即从线性多烯前体出发，通过多烯的串联环化来实现四环骨架的构筑[26]。1971 年，斯坦福大学的 Johnson 课题组基于上述生源合成假说，报道了黄体酮（progesterone）的仿生合成（图 5-16）[27]。具体步骤为：从简单易得的原料出发，经过 7 步反应制备出 5-51；接着，该化合物在三氟乙酸作用下，其中的叔醇转化为碳正离子后，通过椅式构型发生串联环化反应，最终被碳酸乙烯酯捕获，形成稳定的烯基碳正离子，得到四环产物 5-53；然后，该物种在碱性条件下水解得到甲基酮 5-54，通过这一串联反应，构筑了三个环系，完成了 6 个连续手性中心且包括 3 个全碳季碳手性中心的构建；用臭氧将化合物 5-54 中的四取代碳碳双键切断，得到的二酮中间体在弱碱性条件下发生 Aldol 反应及脱水反应后，就实现了黄体酮的仿生全合成。

　　值得一提的是，Johnson 的合成工作通过巧妙设计串联反应高效模拟了甾体化合物的生物合成过程，利用多烯环化反应快速实现多环骨架构建，从而显示出此类反应在有机合成中的应用潜力，这为多烯环化反应在天然产物合成中的应用提供了重要借鉴。

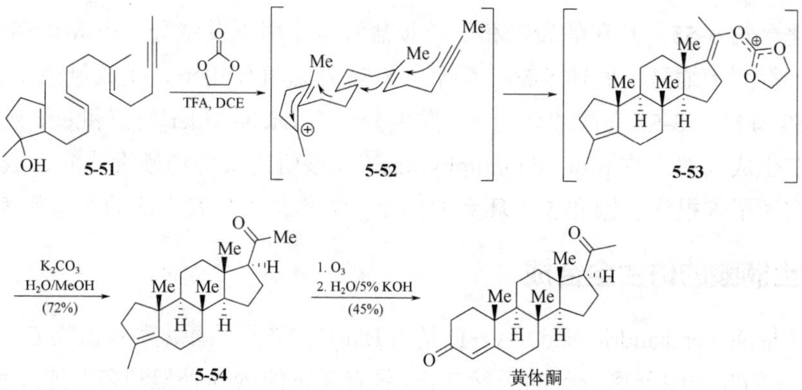

图 5-16 黄体酮的仿生启发合成

三、虎皮楠生物碱 proto-daphniphylline 的仿生合成

虎皮楠生物碱是从虎皮楠属植物中分离的一大类生物碱的统称，它们具有新颖独特的多环笼状结构以及丰富多样的生物活性。该类生物碱复杂的分子结构导致在合成上具有很大的挑战性。Heathcock 教授一直致力于该家族天然产物的全合成[28]，其中的突出贡献为基于天然产物 proto-daphniphylline 的分子结构提出了其可能的生源合成途径：以含有角鲨烯相似骨架的三萜化合物为前体，先构建环烯醚萜骨架，再通过分子内 Diels-Alder 反应及后续的环化反应来构建其多环骨架。基于这一设想（图 5-17），Heathcock 教授先通过 9 步反应制备出

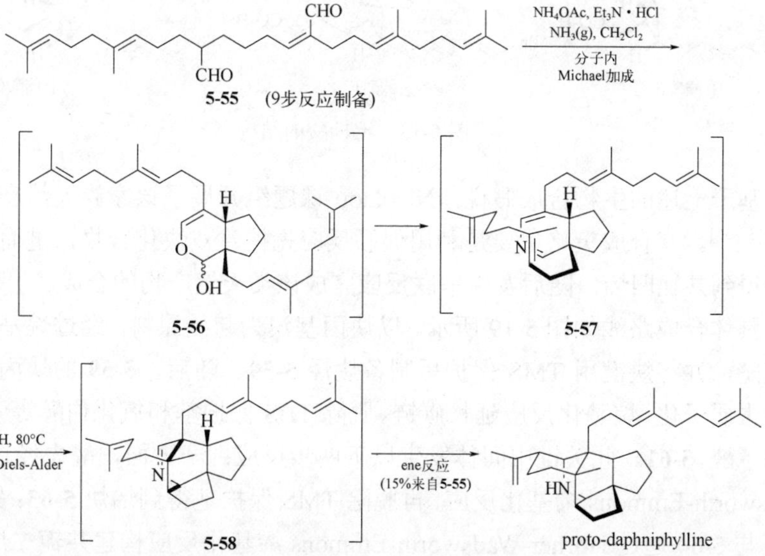

图 5-17 虎皮楠生物碱的仿生启发合成

二醛化合物 **5-55**，其在醋酸铵和三乙胺盐酸盐作用下发生分子内 Michael 加成反应，得到半缩醛中间体 **5-56**。随后，**5-56** 在氨气作用下，生成氮杂 1,3-丁二烯 **5-57**。最后，**5-57** 在醋酸作用下，发生分子内 Diels-Alder 反应和 ene 反应后，一锅法生成天然产物 proto-daphniphylline[29]。该研究采用巧妙设计的合成路线，一步实现了 6 根化学键和 5 个环系的构建，堪称仿生启发合成的典型代表。

四、土楠酸的仿生全合成

土楠酸（endiandric acid）A～D 是由 Black 课题组从澳大利亚植物 *Endiandra introrsa* 的叶子中分离得到的天然产物，具有新颖的碳环骨架和多个连续手性中心（图 5-18）[30]。值得注意的是，自然界中的该类天然产物均以消旋体形式存在于植物中。根据其结构特点，Black 课题组推测，其生物合成可能是通过非酶催化的分子内电环化反应串联分子内 Diels-Alder 反应完成的，该家族中具有 4～6 并环骨架的土楠酸 E～G 可能为其生物合成的中间体[31]。

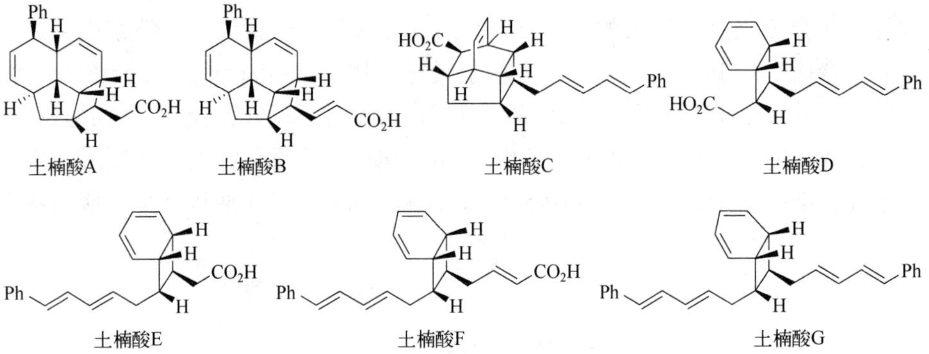

图 5-18 土楠酸的结构

基于上述的生物合成假说，Nicolaou 课题组开展了该家族天然产物的仿生合成[32-35]。其合成策略主要是利用偶联反应先构建双炔化合物，进而通过氢化反应得到共轭四烯，随后发生串联反应完成该类天然产物的合成。

具体合成路线如图 5-19 所示。以炔丙基溴为起始原料，经过烷基化反应引入硫醚，并将炔键用 TMS 保护后制备炔烃 **5-59**。随后，**5-59** 的炔丙位经强碱作用去质子化、烷基化反应延长碳链、脱除 TBS 保护基和氧化伯醇等 4 步反应，得到了醛 **5-61**。此关键中间体发生以下两步反应：一方面，醛先经过 Horner-Wadsworth-Emmons 烯基化反应，再脱除 TMS 保护基得到烯炔 **5-63**；另一方面，**5-61** 与 **5-64** 通过 Horner-Wadsworth-Emmons 烯基化反应构建共轭二烯后，再将硫醚氧化成亚砜并发生消除反应，构建烯炔化合物 **5-65**。接着，**5-65** 与 **5-63**

通过 Eglinton 偶联反应实现双炔化合物的制备，并再次利用氧化/消除策略得到关键中间体双炔 **5-66**。然后，双炔在林德拉催化剂作用下，分子中的双炔被立体选择性顺式还原，从而得到具有(*E,Z,Z,E*)-构型的共轭四烯 **5-67**，随后发生顺旋的 8π 电环化反应得到环辛三烯 **5-68**，接着发生对旋的 6π 电环化反应得到具有[4.2.0]双环结构的土楠酸 F 甲酯和土楠酸 G 甲酯。最后，这两个天然产物受热后发生分子内 Diels-Alder 反应，从而完成土楠酸 B 甲酯和土楠酸 C 甲酯的仿生全合成。这一合成通过串联反应实现了 4 个环系和 8 个连续手性中心的构建，彰显了仿生合成策略在构建复杂天然产物过程中的高效性及其对多个连续手性中心的精准控制。

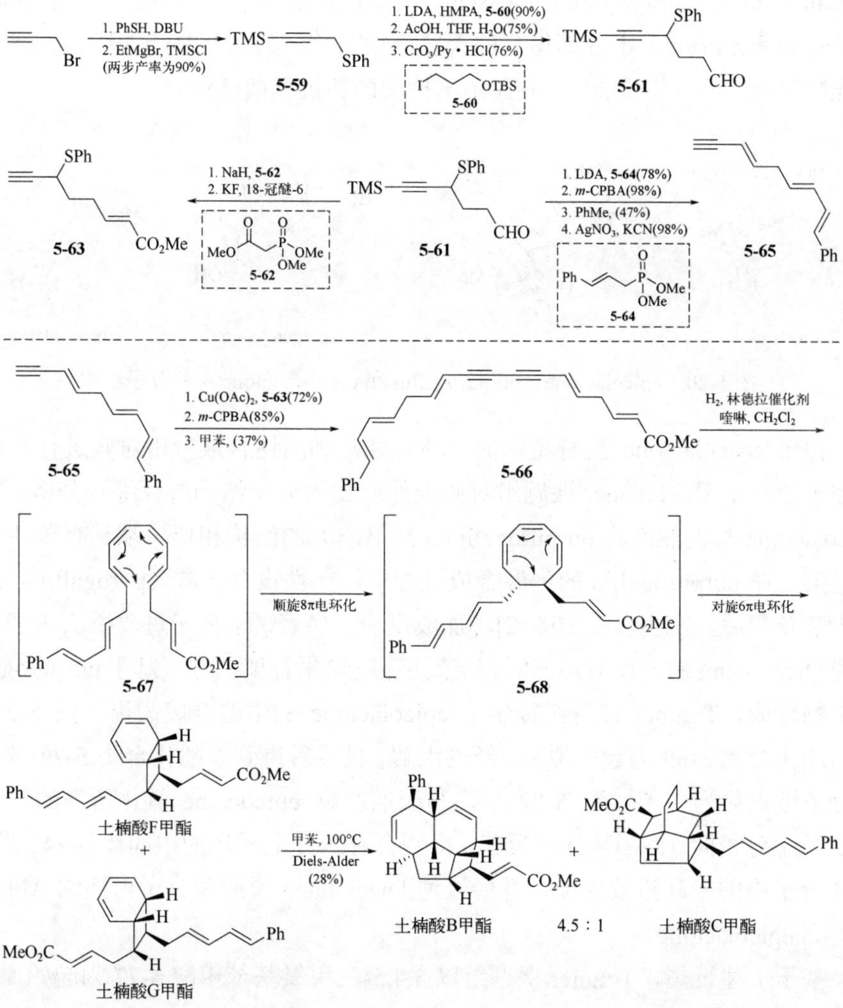

图 5-19 土楠酸 B 甲酯和土楠酸 C 甲酯的仿生全合成

五、epicolactone 和 preuisolactone A 的仿生全合成

随着众多不同骨架天然产物的生物合成途径被陆续阐明，化学家不仅通过天然产物仿生合成来模拟它们的生物合成过程，还根据天然产物结构类型和化学结构，在仿生合成研究过程中提出或修正了生源合成假说，并通过化学合成来验证这些假说。这不仅为天然产物的生物合成提供了借鉴，也推动了有机合成新策略的发展。

在众多天然产物仿生合成工作中，Trauner 课题组完成的 epicolactone 和 preuisolactone A 的仿生全合成是近期的代表性工作之一。epicolactone 是巴西的 Marsaioli 课题组和德国的 Laatsch 课题组分别从内生真菌——黑附球菌（*Epicoccum nigrum*）中分离得到的天然产物[36,37]，其具有复杂的环系骨架和多个连续手性中心（图 5-20），并显示出抗细菌和抗真菌活性。

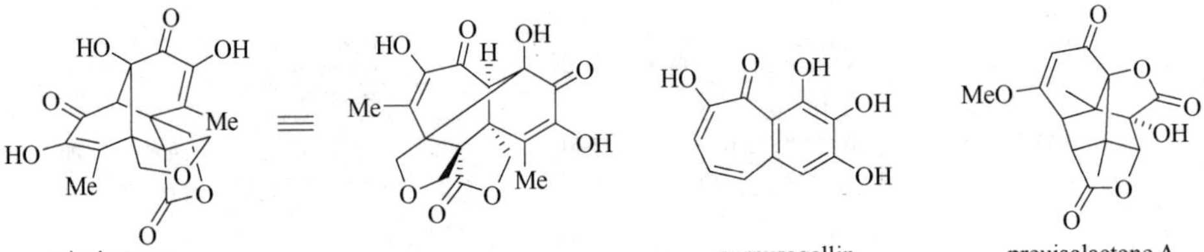

图 5-20　epicolactone、purpurogallin 和 preuisolactone A 的分子结构

由于 epicolactone 自身特殊的多环骨架，利用逆合成分析对其进行合成研究似乎无从下手。Trauner 课题组对此天然产物的分子结构进行综合分析，发现 epicolactone 与天然产物 purpurogallin（红倍酚）的结构相似，都具有苯并七元环骨架。在 purpurogallin 的生源合成过程中，焦性没食子酸（pyrogallol）被氧化为邻苯醌后，发生自身的[5+2]环加成反应；接着，水分子进攻桥头羰基，发生逆 Dieckmann 缩合反应，开环得到苯并环庚烯酮骨架。因此，基于 purpurogallin 的生物合成，Trauner 课题组提出了 epicolactone 的生源合成假说（图 5-21）。以内酯化合物 **5-69** 为起始原料，经过水解、脱羧后得到多酚化合物 **5-70**。随后，该分子被氧化为邻苯二醌 **5-72** 后，与天然产物 epicoccine 氧化所得的邻苯醌 **5-73** 发生分子间 [5+2]环加成反应，得到含有苯并七元环的中间体 **5-74**。最后，**5-74** 分子中的羟基进攻内酯，并经过逆 Dieckmann 反应和分子内插烯 Aldol 反应得到 epicolactone。

基于上述设想，Trauner 课题组以 3,4,5-三甲氧基苯甲酸 **5-77** 为起始原料，在酸介导下使其与甲醛发生两次 Friedel-Crafts 烷基化反应，得到内酯化合物

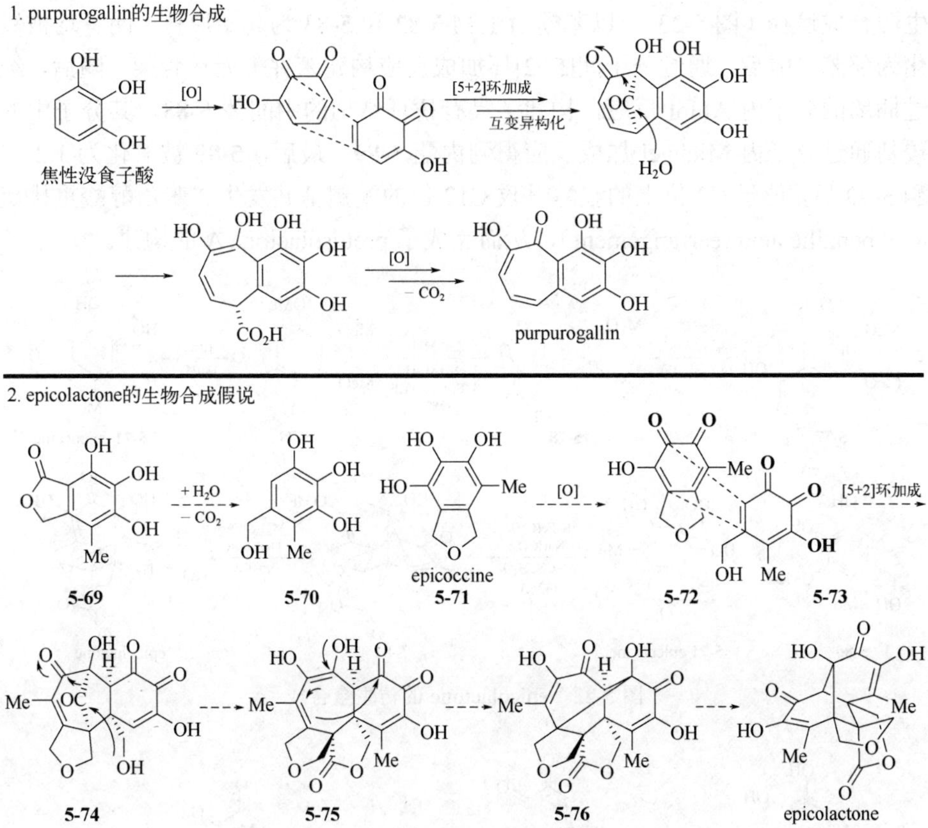

1. purpurogallin的生物合成

2. epicolactone的生物合成假说

图 5-21　epicolactone 的生源合成假说

5-78。随后，用锌粉把苄氯的氯亚甲基还原为甲基后，通过两步反应将内酯还原为醚，得到苯并四氢呋喃化合物 **5-79**。最后，脱除保护基后，完成了天然产物 epicoccine 的全合成（图 5-22）。为了重现生源合成假说中的串联反应，他们以铁氰酸钾为氧化剂，使邻苯二酚衍生物 **5-80** 和 epicoccine 在反应体系发生原位氧化，随后形成的邻苯醌发生分子间[5+2]环加成、逆 Dieckmann 缩合、分子内插烯 Aldol 串联反应，以 42%产率得到 **5-81**。进一步用 MgI2 脱除甲氧基保护基后，总共经过 8 步反应完成了该天然产物的仿生全合成[38]。在该项研究工作中，Trauner 课题组不仅提出了天然产物 epicoccine 的生源合成假说，还通过实验验证了它的合理性，这展示了他对天然产物分子结构敏锐的洞察力，也彰显了仿生合成策略在复杂天然产物全合成中的独特魅力。

preuisolactone A 是杨小龙课题组从内生菌中分离得到的天然产物[39]，对细菌具有较好的选择性抑制活性，最初认为该化合物属于萜类天然产物。2019 年，Trauner 课题组基于上述 epicolactone 仿生合成工作，提出了此天然产物的可能生源合成途径（图 5-23）。以苯酚衍生物 **5-82** 和 **5-83** 为起始原料，两者均被氧化为邻苯二醌后，通过分子间[5+2]环加成反应构建苯并七元环骨架。随后，经过插烯的分子内 Aldol 反应，构建了具有桥环结构的中间体 **5-88**，其分子中的羧基通过分子内 Michael 加成反应得到内酯 **5-89**。最后，**5-89** 被氧化为 1,2-二酮 **5-90** 后，位于 C2 位上的叔醇进攻 C12 位的酮羰基并发生二苯乙醇酸重排反应（benzilic acid rearrangement），从而完成了 preuisolactone A 的构建。

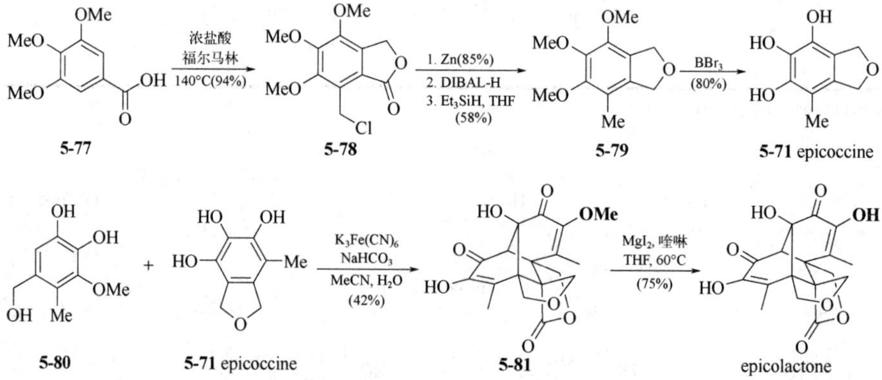

图 5-22　epicolactone 的仿生全合成

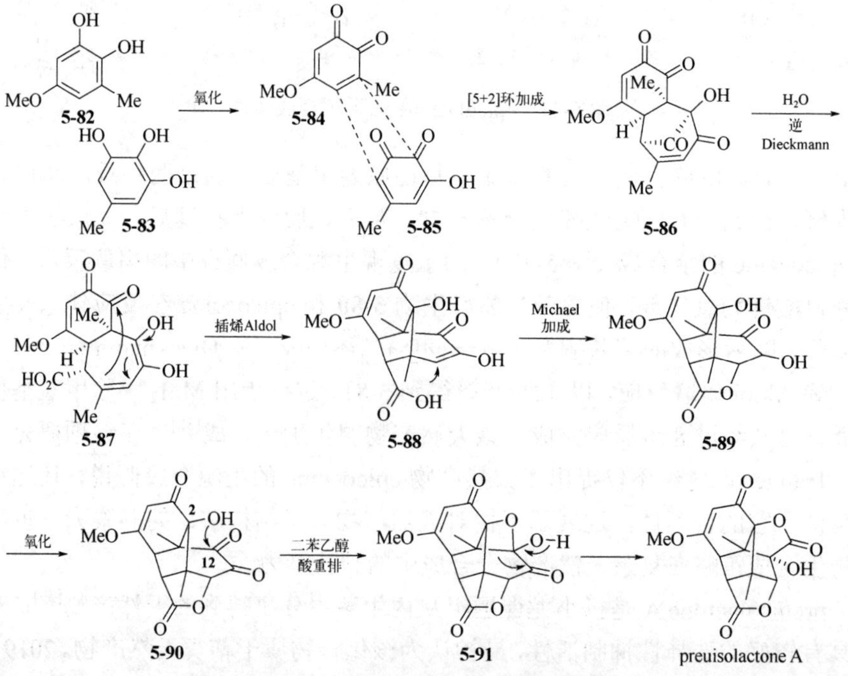

图 5-23　preuisolactone A 的生源合成假说

　　基于上述仿生合成途径的设想，Trauner 教授以化合物 **5-92** 为原料，先通过 Dakin 反应制备邻苯二酚 **5-82**；随后，在 $K_3Fe(CN)_6$ 作用下与 5-甲基邻苯三酚 **5-83** 发生预计的[5+2]环加成、逆 Dieckmann 缩合以及分子内插烯 Aldol 反应，以 73%产率得到中间体 **5-88**（图 5-24）。但是，**5-88** 分子中的羧基与酮羰基会生成半缩酮 **5-93**，使得设想的羧酸与不饱和酮的氧杂 Michael 反应并不能发生。于是改变合成思路，先在碱性条件下打开半缩酮，再在三价碘试剂作用下，采用"极性反转"策略，一步完成了内酯环的构建并形成二酮结构；接着，原位发生二苯乙醇酸重排反应，最终经过 4 步反应实现了复杂天然产物 preuisolactone A 的仿生全合成[40]。天然产物 epiclactone 和 preuisolactone A 的合成工作，充分展示了"通过对复杂多环天然产物的仿生合成途径推测，然后设计仿生合成路线，进而完成天然产物合成"这一设计策略的高效性，也彰显了化学合成的艺术与美感。

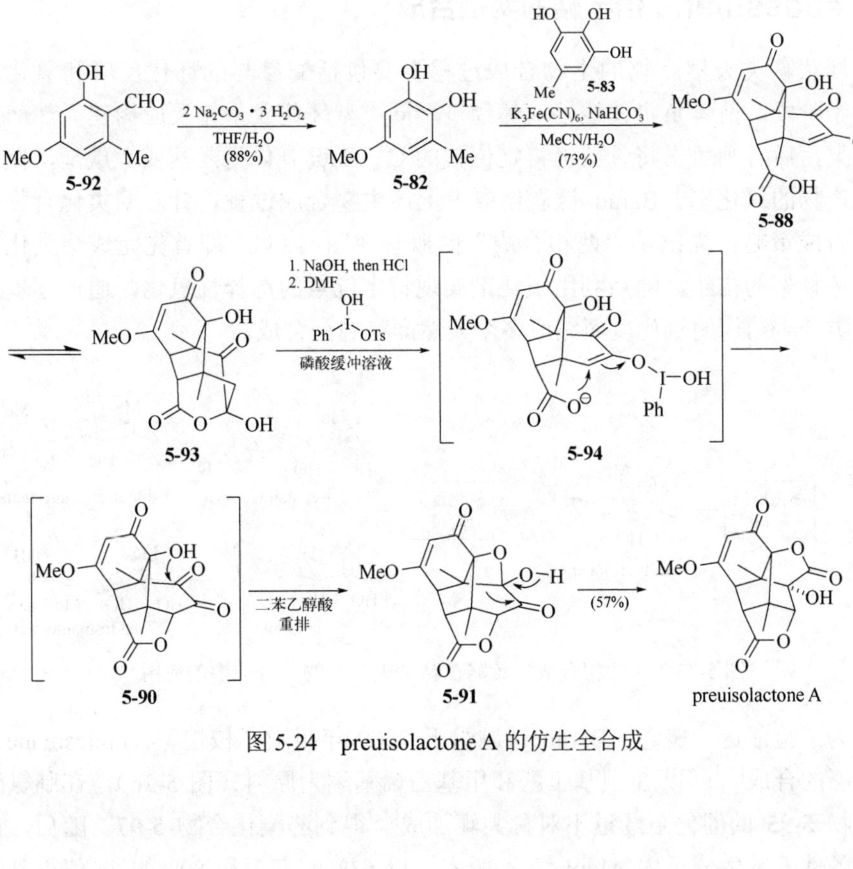

图 5-24　preuisolactone A 的仿生全合成

第四节 天然产物全合成新策略

随着合成化学的快速发展，天然产物全合成研究也取得了日新月异的发展。天然产物全合成不仅是确定天然产物结构的重要手段，也为化学生物学、药物化学、农药化学等领域的研究奠定了重要理论基础，还是发展新型化学反应和合成策略最为恰当的目标。此外，合成方法学不仅为天然产物全合成提供了更为高效的合成工具，也激励合成化学家设计出更为高效的全合成策略。近年来，基于 C—H 键官能团化、有机小分子催化以及化学酶法等建立合成策略，也逐渐被应用于天然产物全合成中。本节将选取近年来利用导向的 C—H 键官能团化及有机小分子催化完成的天然产物全合成的代表性工作进行详细介绍。

一、eudesmane 倍半萜的两相合成

环状萜类天然产物的生物合成过程主要包括酶参与的环化反应和氧化反应两个阶段，前者负责使线性前体经过不同类型环化及重排反应构建天然产物的骨架，后者则负责将骨架上特定位置的 C—H 键氧化为羟基或者羰基，提升天然产物的氧化态。Baran 课题组参考上述生物合成过程，针对萜类化合物的化学合成策略，提出了"两相合成"的概念（图 5-25），即首先完成萜类化合物碳环骨架的构建，随后利用氧化剂实现特定位点的选择性氧化，通过逐步提高萜类分子结构的氧化度而完成多个天然产物的全合成。

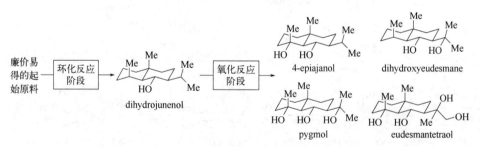

图 5-25 "两相合成"策略在萜类天然产物全合成中的应用

为了验证这一概念，Baran 课题组于 2009 年报道了桉烷型（eudesmane）倍半萜的合成[41]。以 3-甲基丁醛和甲基乙烯基酮为原料（图 5-26），在脯氨醇衍生物 5-95 的催化下经过不对称共轭加成[42]得到醛酮化合物 5-97。随后，在碱性条件下发生分子内 Aldol 缩合/脱水，以 63%的产率和 89%的 ee 值得到隐

酮。接着，从隐酮出发，通过对烯酮的 α-位碘代以及格氏试剂对羰基的加成反应后，利用 Dauben 氧化重排反应完成了四取代 C=C 双键的构建，再通过 Pd 催化的分子内 Heck 反应完成 6-6 环系的构建。然后，从中间体 **5-100** 出发，利用二甲基铜锂试剂参与的 1,4-加成反应立体选择性引入角甲基，并通过常压氢化得到反式十氢化萘结构。最后，用 Na/EtOH 还原酮羰基，首次合成了天然产物 dihydrojunenol。这部分合成可以看作是桉烷型倍半萜合成的"环化阶段"，dihydrojunenol 既是重要的中间体，也是后续"氧化阶段"合成多个具有高氧化度倍半萜天然产物的起始原料。

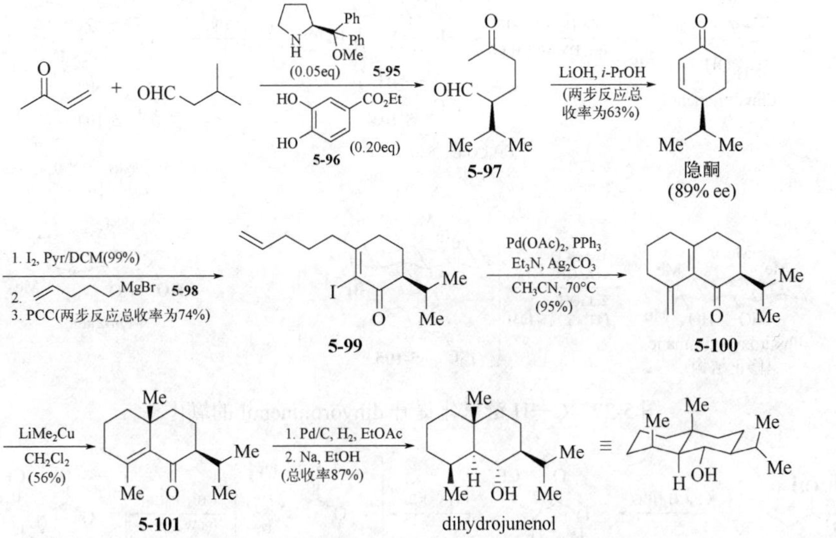

图 5-26　桉烷型倍半萜 6-6 环系骨架的构建

为提高 dihydrojunenol 的氧化态，Baran 课题组首先使其中的仲羟基与异氰酸酯衍生物 **5-102** 反应，生成氨基甲酸酯 **5-103**，该基团将在随后的氧化反应中起到不同的作用（图 5-27）。由于 C—H 键的氧化反应更易于在富电子的 C—H 键上发生，因此，根据化合物 **5-103** 核磁共振碳谱中相应三级碳的化学位移，比较了五个三级 C—H 键，推测 H_1 和 H_5 会优先发生反应。接着，通过比较 H_1 和 H_5 的构象，认为 H_1 处于平伏键，更易于被过氧丙酮等试剂氧化，从而释放环系骨架的张力。与预测的一致，当用 1 当量的三氟过氧丙酮进行氧化时，高度选择性地得到 C—H_1 键的氧化产物 **5-104**，再将氨基甲酸酯水解，就得到天然产物 4-*epi*-ajanol。

为了选择性氧化 5 位的 C—H 键，采用该课题组之前发展的方法学[43]，以氨基甲酸酯为导向基团，在光照下发生自由基导向的 C—H 键溴化反应，将 H_5

转化为溴原子。接着,在一价银试剂作用下,分子内关环形成碳酸酯。最后,碱性水解碳酸酯得到含有两个羟基的天然产物 dihydroxyeudesmane。这一过程如图 5-28 所示,伯醇首先转化为氨基甲酸酯,然后与次溴酸乙酸酯反应得到 N-溴代酰胺。在光照下,该中间体的 N—Br 键均裂,得到的氮自由基经过 1,6-氢迁移形成碳自由基,然后与溴自由基结合得到 C—H 键溴代产物。接着,在碳酸银促进下,氨基甲酸酯进攻 C—Br 键,发生取代反应关环,最后水解碳酸酯得到 1,3-二醇。

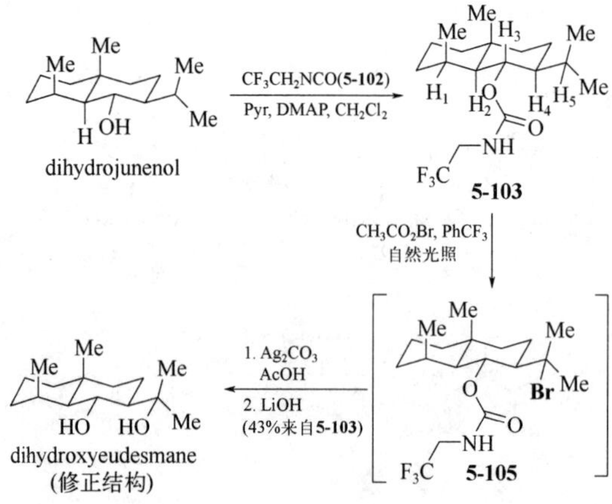

图 5-27　C—H 键氧化提升 dihydrojunenol 的氧化态

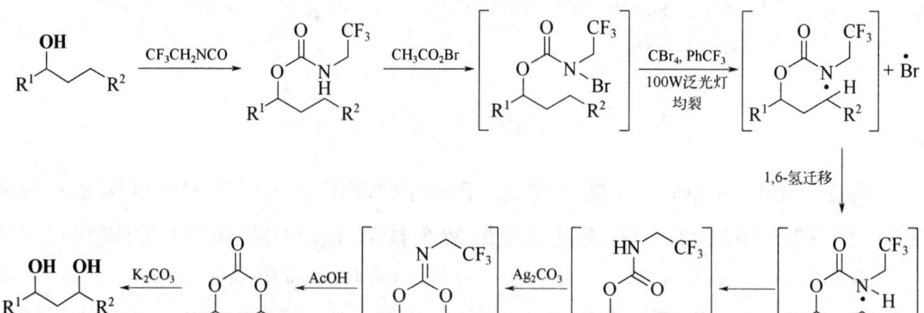

图 5-28　自由基介导的 C—H 键溴代反应合成 1,3-二醇

在上述工作的基础上,为了实现更高氧化度天然产物的合成(图 5-29),Baran 课题组从 **5-104** 出发,以氨基甲酸酯(carbamate)为导向基团,在光照下将 H_5 转变为溴原子后,**5-106** 在一价银作用下关环,生成的碳酸酯在碱性条件下水解,完成具有三个羟基的天然产物 pygmol 的全合成。而在碱性条件下,**5-106** 中的溴原子消除后形成双键,在 NBS 作用下形成的溴鎓离子受到氨基甲

酸酯的进攻，从而生成碳酸酯 **5-109**。该中间体水解后得到的叔醇中间体进攻溴原子得到环氧化物 **5-110**，该中间体在 NaOH 和 H$_2$SO$_4$ 作用下，分别通过 S$_N$2 和 S$_N$1 开环得到具有四个羟基的天然产物 eudesmantetraol 和 11-epieudesmantetraol。

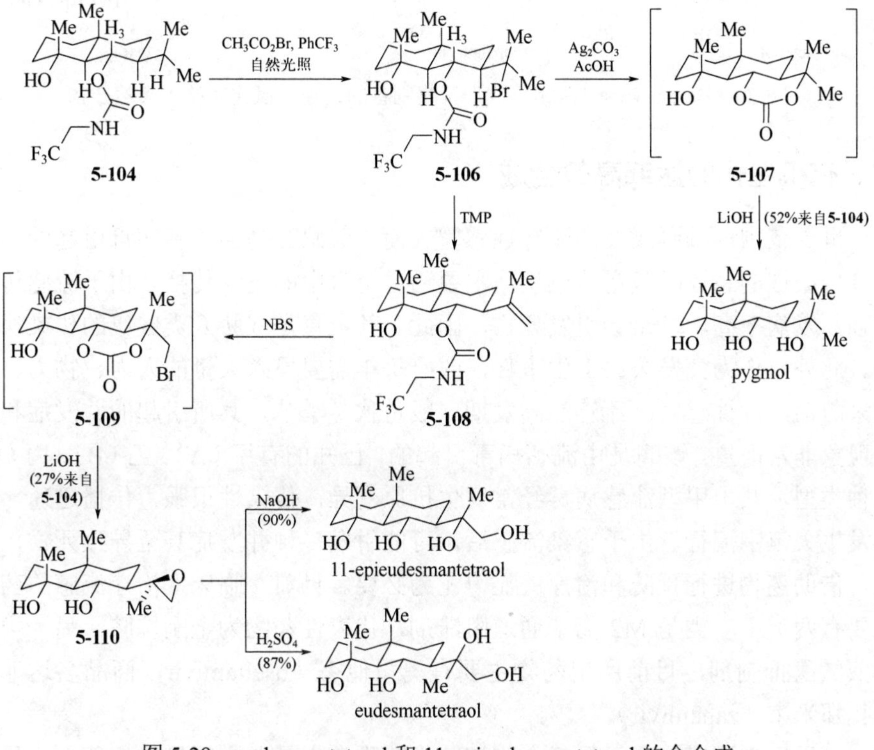

图 5-29　eudesmantetraol 和 11-epieudesmantetraol 的全合成

　　Baran 课题组完成的桉烷型倍半萜全合成，充分展示了"两相合成"策略在萜类天然产物全合成研究中的重要性。随后，Baran 课题组采用该合成策略，先后完成了 ingenol、thapsigargin 和紫杉醇（taxol）等多个具有高氧化态的复杂萜类天然产物的全合成，充分展示了"两相合成"策略在高氧化态复杂天然产物全合成中的重要应用价值（图 5-30）。但需要注意的是，这一策略高度依赖于 C—H 键的氧化反应，而目前适用于复杂底物 C—H 键的氧化反应有限，导致有时期望发生氧化的位点难以被直接氧化，使得这一合成策略缺乏普遍性。但可以预见，随着合成化学的进一步发展，更多的 C—H 键氧化反应将被发现，这将赋予合成化学家更加多样的高效合成工具，并将进一步促进"两相合成"策略在复杂天然产物合成中的广泛应用。

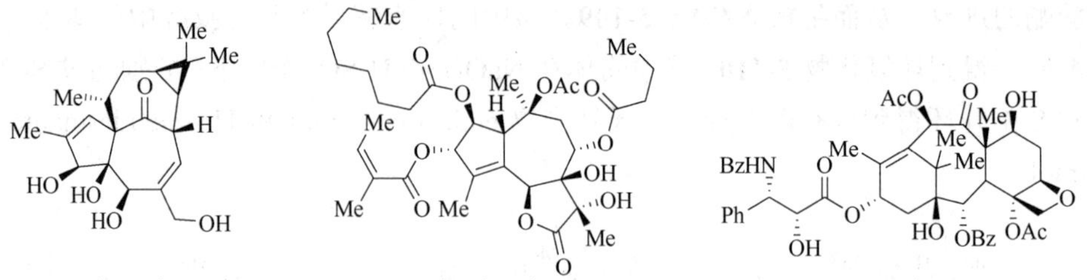

ingenol   thapsigargin   taxol

图 5-30　Baran 采用"两相合成"策略制备的其他高氧化态萜类天然产物

二、有机催化的达菲高效合成

　　世界范围内频频爆发的流行性感冒（简称流感）是由流感病毒引起的具有高度传染性的急性呼吸道传染病，主要通过空气中的飞沫传播。由于流感传染性强，发病率高，甚至会引发死亡，因此，其一直是威胁人类健康的传染病之一。此外，作为突发公共卫生事件，政府每年需要投入大量的人力、物力、财力来防治流行性感冒。流感的高发期一般是秋冬季节，其所引起的并发症和死亡现象非常严重。该病是由流感病毒引起的，已知的有甲（A）、乙（B）、丙（C）三种类型，其中甲型流感病毒经常发生抗原变异，传染性很强，传播迅速，极易发生大范围流行。由于感染流感后，可能引发多种并发症甚至导致死亡，因此，借助药物进行预防和治疗就显得尤为必要。目前，临床上治疗流感的药物主要有两类：一类是 M2 离子通道阻滞剂，代表性药物为金刚烷胺；另一类是唾液酸酶抑制剂，目前所用药物主要有奥司他韦（oseltamivir，商品名达菲）和扎那米韦（zanamivir）等。

　　由于甲型流感病毒已经对金刚烷胺类药物产生了非常明显的抗药性，目前只能用唾液酸酶抑制剂来治疗（图 5-31）。神经氨酸酶又称为唾液酸酶，是分布于甲型、乙型流感病毒衣壳上的一种糖蛋白，可以催化唾液酸水解，协助成熟流感病毒脱离宿主细胞进而感染新细胞，故在流感病毒的复制周期中扮演着重要角色。在临床药物中，达菲是首个口服的抑制神经氨酸酶的抗流感病毒药物，从 1992 年美国吉利德（Gilead）公司成立研发小组到 1999 年成功批准上市，其研发历程仅 7 年，这在近代新药研发历史上是非常罕见的。因此，达菲的合成研究成为合理设计药物的经典案例。

　　随着 2009 年流感病毒的再次暴发，临床上对达菲的需求量也日益增加。在该药的生产商——罗氏公司增加产能的同时，有机化学家进一步开展了达菲高效合成的研究，近年来有多个小组报道了它的全合成路线。其中，Hayashi 小组利用有机小分子催化的共轭加成反应完成了达菲的全合成[44]。尽管这一合成路线实现了多个手性的精准控制，但是该路线的步骤较多。在此基础上，中国科学院上海有机化学研究所的马大为课题组，通过对底物的调整以及对共轭加成一步所生成产物的立体化学进行细致研究，完成了达菲的高效全合成[45]。

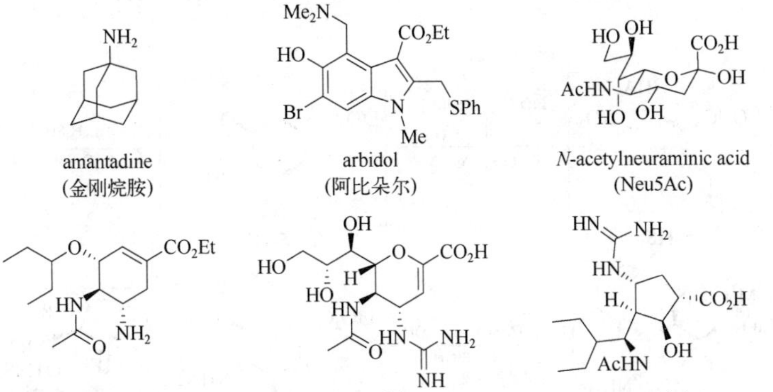

amantadine（金刚烷胺） arbidol（阿比朵尔） *N*-acetylneuraminic acid（Neu5Ac）

oseltamivir（达菲/奥司他韦） zanamivir（扎那米韦） peramivir（帕拉米韦）

图 5-31 临床上用于治疗流感的药物

该合成的具体步骤如下。首先，以硝基乙酰氨基乙烯 **5-111** 为底物，在脯氨醇衍生物 **5-113** 的催化下，醛 **5-112** 的 *α*-碳与硝基乙烯通过分子间共轭加成，制备氨基醇衍生物 **5-114**（图 5-32）。对产物的立体化学进行深入研究后发现，该反应中产物的立体化学与类似反应的产物不同，主要生成 *syn*-氨基醇衍生物。进一步分析发现，由于 **5-111** 自身可形成分子内氢键，因此，经过渡态 **5-114** 生成 *syn*-加成产物 **5-115**。该中间体可不经分离，在碳酸铯参与下，硝基的邻位碳进攻不饱和酯 **5-116**，随后通过分子内的 Horner−Wadsworth−Emmons 反应实现多取代环己烯酯 **5-117** 的构建。该中间体同样不经分离，参考 Hayashi 报道的策略[44]，通过 4-甲基苯硫酚与不饱和酯之间的 1,4-加成，从而实现对双键的“暂时保护”，得到中间体 **5-119**；同时，在碱性条件下，硝基经过差向异构化，生成更为稳定的中间体 **5-118**。最后，锌粉还原硝基，碱性条件下消除巯基，总共用 5 步成功实现了达菲的不对称全合成。

随着有机化学的快速发展，天然产物全合成研究已从最初的解析天然产物的分子结构逐渐发展到基础研究与应用研究并重的高质量发展阶段。开展结构复杂天然产物分子的全合成研究，不仅可以检验所选用合成方法在含有多种官能团的复杂天然产物底物中的适用性，还激励着有机化学家发展全新的合成方法，从而建立更为高效的合成策略。此外，天然产物全合成也为解决显著生理活性物质的获取、保护稀缺自然资源以及生态环境的可持续发展等重大科学问题提供了行之有效的途径。

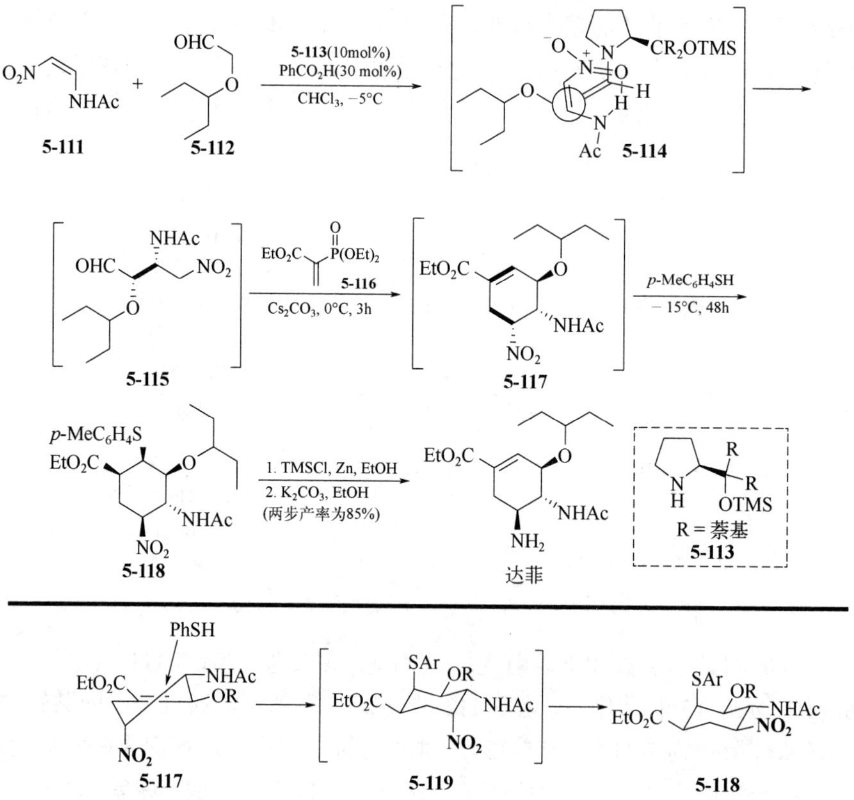

图 5-32　达菲的有机不对称催化全合成

参考文献

[1] Nicolaou K C, Rigol S, Yu R. Total Synthesis Endeavors and Their Contributions to Science and Society: A Personal Account. CCS Chem, 2019, 1: 3−37.

[2] Nicolaou K C, Vourloumis D, Winssinger N, et al. The Art and Science of Total Synthesis at the Dawn of the Twenty-First Century. Angew Chem Int Ed, 2000, 39: 44−122.

[3] Corey E J, Howe W J, Orf H W, et al. General Methods of Synthetic Analysis. Strategic Bond Disconnections for Bridged Polycyclic Structures. J Am Chem Soc, 1975, 97: 6116−6124.

[4] Harding M W, Galat A, Uehling D E, et al. A Receptor for the Immuno-Suppressant FK506 is a cis-trans Peptidyl-Prolyl Isomerase. Nature, 1989, 341: 758−760.

[5] Trost B M. The Atom Economy: a Search for Synthetic Efficiency. Science, 1991, 254: 1471−1477.

[6] (a) Wender P A, Verma V A, Paxton T J, et al. Function-Oriented Synthesis, Step Economy, and Drug Design. Acc Chem Res, 2008, 41:40−49; (b) Kuttruff C A, Eastgate M D, Baran P. S. Natural Product Synthesis in the Age of Scalability. Nat Prod Rep, 2014, 31: 419−432.

[7] (a) Hoffmann R W. Protecting-Group-Free Synthesis. Synthesis, 2006, 2006: 3531−3541; (b) Baran P S, Maimone T J, Richter J M. Total Synthesis of Marine Natural Products without Using Protecting Groups. Nature,

2007, 446: 404−408.

[8] Gaich T, Baran P S. Aiming for the Ideal Synthesis. J Org Chem, 2010, 75: 4657−4673.

[9] Woodward R B, Cava M P, Ollis W D, et al. The Total Synthesis of Strychnine. J Am Chem Soc, 1954, 76: 4749−4751.

[10] Cannon J S, Overman L E. Is There No End to the Total Synthesis of Strychnine? Lessons Learned in the Strategy and Tactics in Total Synthesis. Angew Chem Int Ed, 2012, 51(18): 4288−4311.

[11] Knight S D, Overman L E, Pairaudeau G. Enantioselective Total Synthesis of (−)-Strychnine. J Am Chem Soc, 1993, 115: 9293−9294.

[12] Rawal V H, Iwasa S. A Short, Stereocontrolled Synthesis of Strychnine. J Org Chem, 1994, 59(10): 2685−2868.

[13] Vanderwal C D. Reactivity and Synthesis Inspired by the Zincke Ring-Opening of Pyridines. J Org Chem, 2011, 76(23): 9555−9567.

[14] Martin D B C, Vanderwal C. D. A Synthesis of Strychnine by a Longest Linear Sequence of Six Steps. Chem Sci, 2011, 2(4): 649−651.

[15] Jone S B, Simmons B, Mastracchio A, et al. Collective Synthesis of Natural Products by means of Organocascade Catalysis. Nature, 2011, 475(7355): 183−188.

[16] He L P, Wang X B, Wu X Q, et al. Asymmetric Total Synthesis of (+)-Strychnine. Org Lett, 2019, 21(1): 252−255.

[17] Wang X B, Xia D L, Qin W F, et al. A Radical Cascade Enabling Collective Syntheses of Natural Products. Chem, 2017, 2(6): 803−816.

[18] He W G, Hu J D, Wang P Y, et al. Highly Enantioselective Tandem Michael Addition of Tryptamine-Derived Oxindoles to Alkynones: Concise Synthesis of Strychnos Alkaloids. Angew Chem Int Ed, 2018, 57(14): 3806−3809.

[19] Wang P Y, Chen J H, He W G, et al. An Asymmetric Synthesis of (+)-Isostrychnine Based on Catalytic Asymmetric Tandem Double Michael Addition. Org Lett, 2021, 23(14): 5476−5479.

[20] Willstätter R. Umwandlung von Tropidin in Tropin. Ber Dtsch Chem Ges, 1901, 34(2): 3163−3165.

[21] Robinson R. A Synthesis of Tropinone. J Chem Soc, Trans, 1917, 111: 762−768.

[22] Medley J W, Movassaghi M. Robinson's Landmark Synthesis of Tropinone. Chem Commun, 2013, 49(92): 10775−10777.

[23] Wang Y J, Huang J P, Tian T, et al. Discovery and Engineering of the Cocaine Biosynthetic Pathway. J Am Chem Soc, 2022, 144(48): 22000−22007.

[24] Woodward R B, Sondheimer F, Taub D. The Total Synthesis of Cholesterol. J Am Chem Soc, 1951, 73(7): 3548.

[25] Woodward R B, Sondheimer F, Taub D. The Total Synthesis of Cortisone. J Am Chem Soc, 1951, 73(8): 4057.

[26] Yoder R A, Johnston J N. A Case Study in Biomimetic Total Synthesis: Polyolefin Carbocyclizations to Terpenes and Steroids. Chem Rev, 2005, 105(12): 4730−4756.

[27] Johnson W S, Gravestock M B, McCarry B E. Acetylenic Bond Participation in Biogenetic-like Olefinic Cyclization. Ⅱ. Synthesis of dl-Progesterone. J Am Chem Soc, 1971, 93(17): 4332−4334.

[28] Heathcock C H. The Enchanting Alkaloids of Yuzuriha. Angew Chem Int Ed, 1992, 31(6): 665−681.

[29] Piettre S, Heathcock C H. Biomimetic Total Synthesis of Proto-Daphniphylline. Science, 1990, 248(4962): 1532−1534.

[30] Bandaranayake W M, Banfield J E, Black D St C. Postulated Electrocyclic Reactions Leading to Endiandric Acid and Related Natural Products. J Chem Soc, Chem Commun, 1980(19): 902−903.

[31] Bandaranayake W M, Banfield J E, Black D St C, et al. Endiandric Acid, a Novel Carboxylic Acid from Endiandra Introrsa (Lauraceae): X-ray Structure Determination. J Chem Soc, Chem Commun, 1980(4): 162–163.

[32] Nicolaou K C, Petasis N A, Zipkin R E, et al. The Endiandric Acid Cascade. Electrocyclizations in Organic Synthesis. 1. Stepwise, Stereocontrolled Total Synthesis of Endiandric Acids A and B. J Am Chem Soc, 1982, 104: 5555–5557.

[33] Nicolaou K C, Petasis N A, Uenishi J, et al. The Endiandric Acid Cascade. Electrocyclizations in Organic Synthesis. 2. Stepwise, Stereocontrolled Total Synthesis of Endiandric Acids C-G. J Am Chem Soc, 1982, 104(20): 5557–5558.

[34] Nicolaou K C, Zipkin R E, Petasis N A. The Endiandric Acid Cascade. Electrocyclizations in Organic Synthesis. 3. "Biomimetic" Approach to Endiandric Acids A-G. Synthesis of Precursors. J Am Chem Soc, 1982, 104(20): 5558–5560.

[35] Nicolaou K C, Petasis N A, Zipkin, R E. The Endiandric Acid Cascade. Electrocyclizations in Organic Synthesis. 4. "Biomimetic" Approach to Endiandric Acids A-G. Total Synthesis and Thermal Studies. J Am Chem Soc, 1982, 104(20): 5560–5562.

[36] Talontsi F M, Dittrich B, Schüffler A, et al. Epicoccolides: Antimicrobial and Antifungal Polyketides from an Endophytic Fungus Epicoccum sp. Associated with Theobroma cacao. Eur J Org Chem, 2013, 2013(15): 3174–3180.

[37] da Silva Araújo F D, de Lima Fávaro L C, Araújo W. L, et al. Epicolactone-Natural Product Isolated from the Sugarcane Endophytic Fungus Epicoccum nigrum. Eur J Org Chem, 2012, 2012(27): 5225–5230.

[38] Ellerbrock P, Armanino N A, Ilg M K, et al. An Eight-Step Synthesis of Epicolactone Reveals its Biosynthetic Origin. Nat Chem, 2015, 7(11): 879–882.

[39] Xu L L, Chen H L, Hai P, et al. (+)- and (−)-Preuisolactone A: A Pair of Caged Norsesquiterpenoidal Enantiomers with a Tricyclo[$4.4.0^{1,6}.0^{2,8}$]decane Carbon Skeleton from the Endophytic Fungus Preussia isomera. Org Lett, 2019, 21(4): 1078–1081.

[40] Novak A J E, Grigglestone C E, Trauner D. A Biomimetic Synthesis Elucidates the Origin of Preuisolactone A. J Am Chem Soc, 2019, 141(39): 15515–15518.

[41] Chen K, Baran P S. Total Synthesis of Eudesmane Terpenes by site-selective C—H Oxidations. Nature, 2009, 459(7248): 824–828.

[42] Chi Y G, Gellman, S H. Diphenylprolinol Methyl Ether: A Highly Enantioselective Catalyst for Michael Addition of Aldehydes to Simple Enones. Org Lett, 2005, 7(19): 4253–4256.

[43] Chen K, Richter J M, Baran P S. 1,3-Diol Synthesis via Controlled, Radical-Mediated C—H Functionalization. J Am Chem Soc, 2008, 130(23): 7247–7249.

[44] Ishikawa H, Suzuki T, Hayashi Y. Synthesis of the Anti-Influenza Neuramidase Inhibitor (−)-Oseltamivir by Three "One-Pot" Operations. Angew Chem Int Ed, 2009, 48(7): 1304–1307.

[45] Zhu S L, Yu S Y, Wang Y, et al. Organocatalytic Michael Addition of Aldehydes to Protected 2-Amino-1-Nitroethenes: The Practical Syntheses of Oseltamivir (Tamiflu) and Substituted 3-Aminopyrrolidines. Angew Chem Int Ed, 2010, 49: 4656–4660.